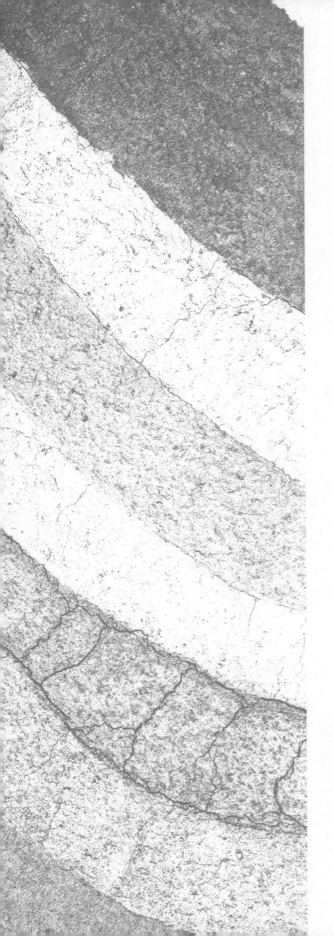

제4판

토질
공학의
길잡이

A Guide for Soil Engineering

임종철 저

씨아이알

머리말

　태초에 하나님이 천지를 창조하시니라(성경 창세기 1장 1절). 태초에 하나님께서 창조하신 땅은 그 구성요소와 성인(成因)이 매우 복잡하여 인간의 과학으로는 그 변화무쌍한 성질을 짐작조차 하기 어려울 때가 많습니다. 흙에는 각종 광물질과 동식물 등의 유기체와 부식물, 물 등 수많은 재료가 포함되어 있고, 특히 흙은 인간 육체의 재료이기도 하여 창조의 신비를 느끼게 합니다. 이러한 흙의 의미가 짧은 나의 소견으로 쉽게 다가올리 만무하지만, 흙에 관한 공학인 토질공학은 신비하고 오묘하기만 한 것이 아니라 너무나 질서 있고 재미있는 학문인 것 같습니다.

　본 책은 토목공학을 전공하는 대학생, 대학원생 및 현장실무자들이 토질공학의 원리를 쉽게 이해할 수 있도록 하는 길잡이 역할에 초점을 맞추어 저작되었으나, 사실 내 것이라고 내 놓을 수 있는 것이 얼마나 되는지 부끄럽기만 합니다. 그래도 나름대로 열심히 보람과 기쁨을 가지고 노력했다는 것만은 알아주셨으면 감사하겠습니다. 앞으로 독자 여러분의 가르침에 힘입어 한층 더 좋은 책으로 거듭날 수 있을 것으로 생각하며, 연구실 홈페이지의 Q/A 코너에 독자 여러분의 많은 질문과 지도를 부탁드립니다.

　금번 제4판에는 이해도를 높이기 위한 설명과 새로운 공법을 보완했으며, 한글, 영어, 일어의 찾아보기와 영문 Index를 통해서 설명이 포함된 페이지와 외국용어를 쉽게 찾을 수 있도록 했습니다. 나름 수정하고 보완한다고 했지만 아직까지도 걸음마를 떼는 어린아이같이 한 발짝씩 나아가는 느낌이고, 아마 이 느낌은 끝없이 계속될 것입니다. 조금이라도 이해하기 쉽게 설명하기 위해, 토질공학을 처음 접하는 학생들의 눈으로 책을 대하는 훈련을 게을리하지 않아야겠다고 다짐합니다.

토질공학을 사랑하는 임종철

home page : http://home.pusan.ac.kr/~pnugeo/(또는 부산대학교 지반공학연구실 검색)
E-mail : imjc@pusan.ac.kr
Tel : 051-510-2442, 010-3597-4224

차 례

제4장 흙의 구조와 분류

제5장 지반 내의 물의 흐름, 유효응력

제6장 지반 내의 응력

제13장 지반조사 및 원위치시험

제1장

서 론

제1장 서 론

1.1 용어의 정의

　지반공학은 지반의 공학적(물리적, 역학적) 성질을 규명하여 지반에 건설되는 각종 구조물을 안전하게 지탱하거나, 지반자체의 안정성을 확보하도록 하기 위해 필요한 학문분야이다. 표 1.1은 지반공학과 관련 있는 분야의 각종 명칭으로, 이 표의 개념에 의해서 한국토질공학회, 일본토질공학회가 한국지반공학회, 일본지반공학회로 학회명칭을 변경함으로써 보다 넓은 분야로 그 취급대상 범위가 확장되었다.

　그림 1.1은 지반공학의 대상물을 모식화한 미카사(三笠, 1978)의 GÉOPHANT 이다. 미카사는 이것에 관해서 다음과 같이 기술하고 있다. 「코끼리와 비슷하지만 진짜 모습은 알 수 없다.

표 1.1 지반공학에 관련된 각종 분야

분야명	영어명	내용
토질역학	Soil Mechanics	흙, 토괴의 물리적, 역학적 성질에 관한 기초 학문
토질공학	Soil Engineering	토질역학과 이를 응용한 설계까지 포함한 학문 예를 들면, 흙의 역학적 성질을 사면의 안정계산에 응용하는 경우(실제 설계에 적용하기 위한 여러 기법이 포함되어 있음)
암반역학	Rock Mechanics	암석, 암반의 물리적, 역학적 성질에 관한 기초 학문
암반공학	Rock Engineering	암반역학과 이를 응용한 설계까지 포함한 학문
지반공학	Geotechnical Engineering	토질공학과 암반공학의 총칭
지 질 학	Geology	층서(層序), 지질연대, 단층, 습곡, 지반광물 분석 등과 같은 지반에 관한 거시적이거나 미시적인 지구과학적인 성질을 연구하는 학문
토 목 지 질 학	Engineering Geology	지표 부근의 토목공학적인 건설을 위한 지질학의 응용. 즉 지반의 물리적인 현상이나 성질뿐만 아니라 역학적 성질까지도 포함.

[참괴 위의 표에 의하면, 건설을 목적으로 하는 조사는 물리적·역학적 성질이 포함되어 있으므로 지질조사가 아니라 지반조사라고 하는 것이 바르다는 것을 알 수 있다.

너무 거대하고 복잡한 존재로, 아직 아무도-테르자기라 할지라도-그 전모를 본 사람은 없기 때문이다.」 즉, 그림 1.1의 코끼리처럼 부분적으로는 어느 정도 알 수 있을지라도 몸체 전체를 이해하거나 표현하기는 대단히 어렵다는 뜻이다.

GÉOPHANT의 내부를 깊이 파헤쳐, 이것을 정밀한 이론의 형태로 정리하고자 하는 구성식이나 입상체역학의 연구자들의 노력을 인정하지만, 그 노력을 통해서 지반의 본질을 확실히 파악하기는 어려울 것이라고 하면서, 지반의 성질을 파악하는 방법을 다음과 같이 제시하고 있다. 『GÉOPHANT 내부의 골격 및 내장의 구성조직까지는 모르더라도, 그 동작이나 습성, 능력이나 성격까지는 알 수 있다. 그리고 이것이 공학적인 의미에서 지반을 이해한 것이고, 현장에서 가장 필요로 하는 것이다.』

그림 1.1 지반의 구성을 나타내는 GÉOPHANT(三笠, 1978)

1.2 지반공학의 적용 분야

지반공학의 적용 분야는 다음과 같으며, 본 책에서는 이들 중 주로 흙에 관련되는 토질공학에 관한 기본적인 내용을 다루었다.

(1) 암반(암석)의 공학적 성질
(2) 흙의 공학적 성질
(3) 건물, 교량 등의 기초(얕은 기초, 깊은 기초)
(4) 사면안정

(5) 지반침하

(6) 성토, 제방, 흙댐, 옹벽, 보강토

(7) 지하철 공사(주변지반의 압밀침하)

(8) 터널

(9) 굴착, 지반앵커

(10) 인공섬(artificial island, man-made island)

(11) 기타

1.3 연습 문제

1.1 지반공학과 토질공학의 학문범위에 대해 기술하시오.

1.2 토질공학이 적용된 현장 사례 10가지를 들고 현장 사진과 함께 토질공학이 필요한 이유에 대해 설명하시오.

1.4 참고문헌

· 三笠 正人(1978), 土の力学における2つの視点について ｀昭和53年度研究講話会テキスト・土質工学展望−全応力法と有効応力法によるアプローチ− ｀日本土質工学会関西支部, pp.19-33.

\# 노하기를 더디하는 자는 용사보다 낫고 자기의 마음을 다스리는 자는 성을 빼앗는 자보다 나으니라.(성경 잠언 16장 32절)

제2장

지반의
생성과
분류

제2장 지반의 생성과 분류

2.1 지구의 개요

지구는 그림 2.1과 같은 내부구조를 갖고 있으며, 평균반경은 $6,371 \, km$, 평균밀도는 $5.52 g/cm^3$ 이다. 지표면 근처의 암석의 평균밀도는 $2.7 g/cm^3$ 으로, 평균밀도와 비교하면 알 수 있듯이 지구내부의 밀도가 지표면 부근의 밀도보다 크다.

그림 2.1의 층경계는 지진파의 연구에 의해 알려졌으며, 이렇게 구분된 층들 중 암석으로 둘러싸여 있는 지구의 외각을 지각(地殼, earth crust)이라 부른다. 1909년 지진학자 모호로비치치 (A. Mohorovicic)는 전자파 조사에 의해 지표면에 가장 가까운 불연속면을 발견하였으며, 이면을 모호면이라 하고 지표면에서 모호면까지를 지각이라고 하였다. 지각은 밀도가 $2.7 \sim 3.0 g/cm^3$ 인 암석으로 된 층이며, 그림 2.2와 같이 대륙지각(continental crust)과 대양지각(oceanic crust)으

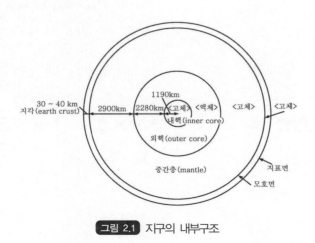

그림 2.1 지구의 내부구조

로 구분된다. 전자는 그 두께가 10~60km(평균 35km)인 암층으로서 화강암질 암석으로 구성되어 있고 그 평균밀도는 2.7g/cm³이다. 후자는 대양저 아래에 넓게 분포된 평균 7km의 두께를 가진 암층으로서 현무암질 및 반려암질 암석으로 되어 있으며, 그 평균밀도는 3.0g/cm³이다.

육상에서 지각의 표면을 관찰하면, 토양으로 덮여 있어서 암석이 나타나 보이지 않는 곳이 많다. 토양은 암석의 풍화생성물이며, 그 두께는 수mm에서 수십m에 이른다. 암석을 덮는 토양의 층을 표토(表土 : regolith)라고 하며, 표토 아래에는 굳은 암석이 거의 빈틈없이 들어 있다. 이것을 기반암(基盤岩 : bedrock)이라고 한다. 절벽이나 돌출된 곳, 계곡에는 암석이 표토로 덮이지 않고 기반암으로 노출되어 있으며, 이런 바위를 노두(露頭 : outcrop)라고 한다(그림 2.3 참조).

한편, 대양저에는 0.5~1km 두께의 퇴적물이 쌓여 있다. 대양저 산맥의 능선 부근과 해양저의 급사면이나 협곡의 사면, 화산으로 된 암초나 섬의 사면에서는 굳은 돌의 노두가 발견된다. 이들 암석은 대부분이 현무암으로 되어 있음이 밝혀졌다(정, 1993).

지표면에서 지하로 내려갈수록 온도가 높아지는데, 그 율(地下增溫率)은 약 +3℃/100m이다. 또, 지하 약 20m 이하부터는 지표온도의 영향을 받지 않는다. 지금까지 지구의 개요에 대해 기술했는데, 지반공학의 대상층은 지각, 그 중에서도 지표면 부근의 표토(흙)와 그 아래의 기반암(암석)이며, 토질공학은 이들 중 흙에 대한 성질을 다루는 학문이다.

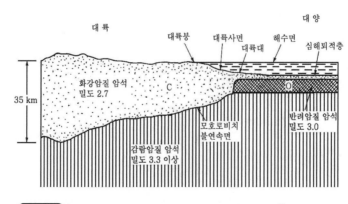

그림 2.2 대륙지각(C)과 대양지각(O) (숫자는 밀도 g/cm³) (정, 1993)

그림 2.3 안산암 노두와 단층파쇄대(점토화대; 粘土化帶)의 예(村山 등, 1995)

2.2 지각의 구성

2.2.1 지각의 화학성분

지각은 주로 암석으로 되어 있으며, 암석은 여러 종류의 광물의 집합체로 되어 있고, 이들 광물은 다시 여러 종류의 원소의 화합물로 되어 있다. 지각을 구성하는 원소는 현재까지 105종이 발견되었으며, 중요한 8대 원소(지각 구성 성분의 1% 이상 차지)는 표 2.1과 같다.

표 2.1 지각 구성의 8대 원소

원소기호	O	Si	Al	Fe	Ca	Mg	Na	K	기타
원소명	산소	규소	알루미늄	철	칼슘	마그네슘	나트륨	칼륨	
무게 (%)	45.20	27.20	8.00	5.80	5.06	2.77	2.32	1.68	1.97

2.2.2 광물

광물은 1종 또는 그 이상의 원소의 화합물로 되어 있으며, 지각을 이루는 암석의 구성단위이다. 광물의 종류는 3,500종에 달하나 암석 중에서 발견되는 광물의 대부분은 장석, 석영, 운모, 각섬석, 휘석, 방해석, 점토광물이고 이 밖의 광물의 양은 대체로 희소하다. 광물을 대별하면 다음의 두 가지로 나누어진다.

(1) 조암광물(造岩鑛物, rock forming minerals)

고온 마그마의 결정(結晶)작용에 의해 생성되며, 화성암을 구성하는 광물로서, 그 종류가 많으나 화성암 중에 흔히 산출되는 것은 10종 정도이고 화성암의 대부분을 구성하는 광물의 종류는 약 30종에 불과하다. 그 중에서 가장 많이 나타나는 7종(석영, 장석, 운모, 각섬석, 휘석, 감람석, 준장석)을 주성분광물(main component minerals)이라고 한다.

(2) 점토광물(clay minerals)

1930년대에 점토의 주성분이 층상결정구조(層狀結晶構造)를 가진 규산염 광물임이 알려져 점토광물이라 불리게 되었다. 본래 점토(粘土, clay)라는 이름의 어원은 그리스어의 gloiós(글로이오스)로서 끈적끈적한 것을 의미한다.

점토광물은 0°C~400°C 정도의 비교적 낮은 온도 조건과 1 bar~수백 bar의 비교적 낮은 압력 조건 및 비교적 충분한 수분이 존재하는 조건하에서 생성되며, 고온 마그마의 결정(結晶)작용에 의해서 생성되지는 않는다. 점토광물의 종류는 원암(原岩)과 매질, 화학성분, 온도, 압력, pH 등으로 결정된다.

점토를 형성하는 3대 광물은 카오리나이트(kaolinite), 일라이트(illite), 몬모릴로나이트(montmorillonite) 등이다. 카오리나이트는 고령토(高嶺土)의 주성분 광물이며 고령을 중국어로 발음하면 카오린(kaolin)인 것을 보면 카오리나이트가 중국어로 등록된 광물명이라는 것을 알 수 있다. 우수(雨水)나 지하수에 의하여 붕괴되기 쉬운 팽창성 이암(泥岩)과 응회암은 팽창성이 강한 몬모릴로나이트 점토를 주체로 한 암석인 경우가 많다. 활동(滑動, sliding)이 잘 발생하는 지반의 점토는 몬모릴로나이트질의 점토가 많다. 우수(雨水)가 급격히 침투하면 이것을 흡착하여 점토의 체적이 팽창하는 팽윤(澎潤, swelling)현상이 발생하므로 활동면에 따라서 지반이 활동을 일으키기 쉽다.

점토광물의 입자는 일반적으로 수 μm 이하의 미립이며 이 미립자가 물에 젖으면 점토는 수중에서 분산(分散, dispersion)하여 불규칙한 브라운(brown) 운동을 일으켜 쉽게 침강하지 않고 현탁액이 되며, 체적이 팽창하는 성질 즉 팽윤(澎潤, swelling)이라고 하는 성질을 가지며, 점토광물로 형성된 토괴는 투수계수가 10^{-7}cm/s 이하의 사실상의 불투수성이라고 볼 수 있다.

점토와 물의 혼합물은 진동에 의해 액화되어 전단강도를 상실하므로 지진이 발생할 때나 근처에서 말뚝을 타입하면 그 진동에 의하여 수분(水分)을 많이 함유한 점토층이 액화되는 수가 있다. 이것을 분니현상(噴泥現像, quick clay)이라고 한다. 그러나 정지상태에서는 응결성(gel)이

유지되고 현탁액이 물보다 큰 비중(1.6~1.65)을 갖는 특성이 있다. 벤토나이트(bentonite)는 액성한계가 높고(350~500%), 몬모릴로나이트를 주성분으로 하는 화산퇴적물이 풍화해서 만들어진 점토를 말하며, 그 현탁액은 비중이 높고 활성이 크므로 굴착벽이나 보링공벽의 붕괴를 막기 위한 굴착이수(泥水)로 잘 사용된다. 여기서, 활성이 크다는 것이 활성도(activity)가 높다는 것을 의미하며, 활성도가 크면 흙입자가 물속에서 쉽게 침강하지 않고 활발히 움직이므로 시간이 흘러도 안정액의 상하부의 비중이 별로 변하지 않아 안정액의 필요성질을 잘 유지해 준다. 굴착이수는

① 공저(孔底)나 비트(bit) 부근에서 슬라임(slime, 굴착 찌꺼기)을 제거하여 비트를 깨끗하게 하며, 수저(水底)에 신선한 암석면을 노출하게 하고,
② 가압 시 슬라임을 지표까지 끌어올린다.
③ 공저(孔底), 공벽과의 마찰에 의해 가열된 비트나 케이싱(casing)을 냉각 또는 윤활하게 하고,
④ 굴착벽면에 불투수성 이벽(泥壁)을 만들어 공벽의 붕괴를 막는다.
⑤ 튜브(tube), 케이싱(casing)에 부력을 주어 그 중량의 일부를 버티는 등 큰 역할을 한다.

점토를 지수(止水)재료로 사용하는 것은 점토의 불투수성을 이용하는 것이다. 그라우팅(grouting) 주입재, 굴착면 또는 굴착공벽의 안정재료로서 점토의 현탁액을 사용하며 필댐(fill dam)의 차수벽재로는 점토를 주로 하는 토질재료를 이용하는 수가 있다.

2.3 암석의 생성과 분류

암석은 발생학적인 성인에 따라 화성암(igneous rock), 퇴적암(sedimentary rock), 변성암(metamorphic rock)으로 분류된다.

2.3.1 화성암

화성암은 마그마가 지표 가까이로 상승하거나 지표에 분출해서 냉각 고결되어 생성된 암석이다. 마그마가 고결되어 암석으로 만들어진 깊이에 따라 화성암을 분류하면 표 2.2와 같으며

고결깊이가 깊은 심성암일수록 절리가 적고 강도가 강하다.

표 2.2 고결 깊이에 따른 화성암의 분류

대분류	소분류	생성 및 성상	종류
관입암 (貫入岩, intrusive rock)	심성암 (深成岩, plutonic rock)	고압 하에서 온도 저하가 매우 느리게 진행. 지표 부근으로 나왔을 때의 응력해방, 지표수, 지하수, 화학작용 등의 영향으로 빨리 열화(劣化)함. 열화는 화강암에서 현저함.	화강암, 섬록암, 반려암, 감람암, 섬장암, 화강섬록암 등
	반심성암 (半深成岩, hypabyssal rock)	암편(岩片)의 상태와 성질은 심성암과 비슷하지만, 지표 부근에서 비교적 속히 고결된 암반으로서 절리(節理, joint)의 발달 등 화산암에 가까운 성상을 보임.	반암, 휘록암 등
분출암 (噴出岩, extrusive rock)	화산암 (火山岩, volcanic rock)	마그마가 지표면에 분출되어 생기므로 급속한 냉각에 의한 규칙적인 냉각 절리가 발달.	안산암, 현무암(용암류로 나올 때는 다공상(多孔狀)으로 되는 일이 있다), 석영안산암, 조면암(粗面岩), 유문암 등

2.3.2 퇴적암

퇴적암은 토사나 생물의 유체(流體)가 수저(水底)에 퇴적한 것이 물리화학적 작용을 받아 고결한 것이다. 응회암(凝灰岩), 사암(砂岩), 역암(礫岩), 이암(泥岩), 혈암(頁岩 ; 셰일), 석탄 등이 이에 속한다. 간혹 일본책을 번역하여 이암을 토단(土丹)이라고 적은 책이 보이나, 이는 이암을 공학적으로 표현한 것이 아니고, 암석을 돌이라고 하는 것과 같이 일상적인 용어로 표현한 것이므로 토단이란 용어는 사용하지 않는 것이 좋을 것이다.

2.3.3 변성암

암석이 생성 당시와 다른 환경 하에 놓이게 되면 다소간의 변화를 받게 된다. 암석에 이런 변화를 일으키는 작용을 변성작용(metamorphism)이라 한다. 암석학자들은 암석이 풍화작용으로 변하는 것을 변질(alteration)이라고 하여 이를 구별하고 변성작용이란 말은 풍화가 미치지 못하는 지하 깊은 곳에서 암석을 변하게 하는 물리적 및 화학적 작용에만 국한하여 사용한다. 변성작용은 암석에 큰 압력이나 높은 온도가 가해질 때, 화학 성분의 가감(加減)이나 교대(交代)가 일어날 때, 또는 이들 중 둘 이상의 작용이 합작할 때에 일어나는 현상으로서, 기존 암석에 대한 변성작용으로 새로운 암석, 즉 변성암(變成岩)이 생성된다.

변성암은 기존 퇴적암, 화성암 및 변성암으로부터 만들어지며, 이 사실은 어떤 변성암을 한 방향으로 추적하여 갈 때에 점차로 변성의 정도가 낮은 암석으로 변하여 가고 어떤 경우에는 전혀 변성되지 않은 화성암이나 퇴적암으로 점차 이전하여 가는 것을 보아 증명될 수 있다.

변성암에는 변성의 정도가 심한 것으로부터 가벼운 것까지 있다. 이는 암석에 작용한 변성작용의 요인(압력, 온도, 화학성분 등)의 대소 또는 다소에 의하여 결정된다.

변성암에는 편마암, 점판암, 엽상암, 편암, 대리석 등이 있다.

2.4 흙의 생성

암석은 여러 가지 분해작용에 의해 분쇄되어 작은 입자의 흙으로 변한다. 이와 같이 암석이 흙으로 변하는 과정을 풍화(weathering)라고 한다. 풍화에는 열에 의한 수축팽창, 균열 속에서의 간극수의 동결용해 등에 의한 기계적(물리적)풍화와 탄산가스, 비, 지하수 등에 의한 화학적풍화, 유기산을 만드는 생물학적 작용이 기계·화학적풍화를 가속할 때의 풍화인 생물학적풍화 등으로 나누어진다. 앞에서 기술한 점토광물은 장석, 망간, 철, 운모 등이 화학적 풍화작용을 받아 생성된다.

암석이나 생물이 풍화되어 변한 흙은 그 풍화과정에 따라 표 2.3과 같이 나누어진다. 표 2.3은 흙의 생성(풍화)과정에 따른 분류이며, 흙의 입경이나 공학적 성질에 따른 분류에 대해서는 제4장에서 기술한다.

표 2.3 생성(풍화)과정에 따른 흙의 분류

대분류명	대분류의 정의	소분류명	소분류의 정의
정적토 (定積土)	암석이 풍화되어 만들어진 흙이 암석의 원위치에 있는 것	잔적토(殘積土, residual soil)	암석이 풍화된 것으로 풍화잔적토라고도 한다(그림 2.4 참조).
		식적토(植積土)	식물의 부패물
운적토 (運積土, 堆積土)	풍화물이 이동되어 쌓인 것	충적토(沖積土)	유수(流水)에 의해 운반될 때 운반력이 감소되어 얕은 곳에 퇴적된 것 삼각주(三角洲), 선상지(扇狀地) 등을 들 수 있다.
		붕적토(崩積土)	그림 2.5와 같이 중력에 의해 흙과 돌이 비교적 단거리에 굴러 떨어져 산모퉁이 같은 곳에 쌓인 것 붕적토를 절취하여 옹벽을 세운다거나 할 때 붕적토는 투수성이 높아 뒤채움에 물이 침투하기 쉽고, 또 원지반과 붕적토의 경계면 내부로 물이 침투하여 절취면으로 분출하는 등의 문제를 일으키기 쉬우므로 배수에 특별한 주의를 요한다(그림 2.6 참조). 이렇게 흙 속으로 흘러 유출되는 물을 복류수(伏流水)라고 한다. 붕적토 중 주로 암편의 붕락에 의해 아래쪽에 반원뿔 모양으로 퇴적된 것을 특히 애추(崖錐; talus ; 돌서렁)라고 한다(그림 2.7 참조)
		풍적토(風積土)	바람에 의해 운반되어 쌓인 사구(砂丘)
		빙적토(氷積土)	얼음에 의해 운반되어 쌓인 흙
		화산회토 (火山灰土)	화산분출에 의해 운반되어 쌓인 흙

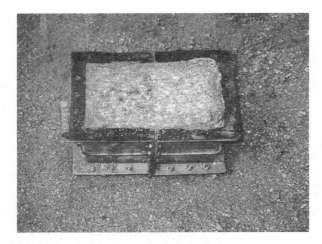

그림 2.4 화강암 풍화잔적토, 일명 마사의 예(시료채취 모습)(고,1996)

그림 2.5 붕적토

그림 2.6 붕적토 내부의 복류수 유출모습(신성건설, 2003)

그림 2.7 애추

2.5 풍화 정도 및 역학적 성질에 따른 지반의 분류

지반은 깊이에 따라 풍화정도가 다르므로 일반적으로 그림 2.8과 같은 지층단면을 구성하고 있다. 지층을 구분하는 방법은 기관에 따라 다르며 대표적인 몇 가지는 표 2.4~표 2.7과 같다. 여기서, 설계 및 시공 시 가장 큰 영향을 미치는 것은 풍화토, 풍화암, 연암의 구분이다. 아래에 제시된 여러 가지 표를 이용하면 보다 정확한 구분이 되겠지만 저자의 간략한 구분법을 소개하고자 하며, 이 방법은 저자의 주관적인 의견에 의한 것이라는 점도 밝혀둔다.

풍화토는 흙이며, 풍화암은 암석이다. 즉, 흙과 암석의 차이는 고결력(점착력이라고 불러도 좋을 것이다)의 유(암석), 무(흙)에 있다. 고결력이 없으면 장기적으로는 자립할 수 없으나, 이것이 있으면 한계고가 생기므로 어느 깊이까지는 연직으로 굴착해도 자립할 수 있게 된다. 고결력 유무를 판정할 수 있는 가장 간단한 방법은 수침(水沈 ; 물에 잠금)해서 형태를 유지하느냐의 여(고결력 유) 부(고결력 무)를 보는 것이다.

저자는 터널의 막장에서 큰 붕괴가 발생한 곳의 지반을 조사해서 대책을 강구한 적이 있다. 설계 시 이 지반은 N값 50 이상으로 풍화암으로 되어 있었으나 막장 관찰 결과 지하수에 의해 쉽게 허물어져 내리고 수침했을 때 완전히 풀어져 붕괴되는 것을 보고 풍화토로 재분류하여 대책을 세웠다. 즉 지반조사시 N값 만으로 판단할 것이 아니라 반드시 시료를 수침시켜 고결력 여부를 관찰하여 결정해야 한다는 것을 강조하고 싶다. 여기서, N값은 후술할 표준관입시험(13.8 참조)에서 얻어지는 값으로 현장에서의 지반의 전단강도를 나타낸다.

풍화암과 연암은 굴착시의 시공단가(품셈)에서 크게 차이가 있으므로 특히 민감하지만 현장에서 쉽게 구분하기가 어렵다. 여러 가지를 종합해서 저자는 다음과 같은 개략적인 분류법을 종종 사용하고 있다. 즉, 풍화암은 고결력은 있지만 암석 내부까지 변색되어 풍화가 진행된 것이며, 연암은 표면은 풍화나 변색되어 있더라도 내부에는 신선한 암석이 조금이라도 남아 있어야 한다는 것이다. 물론 경암은 절리는 포함될지라도 변색은 거의 없어야 할 것이다.

다시 한 번 강조하거니와, 위에서 기술한 내용은 저자의 주관적인 기준이므로 채택 여부와 정확도에 대한 판단은 독자 여러분의 몫으로 이에 대한 많은 조언과 지도도 부탁드리고 싶다.

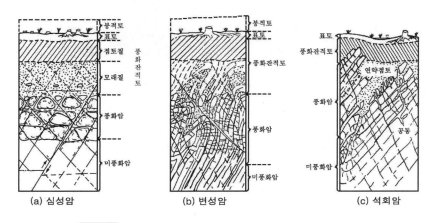

(a) 심성암   (b) 변성암   (c) 석회암

그림 2.8 대표적 지층 단면 개념도(Deere & Patton, 1971)

표 2.4 건설표준품셈의 토질 및 암의 분류기준(1994)

(a) 적용기준 : 여러 토목공사에 일반적으로 적용하기를 추천하나, 실제로는 토공용 분류기준에 적합한 기준임.

[토질 및 암의 분류]

토질 및 암		개요
A	B	
토사	보통토사	보통상태의 실트 및 점토, 모래질흙(砂質土) 및 이들의 혼합물로서 삽이나 괭이를 사용할 정도의 토질(삽 작업을 하기 위하여 상체를 약간 구부릴 정도)
	견질토사	견고한 모래질흙이나 점토로서 괭이나 곡괭이를 사용할 정도의 토질(체중을 이용하여 2~3회 동작을 요할 정도의 토질)
	고사절토 및 자갈 섞인 토사	자갈질(礫質)흙 또는 견고한 실트, 점토 및 이들의 혼합물로서 곡괭이를 사용하여 파낼 수 있는 단단한 토질
	호박돌 섞인 토사	호박돌(지름 18cm이상의 가공하지 않은 호박형돌) 크기의 돌이 섞이고 굴착에 약간의 화약을 사용해야 할 정도로 단단한 토질

[토질 및 암의 분류](계속)

토질 및 암		개요
A	B	
암	풍화암 (연암 I)	암질이 부식되고 균열이 1~10cm 정도로서 굴착에는 약간의 화약을 사용해야 할 암질로서, 일부는 곡괭이를 사용할 수도 있는 암질
	연암 (연암 II)	혈암, 사암 등으로 균열이 10~30cm 정도로서 굴착 또는 절취에는 화약을 사용해야 하나 석축용으로는 부적합한 암질
	보통암 (중경암)	풍화상태를 엿볼 수 있으나 굴착 또는 절취에는 화약을 사용해야 하며 균열이 30~50cm 정도의 암질(석회석, 다공질 안산암 등)
	경암 (경암 I)	화강암, 안산암 등으로 굴착에는 화약을 사용해야 하며, 균열상태가 1m 이내로서 석축용으로 쓸 수 있는 암질
	극경암 (경암 II)	암질이 대단히 밀착된 단단한 암질 (규암, 각석 등 석영질이 풍부한 경암)

(b) 암분류 기준 : 암석, 암반분류를 혼돈하여 사용하고, 또한 암종별로 다른 강도기준을 사용하여 이 도표 사용자에게 혼란을 야기

[암종별 탄성파 속도 및 내압강도]

암종 \ 구분	그룹	자연상태의 탄성파 속도 V (km/sec)	암편 탄성파속도 V_c (km/sec)	암편 내압강도 (kgf/cm²)
풍화암	A	0.7~1.2	2.0~2.7	300~700
	B	1.0~1.8	2.5~3.0	100~200
연암	A	1.2~1.9	2.7~3.7	700~1,000
	B	1.8~2.8	3.0~4.3	200~500
보통암	A	1.9~2.9	3.7~4.7	1,000~1,300
	B	2.8~4.1	4.3~5.7	500~800
경암	A	2.9~4.2	4.7~5.8	1,300~1,600
	B	4.1 이상	5.7 이상	800 이상
극경암	A	4.2 이상	5.8 이상	1,600 이상

구분 \ 그룹분류	A 그룹	B 그룹
대표적 암명	편마암, 사질편암, 녹색편암, 각암, 석회암, 사암, 휘록응회암, 역암, 화강암, 감람암, 사교암, 유교암, 연암, 안산암, 현무암	흑색편암, 녹색편암, 휘록응회암, 혈암, 이암, 응회암, 집괴암
함유물 등에 의한 시각판정	사질분, 석영분을 다량 함유하고, 암질이 단단한 것 결정도가 높은 것	사질분, 석영분이 거의 없고 응회분이 거의 없는 것 천매상의 것
500~1,000gr 해머의 타격에 의한 판정	타격점의 암은 작은 평평한 암편으로되어 비산되거나 거의 암분을 남기지 않는 것	타격점의 암 자신이 부서지지 않고, 분상이 되어 남으며 암편이 별로 비산되지 않는 것

〈내압강도〉 1. 시편 : 5cm 입방체,   2. 노건조 : 24 hr,   3. 수중침윤 : 2일,   4. 내압시험,
          5. 시험방향(가압방법) : Z축 (겉면에 수직) (탄성파속도가 가장 느린 방향)

〈암편 탄성파속도〉 1. 시편 : 두께 15~20cm 상하면이 평행면,
                  2. 측정방향 X축(탄성파속도가 가장 빠른 방향) (절면에 평행)

『건설표준품셈』의 98페이지의 해설 : "암의 분류는 일반적으로 (a)적용기준 항에 따르나, 탄성파속도 및 내압강도의 측정이 가능할 경우에는 (b)암종별 탄성파속도 및 내압강도에 따를 수도 있다."

표 2.5 한국도로공사의 암의 분류기준(중부고속도로 건설현장)

분류기준 \ 암종	극경암	경암	보통암	연암	풍화암	비고
시험 및 육안 확인 — 현장암반탄성파 (km/sec)	(4.2 이상)	4.0 이상 (2.9–4.7)	2.7–4.0 (1.9–2.9)	1.3–2.7 (1.2–1.9)	1.5 이하 (0.7–1.2)	( )는 건설 표준품셈
암편의 탄성파 속도(km/sec)	5.8 이상	4.7–5.8	3.7–4.7	2.7–3.7	2.0–2.7	건설표준 품셈
RQD(%)	(90–100)	70 이상 (75–90)	40–70 (50–75)	20–40 (25–50)	20 이하 (25 이하)	( )는 도로회보
일축압축강도 (kgf/cm²)	(2,040 이상)	1,500 이상 (1,020–2,040)	800–1,500 (510–1,020)	300–800 (255–510)	300 이하 (102–115)	〃
절리간격(cm)	300 이상	100–300	30–100	5–30	5 이하	
풍화상태	대단히 신선함	신선하며 균열 및 절리는 밀착됨	비교적 견고하나 조암광물이 다소 변색됨	암 내부는 비교적 신선하며 외부는 상당히 풍화 변색됨	심하게 풍화되어 황갈색 등으로 변색됨	
해머에 의한 타격	큰 해머로 타격 시 튕기며 용이하게 깨어지지 않음	큰 해머로 타격 시 약간 깨어짐	큰 해머로 타격 시 균열 및 절리를 따라 크게 떨어짐	보통해머로 타격 시 비교적 용이하게 깨어짐	보통해머로 용이하게 소편으로 깨어지며 때로는 손으로도 쪼개짐	지질조사용 Hammer를 이용하면 편리
계측 — NATM 예상 변위량(cm)		0.5–0	0.5–1.5	1.0–3.0	3.0–5.0	

표 2.6 한국기술용역협회의 지질조사 표준품셈

암반 분류	시추굴진상황	암반의 성질 — 풍화변질상태	균열상태	코아상태	함마타격
풍화암	Metal crown bit로 용이하게 굴진가능하며 때로는 무수 보링도 가능	암 내부까지도 풍화진행, 암의 구조 및 조직이 남아 있음	균열은 많으나 점토화의 진행으로 밀착상태임	세편상 암편이 남아있고 손으로 부수면 가루가 되기도 함	손으로 부서짐
연암	Metal crown bit로 용이하게 굴진가능한 암반	암 내부의 일부를 제외하고는 풍화진행, 장석, 운모 등 변색, 변질	균열이 발달, 균열 간격은 5cm 이하이고 점토 내재	암편상–세편상(각력상)원형코아가 적고 원형복구 곤란	해머로 치면 가볍게 부서짐
경암	Diamond bit를 사용하지 않으면 굴진하기 곤란한 암반	대체로 신선한 구열을 따라 약간 풍화, 변질됨, 암 내부는 신선함	균열의 발달이 적으며 균열간격은 5–15cm, 대체로 밀착상태이나 일부는 open됨	단주상–봉상, 대체로 20cm 이상, 1m당 5–6개 이상	해머로 치면 금속음을 내고 잘부서지지 않으며 튀는 경향을 보임

표 2.7

표 2.7 건설교통부의 터널표준시방서 지반분류(대한토목학회, 1997)

지반명 및 정성적 특징 (노두조사 및 막장조사시)	시추조사시의 분류기준 (충족조건)	개략 현장 탄성파 속도 V_p(km/s)
퇴적토층(DS) : 원지반에서 분리·이동되어 다른 곳에 퇴적된 층으로 대체로 원지반보다 입자의 크기나 구성에 따라 세분되는 지반	흙의 통일분류법으로 세분함	—
풍화토층(RS) : 조암광물이 대부분 완전풍화되어 암석으로서의 결합력을 상실한 풍화잔류토로서 절리의 대부분은 풍화산물인 점토 등 2차광물로 충전되어 흔적만 보이고 함수포화시에 전단강도가 현저히 저하되기도 하며, 손으로 쉽게 부수어지는 지반	$N \langle$ 50회/10cm 흙의 통일분류법 으로 세분함	$\langle 1.2$
풍화암층(WR) : 심한 풍화로 암석자체의 색조가 변색되었으며 충전물이 채워지거나 열린 절리가 많고, 가벼운 망치 타격에 쉽게 부서지며 칼로 흠집을 낼 수 있음. 절리간격은 좁고 시추시 암편만 회수되는 지반	TCR $\geq$ 10% $N \geq$ 50회/10cm $q_u \langle$ 100kgf/cm^2	1.0~2.5
연암층(SR) : 절리면 주변의 조암광물은 중간풍화되어 변색되었으나 암석내부는 부분적으로 약한 풍화가 진행 중이며 망치 타격에 둔탁한 소리가 나면서 파괴되고, 일부 열린 절리가 있으며 절리간격은 중간정도인 지반	TCR $\geq$ 30% RQD $\geq$ 10% $q_u \geq$ 100kgf/cm^2 $J_s \geq$ 20cm	2.0~3.2
보통암층(MR) : 절리면에서 약한 풍화가 진행되어 일부 변색되었으나 암석은 강한 망치 타격에 다소 맑은 소리가 나면서 깨어지고, 절리면의 대부분이 밀착되어 있고 절리간격이 넓음	TCR $\geq$ 60% RQD $\geq$ 25% $q_u \geq$ 500kgf/cm^2 $J_s \geq$ 60cm	3.0~4.2
경암층(HR) : 조암광물의 대부분이 거의 신선하며 암석은 강한 망치 타격에 맑은 소리를 내며 깨어지고, 절리면은 잘 밀착되어 있고 절리간격이 매우 넓음	TCR $\geq$ 80% RQD $\geq$ 50% $q_u \geq$ 1,000kgf/cm^2 $J_s \geq$ 200cm	4.0~5.0
극경암층(XHR) : 거의 완전하게 신선한 암으로서 절리면은 잘 밀착되어 있고 강한 망치 타격에 맑은 소리가 나며 잘 깨어지지 않으며 절리간격이 극히 넓음	TCR $\geq$ 80% RQD $\geq$ 75% $q_u \geq$ 1,500kgf/cm^2 $J_s \geq$ 300cm	$\rangle$ 4.5

주 1) N : 표준관입시험(SPT)의 관입저항치, TCR : 코아회수율, RQD : 암질표시율
　　 q_u : 코아시료 일축압축강도, J_s : 절리면 간격, TCR 및 RQD는 N_x공경 다이아몬드 비트와 이중코아베럴을 사용한 시추시의 측정치임
　 2) "시추조사 시의 분류기준"과 "탄성파속도"는 터널표준시방서 분류에는 없는 항목이나 개략적인 정성적 값을 제시하기 위하여 첨가하였다.

2.6 연습 문제

2.1 기반암과 노두를 설명하시오.

2.2 지구상에 존재하는 광물을 두 가지로 분류하고 각 분류에 속하는 대표적인 광물명과 물리적 성질을 기술하시오.

2.3 점토광물 중 몬모릴로나이트의 불안정한 성질에 기인하는 문제점과 이 성질을 장점으로 역이용하는 경우에 대해 기술하시오.

2.4 암석을 발생학적인 성인에 따라 분류하고 성상에 대해 기술하시오.

2.5 풍화정도에 따라 지반을 분류하시오.

2.6 풍화과정에 따른 흙의 분류를 기술하시오.

2.7 붕적토의 의미와 특성을 기술하시오.

2.7 참고문헌

· 정창희(1986), 지질학개론, 박영사, pp.16-21.
· 고호성(1996), 잔적토의 평면변형률 시험법의 개발과 역학적 특성에 관한 연구, 부산대학교 대학원 토목공학과 석사학위논문, p.27.
· 대한토목학회(1997), 토목기술강좌, Vol.2, No.2, p.177.
· 신성건설(주)(2003.6), 남천−경산간 도로4차로 확장 및 포장공사 시점부 절토사면 검토보고서(국토관리청 관할).
· Deere, D.U., Patton, F.D.(1971), "Slope Stability in Residual Soils", Proc. 4th Pan-American Conf. S.M.F.E., Vol.1, pp.87-170.
· 村山 英司, 結城 則行(1995), "斷層の調査," 土と基礎, Vol.43, No.3, pp.15-19.

주는 영이시니 주의 영이 계신 곳에는 자유가 있느니라.(성경, 고린도후서 3장 17절)

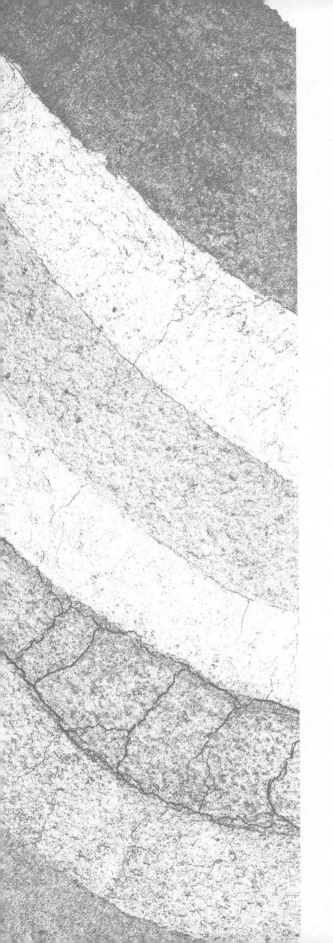

제3장

흙의 구성과 물리적 성질

제3장 흙의 구성과 물리적 성질

3.1 체적, 중량에 관련되는 값

흙은 흙입자(solid)와 간극(void)으로 구성되어 있으며, 간극은 물과 공기로 나누어진다. 이들의 체적과 중량을 나타내는 각종 기호는 표 3.1과 같다.

표 3.1 흙의 체적, 중량에 대한 각종 기호

흙 속에 포함된 재료		체적	중량
흙(soil)	흙입자 또는 토립자(solid)	V_s	W_s
	물(water)	V_w	W_w
	공기(air)	V_a	—

간극(void) = 물 + 공기
간극의 체적 $V_v = V_w + V_a$

총체적 $V = V_s + V_v = V_s + V_w + V_a$
총중량 $W = W_s + W_w$

참고로, 앞으로 설명되는 기호 중, '~비'와 '~율'이 있는데, 그 의미는 다음과 같다.

$$\sim 비 = \frac{부분}{부분(기준)} \quad \left(예를 들면, \ 간극비 = \frac{간극의\ 체적}{흙입자의\ 체적} \right)$$

$$\sim 율 = \frac{부분}{전체} \times 100(\%) \quad \left(예를 들면, \ 간극률 = \frac{간극의\ 체적}{흙전체의\ 체적} \times 100(\%) \right)$$

3.1.1 간극비(void ratio, e), 간극률(porosity, n)

(1) 간극비 $\quad e = \dfrac{V_v}{V_s}$ $\hspace{5cm}$ (3.1)

(2) 간극률 $\quad n = \dfrac{V_v}{V} \times 100\,(\%)$ $\hspace{4cm}$ (3.2)

(3) e와 n의 관계

$$e = \frac{V_v}{V_s} = \frac{V_v}{V - V_v} = \frac{\dfrac{V_v}{V}}{1 - \dfrac{V_v}{V}} = \frac{\dfrac{n}{100}}{1 - \dfrac{n}{100}} \hspace{3cm} (3.3)$$

$$n = \frac{V_v}{V} \times 100 = \frac{V_v}{V_s + V_v} \times 100 = \frac{\dfrac{V_v}{V_s}}{1 + \dfrac{V_v}{V_s}} \times 100 = \frac{e}{1+e} \times 100\,(\%) \hspace{1.5cm} (3.4)$$

(4) 모래와 점토의 자연상태에서의 개략적인 간극비 범위

모래 : $e = 0.4 \sim 1.0$

점토 : $e = 0.8 \sim 3.0$

일반적으로 모래가 투수성이 크므로 간극비도 크다고 생각하기 쉬우나 간극비는 일반적으로 점토가 크다. 그 이유는 모래의 입자는 그림 4.2와 같이 입자간이 서로 접촉되어 있으나, 점토는 그림 4.6과 같이 고리를 형성하고 있기 때문이다. 특히 점토입자 사이는 전기적으로 결합되어 있어 투수성이 낮으며, 고리모양으로 되어 있어 가운데 공간이 크므로 간극비가 크다.

(5) 간극비는 식 (3.1)에서 알 수 있는 바와 같이 시험에 의해 직접 얻을 수 없으므로 여러 정수들의 관계를 나타내는 식 (3.17)에 의해 구하게 된다. 이 식에서 G_s는 시험에 의해 구해지며, γ_d는 식 (3.10)에 의해 계산된다. w와 γ_t는 시험에서 직접 구해진다.

(6) 비체적(specific volume, v) : 비체적이란 $V_s = 1$일 때의 V를 말하며 $v = 1 + e$가 된다. 왜냐하면, $V = V_s + V_v$에서 $V = V_s(1+e)$가 되고, $V_s = 1$이면 $V_s = 1 + e$가 되기 때문이다. 비체적은 한계상태토질역학 등에 유용하게 사용되는 흙의 상태정수이다.

(7) 균일한 크기의 구(球)는 배열방법에 따라 간극의 크기가 상당히 달라진다. 그림 3.1(a)는

간극비가 최대(가장 느슨한 상태)일 때의 배열 및 간극비이고, 그림 3.1(b)는 간극비가 최소(가장 조밀한 상태)일 때의 배열 및 간극비이다. 이 때의 간극비는 입자의 크기에는 관계없이 배열상태에 따라 달라진다. 흙의 경우는 크고 작은 입자가 혼합되어 있으며, 거의 동일한 크기의 입자가 모여서 형성된 흙을 입도가 불량(입자가 균등)하다고 하고, 크고 작은 입자가 모여서 간극이 감소된 상태를 입도가 양호하다고 한다. 그림 3.2는 그림 3.1(b)의 조밀한 상태의 간극 속에 작은 입자들이 들어있어 더욱 조밀하게 된 상태 (입도가 양호)를 나타낸다.

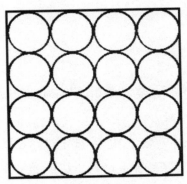

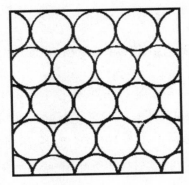

(a) 가장 느슨한 상태 $(e=e_{max}=0.90)$　　　　(b) 가장 조밀한 상태 $(e=e_{min}=0.35)$

그림 3.1 동일한 크기의 구(球) 입자의 배열상태에 따른 간극비(Perloff et al., 1976; Mitchell, 1976)

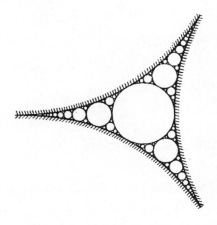

그림 3.2 간극 속에 포함되어 있는 각종 크기의 입자 배열[조밀한(입도양호) 상태](Jumikis, 1962)

3.1.2 포화도(degree of saturation, S)

포화도는 간극 중에서 물이 차지하는 비율을 말하며 식 (3.5)로 정의된다. 포화도는 시험에 의해 직접 얻어지지 않고 여러 정수들의 관계를 나타내는 식 (3.15)에 의해 구하게 된다. 이 식에서 w, G_s는 시험에서 직접 얻어지고, e는 3.1.1절의 (5)와 같이 구해진다. 간극 속에 물이 가득 차 있으면 $S=100\%$가 되며 포화되었다고 하고, 물이 없으면 $S=0\%$가 되며 완전 건조상태를 의미한다.

$$S = \frac{V_w}{V_v} \times 100(\%)$$
(3.5)

3.1.3 함수비(water content, W)

함수비는 식 (3.6)과 같이 흙입자 중량에 대한 물(간극수) 중량의 비를 나타낸다. 여기서, w는 '오메가'가 아니고 물(water)을 나타내는 '더블유'이다.

함수비는 일정량의 흙중량 W를 재고, 다시 건조 시킨 후 중량 W_s를 재서 식 (3.6)에 의해 계산된다. 흙입자의 중량 W_s를 구하기 위해서 시료를 건조로에서 $110 \pm 5\,^\circ\!C$로 24시간 이상 건조시킨다. 온도를 $110 \pm 5\,^\circ\!C$로 하는 것은, 이 온도가 되어야 흙입자의 표면에 붙어 있는 흡착수(5.1절 참조)가 완전히 제거될 수 있기 때문이다.

참고로, 함수율 w'는 식 (3.7)과 같이 나타내어지는데 이것은 거의 사용되지 않는다.

함수비 $\quad w = \dfrac{W - W_s}{W_s} = \dfrac{W_w}{W_s} \times 100(\%)$
(3.6)

함수율 $\quad w' = \dfrac{W_w}{W} \times 100(\%)$
(3.7)

3.1.4 단위중량(unit weight), 밀도(density)

흙의 단위중량은 단위체적중량이라고도 하며, 다음과 같은 4종류로 나누어진다. 아래의 식들에서 중량 대신 질량을 사용하면 밀도(예를 들면, 습윤밀도)가 된다. 단위의 예를 들면, 단위중량(주로 γ 사용)의 경우는 kN/m^3, 밀도(주로 ρ 사용)의 경우는 kg/m^3과 같이 쓰며, 물의 밀도는 약 $1,000 kg/m^3$, 단위중량은 약 $9.8 kN/m^3$이다.

(1) 습윤단위중량 또는 전체단위중량(wet unit weight 또는 total unit weight, $\gamma_{(t)}$)

본 책에서는 전체단위중량이란 용어를 사용하지 않고 습윤단위중량을 사용하기로 한다. 습윤단위중량이란 어떤 함수상태에 있는 흙의 단위중량을 의미하며 식 (3.8)과 같이 정의된다. 여기서 γ는 '감마'(영문자 '알'이 아님)이며, 첨자 t는 생략되기도 한다. 습윤단위중량은 시험에 의해 직접 얻어진다. 즉, 원주상과 같이 체적을 쉽게 계산할 수 있는 형태로 만들어서(성형해서) 체적 V를 계산하고 전체 중량 W를 측정해서 식 (3.8)로서 계산한다.

$$\gamma_{(t)} = \frac{W}{V} \tag{3.8}$$

(2) 건조단위중량(dry unit weight, γ_d)

건조단위중량이란 식 (3.9)와 같이 어떤 함수상태에 있는 흙의 전체적에 대한 흙입자만의 중량의 비를 나타낸다. 즉, 어떤 상태의 흙 속에 흙입자가 얼마나 촘촘하게 들어 있는지를 나타내는 값이다. 후술하게 될 흙의 다짐정도를 나타내는 기준으로 건조단위중량이 사용되는 이유도 명백해진다.

흙은 건조시키면 체적이 변화하기 때문에 건조단위중량이란 흙을 완전히 건조시킨 상태에서의 체적을 사용하여 계산된 단위중량이 아니라는 점에 특히 유의해야 한다. 즉, 건조단위중량이란 건조한 흙의 단위중량을 의미하는 것이 아니고 현상태의 함수비에서 흙 속에 입자가 얼마나 많이 들어 있는가를 나타내는 정수이다.

$$\gamma_d = \frac{W_s}{V} \tag{3.9}$$

건조단위중량은 식 (3.9)와 같이 정의되며, 시험에 의해 구한 습윤단위중량과 함수비를 이용해서 식 (3.10)에 의해 구한다. 물론, 성형된 시료의 체적 V를 계산하고, 이 시료를 건조로에서 건조시켜 중량 W_s를 측정하면 건조단위중량이 식 (3.9)에서 얻어지나, 큰 시료를 건조시키는 데 많은 시간이 소요되므로, 소량의 시료로서 시험된 함수비 w를 이용하여 식 (3.10)으로 계산하는 것이 일반적이다.

$$\gamma_t = \frac{W}{V} = \frac{W_s + W_w}{V} = \frac{1 + \dfrac{W_w}{W_s}}{\dfrac{V}{W_s}} = \frac{1 + \dfrac{w}{100}}{\dfrac{1}{\gamma_d}} = \left(1 + \frac{w}{100}\right)\gamma_d$$

에서 식 (3.10)이 얻어진다.

$$\gamma_d = \frac{\gamma_t}{1 + \dfrac{w}{100}} \tag{3.10}$$

$$\left(\text{또는 } \gamma_d = \frac{W_s}{V} = \frac{\dfrac{W_s}{W}}{\dfrac{V}{W}} = \frac{\dfrac{W_s}{W_s + W_w}}{\dfrac{1}{\gamma_t}} = \frac{\gamma_t}{1 + \dfrac{W_w}{W_s}} = \frac{\gamma_t}{1 + \dfrac{w}{100}} \right)$$

(3) 포화단위중량(saturated unit weight, γ_{sat})

어떤 함수상태에 있는 흙의 포화단위중량이란 그 상태에서 체적의 변화가 없이 간극 속이 물로 완전히 채워졌을 때(즉 포화되어 포화도 $S = 100\%$ 일 때)의 단위중량을 말한다. 그런데, 흙은 함수비에 따라 체적이 변화(모래는 약간, 점토는 상당히)하므로 어떤 흙의 간극을 이론적으로 물로 채울(포화시킬) 때의 단위중량과 포화단위중량은 차이가 있다. 만약 포화시켜도 체적의 변화가 없다고 가정한다면 포화단위중량은 포화시켰을 때의 단위중량이라고 말할 수 있다. 어떤 함수상태의 흙이 포화될 때의 체적은 알기 어려우므로 편의상 현 상태의 체적을 기준으로 포화단위중량을 구해서 이를 지중의 압력 등의 계산에 근사적으로 사용하게 된다. 계산하고자 하는 지중의 위치(깊이)도 현 상태를 기준으로 하지, 포화에 의해 약간 변화된 깊이를 사용하지는 않는다.

포화단위중량은 현 상태의 흙의 중량과 체적을 구해서 바로 구해지는 것이 아니므로 관계식 (3.18)을 이용해서 계산하게 된다. 자연상태의 흙의 개략적인 밀도, 간극비, 간극률은 표 3.2와 같다.

표 3.2 자연상태의 흙의 개략적인 밀도, 간극비, 간극률(김, 1991)

흙의 종류	흙의 상태	간극비	간극률 (%)	밀도(ton/m³)		
				습윤	건조	포화
모래질 자갈	느슨	0.61~0.72	38~42	1.8~2.0	1.4~1.7	1.9~2.1
	조밀	0.22~0.33	18~25	2.0~2.3	1.9~2.1	2.1~2.4
거친 모래, 중간 모래	느슨	0.67~0.82	40~45	1.6~1.9	1.3~1.5	1.8~1.9
	조밀	0.33~0.47	25~32	1.8~2.1	1.7~1.8	2.0~2.1
균등한 가는 모래	느슨	0.82~0.82	45~48	1.5~1.9	1.4~1.5	1.8~1.9
	조밀	0.49~0.56	33~36	1.8~2.1	1.7~1.8	2.0~2.1
거친 실트	느슨	0.82~1.22	45~55	1.5~1.9	1.3~1.5	1.8~1.9
	조밀	0.54~0.67	35~40	1.7~2.1	1.6~1.7	2.0~2.1
실트	연약	0.82~1.00	45~50	1.6~2.0	1.3~1.5	1.8~2.0
	중간	0.54~0.67	35~40	1.7~2.1	1.6~1.7	2.0~2.1
	견고	0.43~0.49	30~35	1.8~1.9	1.8~1.9	1.8~2.2
소성이 작은 점토	연약	1.00~1.22	50~55	1.5~1.8	1.3~1.4	1.8~2.0
	중간	0.54~0.82	35~45	1.7~2.1	1.5~1.8	1.9~2.1
	견고	0.43~0.54	30~35	1.8~2.2	1.8~1.9	2.1~2.2
소성이 큰 점토	연약	1.50~2.30	60~70	1.2~1.8	0.9~1.5	1.4~1.8
	중간	0.67~1.22	40~55	1.5~2.0	1.5~1.8	1.7~2.1
	견고	0.43~0.67	30~40	1.7~2.2	1.8~2.0	1.9~2.3

(4) 수중단위중량(submerged unit weight, γ_{sub})

흙이 물 속에 잠겨 있을 때 단위체적 당의 흙입자의 중량(부력을 고려해야 함)을 수중단위중량
이라고 한다. 흙이 물 속에 잠겨 있으면 흙입자는 부력을 받으므로 수중단위중량은 다음과
같이 된다. 이때의 부력의 크기는 흙입자의 체적 만큼의 물의 중량과 같다.

즉, 수중단위중량 = 단위체적의 흙 속에 포함되어 있는, {흙입자의 중량(W_s) − 흙입자의
체적과 동일한 체적의 물의 중량($V_s \times \gamma_w$)}이 된다.

이때는 포화된 상태이므로 $V_v = V_w$가 되어 $V_s = V - V_v = V - V_w$이며 다음 식이 성립한다.

즉, $\gamma_{sub} = \dfrac{W_s - 입자부력}{V} = \dfrac{(W - W_w) - 입자부력}{V} = \dfrac{(W - W_w) - V_s\gamma_w}{V}$ 에서

$W_w = V_w\gamma_w$ 이므로

$$\gamma_{sub} = \frac{W - V_w\gamma_w - V_s\gamma_w}{V} = \frac{W - (V_w + V_s)\gamma_w}{V} = \frac{W - V\gamma_w}{V} = \frac{W}{V} - \gamma_w = \gamma_{sat} - \gamma_w$$

(3.11)

가 되어, 마치 수중단위중량이란 포화된 단위체적의 흙의 중량(γ_{sat})이 동일한 단위체적의 부력(γ_w)을 받아 가벼워진 중량($\gamma_{sub} = \gamma_{sat} - \gamma_w$)을 뜻하는 것처럼 보이지만 식이 결과적으로 그렇게 보이도록 정리된 것이지 물리적 의미는 그렇지 않다. 여기서 γ_w는 물의 단위중량을 의미한다. 수중단위중량은 지하수위 아래에 위치한 흙의 유효응력(흙입자만에 의한 응력) 산출에 이용된다(이에 대해서는 제5장에 기술).

3.1.5 비중(specific gravity, Gs)

흙의 비중(比重)이란 식 (3.12)와 같이 흙입자 중량에 대한 흙입자 체적과 동일한 체적의 물 중량의 비를 말한다. 중량비이므로 단위는 없다. 비중은 체적이나 중량의 단위에 관계없이 일정하나 단위중량은 단위에 따라 크기가 달라진다.

$$G_s = \frac{\text{흙입자의 중량}}{\text{흙입자와 동일한 체적의 물의 중량}} = \frac{W_s}{V_s \gamma_w} \tag{3.12}$$

비중의 정의는 식 (3.12)와 같으나, 실제로 비중은 KS F 2308의 규정에 따른 시험에 의하여 구한다. 흙을 구성하는 광물의 종류에 따른 개략적인 비중은 표 3.3과 같다.

표 3.3 흙을 구성하는 광물의 종류에 따른 비중(Das, 2006)

광물명		비중, G_s
한글	영어	
석영	Quartz	2.65
카오리나이트	Kaolinite	2.60
일라이트	Illite	2.80
몬모릴로나이트	Montmorillonite	2.65~2.80
할로이사이트	Halloysite	2.00~2.55
포타슘장석	Potassium feldspar	2.57
소듐 및 칼슘 장석	Sodium and calcium feldspar	2.62~2.76
녹니석(綠泥石)	Chlorite	2.60~2.90
흑운모	Biotite	2.80~3.20
백운모	Muscovite	2.76~3.10
각섬석	Hornblende	3.00~3.47
갈철광	Limonite	3.60~4.00
감람석	Olivine	3.27~3.70

비중시험으로부터 비중을 구할 때는 식 (3.13)이 사용된다.

$$G_s(T℃/T℃) = \frac{W_s}{W_s + (W_a - W_b)}$$ (3.13)

여기서, $G_s(T℃/T℃)$: $T℃$ 온도의 물에 대한 $T℃$ 온도의 흙입자의 비중

　　　　W_s : 비중병에 넣은 건조토(흙입자)의 중량

　　　　W_a : $T℃$ 의 물을 가득 채운 비중병의 중량

　　　　W_b : W_s 의 흙입자를 넣고 $T℃$ 의 물을 가득 채운 비중병의 중량

　　　　(각 기호의 정의에 대해서는 그림 3.3 참조)

　여기서, 식 (3.13)의 의미가 식 (3.12)와 동일한지 한 번 살펴보자. 분자는 흙입자의 무게이니까 분모가 흙입자의 체적과 동일한 체적의 물의 무게인지를 확인하면 된다.

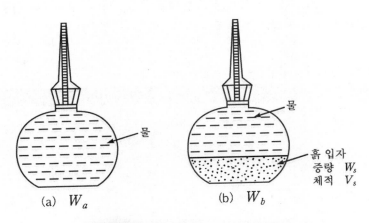

그림 3.3 비중시험에서의 각 기호의 정의

　원래의 분모는 $W_s - (W_b - W_a)$ 로서 그림 3.3에서 이 식의 의미는 「흙입자 무게-(흙입자 무게-흙입자 체적만큼의 물의 무게)」가 되어 결국은 「흙입자 체적만큼의 물의 무게」, 즉 「흙입자의 체적과 동일한 체적의 물의 무게」만 남아서 비중의 원래 의미와 같아진다.

　특별한 지정 없이 그냥 비중이라고 하면 $T℃$ (시험시의 비중병 내부의 온도로서 실내온도와 유사)의 흙입자의 무게에 대한 $15℃$ 의 물의 무게의 비로서 정의되므로 표 3.4의 보정계수를

곱해서 식 (3.14)와 같이 구해진다. 사실 물의 무게는 15℃ 를 기준으로 하므로 기온이나 지반온도에 무관하나, 흙입자의 무게는 시험온도에 따라 달라지므로 시험실에서 구한 비중이 현장에서의 정확한 비중이라고 말할 수는 없다. 다만, 가능한 한 시험온도를 현장에서의 온도와 비슷하도록 해서 시험하는 것이 조금이라도 정확도를 높이는 방법이 되겠지만 이것도 현장의 온도가 매일 변하고 또한 시험시점, 설계시점 및 현장적용시점이 각각 다르므로 오차가 포함되는 것은 피할 수 없지만 이 오차는 대단히 작으므로 공학적으로 별 영향을 미치지는 않을 것이다. 만약 온도 4℃ 의 물에 대한 흙입자의 비중을 구하기 원한다면 온도 T℃ 에서의 흙입자의 비중에 온도 T℃ 에서의 물의 비중(표 3.4)을 곱하면 된다.

$$G_s(T℃/15℃) = G_s(T℃/T℃) \times K \qquad (3.14)$$

여기서, $G_s(T℃/15℃)$: 15℃ 온도의 물에 대한 T℃ 온도의 흙입자의 비중으로 특별한 언급이 없을 때의 비중은 이 값을 의미한다.

$G_s(T℃/T℃)$: T℃ 온도의 물에 대한 T℃ 온도의 흙입자의 비중으로 시험치임.

K : 물의 온도에 대한 보정계수(15℃ 기준, 표 3.4 참조)

표 3.4 온도에 따른 물의 비중과 15℃를 기준으로 한 보정계수

온도(℃)	물의 비중	보정계수, K	온도(℃)	물의 비중	보정계수, K
4	1.000000	1.0009	18	0.998625	0.9995
5	0.999992	1.0009	19	0.998435	0.9993
6	0.999968	1.0008	20	0.998234	0.9991
7	0.999930	1.0008	21	0.998022	0.9989
8	0.999877	1.0007	22	0.997800	0.9987
9	0.999809	1.0007	23	0.997568	0.9984
10	0.999728	1.0006	24	0.997327	0.9982
11	0.999634	1.0005	25	0.997075	0.9979
12	0.999526	1.0004	26	0.996814	0.9977
13	0.999406	1.0003	27	0.996544	0.9974
14	0.999273	1.0001	28	0.996264	0.9971
15	0.999129	1.0000	29	0.995976	0.9968
16	0.998972	0.9998	30	0.995678	0.9965
17	0.998804	0.9997			

3.1.6 단위중량, 간극비, 포화도, 함수비, 비중의 상호관계

흙의 구성을 나타내는 상호관계식 중 가장 활용도가 높은 두 가지 식은 식 (3.15), 식 (3.16)과 같으며 이 두 식은 반드시 기억해야 할 필요가 있다.

$$Se = w\,G_s \tag{3.15}$$

$$\gamma_t = \frac{G_s + \dfrac{S}{100}e}{1+e}\gamma_w \tag{3.16}$$

식 (3.15)와 식 (3.16)을 증명하면 다음과 같다.

$$S = \frac{V_w}{V_v} = \frac{\dfrac{W_w}{\gamma_w}}{V_v} = \frac{\dfrac{w\,W_s}{\gamma_w}}{V_v} = \frac{\dfrac{w(G_s V_s \gamma_w)}{\gamma_w}}{V_v} = \frac{w\,G_s V_s}{V_v} = \frac{w\,G_s}{e}$$

$$\gamma_t = \frac{W}{V} = \frac{W_s + W_w}{V_s(1+e)} = \frac{\dfrac{W_s}{V_s} + \dfrac{W_w}{V_s}}{1+e} = \frac{G_s \gamma_w + \dfrac{V_w \gamma_w}{V_s}}{1+e}$$

$$= \frac{G_s \gamma_w + \dfrac{\dfrac{S}{100}V_v}{V_s}\gamma_w}{1+e} = \frac{G_s + \dfrac{S}{100}e}{1+e}\gamma_w$$

식 (3.16)에서 포화도 $S = 0$이 되면 전체 체적은 변하지 않으면서 간극 속의 물을 제거할 때의 단위중량인 건조단위중량을 나타내고, $S = 100\%$가 되면 포화단위중량을 나타내므로 식 (3.16)을 이용하여 구한 각 단위중량은 식 (3.17)~식 (3.19)와 같이 된다. 식 (3.17)은 간극비를 구하는데 사용되며 이때 G_s는 비중시험으로, γ_d는 식 (3.10)에서 구해진다. 물의 단위중량 γ_w는 현장흙의 온도(또는 단위중량을 구하는 시험실에서의 온도)와 동일한 온도에 대한 값이다.

$$\gamma_d = \frac{G_s}{1+e}\gamma_w \tag{3.17}$$

$$\gamma_{sat} = \frac{G_s + e}{1+e}\gamma_w \tag{3.18}$$

$$\gamma_{sub}(= \gamma_{sat} - \gamma_w) = \frac{G_s - 1}{1+e}\gamma_w \tag{3.19}$$

3.2 입도

흙의 입도란 흙의 입자크기(입자직경, 입경)별 함유량의 분포를 말한다. 흙을 토목재료로 사용하는 구조물 즉, 흙댐이나 하천제방, 도로 또는 비행장 활주로, 매립, 성토 등에서는 흙의 공학적인 성질을 파악하는데 흙입자의 크기와 입도분포가 대단히 중요한 자료로 사용된다. 따라서 흙의 입도분포를 구하는 것은 모든 토질시험의 기초로 되어 있다.

KS F 2302(2002년)에 의하면 흙의 입도분석을 위한 입도시험은 체분석(sieve analysis)과 침강분석의 두 종류가 있다. 침강분석은 비중계분석(hydrometer analysis)이라고도 하는데, 여기서는 KS에 기술되어 있는 체분석, 침강분석이란 용어를 사용하기로 한다. 체분석은 제작 가능하고 입자가 비교적 자유롭게 통과할 수 있는 범위 내에서 만들어진 여러 크기의 시험용 체(KS A 5101)를 사용하여 분석하는 것으로 조립토(coarse-grained soil, 입경이 큰 흙 ; 0.075mm 이상)에 사용되고, 침강분석은 비중계를 이용하여 분석하는 것으로 체분석이 곤란한 세립토(fine-grained soil, 입경이 작은 흙 ; 0.075mm 미만)에 사용된다.

KS F 2302에 규정되어 있는 입도시험의 순서를 알기 쉽게 표현하면 그림 3.4와 같으며, 이 그림의 과정을 설명하면 다음과 같다.

① 시료를 2.0mm체로 쳐서 남는 것(잔류분)은 체분석한다.
② 통과분은 세립분이 응결되어 있는 상태이므로 분산제를 사용하여 시료 입자의 응결을 풀어 분산시킨다. 특히 점토는 전기적인 결합에 의해서 서로 부착하거나 반발하기 때문에 전기력을 제거하지 않으면 침강분석이 정확하게 수행되지 않으므로 분산의 과정이 대단히 중요하다.
③ 분산된 시료에 물을 적당량 더하여 메스실린더에 넣고 잘 흔든 후 비중계로써 침강분석을 실시한다. 비중계는 그림 3.5와 같이 낚시용 찌와 비슷하게 생긴 것으로 그림 3.4의 메스실린더 내에 떠 있는 것이다. 비중계를 넣은 메스실린더는 시험과정에서의 온도변화의 영향을 없애기 위해서 시험 완료 시까지 항온수조에 넣어 둔다. 메스실린더 내에 있는 현탁액 속의 입자가 침강함에 따라 현탁액의 비중이 낮아지므로 비중계는 점차로 가라앉게 된다. 이 가라앉는 속도로써 흙입자의 크기와 함유량을 계산하는 것이 바로 침강분석이다. 이 침강분석에 의해 0.075mm 미만의 입도를 분석(입경별 함유량을 분석)하게 된다. 그런데, 여기서 이상하게 생각되는 부분이 있다. 메스실린더 내에서 침강분석을 행하게 되는 시료는 0.075mm 미만의 시료가 아니라 2.0mm 미만의 시료이다. 그럼, 이 분석에 2.0mm~

0.075mm의 시료는 왜 포함시키는가? 알고 보면 간단한 이유가 있다. 0.075mm 체는 대단히 간격이 작아 건조된 흙을 그냥 치기 어려우므로 물로 씻으면서 쳐서(水洗라고 함) 통과하는 것을 모으게 되는데, 이 과정에서 상당량의 물이 필요하고 이렇게 해서 통과된 양(물＋흙입자)은 메스실린더에서 감당하기 어려울 만큼 많아질 수 있어 시험자체가 어렵게 된다. 따라서 불필요한 입자(2.0mm～0.075mm)가 포함되더라도 이 범위의 입자는 커서 빨리 침강하기 때문에 0.075mm 미만의 세립자의 침강속도를 분석하는 데는 별 영향을 미치지 않으므로 시험의 편의상 이 입자들을 포함시켜 시험을 행하게 된다.

④ 침강분석으로 0.075 mm 미만의 입자를 분석한 후에는 이 크기의 입자는 0.075mm 체를 사용하여 물로 씻어 버리면 되므로 이 과정에서의 어려움은 없게 된다. 이때 남는 흙은 건조 후 체분석을 하게 된다. 물론 이 체분석에서 분석되는 입경은 0.075mm～2.0mm이다.

그림 3.4에서 시료의 분산은 소성지수에 따라 다음 어느 방법으로 한다. 흙입자를 서로 붙어 있지 않고 개개 입자로 분산시키기 위해 사용하는 분산제는 흙입자의 화학적 분산을 달성할 수 있는 것으로 헥사메타인산나트륨의 포화용액(포화용액으로서 헥사메타인산나트륨 약 20g을 20℃의 증류수 100ml 속에 충분히 녹이고, 결정의 일부가 용기 밑에 남아 있는 상태의 용액)을 사용하나, 헥사메타인산나트륨 대신에 피로인산나트륨, 트리폴리인산나트륨의 포화용액 등을 사용해도 좋다.

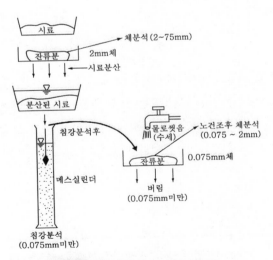

그림 3.4 입도시험 순서 개략 개념도

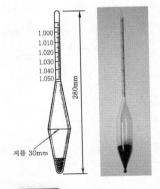

그림 3.5 비중계의 모양

(1) 소성지수가 20 미만인 시료인 경우(세립분이 적은 시료)

① 비커에 넣은 시료에 증류수를 가하여 똑같아지도록 휘저어 섞고 전체 흙입자가 물에 잠기도록 한다.

② 15시간 이상 방치한 후, 비커 내용물의 전량을 분산장치의 용기에 옮기고 증류수를 가하여 전체적으로 약 $700ml$가 되게 한다.

③ 분산제 $10ml$를 가하고 내용물을 분산장치에서 약 1분 동안 교반한다.

(2) 소성지수가 20 이상인 시료의 경우(세립분이 많은 시료)

① 비커에 넣은 시료에 과산화수소수의 6% 용액 약 $100ml$를 가만히 가하고 똑같아지도록 휘저어 섞고 전체 흙입자가 물에 잠기도록 한다.

② 비커에 유리판 등으로 덮개를 하고 $110 \pm 5\,℃$의 항온 건조로 안에 넣는다. 비커의 내용물이 흘러 넘친 경우는 시험을 처음부터 다시 해야 하므로 주의해야 한다.

③ 약 1시간 후에 항온 건조로에서 비커를 꺼내고 약 $100ml$의 증류수를 가하여 전체 흙입자가 물에 잠기도록 한다.

④ 15시간 이상 방치한 후, 비커의 내용물 전량을 분산장치의 용기에 옮기고 증류수를 가하여 전체적으로 약 $700ml$가 되게 한다.

⑤ 분산제 $10ml$를 가하고 내용물을 분산장치에서 약 1분 동안 교반한다.

3.2.1 체분석

그림 3.6의 체분석에 사용되는 체는 KS A 5101에 규정하는 시험용 체로서 표 3.5의 호칭치수인 것으로 한다. KS에는 표 3.5와 같이 1mm 이하의 체눈금(또는 입경)은 μm으로서 나타내지만, 본 책에서는 단위의 통일성을 위해 그림 3.4 등과 같이 모두 mm로 나타내었다. 참고로, 종전에는 체번호로써 눈금의 크기를 나타내었으나, 현재는 체번호를 사용하지 않고 눈금의 크기만으로 체를 분류하고 있다.

표 3.5 체분석에 사용하는 시험용 체 눈금의 크기(KS F 2302)

체눈금크기	75mm	53mm	37.5mm	26.5mm	19mm	9.5mm	4.75mm	2mm	850μm	425μm	250μm	106μm	75m

체분석은 그림 3.6과 같이 여러 체를 포개어서 눈금이 제일 큰 최상부의 체에 노건조 시료를 올려놓고 진동을 가해서 각 체에 남는 중량을 측정한다. 이 중량을 표 3.6과 같이 정리해서 입경과 통과율의 관계를 구한다.

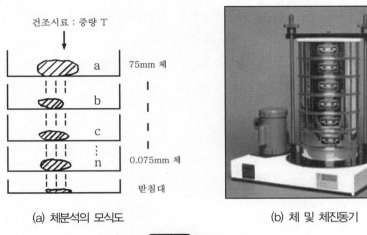

(a) 체분석의 모식도   (b) 체 및 체진동기

그림 3.6 체분석

표 3.6 체분석 결과의 정리표(그림 3.6(a) 참조)

흙입자의 입경 (체눈금 크기)	체에 남는 흙 중량	잔류율(%)	가적잔류율(%)	통과율(통과중량백분율)(%)
75mm	a	$A_a = \dfrac{a}{T} \times 100$	A_a	$P_a = 100 - A_a$
53mm	b	$A_b = \dfrac{b}{T} \times 100$	$A_a + A_b$	$P_b = 100 - (A_a + A_b)$
·	·		·	
·	·		·	
·	·		·	
0.075mm	n	$A_n = \dfrac{n}{T} \times 100$	$A_a + A_b + \cdot + A_n$	$100 - (A_a + A_b + \cdot + A_n)$

3.2.2 침강분석

침강분석은 비중계분석이라고도 하며, 물 속의 흙입자의 침강속도에 대한 스톡스의 법칙(Stokes' Law)을 이용하여 0.075mm 체를 통과하는 세립자의 양을 분석하는 방법이다. 이때의 흙입자는 모두 구(球)로 가정하였다. 스톡스의 법칙은 구형(球形)의 입자가 무한히 퍼져있는 정수 중에 개개의 입자가 용기의 측벽이나 입자간의 충돌 없이 가라앉는다는 조건을 전제로

하므로 실제와는 오차가 생긴다. 본 법칙의 적용범위의 입경은 0.2~0.0002mm 정도로 알려져 있는데, 이것은 0.2mm 이상에서는 침강할 때 교란이 심하고 0.0002mm 이하에서는 브라운운동 (Brownian movement 또는 Brownian motion)이 심하므로 중력의 법칙에 따르지 않아 정확히 분석할 수 없기 때문이다. 스코틀랜드의 식물학자인 브라운(Robert Brown)은 1827년에 물 속에 있는 꽃가루를 관찰해서, 물 속의 작은 입자가 빠른 진동운동을 하는 것을 발견했으며, 이 운동을 브라운운동이라고 명명했다(Harr, 1977 ; Jumikis, 1962).

스톡스의 법칙에 의한 흙입자의 침강속도는 식 (3.20)과 같다.

$$v = \frac{\rho_s - \rho_w}{18\eta}D^2 \tag{3.20}$$

여기서, v : 흙입자의 침강속도

ρ_s : 흙입자의 밀도

ρ_w : 물의 밀도

D : 흙입자의 직경

η : 물의 점성계수(15℃ 에서 약 0.01dyne $\cdot$ sec/cm^2)

식 (3.20)에, $\rho_s = G_s\rho_w$, $v = \frac{L}{t}$(L : 침강거리, t : 침강시간)을 대입하여 D를 유도하면 식 (3.21)과 같이 된다.

$$D = \sqrt{\frac{18\eta}{(G_s-1)\rho_w}} \sqrt{\frac{L}{t}} \tag{3.21}$$

식 (3.21)을 사용에 편리하도록 η의 단위를 g $\cdot$ sec/cm^2, ρ_w를 g/cm^3, L을 cm, t를 min, D를 mm로 바꾸면 식 (3.21)은 식 (3.22)와 같이 된다.

$$D = \sqrt{\frac{30\eta}{(G_s-1)\rho_w}} \sqrt{\frac{L}{t}} \tag{3.22}$$

$\rho_w ≒ 1g/\mathrm{cm}^3$이라고 하고, $K = \sqrt{\dfrac{30\eta}{G_s - 1}}$ 라고 두면 식 (3.22)는 식 (3.23)과 같이 된다.

식(3.23)은 물 속에서 t시간에 L거리 침강하는 입자의 직경 D를 구하는 식이다. 즉 D직경의 입자는 물 속에서 t시간에 L거리 침강하게 된다. 흙입자의 비중과 물(현탁액)의 온도에 따른 K값은 표 3.7과 같다.

$$D = K\sqrt{\dfrac{L}{t}} \tag{3.23}$$

여기서, D : mm

t : min

L : cm

표 3.7 흙입자의 비중과 물의 온도에 따른 식 (3.23)의 K값

온도 (℃)	흙입자의 비중								
	2.45	2.50	2.55	2.60	2.65	2.70	2.75	2.80	2.85
4	0.01819	0.01788	0.01759	0.01732	0.01706	0.01680	0.01656	0.01633	0.01611
5	0.01791	0.01761	0.01732	0.01705	0.01670	0.01654	0.01630	0.01607	0.01595
6	0.01763	0.01734	0.01706	0.01679	0.01653	0.01629	0.01605	0.01586	0.01561
7	0.01737	0.01708	0.01671	0.01653	0.01628	0.01605	0.01581	0.01559	0.01538
8	0.01711	0.01682	0.01655	0.01629	0.01605	0.01581	0.01558	0.01536	0.01515
9	0.01696	0.01659	0.01631	0.01606	0.01581	0.01558	0.01536	0.01514	0.01493
10	0.01663	0.01635	0.01608	0.01583	0.01559	0.01536	0.01514	0.01493	0.01472
11	0.01640	0.01612	0.01586	0.01561	0.01537	0.01514	0.01493	0.01472	0.01452
12	0.01611	0.01584	0.01558	0.01534	0.01510	0.01488	0.01467	0.01448	0.01426
13	0.01595	0.01568	0.01543	0.01519	0.01495	0.01473	0.01452	0.01432	0.01412
14	0.01575	0.01548	0.01523	0.01497	0.01476	0.01454	0.01433	0.01413	0.01398
15	0.01554	0.01528	0.01503	0.01480	0.01455	0.01436	0.01415	0.01395	0.01376
16	0.01531	0.01505	0.01481	0.01457	0.01435	0.01414	0.01394	0.01374	0.01356
17	0.01511	0.01486	0.01462	0.01439	0.01417	0.01396	0.01376	0.01356	0.01338
18	0.01492	0.01467	0.01443	0.01421	0.01399	0.01378	0.01359	0.01339	0.01321
19	0.01474	0.01449	0.01425	0.01403	0.01382	0.01361	0.01342	0.01323	0.01305
20	0.01456	0.01431	0.01408	0.01386	0.01365	0.01344	0.01325	0.01307	0.01289
21	0.01433	0.01414	0.01391	0.01369	0.01348	0.01328	0.01309	0.01291	0.01273
22	0.01421	0.01397	0.01374	0.01353	0.01332	0.01312	0.01294	0.01276	0.01258
23	0.01404	0.01381	0.01358	0.01337	0.01317	0.01297	0.01279	0.01261	0.01243
24	0.01388	0.01365	0.01342	0.01321	0.01301	0.01282	0.01264	0.01246	0.01229
25	0.01372	0.01349	0.01327	0.01306	0.01286	0.01267	0.01249	0.01232	0.01215
26	0.01357	0.01334	0.01312	0.01291	0.01272	0.01253	0.01235	0.01218	0.01201
27	0.01342	0.01319	0.01297	0.01277	0.01258	0.01239	0.01221	0.01204	0.01188
28	0.01327	0.01304	0.01283	0.01264	0.01244	0.01225	0.01208	0.01191	0.01175
29	0.01312	0.01290	0.01269	0.01249	0.01230	0.01212	0.01195	0.01178	0.01162
30	0.01298	0.01256	0.01256	0.01236	0.01217	0.01199	0.01182	0.01165	0.01149

비중계를 사용하여 구부 주변 현탁액의 단위중량을 읽어서 어떤 입경 Dmm 이하인 흙입자의 백분율(D mm 통과백분율)을 얻기 위해 다음의 원리를 이용한다.

비중계(hydrometer)는 그림 3.5와 같은 모양으로 마름모 모양의 구부 중심 깊이에서의 현탁액의 단위중량을 수면에서의 눈금으로 나타내는 기구로서 측정범위는 $0.990 \sim 1.050 (\mathrm{gf/cm^3})$ 이며 「비중계 중량 = 부력」의 상태로 정지하게 된다. 즉, 「부력/ 구부의 체적」이 현탁액의 단위중량으로서 비중계의 눈금으로 나타나게 되는 것이다.

V를 현탁액의 체적, W_s를 현탁액 속의 건조흙 중량이라 할 때 현탁액 속의 흙입자가 골고루 부유된 초기 상태에서는 단위체적의 현탁액 중의 흙입자의 중량이 W_s / V이므로 단위 현탁액 중의 흙입자의 체적은 $\dfrac{W_s}{V} \cdot \dfrac{1}{\gamma_s} = \dfrac{W_s}{V G_s \gamma_w}$ $\left(\text{여기서, } \gamma_s \text{는 흙입자의 단위중량으로, } \gamma_s = \dfrac{W_s}{V_s} = G_s \gamma_w \right)$ 가 된다. 따라서 단위체적의 현탁액 중의 물의 체적(현탁액 단위체적에서 입자의 체적을 뺀 값) 및 중량은 각각 $1 - \dfrac{W_s}{V G_s \gamma_w}$, $\gamma_w - \dfrac{W_s}{V G_s}$ 이고, 현탁액의 단위중량(γ_i)은 흙과 물 중량의 합이므로 시험 개시 시에 충분히 혼합된 순간에 있어서는 $\gamma_i = \dfrac{W_s}{V} + \left(\gamma_w - \dfrac{W_s}{V G_s} \right)$ 이다.

시험 개시 후 흙입자가 침강하여 t시간 경과하였을 때 수면에서 L 깊이에 있는 흙입자의 최대입경 D는 식 (3.23)과 같다. 즉, 그림 3.7에서 깊이 L 상부에는 D 이하의 입자뿐이고, 마찬가지로 미소깊이 dL 내에도 D 이하의 입자뿐이다.

그림 3.7의 미소요소 dL 내에는 D 이하의 입자뿐이고, 이곳의 현탁액 단위중량은 시험 개시 시의 D 이하 입자만을 포함시킨 전체 현탁액 단위중량과 동일하다는 점이 침강분석의 핵심이다. 이것을 증명하면 다음과 같다.

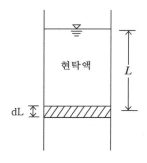

그림 3.7 시험 개시 후 t분 경과시의 특정 깊이 L

L 깊이 이내의 D 이상 입자(그림 3.8의 A)는 모두 L 깊이 아래로 내려가서 dL 내에는 존재하지 않지만, dL 내의 D 이하 입자(그림 3.8의 S)의 양은 시험 개시 시부터 t시간까지 거의 변하지 않는 것으로 볼 수 있다. 그림 3.8에 나타낸 바와 같이 시험 개시 시 수면 위치에 있던 D 이하 입자(그림 3.8의 S)가 L 깊이 아래로 내려가야 dL 내의 D 이하 입자수가 감소하지만, 그렇지 않으므로 D 이하 입자가 dL 내에 진입하는 양과 진출하는 양은 거의 같을 것이다. 따라서 시험 개시 후 t시간 동안 dL에서의 현탁액 단위체적당 D 이하 입자의 양이, 시험 개시 시의 전체 현탁액 단위체적당 D 이하 입자의 양과 같다.

여기서, 그림 3.9와 같이 비중계 구부 중심 깊이를 L로 하고, 구부 위치의 현탁액 평균단위중량을 눈금으로 측정한 값이 dL 구간의 현탁액 단위중량을 나타낸다고 볼 수 있으며, 앞에서 기술한 대로 dL 구간의 현탁액에는 D 이하의 입자뿐이라는 사실이 매우 중요하다..

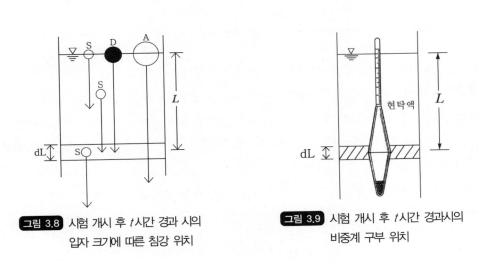

그림 3.8 시험 개시 후 t시간 경과 시의 입자 크기에 따른 침강 위치

그림 3.9 시험 개시 후 t시간 경과시의 비중계 구부 위치

D 이하 흙입자의 중량과 현탁액 중의 전 흙입자와의 중량비를 P라 하면, 단위체적의 현탁액 중 D 이하 흙입자의 중량은 PW_s/V가 된다. 따라서 dL 구간의 현탁액의 단위중량은

$$\gamma = \frac{PW_s}{V} + \left(\gamma_w - \frac{PW_s}{VG_s}\right) = \gamma_w + \frac{G_s - 1}{G_s} \cdot \frac{PW_s}{V}$$ 이므로 이 식에서 P는 식 (3.24)와 같이

된다. 시험에서는 시간에 따라 점점 깊어지는 비중계 구부 중심 깊이에 있어서의 현탁액의 단위중량 γ를 각 시간마다 비중계로써 읽고, 보정(메니스커스보정과 온도보정, 이에 대해서는 토질시험 관련 책 참조)을 거쳐 구해진 보정γ를 식 (3.24)에 대입하면 D 이하 입자의 백분율 P가 얻어진다. 식 (3.24)에 의해 구해진 P가 직경 D 이하 흙입자의 비율(체눈금 크기 D에

대한 통과율)이 된다. 동일한 원리로 계속 깊어지는 비중계 구부 중심 위치 L에서의 비중계 눈금을 읽으면 여러 D에 대한 P가 얻어진다. 최종적으로 D와 P의 관계를 정리하여 표 3.8을 작성한다.

$$P = \frac{D \text{ 이하 흙입자 중량}}{\text{전체 흙입자 중량}} \times 100 \ (\%) = \frac{G_s}{G_s - 1} \cdot \frac{V}{W_s}(\text{보정 } \gamma - \gamma_w) \times 100 \ (\%)$$

$$(3.24)$$

표 3.8 침강분석 결과의 정리표

흙입자의 직경(체눈금 크기), D	통과율(통과중량백분율), $P(\%)$
.	.
.	.
.	.

식 (3.23)의 L은 그림 3.10에서 원래의 액면에서 비중계 구부의 체적을 제거했을 때의 가상적인 구부의 중심까지의 거리로서 유효깊이(effective depth)라고 하며, 비중계를 넣음으로서 액면이 상승하므로 보정이 필요하다. 즉, 유효깊이 L은 그림 3.10(b)의 구부 중심 위치까지의 깊이가 아니라, 그림 3.10(a)와 같이 구부의 체적을 제거했을 때의 가상적인 구부의 중심위치까지의 깊이를 말한다. 그러므로 그림 3.10에서 실측하는 값인 L'(및 L_1, L_2)를 식 (3.25)로써 보정해서 구해야 한다. 이때 L_1 부분의 비중계 체적에 의한 액면 상승은 적으므로 무시한다.

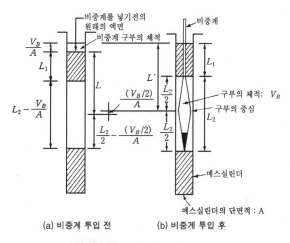

(a) 비중계 투입 전   (b) 비중계 투입 후

그림 3.10 비중계의 유효깊이(L)

침강분석은 비중계가 없는 상태에서 입자를 침강시켜서 분석해야 하지만 그렇게 할 수 있는 방법이 없으므로 하는 수 없이 입자의 침강에 지장을 초래하면서까지 비중계를 넣어서 측정하게 된다. 그래서 그림 3.10에서 비중계가 없는 상태에 대한 유효깊이를 사용하는 것이다. 이런 이유로, 비중계는 현탁액 속에 조용히 넣었다가 구부 중심에서의 현탁액 단위중량과 유효깊이 등을 측정한 후 현탁액이 교란되지 않도록 조심해서 꺼내야 한다. 비중계를 장시간 넣어두면 비중계 구부에 흙입자가 묻어서 비중계의 침강속도에 영향을 줄 수 있으므로 10초 정도가 적당하다. 비중계는 꺼낸 후 구부에 붙은 흙입자를 물로 씻어내고 계속해서 측정에 사용하게 된다. 비중계를 넣고 꺼낼 때 흙입자 침강에 미치는 영향이나 비중계에 묻어서 씻어내게 되는 흙입자의 양 등은 부득이 하게 포함되는 오차가 된다.

$$L = L' - \frac{V_B}{A} + \frac{(V_B/2)}{A} = L' - \frac{V_B}{2A} \text{ 또는}$$

$$L = L_1 + \frac{L_2}{2} - \frac{(V_B/2)}{A} = L_1 + \frac{1}{2}\left(L_2 - \frac{V_B}{A}\right) \tag{3.25}$$

앞에서 기술한 침강분석 개념을 요약하면 다음과 같다.

(1) 현탁액을 잘 흔들어서 입자가 골고루 퍼진 상태에서 침강을 시작한 후 t시간 경과 시 비중계를 넣고 비중계 구부중심의 유효깊이 L과 구부중심 위치에서의 현탁액 단위중량을 측정한다.

(2) 식 (3.23)을 이용하여 t시간 동안 L 깊이만큼 침강하는 입경 D를 구한다.

(3) 비중계 구부 중심 위치(현탁액 L 깊이)의 현탁액 단위중량(γ)을 비중계로써 측정하고 메니스커스 및 온도 보정을 한 보정 γ를 산정한다. 이때의 γ는 D 이하 입자만을 포함한 현탁액의 단위중량이 된다.

(4) 보정 γ를 이용하여 전체 흙입자 중량에 대한 D 이하 흙입자 중량의 백분율 $P(\%)$를 식 (3.24)에서 구한다.

(5) 시험 개시 후 시간의 경과에 따라 변하는 L 깊이와 이에 따른 D 입경을 구하고, 이렇게 구해진 D 입경과 통과율(D 이하 입경의 비율) P의 관계를 동일한 방법으로 수차례 구해서 체분석 결과와 연결하면 입도곡선이 완성된다.

3.2.3 입도시험 결과의 이용

(1) 입도곡선(grain size distribution curve)

입도시험(체분석 및 침강분석)의 결과 얻어진 표 3.6과 표 3.8을 이용해서 입경과 통과율의 관계를 그리면 그림 3.11과 같은 입도(분포)곡선(또는 입경가적곡선, grain size distribution curve 또는 particle size distribution curve 또는 grain size accumulation curve)이 얻어진다. 입도곡선으로 흙의 종류, 입도분포, 입도양부 등을 판정하게 된다.

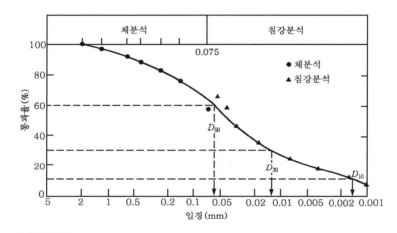

그림 3.11 입도곡선 ; D_{10}, D_{30}, D_{60}의 정의에 대해서는 (2), (3), (4)항 참조

(2) 유효입경(effective grain size, D_{10})

유효입경이란 그림 3.11에 나타낸 바와 같이 입도곡선에서 통과율 10%에 해당하는 입경을 의미하며 D_{10}으로 나타낸다. 유효입경이란 용어는 사질토의 입도양부를 결정하거나 투수성을 추정하는데 유용하게 사용되므로 붙여진 이름이다.

(3) 균등계수(uniformity coefficient, C_u)

균등계수란 식 (3.26)으로 정의되며 입도곡선의 기울기가 완만하냐 급하냐를 나타내는 값으로, C_u가 클수록 기울기가 완만하여 입자가 골고루 분포(입도양호) 되어 있음을 의미한다. 입도양부의 판정에 대해서는 (5)항에서 기술.

$$C_u = \frac{D_{60}}{D_{10}} \tag{3.26}$$

여기서, D_{60} : 통과율 60%에 해당되는 입경(그림 3.11 참조)

(4) 곡률계수(coefficient of gradation 또는 coefficient of curvature, C_z)

곡률계수란 식 (3.27)로 정의되는 값으로, 입경이 한곳에 치우쳐 있는지 어떤 입경 범위의
입자는 그 양이 적은지 등을 나타낸다. 즉, 입도곡선이 굽어 있는 정도, 평평한 정도를 나타내는
계수이다. 곡률계수의 기호로서 C_g를 많이 사용하나, 여기서는 KS F 2324(2006년)에 기술되어
있는 C_z를 사용하기로 한다.

$$C_z = \frac{D_{30}^2}{D_{10} \times D_{60}} \tag{3.27}$$

여기서, D_{30} : 통과율 30%에 해당되는 입경(그림 3.11 참조)

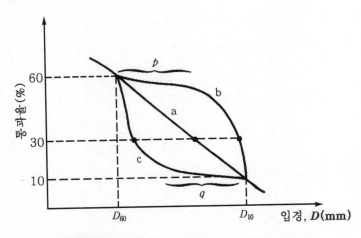

그림 3.12 곡률계수(C_z)에 의한 입도양부의 판정 설명도

그림 3.12는, D_{10}과 D_{60}이 같아서 균등계수도 같은 세 가지 입도곡선을 나타낸다. 이들 곡선에서, 입도의 양부가 균등계수만으로는 충분하지 못하다는 것을 알 수 있다. 즉, 입도곡선이 a곡선과 같으면, 입자가 크고 작은 것이 골고루 분포(입도양호)되어 있으나, b곡선 또는 c곡선의 경우는 그렇지 못하다(입도불량 또는 입도균등). 왜냐하면, b곡선의 경우는 p범위의 입경을 가진 입자가 대단히 적고, c곡선의 경우는 q범위의 입경을 가진 입자가 대단히 적은 것을 의미하기 때문이다. 따라서, C_z가 너무 크거나(b곡선) 너무 작으면(c곡선), 입자가 크고 작은 것이 골고루 분포되어 있지 않다(입도불량 또는 입도균등)는 것이 된다. 입도양호한 경우에는 C_z의 크기가 적절한 범위 내에 있게 될 것이다. 입도양부의 판정에 대해서는 (5)항에서 기술하기로 한다.

(5) 입도양부의 판정

흙속에 입자가 크고 작은 것이 골고루 분포되어 있으면 입도양호라고 하고, 어떤 크기의 범위의 입자에 치중되어 있거나, 어떤 크기 범위의 입자가 적으면 입도불량(또는 입도균등)이라고 한다. 입도가 양호하면 간극이 적고 조밀하여 안정적이라는 의미가 된다. 입도의 양부는 C_u 및 C_z로서 판정하게 되는데, 식 (3.28)과 같이 C_u, C_z에 대한 판정이 둘 다 입도양호를 만족해야만 이 흙은 입도양호라고 최종 판정하게 된다. 입도양부는 주로 사질토에서 사용하게 되며, KS F 2324(2006년)에 의하면 C_u는 자갈일 때 4 이상, 모래일 때 6 이상이면 입도양호라고 하고, C_z는 자갈, 모래 모두 $1 \leq C_z \leq 3$일 때 입도양호라고 한다. 이것을 정리하면 식 (3.28)과 같이 된다.

$$\text{흙의 입도양호 조건} : C_u \geq 4(\text{자갈}) \text{ 또는 } C_u \geq 6(\text{모래}) \,\&\, 1 \leq C_z \leq 3 \tag{3.28}$$

3.3 물리적 성질을 나타내는 값

흙의 물리적 성질이란 조밀정도나 딱딱한 정도 등의 성질을 말하며, 이런 물리적 성질은 흙의 역학적 성질을 추정하는 데 활용된다. 여기서는 물리적 성질로서 역학적 성질을 비교적 잘 추정할 수 있는 모래와 점토에 대해서만 기술한다. 모래와 점토의 중간 성질을 갖는 흙(중간토)의 경우는 물리적 성질로서 역학적 성질을 판단하기 어려우므로, 역학시험에 의해 역학적 성질을 구하게 된다.

모래의 물리적 성질이나 역학적 성질은 밀도에 의해 크게 좌우되지만, 점토의 경우는 함수비에 따라 체적 및 물리적 성질(딱딱하고 무른 정도)이 변하게 된다. 따라서 모래는 현재 상태의 조밀정도를 나타내는 상대밀도를 사용하고, 점토는 함수비에 따른 물리적 성질의 변화를 나타내는 연경도(軟硬度, 컨시스턴시; 무르고 딱딱한 정도)와 이 연경도를 이용하여 구하는 활성도, 소성도표 등을 사용하여 물리적 성질을 나타내게 된다. 각각에 대해 기술하면 다음과 같다.

3.3.1 상대밀도(relative density, D_r)

상대밀도는 모래에만 사용되며 어떤 밀도를 갖는 모래의 간극비(e)가, 가장 조밀한 상태일 때의 간극비(최소간극비; e_{min})와 가장 느슨한 상태에 있을 때의 간극비(최대간극비; e_{max})와의 사이의 어느 위치에 있는가를 나타내는 값으로 식 (3.29)와 같이 정의된다. 즉, 현 상태의 모래의 e가 e_{max}의 상태에 있으면 상대밀도가 0%이고, 현 상태의 모래의 e가 e_{min}의 상태에 있으면 상대밀도가 100%가 된다.

$$D_r = \frac{e_{max} - e}{e_{max} - e_{min}} \times 100\,(\%)$$
(3.29)(그림 3.13 참조)

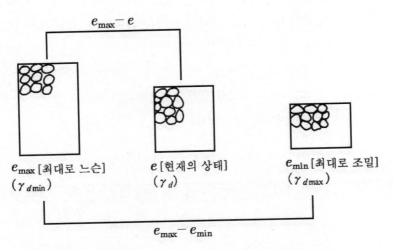

그림 3.13 상대밀도를 나타내는 식 (3.29)의 설명도(V_s : 일정, V_v : 변화)

실제로 상대밀도를 구하기 위해서는 주로 시험에서 구한 건조단위중량(γ_d)을 사용하게 되며, γ_d로서 상대밀도를 나타내면 다음과 같다. 식 (3.17)에서 $e = \dfrac{\gamma_w}{\gamma_d} G_s - 1$이므로 이것을 식 (3.29)에 대입하면 상대밀도를 식 (3.30)과 같이 건조단위중량으로 나타낼 수 있다. 이때, 간극비가 최대($e_{\max}$)가 되면 건조단위중량은 최소(γ_{dmin})가 되고, 간극비가 최소($e_{\min}$)가 되면 건조단위중량은 최대(γ_{dmax})가 된다. 따라서 $e_{\max} = \dfrac{\gamma_w}{\gamma_{dmin}} G_s - 1$, $e_{\min} = \dfrac{\gamma_w}{\gamma_{dmax}} G_s - 1$을 식 (3.29)에 대입하면 식 (3.30)이 얻어진다.

$$D_r = \frac{\gamma_{dmax}}{\gamma_d} \cdot \frac{\gamma_d - \gamma_{dmin}}{\gamma_{dmax} - \gamma_{dmin}} \times 100\,(\%) \tag{3.30}$$

상대밀도에 따른 모래의 조밀정도는 표 3.9와 같으며, 그림 3.14를 이용하면 개략적인 판단을 할 수 있다.

상대밀도는 모래의 조밀정도를 나타내는 좋은 지표가 되나, 이것을 구하거나 사용할 때 주의할 점이 있다. 현 상태의 모래의 γ_d(또는 e)는 당연히 시험자나 시험법에 따라 차이가 날 수 없다. 그러나, γ_{dmax}(또는 $e_{\min}$)나 γ_{dmin}(또는 $e_{\max}$)은, 어떤 정해진 시험방법을 사용하여 자연상태에서 가능한 한 최대로 조밀 또는 느슨하게 되었을 때의 값을 구한 것이지, 모든 수단을 동원하여 최대로 조밀 또는 느슨한 상태로 만든 것은 아니며 또 이러한 상태는 정확히 알 수도 없다. 따라서 γ_{dmax}, γ_{dmin}을 구하는 시험법이 나라에 따라 차이가 나므로 동일한 모래일지라도 상대밀도는 조금씩 달라진다는 것에 주의를 요한다. 그러나 큰 차이는 없으므로 표 3.9나 그림 3.14의 기준은 그대로 적용되어도 좋을 것이다.

표 3.9 모래의 상대밀도에 따른 조밀 정도

상대밀도, D_r (%)	조밀 정도
0~15	대단히 느슨
15~50	느슨
50~70	중간
70~85	조밀
85~100	대단히 조밀

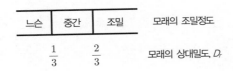

그림 3.14 모래의 조밀정도 판정의 개략도

우리나라에는 아직 γ_{dmax}, γ_{dmin}을 구하는 시험법이 KS F 규정에 없어 주로 일본규정(JS F T161)이나 미국규정(ASTM D-2049) 등과 같은 외국규정을 적용하고 있는 실정이다. 시험법이 나라에 따라 완전히 일치하지는 않지만, 대부분 γ_{dmax} 상태는 모래상자에 진동을 주어서 만들고, γ_{dmin} 상태는 깔때기를 이용하여 모래 상자 속에 모래를 살며시 붓거나 물 속에 침강시켜 만든다.

3.3.2 연경도(컨시스턴시, consistency)

점토입자의 표면은 O^{-2}나 OH^-로 구성되어 있다. 이런 점토입자가 물 속에 있으면 물분자를 구성하는 H^+와 점토입자 표면의 O^{-2}가 강하게 결합해서(수소결합이라고 한다), 물분자가 점토입자에 흡착되어 버린다. 이런 물분자의 층수는 1층~수층(두께는 0.001~0.002μm 정도)이며 고체표면에 수막(水膜)을 형성한다. 이것을 점토입자의 흡착수층이라고 부른다. 흡착수층의 바깥에 있는 물분자는 자유롭게 움직이며 보통의 물을 구성한다. 이것을 자유수라고 해서 흡착수와 구별하고 있다.

이와 같이 물속의 점토입자는 흡착수층이라는 물옷을 입고 있다. 따라서 점토입자간은 그 물옷을 사이에 두고 서로 접촉하고 있게 된다. 점토입자간은 흡착수층을 사이에 두고 서로 전기적으로 당기면서 구조를 유지하고 있으나 흡착수층간에는 마찰이 없어 자중이나 외력에 의해 미끄러지기 쉽다.

한편, 석영이나 장석 등의 모래입자의 표면도 O^{-2}로 구성되어있어 모래입자 표면에도 흡착수층이 있다고 생각된다. 그런데 모래입자의 크기는 흡착수층의 두께와 비교하면 대단히 크고, 모래입자간이 접촉할 때 발생하는 큰 접촉압 때문에 흡착수층의 구조가 부서져서 그림 3.15(a)에 나타낸 바와 같이 광물입자 자신이 서로 접촉하게 된다. 그래서 광물간의 고체마찰이 생겨서 미끄러지기 어렵게 된다. 이것이 모래에 찰진 느낌이 없는 이유이다.

 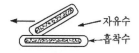

입자간 직접접촉
상호마찰에 의해 미끄러지기 어렵다.
(a) 모래입자의 경우

흡착수층끼리 접촉
흡착수층간의 접촉으로 미끄러지기 쉽다.
(b) 점토입자의 경우

그림 3.15 흙입자의 흡착수층과 흙입자간의 접촉

점토와 같이 찰진 느낌을 나타내는 흙을 총칭해서 점성토(cohesive soil)라고 하고, 모래나 자갈과 같이 찰진 느낌이 없는 흙을 비점성토(cohesionless soil)라고 한다.

점성토에 물을 충분히 가해서 잘 저으면 액체상태(liquid state)가 되어 천천히 흐르게 된다. 이 상태에 있는 점성토 중의 흙입자는 자유수 중에 떠 있고 흡착수층 상호간의 접촉은 거의 없을 것이다. 이와 같은 이수(泥水, 뻘)의 수분을 증발시켜 가면 자유수가 없어지므로, 점토입자 간은 서로 접근해서 흡착수층을 사이에 두고 접촉해서 전기적으로 결합하는 입자가 증가해 간다. 결국 찰기가 발휘되기 시작하고 임의의 형태로 만들 수 있게 된다. 이때, 점성토는 소성상 태(plastic state)에 있다고 한다. 소성이란 힘을 가해서 생긴 변형이 원래대로 되돌아가지 않는 성질로, 그것은 흡착수층에서 생긴 활동(滑動)이 원래대로 회복되지 않는데 기인한다.

이 점성토의 수분을 더욱 증발시켜 가면 결국 어떤 형태로 만들려고 해도 부서져 버려서 할 수 없게 된다. 이때의 흙은 충분히 마르지 않은 상태이고, 그 상태를 반고체상태(semisolid state)라고 한다. 더욱 건조시키면 딱딱한 고체가 되어 망치로 때리면 부서져서 비산(飛散)하게 되며 이때의 상태를 고체상태(solid state)라고 한다.

이와 같이 점성토는 그 함수상태의 차이에 따라 외력에 대한 저항력의 크기가 다르다. 이 저항력(변형성이라고 말해도 좋다)에 대해서 연경도(軟硬度, 또는 컨시스턴시)라는 용어를 사용 하고 있다.

점성토의 연경도의 차이는 흙이 품고 있는 수분의 다소에 따라 생기므로 함수비를 사용해서 연경도의 구분을 하는 것이 좋을 것이다. 그림 3.16은 이 생각에 기초한 구분과 함수비와 체적의 관계를 나타낸다. 즉, 액체 상태를 나타내는 하한의 함수비를 액성한계, 소성상태를 나타내는 하한의 함수비를 소성한계, 반고체상태와 고체상태의 경계함수비를 수축한계라고 한다. 수축한 계란 함수비를 감소시켜도 더 이상 체적이 감소되지 않는 한계의 함수비를 말한다. 이들 한계는 1912년에 아터버그(Atterberg)가 제안하였으며, 아터버그한계(또는 컨시스턴시한계 ; Atterberg limits 또는 consistency limits)라고 부른다. 이들 한계는 중요한 의미를 갖고 있으나, 재성형된 시료를 사용하여 시험하므로 교란의 영향이 포함되어 자연 상태를 정확히 나타낸다고는 볼 수 없다는 것이 저자의 생각이나, 현재로는 대안이 없으므로 사용할 수밖에 없다.

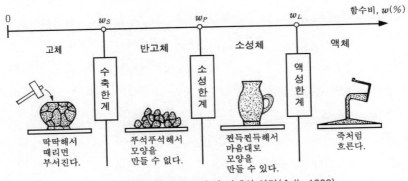

(a) 점성토의 연경도와 각 상태의 설명(今井, 1982)

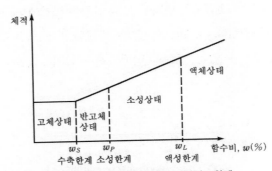

(b) 함수비에 따른 체적의 변화와 아터버그한계

그림 3.16 점성토의 연경도와 아터버그한계

점토 입자는 암석분말이나 점토광물로 이루어져 있다. 점토광물은 결정체의 구조와 모양 때문에 강한 표면력을 갖는다. 표면력은 점토입자에 물분자를 끌어 들인다. 점토입자에 가장 근접한 물은 일상의 물과는 상당히 다른 성질을 갖는다. 이것은 흡착수라고 불리며 점토가 점성과 소성을 발휘하게 한다. 비소성인 암석분말에는 대단히 적은 양의 물이 흡착되므로 흙 속에 있는 세립분의 양은 흙의 거동양상을 결정하는 중요한 지표가 되지는 못한다. 주로 석영으로 구성되어 있는 점토와 주로 일라이트와 같은 점토광물로 구성되어 있는 점토는 그 성질이 판이하다. 더욱이 성질과 표면 이 넓은 범위에 걸쳐서 다른 여러 종류의 점토광물이 있다. 아터버그한계는 이러한 점토의 성질을 나타내는 지표로서 고안되었다.

(1) 액성한계(Liquid Limit, w_L 또는 LL)

액성한계는 그림 3.17(a)에 나타낸 원형 용기를 사용해서 경사 60°, 높이 8mm 의 인공사면(그림 3.17(c))을 조성하여 측정한다. 즉, 인공사면을 낙하고 10mm 로 낙하시키면 사면내에 물이 인공사면의 선단(하부 끝)으로 몰리고 낙하회수가 많을수록 사면선단의 함수비가 점점 더 커져서 일정한 값에 도달되면 인공사면이 유동하게 된다. 액성한계 w_L은 경험적으로 25회 낙하로 사면의 일부가 유동되어서 15mm 정도 서로 접하게 될 때의 함수비와 비슷하므로 이와 같은 정의를 적용하여 결정한다. 시험은 먼저 0.425mm 체를 통과한 시료를 물을 가해서 충분히 반죽한 다음, 용기에 넣어 홈파기날을 사용하여 그림과 같이 홈을 만든다. 다음에 용기를 10mm 높이로부터 1초에 2회의 속도로 낙하시켜서 홈이 그 바닥에서 15mm 의 길이에 걸쳐서 합쳐질 때까지의 용기의 낙하회수를 구한다. 이 작업을 다른 함수비에 대해서 반복해서 그림 3.18과 같은 유동곡선을 그리고 이 곡선에서 낙하회수 25회에 대응하는 함수비의 값을 구해서 그것을 w_L의 값으로 한다. 또 그림 3.18의 유동곡선의 기울기를 유동지수라고 하는데, 이 유동지수는 흙의 함수비 변화에 따른 전단강도의 변화상태 및 안정성 파악에 사용되며 작을수록 안정하다는 것을 의미한다. 카사그란데(Casagrande, 1932)에 따르면 이 시험은 강도를 구하는 시험과 비슷하고, 액성한계의 함수비에 있는 점토의 비배수전단강도는 약1gf/cm² (약 0.1kPa)이다.

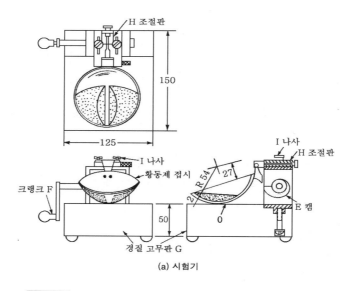

(a) 시험기

그림 3.17 액성한계를 구하는 시험기 및 시험규정(KS F 2303)

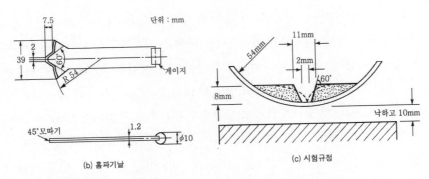

(b) 홈파기날   (c) 시험규정

그림 3.17 액성한계를 구하는 시험기 및 시험규정(KS F 2303)(계속)

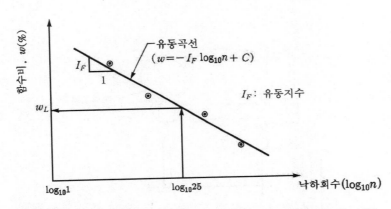

그림 3.18 액성한계시험의 결과 얻어지는 유동곡선과 액성한계를 구하는 방법

(2) 액성한계를 구하기 위한 기타 방법

① 일점법(one-point method)

일점법은 한 번의 액성한계시험에서의 낙하회수와 함수비의 관계를 식에 대입해서 액성한계를 추정하는 방법으로, 여러 가지 추정식들이 제안(日本土質工學會, 1979; 김, 1982)되어 있으나 정도(精度)에 의문이 있어 그다지 잘 사용되고 있지 않다.

② 낙하콘시험(fall-cone test)

현행의 액성한계시험 및 소성한계시험에 관해서는 현행법의 유래와 문제점에 대해서 미끼(三木, 1963) 등에 상세히 지적되어 있는데, 그 중에서도 액성한계시험에 대해서 가장 근본적인 문제로서는 카사그란데(Casagrande) 자신이 지적하고 있는 대로, 현행법에 의한 경우의 액성한계는 일종의 동적전단시험이라는 것이다. 또 현행의 액성한계시험은 개인의 숙련도에 따라서도 그 결과가 차이가 나는 등의 문제점이 있어, 이런 문제를 해소하고자 1915년에 John Olson이 개발한 것이 낙하콘시험(fall-cone test)이다. 각 나라마다 시험장비의 규격과 규준들이 각각 다르며 우리나라에서는 아직 기준이 확립되어 있지 않다. 낙하콘시험은 그림 3.19와 같은 시험 기를 사용하여 흙의 액성한계및 소성한계(소성한계에 대해서는 후술)를 정적(靜的)으로 결정하는 방법이다.

낙하콘시험 장치는 크게 영국과 스웨덴 기준으로 나누어질 수 있고, 각 나라마다 기준이 조금씩 다르다. 영국의 콘은 선단각이 30°이고 축을 포함한 질량이 $80g$이고, 스웨덴의 콘은 각각 60°이고 축을 포함한 질량이 $60g$이다.

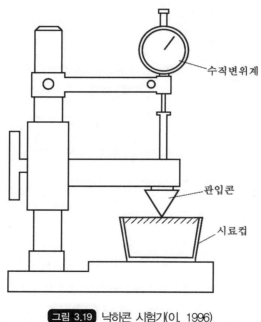

수직변위계

관입콘

시료컵

그림 3.19 낙하콘 시험기(이, 1996)

영국 콘의 경우는 점성토 위에 콘을 올려놓고 자유 관입시켜 5초 후의 관입량 20mm에서의 함수비가 액성한계에 해당된다. 시험은 5초 후의 관입량을 함수비에 따라 여러 가지로 시험하여 함수비-관입량 그래프 상에서 관입량 20mm에 해당되는 함수비를 읽으면 이것이 액성한계가 된다. 스웨덴 콘의 경우는 5초 후의 관입량 10mm에서의 함수비가 액성한계에 해당된다.

(3) 소성한계(Plastic Limit, w_P 또는 PL)

소성한계를 구하기 위해, 먼저 그림 3.20과 같이, 우유빛 유리 위에 액성한계시험 시료와 같이 0.425mm 체를 통과한 시료뭉치를 만들고 손가락이나 손바닥으로 굴려서 3mm 직경의 끈을 만든다. 쉽게 잘 만들어지면 반죽하여 끈을 다시 만든다. 이것을 반복하면 흙의 수분이 감소해서 어떤 때 갑자기 푸석푸석한 상태가 되어 끈이 만들어지지 않게 된다. 이때의 함수비를 소성한계로 한다. 즉, 소성한계는 흙이 직경 3mm 에서 부서지려고 할 때의 함수비로서 정의된다. 왜 하필이면 3mm 냐 하는데 의문을 가질 수 있을 것이다. 이것은 그림 3.16에서의 소성한계를 나타내는 경우의 함수비를 구하기 위하여 여러 직경으로 부서지는 시험을 한 결과 3mm 일 때 부서질 때의 함수비가 가장 근접한다는 것을 알았기 때문이다.

소성한계는 낙하콘시험으로도 구할 수 있다. 액성한계를 결정하기 위한 낙하콘시험의 사용은 여러 국가들에 의해 오랫동안 채택되어져 왔지만, 소성한계를 결정하기 위해 이 시험을 사용하도록 하는 제안이 나오고 강도규준에 입각하여 재정의된 것은 다소 최근의 일이다. 낙하콘을 이용하여 액성한계와 소성한계를 동시에 구하는 방법이 지금까지 제안되어 와서 중국에서는 이 방법이 규격화되어 있다. 액성한계만을 구할 경우와 다른 점은, 소성한계에 가까운 함수비까지 관입량의 측정을 실시해 넓은 함수비의 범위에서 관입곡선을 구하도록 한 것이다. 소성한계 부근의 함수비에 가까워질수록 시료는 굳어지고 시료용기에 균질하게 채우기가 어렵게 되므로, 소성한계는 관입곡선을 외삽시켜 구하도록 했다. 소성한계에 해당하는 관입량은 2mm 정도로 작은 양으로서 관입곡선의 움직임에 따라서 많은 영향을 받는다. 영국기준에 의하면 영국콘이 자유 관입하여 5초 후의 관입량 2mm 에서의 함수비가 소성한계에 해당된다. 영국기준에 의한 적용 결과의 예는 그림 3.21과 같다.

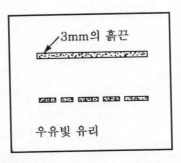

그림 3.20 소성한계를 구하는 시험법(KS F 2303)

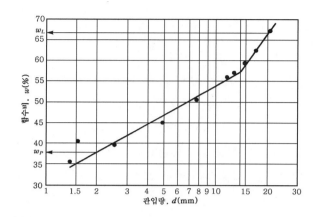

그림 3.21 낙하콘시험(영국기준)에 의한 액성한계(w_L) 및 소성한계(w_P)

(4) 수축한계(Shrinkage Limit, w_S 또는 SL)

수축한계란 흙의 함수비를 감소시켜도 체적이 그 이상 감소하지 않는 한계의 함수비를 말하며, 액소성한계 시험과 동일하게 0.425mm체를 통과한 시료를 사용한다. 그림 3.22와 같은 수축한계시험 결과 얻어진 값들을 이용하여 식 (3.31)로써 수축한계를 구하게 된다.

$$w_S = w_1 - \Delta w \tag{3.31}$$

여기서, 각종 기호는 그림 3.22 참조.

w_1 : 건조전(초기)의 시료의 함수비$\left(= \dfrac{W_1 - W_2}{W_2} \times 100\right)$

Δw : 건조후 감소된 체적만큼의 함수비 감소량$\left(= \dfrac{(V_1 - V_2)\gamma_w}{W_2} \times 100\right)$

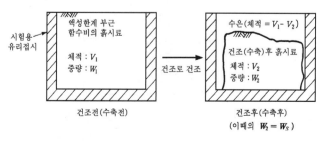

그림 3.22 수축한계 시험에서 얻어지는 각종 값들(V_1, W_1, V_2, W_2)

식 (3.31)에 의하면 Δw는 건조후(수축후) 시료 내부의 간극 속에는 물이 가득 차 있다고 가정했을 때의 함수비 감소량이다. 따라서 이 간극 속에 물이 가득 찰 때까지는 체적의 변화가 없으므로 Δw는 수축되는 최소의 함수량이고, 따라서 식 (3.31)에서 w_S는 수축되는 한계의 최대함수비가 된다.

(5) 소성지수(Plasticity Index, I_p 또는 PI)

소성지수는 액성한계와 소성한계의 차이를 말하며 식 (3.32)와 같이 정의되며, 점토의 종류가 같으면 점토함유량에 거의 비례한다. 즉, 소성지수가 클수록 소성이 풍부하다고 하며 세립분이 많은 점토일수록 소성지수가 크다. 소성지수는 흙의 분류나 활성도(3.3.3에서 기술)의 판정, 압밀물성치 추정 등에 다양하게 사용된다. 사질토와 같이 액·소성한계를 구할 수 없을 때의 성질을 비소성이라 하며 N.P.(Non-Plastic)라고 나타낸다. I_P는 지수로서 사용하므로 %로 표시하지는 않는다.

$$I_P = w_L - w_P \tag{3.32}$$

(6) 액성지수(Liquidity Index, I_L 또는 LI), 컨시스턴시지수(Consistency Index, I_C 또는 CI)

액성지수는 식 (3.33)과 같이, 자연함수비(w_n)가 얼마나 액성한계(w_L)에 가까운가를 나타내며, w_n이 w_L과 같아지면 $I_L = 1$이 되어 액상에 가까운 연약한(불안정한) 상태를 나타낸다. 특히 $I_L > 1$이면 대단히 예민한 점토를, $I_L < 0$이면 대단히 과압밀된(단단한) 점토를 의미한다.

컨시스턴시지수는 식 (3.34)와 같이 자연함수비(w_n)가 얼마나 소성한계(w_P)에 가까운가를 나타내며, w_n이 w_P와 같아지면 $I_C = 1$이 되어 반고체상태에 가까운 견고한(안정된) 상태를 나타낸다. 컨시스턴시지수는 점성토의 상대적인 견고함을 의미하고 있고, 이런 의미에서는 사질토의 상대밀도와 비슷하다.

식 (3.33), 식 (3.34)에서, I_P로 나누는 이유는 그림 3.23에서 명확히 알 수 있다. 즉, w_n이 w_P와 w_L의 어느 쪽에 가까운가 하는 평가는 I_P의 크기를 기준으로 해야 할 것이다.

$$I_L = \frac{w_n - w_P}{I_P} (= 1 - I_C) \tag{3.33}$$

$$I_C = \frac{w_L - w_n}{I_P} \tag{3.34}$$

여기서, $I_L + I_C = 1$

$\qquad w_n$: 자연함수비

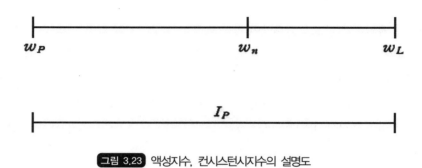

그림 3.23 액성지수, 컨시스턴시지수의 설명도

(7) 터프니스지수(Toughness Index, I_T 또는 TI)

터프니스지수는 식 (3.35)로서 정의된다. 여기서 I_F 는 유동지수로 그림 3.18에 나타낸 유동곡선의 기울기를 의미한다. I_T 는 콜로이드가 많은 흙일수록 크고, 보통점토에서는 $I_T = 0 \sim 3$이나 활성이 큰 점토는 5를 나타내는 경우도 있다. 이 값이 크면 활성도 크므로 활성의 정도를 나타내는 값이기도 하다.

$$I_T = \frac{I_P}{I_F} \tag{3.35}$$

(8) 함수당량(moisture equivalent)

흙의 보수력(保水力)이란 흙을 쥐고 힘껏 뿌렸을 때 물을 얼마나 잘 잡고 있느냐 하는 힘이라고 말할 수 있다. 이는 투수성과도 밀접한 관계가 있다.

흙의 보수력을 판정하기 위해 원심함수당량시험과 현장함수당량시험이 있다. 세립토일수록 원심함수당량이 커지는데, 원심함수당량이 12% 이상이면 불투수성으로 본다. 함수당량이란 개념은 설계에 적용되는 경우가 적어 현재는 거의 사용되지 않고 있다.

① 원심함수당량(KS F 2315) : 중력의 1000배 정도의 원심력을 1시간 가한 후의 시료의 함수비
② 현장함수당량(KS F 2307) : 원활하게 된 흙의 표면에 떨어뜨린 한 방울의 물이 30초간 흡수되지 않고 표면상에 퍼져, 광택이 있는 외관을 나타낼 경우의 최소함수비

(9) 비화작용(沸化作用, slaking)

건조한 점토의 토괴를 급속히 물속에 담그면 내부에 갇힌 공기가 빠져 나오면서 토괴가 붕괴되는 현상을 비화작용이라고 한다. 이것은 수분(水分)의 침입이 간극 중의 공기를 압축해서 토괴 중에 인장력을 일으키고, 토립자의 수분흡수에 의해 입자간격이 넓어져서 입자간 결합력이 저하하기 때문에 발생한다.

비화작용을 달리 표현하면, 고체상태의 점토를 수중에 넣었을 때 반고체→소성→액성 상태로 변하지 않고 어느 한계점에서 갑자기 붕괴되는 현상이라고 할 수 있다. 예를 들면, 아스피린 알약을 물 속에 담그면 입자가 스르르 부스러지는 모습과 비슷하다.

(10) 팽창작용

흙에 물을 가하여 체적이 증가하는 현상을 팽창작용이라 하며, 흙의 종류에 따라 팽윤과 벌킹으로 나누어진다.

① 팽윤(澎潤, swelling) : 점토가 물을 흡수하여 팽창되는 현상.
팽윤에 대한 점토의 잠재력(고, 중, 저)과 활성도(Activity), 점토입자 크기 및 소성 사이의 일반적인 관계는 그림 3.24와 같다. 이 그림의 여러 범주와 관련된 체적팽창은 대략 표 3.10과 같다. 활성도(Activity)에 대해서는 3.3.3절 참조.
② 벌킹(bulking) : 건조한 모래에 수분을 가하면 입자 사이의 흡착수막에 의해 팽창하게 되는 성질. 건조모래에서는 5~6%의 수분을 가하면 팽창이 최대로 되어 원 체적의 125%까지 된다. 수분을 가하여 팽창된 흙에 더욱 다량의 물을 가하면 수축하게 되는데 이러한 현상은 흙의 물다짐에 이용되고 있다.

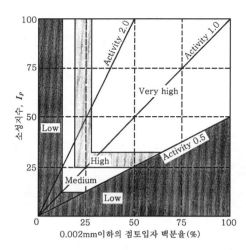

그림 3.24 점토의 체적변화에 대한 잠재력(McCARTHY, 1988 ; NAVFAC DM-7.1, 1982)

표 3.10 그림 3.24의 각 범주에서의 개략적인 잠재 체적팽창량

범주	잠재 체적팽창량
Very high	10% 이상
High	5~10%
Medium	2~5%
Low	2% 이하

3.3.3 활성도(Activity, A)

 자연적으로 퇴적한 점성토에는, 점토입자 외에 찰기가 없는 실트입자나 모래입자가 혼입되어 있다. 따라서 그와 같은 찰기를 나타내지 않는 입자를 보다 많은 비율로 포함한 흙일수록 액성한 계값은 낮다(점토의 흡착수량이 적으므로). 그래서, 점토분이 거의 없는 경우에는 w_L값과 w_P값이 서로 근접해서, 소성을 나타내는 함수비값의 폭이 대단히 좁다. 이와 같은 흙의 소성은 낮다고 하고, 그와 같은 흙은 약간의 함수비의 변화에 의해서도 연경도(컨시스턴시)가 크게 변화한다.

 반대로 실트분이나 모래분이 적은 점성토일수록 w_L값은 크고, 소성을 나타내는 함수비의 폭이 넓다. 이와 같은 점성토는 소성이 높다고 한다. 이와 같은 의미로 사용되는 소성의 대소를 정량화하기 위해서 소성지수(I_P)가 사용된다.

 위의 기술로부터 알 수 있는 바와 같이, I_P의 크기는 포함되어 있는 점토분의 비율의 대소에 비례한다. 그 모양을 나타낸 것이 그림 3.25이다. 이 그림으로부터 알 수 있는 바와 같이, 같은 비율의 점토분을 포함하는 흙이라도, 흙에 따라 I_P의 값은 다르다. 이 이유는, 포함된 점토광물의 종류의 차이에 있다. 그림 3.25에 나타낸 바와 같이, 전기적인 성질이 활발한 광물일수록 포함되어있는 동일한 점토분(%)에 대한 I_P가 커서 직선의 기울기가 급하다. 이 기울기를 활성도라고 부르며 식 (3.36)과 같이 나타낸다.

$$활성도 \; ; \; A = \frac{I_P}{0.002\mathrm{mm}\,(2\mu\mathrm{m}) \; 이하의 \; 점토분의 \; 중량 \; \%} \tag{3.36}$$

활성도는, 구성광물의 전기적 성질의 활발함의 정도를 나타낸다. Horten점토의 활성도는, 카오리나이트(Kaolinite)와 비슷하고 London점토의 활성도는 일라이트(Illite)와 비슷하다. 그림 3.25, 표 3.11에서 알 수 있는 바와 같이 공학적으로 불안정한 몬모릴로나이트 계통의 점토광물은 활성이 크다(1.25 이상). 카오리나이트 계통의 점토광물은 A가 0.75 이하로 비활성으로 보고, 일라이트 계통은 0.75~1.25 사이로 중간활성을 나타낸다. 상대적인 활성도의 분류는 표 3.12와 같다. 2.2.2절에서 기술한 바와 같이 몬모릴로나이트는 활성이 커서 사면안정 등에는 대단히 불리하나 현탁액이 물에 잘 가라앉지 않기 때문에 지중연속벽의 안정액으로 사용되는 장점도 있다. 만약 안정액이 활성이 낮은 점토현탁액으로 되어 있다면 입자가 빨리 가라앉아 상부의 현탁액은 비중이 물과 비슷하게 되어 안정액으로서의 역할을 할 수 없을 것이다.

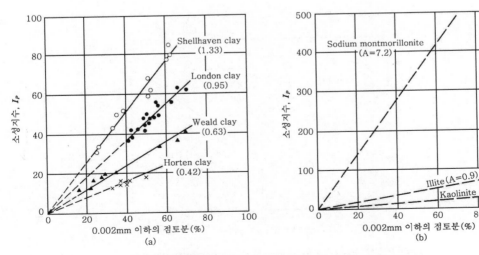

그림 3.25 점토의 소성과 활성도(Skempton, 1953)

표 3.11 점토광물의 활성도(Mitchell, 1976)

광물명	활성도, A	광물명	활성도, A
스멕타이트(Smactities)	1~7	홀로이사이트(Holloysite, 4H$_2$O)	0.1
일라이트(Illite)	0.5~1	Attapulgite	0.5~1.2
카오리나이트(Kaolinite)	0.5	Allophane	0.5~1.2
할로이사이트(Halloysite, 2H$_2$O)	0.5		

비고 : 스멕타이트는 점토의 몬모릴로나이트계이다.

표 3.12 흙에 따른 상대적 활성도의 분류

활성도, A	분류
0.75 이하	비활성 점토
0.75-1.25	보통 점토
1.25 이상	활성 점토

3.3.4 소성도표(plasticity chart)

세립토(점성토)의 소성, 압축성, 투수성 등의 정도를 개략 판정하기 위해서 카사그란데 (Casagrande, 1932)는 그림 3.26과 같은 소성도표(plasticity chart)를 만들었다. 이 도표에서 A선을 기준으로 무기질 실트와 무기질 점토가 구분되며, 무기질 점토는 A선 위에 위치하고 무기질 실트는 A선 아래에 위치한다. 또 A선 위에는 U선이 있어 지금까지 발견된 모든 흙에 있어서 액성한계와 소성지수관계의 최상단에 위치한다. 특히 소성도표는 약간 수정되어 표 4.4의 통일 분류법에서 세립토의 분류기준이 된다.

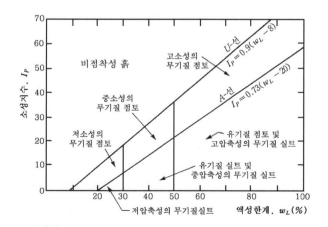

그림 3.26 카사그란데의 소성도표(Casagrande, 1932; 1948)

3.4 연습 문제

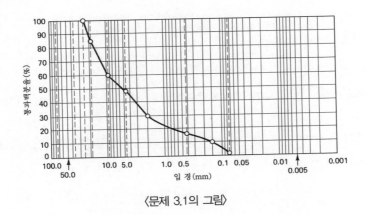

〈문제 3.1의 그림〉

3.1 어떤 흙의 입도시험 결과 얻어진 입경가적곡선(입도곡선)은 위 그림과 같다. 이 시료의 입도양부를 판정하시오.

3.2 직경 10cm, 높이 12.7cm 인 원주형 흙시료가 있다. 이 시료의 습윤질량이 1,430g이고, 건조밀도가 1.12g/cm³, 비중이 2.7일 때 함수비와 포화도를 구하시오.

3.3 간극률 37%, 비중 2.66인 모래가 있다. 이 모래의 포화도가 30%일 때의 습윤단위중량과 수중단위중량을 구하시오.

3.4 흙의 비중시험 결과를 정리하는 다음 식에서 W_a와 W_b의 의미를 기술하고 이 식이 비중이 되는 이유를 설명하시오.

$$G_s(T℃/T℃) = \frac{W_s}{W_s + (W_a - W_b)}$$

3.5 침강분석에서 비중계의 유효깊이의 의미를 설명하고 구하는 식을 기술하시오.

3.6 점토는 함수비에 따라 연경도가 달라지지만 모래는 그렇지 않다. 그 이유를 설명하시오.

3.7 용어의 정의 설명

  (1) 활성도

  (2) 비화작용

  (3) 소성지수

  (4) 액성지수

3.5 참고문헌

· 김상규(1982), 토질시험, 동명사, p.13, p.25.

· 김상규(1991), 토질역학—이론과 응용—, 청문각.

· 이상덕(1996), 토질시험—원리와 방법—, 도서출판 새론.

· Casagrande, A.(1932), "Research on the Atterberg Limit of Soils" Public Roads, 13, NO 8, P.121

· Casagrande, A.(1948), "Classification and Identification of Soils," Transations, ASCE, Vol.113, pp.901-930.

· Das, B.M.(2006), Priciples of Geotechnical Engineering, 6th ed., PWS Publishing Company, p.30.

· Harr, M.E.(1977), Mechanics of Particulate Media, pp.104-106.

· Jumikis, A.R.(1962), Soil Mechanics, D. Van Nostrand Company, Inc., pp.58-59, 67.

· McCARTHY, D.F.(1998), Soil Mechanics and Foundations-Basic Geotechnics 5th ed., p.109.

· Mitchell, J.K.(1976), Fundamentals of Soil Behavior, Wiley, New York., pp.142-143, p.179.

· NAVFAC DM-7.1(1982), Soil Mechanics Design Manual, Department of the Navy, Naval Facilities Engineering Command, pp.7.1-38.

· Perloff, W.H., Baron, W.(1976), Soil Mechanics-Principles and Applications, Ronald Press Company, pp.42-43.

· Skempton, A.W.(1953), "The Colloidal Activity of Clays," Proceedings, 3rd International Conference on SMFE, London, Vol.1, pp.57-61.

· 日本土質工学会(1979), 土質試験法 第2回 改訂版, pp.2-6-18~2-6-20.

· 三木 五三郎(1963), "土の液性限界試験法の変遷と問題点," 生産研究, 東京大学生産技術研究所, Vol.1, No.11, pp.444-448.

· 今井 五郎(1982), わかりやすい土の力学, 鹿島出版社, p.38.

지혜로운 아들은 아비의 훈계를 들으나 거만한 자는 꾸지람을 즐겨 듣지 아니하느니라.(성경, 잠언 13장 1절)

제4장

흙의
구조와
분류

제4장 흙의 구조와 분류

4.1 흙의 구조

암석이 풍화하면 흙이 되는데 풍화과정에 따른 흙의 분류는 표 2.3와 같다. 정적토는 암석이 제자리에서 풍화되어 그 구조는 명확하게 모델링하기 어렵다. 그러나 운적토(퇴적토)의 경우는 비교적 비슷한 성질의 입자가 모여서 형성되므로 그 대표적인 입자구조를 나타낼 수 있다. 여기서는 대표적인 흙인 사질토와 점성토의 퇴적 구조에 대해 기술하기로 한다. 여기서, 점성토 란 세립토인 점토가 많이 함유되어 투수성과 역학적 성질 등이 주로 점토의 성질을 갖는 흙이고, 사질토는 조립토인 모래가 많이 함유되어 주로 모래의 성질을 갖는 흙을 말한다. 점토와 모래는 입경에 따라 구별되지만 그렇게 구별된 입경만을 갖는 흙은 자연상에는 거의 존재하지 않으므로 이들과 거의 역학적, 물리적 성질이 유사한 성질을 갖는 흙을 사질토, 점성토라고 부른다.

4.1.1 퇴적사질토의 구조

사질토는 조립자로 구성되어 있고, 흙과 물의 경계면(境界面)에서의 전기화학적인 작용력은 거의 없든지 무시할 수 있을 정도이다. 따라서 그 배열은 구조라고 하기보다는 흙입자의 조밀한 정도를 표현한 것이라고 말할 수 있다.

균등한 입경의 구체(球體)의 배열은 그림 4.1 및 표 4.1에 나타낸 충전형태가 존재하며, 여기서 생기는 간극은 구의 직경에는 무관하다. 그림의 (e)는 가장 조밀한 상태이고 (a)는 가장 느슨한 상태를 나타낸다. 이와 같은 입자의 배열을 정량적으로 표현하기 위해서 임의의 한 입자에 접하는 입자의 수, 즉 평균접점수(N)와 간극율(n)을 포함한 식 (4.1)의 관계가 사용된다.

$$N = 26.486 - \frac{10.726}{1-n} \tag{4.1}$$

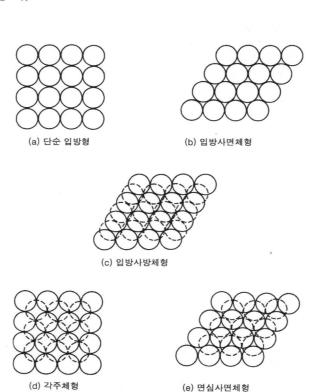

(a) 단순 입방형 (b) 입방사면체형

(c) 입방사방체형

(d) 각주체형 (e) 면심사면체형

그림 4.1 균등입경의 구체의 이상적인 충전형태(Yong et al., 1966, 1975)

표 4.1 균등입경(반경 R)의 구체의 충전형식에 따른 여러 가지 물리량(그림 4.1 참조)

충전방법	배위수(配位數)	층간격	단위의 체적	간극율	간극비
단순입방형 (單純立方型)	6	$2R$	$8R^3$	0.476	0.91
입방사면체형 (立方四面体型)	8	$2R$	$4\sqrt{3}R^3$	0.395	0.65
입방사방체형 (立方斜方体型)	10	$\sqrt{3}R$	$6R^3$	0.302	0.43
각주체형 (角柱体型)	12	$\sqrt{2}R$	$4\sqrt{2}R^3$	0.260	0.34
면심사면체형 (面心四面体型)	12	$2\sqrt{2/3}R$	$4\sqrt{2}R^3$	0.260	0.34

균등입경이 아닌 경우는, 큰 입자간의 간극을 작은 입자로 채움으로써 간극이 감소한다. 흙의 다짐은 이와 같이 해서 간극을 감소시켜 가장 안정된 상태로 흙입자를 재배열하는 것에 지나지 않는다. 따라서 입상체의 배열구조는 입자의 형상과 대소의 분포, 또한 그들의 배치에 크게 좌우된다. 또한 사질토는 입자의 장축(長軸)과 단축(短軸)의 배열에 따라 강도이방성을 가진다.

　퇴적사질토는 입자간의 전기적인 결합력이 없이 개개의 입자로 놓여 있으므로 단립구조(單粒構造, single grained structure)라고 하며 그림 4.2와 같은 배열로 되어 있고, 개개 입자의 모양은 그림 4.3과 같다. 이 구조는 가장 단순한 흙입자의 배열 상태로서 자갈, 모래, 실트와 같은 조립퇴적토에서 흔히 볼 수 있다.

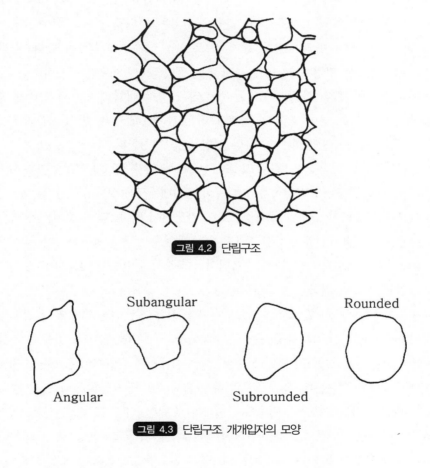

그림 4.2 단립구조

Subangular

Rounded

Angular

Subrounded

그림 4.3 단립구조 개개입자의 모양

4.1.2 퇴적점성토의 구조

점토입자는 표면에 음전하를 가지며, 입자 모서리에서는 양전하를 띄게 되기도 한다. 또 점토입자간에는 동일한 음전하를 가지고 서로 반발하는 반발력과 물체와 물체 간에 가지는 인력(引力)이 동시에 존재하여 이들의 상호 크기에 따라서 서로 반발하기도 하고 결합하기도 한다. 담수 중에서 입자가 서로 반발하여 부유하는 현상을 브라운(Brown)현상이라고 한다.

수중에 Na^+ 등의 1가(價)의 양이온이 있으면, 그 주위의 물분자와 함께 점토로 끌려가서 흡착수층에 들어감으로서 점토입자의 부전하(負電荷)를 평형되게 한다. 그런데 Na^+ 이온은 크므로 흡착수층의 두께는 커진다. 따라서 전하가 평형되어 반발하지 않게 된 입자가 접근하더라도 두꺼운 흡착수층에 의해 저지되어 개개 입자의 전기적인 인력권(引力圈) 내측에 접근할 수 없게 된다. 즉 입자간 서로는 결합할 수 없어 분산상태로 있게 된다(그림 4.4(c) 참조).

한편, Mg^{++} 등의 2가(價)의 이온은 전기적으로 Na^+ 2개분의 역할을 한다. 따라서 이들 입자의 부전하(負電荷)를 평형시키는 데는 Mg^{++}의 절반정도의 개수만 사용되므로 흡착수층의 두께는 얇게 된다. 이 경우 접근한 입자는 서로의 인력권 내에 들어가서 강하게 결합한다. 이것을 응집(凝集)이라고 하며, 그림 4.4(b)와 같이 정전하(正電荷)의 단부(端部)와 부전하(負電荷)의 면이 결합해서 큰 단립(團粒 ; 입자의 결합체)을 형성한다.

분산상태에서 형성된 퇴적구조단위는 그것을 형성하는 입자 서로가 흡착수층을 사이에 두고 미끄러지기 쉬우므로 구조적으로 약하다. 반대로 응집상태에서 형성된 구조단위는 단·면(端·面) 결합이 강하므로 압축되기 쉬우나 구조적으로는 안정되어 있다. 담수 중에는 양이온 농도가 낮으므로 분산구조가 많으나 해수 중의 점토입자는 해수 중의 높은 농도의 2가(價)이온에 의해 입자들이 결합되어 퇴적되게 된다. 이런 구조단위는 퇴적시에 면모(綿毛)와 같은 느슨한 구조를 만드므로 형성된 점토의 간극비는 크게 된다.

양이온 농도가 낮은 담수 중에서는 점토입자간에 작용하는 반발력이 커서 침강해도 서로 반발한 상태로서 퇴적한다. 그 흙구조는 각각의 입자가 배향(配向)하고 있음과 동시에 직접 접촉하는 일이 없는 분산(分散)된 형이다. 한편 해수 중에서는 반발력이 감소하고 입자 서로가 접근·결합해서 침강퇴적하는데, 입자표면의 하전(荷電)분포가 불균일하므로, 한 편의 입자의 단부(端部)가 다른 입자의 중앙면과 접촉하기 쉽다(입자표면에서 직접 접하는 일도 있지만 흡착층 끼리의 접촉이 대부분이다). 이것을 판단접촉(板端接觸)이라고 하기도 하며, 이러한 형태로 퇴적된 구조는 그 모양이 목화솜과 비슷하다고 하여 면모구조(綿毛構造) 또는 카드하우스구조라고 불린다.

퇴적점성토의 구조에 관한 연구는 옛날 테르자기(Terzaghi, 1925)나 카사그란데(Casagrande, 1932)의 시대로 거슬러 올라간다. 초기의 구조는 단순히 거시적인 의미로서의 입자배열이었지만, 물리화학이론의 진전에 따라 점성토 구조의 기본모델을 나타낼 수 있도록 되었다. 그러나, 이것들도 실제의 입자 배열을 직접적으로 설명한 것은 아니었다. 그런데, 최근, 분석기술의 비약적인 발전에 의해, 점성토의 미시적인 구조에 직접 접근할 수 있도록 되어, 3차원적인 입체구조와 그의 변화를 명확하게 알 수 있게 되었다(松尾 등, 1976).

Yong et al.(1966, 1975)에 의한 점성토 구조의 기본모델은 그림 4.4와 같으며, 근래에는 대부분 이 분류법을 사용하고 있다. 각 구조에 대해 기술하면 다음과 같다.

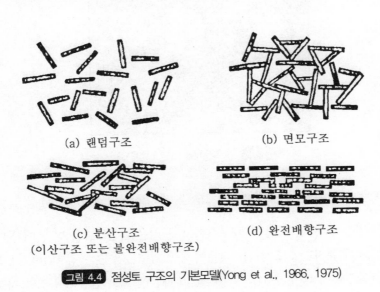

(a) 랜덤구조   (b) 면모구조

(c) 분산구조
(이산구조 또는 불완전배향구조)   (d) 완전배향구조

그림 4.4 점성토 구조의 기본모델(Yong et al., 1966, 1975)

(1) 랜덤 구조(random structure)

입자간의 반발력이 인력에 비해서 클 때 생긴다. 담수 중에서 자연 퇴적한 때가 이것에 해당된다. 되비빔한 점토시료도 이런 구조로 된다.

(2) 면모구조(綿毛構造, flocculated structure)

입자간의 반발력이 인력에 비해서 작을 때 생긴다. 해수와 같은 고농도에서의 퇴적이 여기에 해당된다. 간극비가 크며 압축성이 높으므로 기초 흙으로서의 가치가 낮다.

테르자기는 면모구조뿐만 아니라 벌집구조(또는 봉소구조)도 나타내었는데 그림 4.5와 같이 고리모양 또는 벌집모양으로 간극비가 큰 배열로 된 구조를 의미한다. 최근에는 점성토의 구조에 대한 명확한 연구들을 통해 앞에서 기술한바와 같이 랜덤구조, 면모구조, 배향구조(완전배향구조, 불완전배향구조)가 기본모델로서 생각됨으로서 벌집구조는 그다지 사용되지 않고 있다.

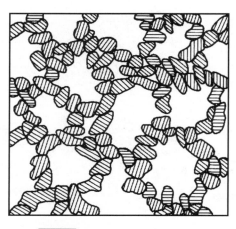

그림 4.5 테르자기에 의한 벌집구조

(3) 분산구조(또는 이산구조)(分散構造, 離散構造, dispersed structure)

담수 중에서의 비활성점토가 자연퇴적했을 때, 또는 작은 압밀하중을 받은 때가 이것에 해당된다. 흡착수의 경우 물분자만이 흡착되는 것은 수중에 양이온이 없는 경우인데, 이 경우 점토입자는 동형치환(同型置換)에 의한 부(負)의 전하(電荷) 때문에 서로 반발해서 입자 서로는 결합하지 않는다. 이 상태를 분산이라고 한다. 입도분석 중 침강분석 시 분산제를 넣어서 현탁액 중의 흙입자가 면모화하지 않도록 하게 된다.

(4) 배향구조(配向構造, oriented structure)

큰 압밀하중 등을 받은 점성토 지반이 이것에 해당된다. 배향구조는 입자배열의 정도에 따라 완전배향, 불완전배향(분산구조는 이 상태에 해당한다)이라고 불린다.

한편, 입자의 배열접촉에 관해서는 반 올펜(van Olphen, 1963), 탄(Tan, 1957) 등의 연구와 Rosenqvist(1957)의 전자현미경에 의한 실증 등을 거치면서 Pusch(1970)의 입체모델이 그림 4.6과 같이 표현되기도 하였다. 지반의 변형은 그림의 링크부분의 파괴에 의한다고 하고 있다.

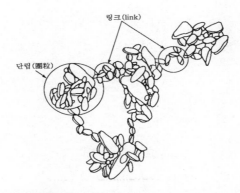

그림 4.6 점토의 입체적 구조모델(Pusch, 1970)

4.1.3 퇴적혼합토(자연토)의 구조

위에서 기술한 기본적인 모델은 주로 단일 종류의 점토광물로 구성될 때에 적용된다. 이들은 일반적인 점성토지반의 구조를 이해하기 위한 기초가 되는 것으로, 실제적인 그대로를 표현하고 있는 것은 아니다. 즉, 자연점성토지반에서는 여러 종류의 점토광물과 실트, 모래 등의 입자를 포함하고 있을 뿐만 아니라 액상(液相)의 전해질농도(電解質濃度), 퇴적의 속도와 경과시간의 영향 등을 받고 있으므로 다른 취급이 필요하게 된다. 지금까지의 연구로부터 점토입자가 단립(團粒)을 형성하고 있어, 단일 입자의 상호작용은 거의 무시될 수 있다는 것을 명확히 알 수 있다. 즉 점성토의 구조는 판상입자(板狀粒子)가 단독으로 존재하는 일은 거의 없고 응집한 단립(團粒)에 의해 성립되고 있다. 이 단립에 대해서 통일적인 용어로서 페드(ped)를, 그 주위의 간극에 대해서는 포어(pore)를 사용한다. 여기서, 주의할 점은 사질토의 구조도 단립(單粒)으로 한글은 점성토의 단립(團粒)과 같으나 한자가 다르다는 것이다.

페드는 물리화학적인 힘이 작용하는 상한의 단위이고, 페드 내부에서 안정상태에 도달하고, 페드간에는 단지 기계적인 힘만이 작용한다고 생각할 수 있다. 여기서, 외력에 의해서도 페드는 변형하고, 페드 중의 포어의 변화는 물리화학적인 힘의 평형에 의존하고 있다.

그림 4.7은 콜린스 등(Collins et al., 1974)의 모델로서 자연흙의 구조를 페드와 포어의 관련으로부터 설명한 것으로 페드 하나 하나의 입자의 경계가 불명확할 때의 구조표현에 적합하다. 이 외에도 많은 연구자에 의해 자연흙의 구조가 설명되고 있다. 그러나, 정말 중요한 점은 자연점성토의 구조모델을 어떻게 단순화해서 그것을 역학적인 특성으로 정량화할 수 있을까 하는 것으로 금후에도 이러한 방향으로의 많은 연구가 필요할 것이다. 혼합토의 성질은 세립이

우세한 경우는 흙의 거동특성이 세립토에 의해 결정되며 조립이 우세한 경우는 거동특성이 조립토에 의해 결정된다. 조립, 세립의 우세 여부는 주로 입도분포나 투수성으로써 확인할 수 있다.

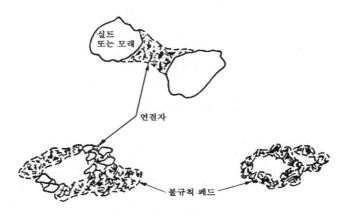

(a) 연결자(connectors)로써 연결된 불규칙 페드

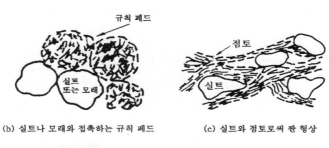

(b) 실트나 모래와 접촉하는 규칙 페드   (c) 실트와 점토로써 짠 형상

그림 4.7 페드의 상태(Collins et al., 1974)

4.2 흙의 분류

흙의 분류는 일반적 분류(입경에 의한 분류, 삼각좌표에 의한 분류)와 공학적 분류로 크게 나누어진다. 입경에 의한 분류는 입자의 크기만으로 하는 분류이며 공학적 분류는 입도 및 연경도 등에 의한 분류로서 공학적 성질을 포함하고 있다. 각각의 분류법에 대해 기술하면 다음과 같다.

4.2.1 일반적 분류

(1) 입경에 의한 분류

입경에 의한 흙의 분류에 대한 KS규정은 그림 4.8과 같다. 그림 4.8에서 입경이 0.001mm 이하의 흙입자는 물속을 부유하므로 일반적으로 콜로이드성 점토(colloidal clay)또는 콜로이드라고 부르고 있으나 KS F 2302에서는 규정하고 있지 않다.

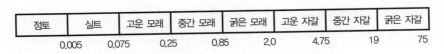

점토	실트	고운 모래	중간 모래	굵은 모래	고운 자갈	중간 자갈	굵은 자갈

0.005   0.075   0.25   0.85   2.0   4.75   19   75

그림 4.8 흙의 입경에 의한 분류(KS F 2302 ; 2002년), 단위 : mm

(2) 삼각좌표에 의한 분류

삼각좌표에 의한 분류법은 미국농무성(USDA ; United States Department of Agriculture)분류법이라고도 하며 공학적으로는 잘 이용되지 않으나 토질분류법의 하나이므로 참고로 소개한다. 여기서, 주의할 점은, 모래, 실트, 점토의 입경 구분이 그림 4.8의 KS F 2302 규정에 의한 것이

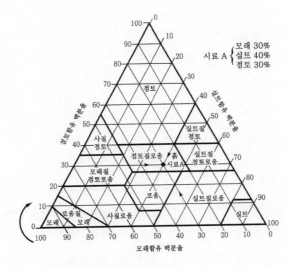

모래입경 : 직경2.0~0.05mm
실트입경 : 직경0.05~0.002mm,
점토입경 : 직경이 0.002mm보다 작은 것

그림 4.9 삼각좌표에 의한 분류법(또는 미국농무성분류법)

아니고 그림 4.9에 기술된 바와 같다는 것이다. 또한 자갈에 대한 규정이 없어 자갈이 포함된 흙의 경우는 아래 예 2)와 같이 각 성분을 수정하게 된다. 그림 4.9에서, 로움(loam)은 진흙, 모래, 유기물 등으로 된 양질토를 의미한다.

그림 4.9에서 시료 A의 명칭은 각 성분에 대해 선(그림의 화살표)을 그어 만나는 점(반드시 세 선은 한 점에서 만나게 된다)의 영역을 읽어서 찾는다. 이 때 선을 긋는 방법은 그림에서 원형의 회전화살 표시와 같이 모래함유율 30%는 점토함유율 70%를 향하고, 점토함유율 30%는 실트함유율 70%를 향하도록 한다.

예 1) 모래 30%, 실트 40%, 점토 30% → 점토질로움

예 2) 자갈 20%, 모래 10%, 실트 30%, 점토 40%

$$→ 수정 : 모래 = \frac{10}{100-20} \times 100 = 12.5\%$$

$$실트 = \frac{30}{100-20} \times 100 = 37.5\%$$

$$점토 = \frac{40}{100-20} \times 100 = 50.0\%$$

* 자갈이 50% 이상일 때 : ～ 섞인 자갈

자갈이 50% 미만일 때 : 자갈 섞인 ～

4.2.2 공학적 분류

(1) AASHTO분류법

AASHTO(아쉬토)는 원래 AASHO(American Association of State Highway Officials)였으나 1974년부터 AASHTO(American Association of State Highway and Transportation Officials)로 이름이 바뀌었다.

이 분류법은 원래 미국공로국(美國公路局 ; U.S. Public Road Administration)에서 1929년에 발표하였으나, 그 후 여러 번 수정되어 현재는 AASHTO분류법으로 불려지고 있다. 미국공로국은 현재 연방도로국(Fedral Highway Administration)으로 개칭되었다.

이 분류법은 표 4.2의 최하단 '노상토로서의 일반적 등급' 란에서 알 수 있듯이, 주로 도로

노상토의 양부의 판정에 사용되며 개정PRA분류법이라고도 한다. 이 분류법에서는 입도분석, 아터버그한계 및 군지수(Group Index)를 근거로 삼는다. 군지수 GI는 식 (4.2)과 같이 나타내며 세립분이 많을수록 커진다. AASHTO분류법에서는 표 4.2와 같이 흙을 A-1~A-7으로 분류하는데 군지수는 A-2-6(3)과 같이 분류기호 다음에 괄호로 나타낸다.

표 4.2 AASHTO분류법에 의한 흙의 분류

일반적 분류	조립토 (0.075 mm체 통과율 35% 이하)							실트-점토 (0.075mm체 통과율 36% 이상)			
분류기호	A-1		A-3	A-2				A-4	A-5	A-6	A-7
	A-1-a	A-1-b		A-2-4	A-2-5	A-2-6	A-2-7				A-7-5 A-7-6
체분석, 통과백분율 2mm 체 0.425mm체 0.075mm 체	50이하 30이하 15이하	50이하 25이하	51이상 10이하	35이하	35이하	35이하	35이하	36이상	36이상	36이상	36이상
0.425mm체 통과분의 성질 액성한계 소성지수	6이하		★N.P	40이하 10이하	41이상 10이하	40이하 11이상	41이상 11이상	40이하 10이하	41이상 10이하	40이하 11이상	41이상 11이상
군지수	0	0	0	0	0	4이하		8이하	12이하	16이하	20이하
주요 구성재료	암편 자갈 모래		세 사	실트질 또는 점토질자갈 또는 모래				실트질 흙		점토질 흙	
노반토로서의 일반적 등급	우수 ~ 양호							가능 ~ 불가능			

주 : A-7-5군의 소성지수는 액성한계에서 30을 뺀 값과 같거나 그보다 작아야 한다.
    A-7-6군은 이보다 커야 한다.
    ★N.P.는 비소성(nonplastic)을 의미함

$$GI = 0.2a + 0.005ac + 0.01bd \tag{4.2}$$

여기서, $a =$ 0.075mm체 통과율-35% ; 0~40의 정수만 취함.
       $b =$ 0.075mm체 통과율-15% ; 0~40의 정수만 취함.
       $c = w_L - 40\%$; 0~20의 정수만 취함.
       $d = I_P - 10\%$; 0~20의 정수만 취함.

(2) 통일분류법

통일분류법(Unified Soil Classification System, USCS)은 최초에는 비행장 노상토를 대상으로 하였으나 현재는 개정하여 비행장, 도로 등에 널리 이용되고 있다. 이 분류법은 2차대전 중 미공병대의 비행장 건설에 사용된 것으로 1942년 카사그란데(Casagrande)에 의해 제안되었으며, 미국개척국에 의해 1952년에 수정되었다. 흙의 공학적 성질을 포함한 분류법이므로 지반구조물에 범용적으로 사용되고 있으며 '개정 카사그란데 분류법'이라고도 한다. 특히 세립토의 경우는 표 4.4내에 있는 소성도표를 사용하여 분류하게 되는데 이 소성도표는 그림 3.26에 나타낸 원래의 소성도표를 수정한 것이다. 우리나라에서는 KS F 2324에 "흙의 공학적 분류 방법"이란 제목으로 통일분류법이 기술되어 있으나, 부표 2에서는 흙의 공학적 분류 방법(통일분류법)으로 표기하여 공학적 분류 방법이 통일분류법을 의미한다고 하는 등 표기상의 혼동이 있고, 또 앞에 기술한 AASHTO분류법도 공학적 분류 방법에 속하므로 본 책에서는 용어의 혼란을 피하기 위해 통일분류법이란 명칭을 사용하기로 한다.

통일분류법에 의한 흙의 분류는 두 개의 문자를 사용하며, 제1문자는 흙의 종류를, 제2문자는 흙의 성질을 나타낸다. 알기 쉽게 나타낸 개략적인 분류는 표 4.3과 같고, KS F 2324에 의한 상세한 분류는 표 4.4 및 표 4.5와 같다. 이들 표에서 자갈, 모래의 구분이 KS F 2302 규정인 2.0mm체가 아니라, 4.75mm체를 기준으로 되어 있다는 점에 주의해야 한다.

표 4.3에서, L, H 항은 저압축성, 고압축성을 나타내는 동시에 저소성, 고소성을 나타내는 것으로 되어 있는데, 이는 압축성과 소성은 유사한 성질을 나타내는 다른 표현이라고 할 수 있기 때문이다. 예를 들면, 세립분이 많으면 일반적으로 소성이 풍부(소성지수가 큼)하여 고소성이라고 하는데, 일반적으로 이런 흙은 하중을 가하면 많이 압축되는 성질(고압축성)을 갖기 때문에 유사한 성질이라고 할 수 있다.

표 4.3의 기호는 제2문자(괄호 안의 성질)를 먼저 읽고 제1문자(괄호 안의 명칭)를 읽게 된다. 개략적인 호칭의 예를 들면, GP는 입도가 불량한 자갈, SM은 실트질 모래, CL은 고소성(또는 고압축성) 점토를 의미한다.

표 4.3 통일분류법(USCS)에 의한 개략적인 흙의 분류

제1문자(흙의 종류)			제2문자(흙의 성질)		
조립토, 세립토 구분	분류기호	기호의 의미	조립토, 세립토 구분	분류기호	기호의 개략적 의미
조립토 (0.075mm체 통과율 50% 미만)	G	Gravel(자갈)	조립토 (0.075mm체 통과율 50% 미만)	W	Well-graded(입도 양호)
				P	Poorly-graded(입도 불량)
	S	Sand(모래)		M	Mo(실트질)[*1)] ; 비소성 또는 저소성 세립분
				C	Clay(점토질); 소성의 세립분
세립토 (0.075mm체 통과율 50% 이상)	M	Mo(실트)[*1)]	세립토 (0.075mm체 통과율 50% 이상)	L	Low-compressibility(저압축성), 저소성($LL < 50$)
	C	Clay(점토)		H	High-compressibility(고압축성), 고소성($LL \geq 50$)
	O	Organic clay (유기질의 실트 및 점토)			
유기질토	Pt	Peat (이탄;압축성이 큰 유기질 흙)			

[*1)] 실트를 나타내는 S(ilt)를 사용하면 모래를 나타내는 S(and)와 혼동되므로 실트의 스웨텐어인 Mo를 사용

표 4.4 통일분류법(USCS)에 의한 흙의 분류(KS F 2324, 2006년)

주요 구분			분류 기호	대표명	분류방법		
조립토 75μm체 통과 50% 이하[*1)]	자갈 4.75mm체 통과분 50% 이하[*2)]	깨끗한 자갈	GW	입도 분포 양호한 자갈 또는 자갈 모래 혼합토	입도곡선으로 모래와 자갈의 비율을 정한다. 세립분(75μ체 이하)의 백분율에 따라 다음과 같이 나눈다. 5% 이하 GW, GP, SW, SP 12% 이상 GM, GC, SM, SC, 5~12% 경계선에서는 복기호[*4)]	$C_u = \dfrac{D_{60}}{D_{10}}$: 4 이상 $C_z = \dfrac{(D_{30})^2}{D_{10} \times D_{60}}$: 1~3		
			GP	입도 분포 불량한 자갈 또는 자갈 모래 혼합토		GW 분류기준에 맞지 않는다.		
		세립분을 함유한 자갈	GM	실트질 자갈, 자갈 모래 실트 혼합토		소성도에서 A선 아래 또는 PI < 4	소성도에서 사선을 한 부분에서는 이중기호로 분류한다.
			GC	점토질 자갈, 자갈 모래 점토 혼합토		소성도에서 A선 위 또는 PI > 7	
	모래 4.75mm체 통과분 50% 이상	깨끗한 모래	SW	입도 분포 양호한 모래 또는 자갈 섞인 모래		$C_u = \dfrac{D_{60}}{D_{10}}$: 6 이상 $C_z = \dfrac{(D_{30})^2}{D_{10} \times D_{60}}$: 1~3	
			SP	입도 분포 불량한 모래 또는 자갈 섞인 모래		SW 분류기준에 맞지 않는다.	
		세립분을 함유한 모래	SM	실트질 모래, 실트 섞인 모래		소성도에서 A선 아래 또는 PI < 4	소성도에서 사선을 한 부분에서는 이중기호로 분류한다.
			SC	점토질 모래, 점토 섞인 모래		소성도에서 A선 위 또는 PI > 7	
세립토 75μm체 통과 50% 이상	실트 및 점토 $LL < 50$		ML	무기질 점토, 극세사, 암분, 실트 및 점토질 세사.			
			CL	저·중소성의 무기질 점토, 자갈 섞인 점토, 모래섞인 점토, 실트 섞인 점토, 점성이 낮은 점토			
			OL	저소성 유기질 실트, 유기질 실트 점토			
	실트 및 점토 $LL > 50$[*3)]		MH	무기질 실트, 운모질 또는 규조질 세사 또는 실트, 탄성이 있는 실트			
			CH	고소성 무기질 점토, 점질 많은 점토			
			OH	중 또는 고소성 유기질 점토			
	유 기 질 토		Pt	이탄토 등 기타 고유기질토			

소성도
PI=0.73(LL−20)
A선
CH
CL
CL-ML
MH 또는 OH
ML 또는 OL

저자 주 [*1)] [*2)] "이하"가 아니라 "미만"이어야 함

[*3)] "$LL > 50$"이 아니라 "$LL \geq 50$"이어야 함

[*4)] 복기호(이중기호)의 예 : GW-GM, SP-SC

표 4.5 통일분류법(USCS)에 의한 흙의 분류 순서(KS F 2324, 2006년)

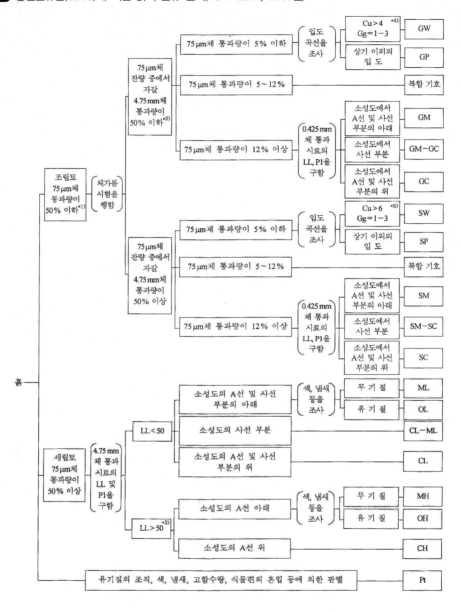

저자 주 *1), *2) "이하"가 아니라 "미만"이어야 함
  *3) "$LL > 50$"이 아니라 "$LL \geqq 50$"이어야 함
  *4) "$C_u \geqq 4$, C_z : 1~3"으로 수정되어야 함
  *5) "$C_u \geqq 6$, C_z : 1~3"으로 수정되어야 함

4.3 연습 문제

4.1 점토의 구조 4가지를 기술하고 간단히 설명하시오.

4.2 흙의 입경에 의한 분류에서 점토, 실트, 모래, 자갈에 대한 입경을 기술하시오.

4.3 점토 구조 중 면모구조와 완전배향구조의 생성조건에 대해 기술하시오.

4.4 입도시험에서 침강분석 시 메스실린더에 포함된 입경의 범위는?

4.5 다음 통일분류법 기호의 개략적인 명칭을 기술하시오.

    (1) SW   (2) SC   (3) CL   (4) MH

4.4 참고문헌

· Casagrande, A.(1932), "The structure of clay and its importance in foundation engineering," Jour., Boston Soc. Civil Eng., Vol.19, pp.72-112.

· Collins, K. and McGown(1974), "The form and function of microfabric features in a variety of natural soils," Geotechnique, Vol.24, No.2, pp.223-254.

· Pusch, R.(1970), "Microstructural changes in soft quick clay at failure," Canadian Geotechnical Journal, Vol.7, No.1, pp.1-7.

· Rosenqvist, I. Th.(1959), "Physico-chemical properties of soils-Soil water system," Proc., ASCE, Vol.85, SM2, pp.31-53.

· Tan, T.K.(1957), Report of soil properties and their measurement, Proc. 4th Int. Conf. SM & FE, Vol.3, pp.87-89.

· Terzaghi, K.(1925), Erdbaumechanik, F. Deuticke, Vienna.

· Van Olphen, H.(1963), An introduction to clay colloid chemistry, John Wiley & Sons, p.94.

· Yong, R.N. and Warkentin, B.P.(1966), Introduction to soil behavior, Macmillan.

· Yong, R.N. and Warkentin, B.P.(1975), Soil properties and behaviour, Elsevier Scientific Pub. Comp.

내 이름으로 무엇이든지 내게 구하면 내가 행하리라.(성경, 요한복음 14장 14절)

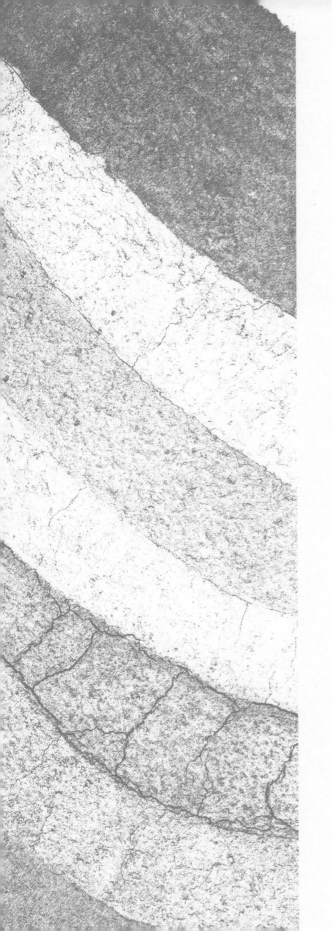

제5장

지반 내의 물의 흐름, 유효응력

제5장 지반 내의 물의 흐름, 유효응력

5.1 흙 속의 물

　흙 속의 물(soil water)은 크게 지하수, 중력수, 보유수로 나누어지며 모래에 대한 개념도는 그림 5.1과 같다. 각각에 대해 설명하면 다음과 같다. 사실, 모래는 그림 3.15(a)와 같이 입자간 서로 접촉되어 있으나, 쉽게 설명하기 위해 그림 5.1과 같이 이격되게 표현하였다.

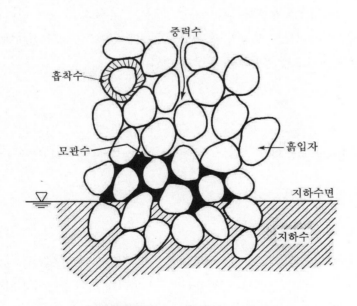

그림 5.1 흙 속의 물의 종류(모래의 예)

5.1.1 지하수

지중 토사의 간극에 충만되어 있는 물을 지하수(ground water)라 하고, 그 표면을 지하수면 (ground water table), 지하수면의 표고상 위치를 지하수위(ground water level)라고 한다. 모세 관현상(5.2.2 참조)을 고려하지 않으면 지하수면에는 대기압이 작용하고 따라서 지하수는 높은 곳에서 낮은 곳으로 동수경사(5.3.1 참조)에 따라 흐르게 된다. 대기압이 작용하는 지하수면을 가진 지하수를 자유지하수(free ground water)라 부르고, 불투수층 사이에 낀 투수층 내에 포함 되어 있는 지하수는 지하수면을 갖지 않으며 피압(被壓)지하수(confined ground water)라 한다.

지하수면 아래에서는 흙의 간극은 대부분 물로 포화되어 있고, 수두가 높은 곳에서부터 낮은 곳으로 천천히 이동된다. 일반적으로 우물의 수위가 지하수위와 일치하며 지하배수의 많은 문제는 이 지하수가 대상이 된다.

5.1.2 중력수

지표에 내린 물이 주로 중력의 작용을 받아 아래로 스며 들어가는 물을 중력수(gravitational water)라고 하며, 일반적으로 불포화 침투이므로 모관수두(毛管水頭) 등이 관여되어 복잡하다. 특히 빗물 침투 등과 같이 연직방향의 불포화 침투류에 있어서는 고압상태에 있는 흙 속의 기체와의 치환이 문제되므로 정량적인 취급은 어렵다.

5.1.3 보유수

보유수(held water)에는 모관수, 흡착수, 화학적 결합수 등이 있으며 각각에 대해 설명하면 다음과 같다.

(1) 모관수

표면장력에 의하여 흙입자간의 간극에 보유되어 있는 물을 모관수(毛管水, capillary water)라 고 하며, 간극의 크기나 형태 및 흙입자 표면의 성상에 따라서 양이나 높이가 다르다. 지하수면 의 변화, 온도, 압력의 변화에 따라서 상하로 이동한다(5.2.2절 참조).

(2) 흡착수

흙입자 표면의 흡인력(吸引力)에 의하여 엷은 층을 이루며 흡착되어 있는 물을 흡착수(吸着水, absorbed water)라고 하며, 열을 가하면 서서히 제거된다. $110°C$로 가열하면 흡착수가 제거되므로 함수비 측정시 건조로가 이 온도 부근인 $110 ± 5°C$를 유지하도록 해서 24시간 동안 흙을 건조시키게 된다.

(3) 화학적 결합수

$110°C$로 가열해도 제거할 수 없는 물로서 원칙적으로 이동, 변화가 없고 공학적으로는 흙입자와 일체로 취급되고 있다.

흙 속의 물 중에서 주된 공학적 관심의 대상인 지하수의 경우, 그 흐름이 없을 때를 정수(靜水)상태라고 하고, 흐름이 있을 때를 투수(透水)상태라고 한다. 여기서는 정수상태와 투수상태로 나누어서 기술하고자 한다.

5.2 정수 상태의 흙 속의 물

정수(靜水) 상태의 흙 속의 물의 압력(간극수압)은 지하수에 의한 압력(정수압이라고 함)과 모세관현상에 의해 흙 속으로 상승한 물의 압력으로 나누어진다. 각각에 대해 기술하면 다음과 같다.

5.2.1 정수압

그림 5.2는 용기 내의 정수(靜水)를 나타내고 있다. 이때, 물 속의 어떤 점에는, 모든 방향으로 같은 크기의 수압이 작용한다. 이 성질을 수압의 등방성(等方性)이라고 하는데, 수압의 등방성은 정수에 대해서도 투수에 대해서도 성립한다. 수압은 항상 등방적으로 작용하기 때문이다.

정수압의 크기는 그림 5.2와 같이 깊이에 따라 비례적으로 커지며 그 크기는 식 (5.1)과 같이 나타내어진다. 식 (5.1)은 대기압을 고려하지 않은 정의식으로, 대기압에 연한 수면에서의 수압은 0으로 하고 있다.

$$u_z = \gamma_w z \tag{5.1}$$

여기서, u_z : 수면 아래 깊이 z에서의 수압

γ_w : 물의 단위중량

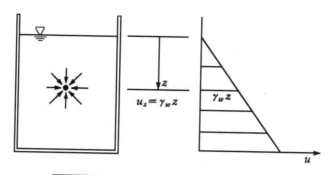

그림 5.2 정수압의 크기(u)와 깊이(z) 방향의 분포

5.2.2 모세관현상

그림 5.3에 나타낸 바와 같이 정수 중에 모세관을 세우면, 모세관의 표면장력에 의해서 모세관 내의 물(모관수)이 상승해서 어떤 높이에서 정지한다. 이것을 모세관현상(毛細管現象, capillary phenomenon)이라고 하며 수주(水柱)의 높이를 모관상승고(또는 모관수두; capillary rise 또는 capillary height)라고 한다. 모세관 내의 수면은 표면장력(그림 5.3의 T)에 의해서 곡면을 이루는데 이 곡면을 메니스커스(meniscus)라고 한다. 모세관 내의 수압 분포는 그림 5.3(b)와 같고 모관상승고 h_c는 다음과 같이 구해진다. 특히, 모세관 내의 수압은 음수라는 점에 주의를 요한다. 즉, 물은 모든 방향으로 동일한 부압을 발휘하게 되어 물체가 그 속에 있으면 팽창하여 터지는 느낌이 들 것이다.

「모세관 내의 물의 무게＝모세관의 표면장력」의 관계에서 메니스커스 내의 물무게를 무시하면 $\pi d T \cos\alpha = \dfrac{\pi d^2}{4} h_c \gamma_w$가 성립하므로 h_c는 식 (5.2)와 같이 된다. 또 표면장력은 수온에 따라 변화하며 단위길이당의 힘으로 나타내는데 그 관계는 표 5.1과 같다.

$$h_c = \frac{4T\cos\alpha}{\gamma_w d} \tag{5.2}$$

여기서, h_c : 모관상승고(또는 모관수두)

　　γ_w : 물의 단위중량

　　d : 모세관의 직경

　　α : 접촉각

　　T : 모세관의 표면장력

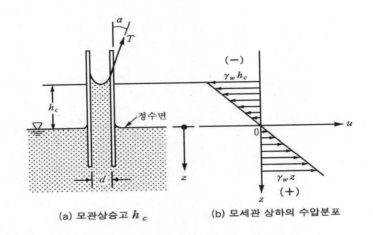

(a) 모관상승고 h_c　　　(b) 모세관 상하의 수압분포

그림 5.3 모세관현상에 의한 모관상승과 모세관 내의 수압분포

표 5.1 물의 온도와 표면장력의 관계(1000dyne/cm＝1N/m)

단위 \ 수온(°C)	표면장력						
	0	5	10	15	20	25	30
dyne/cm	75.64	74.92	74.22	73.49	72.15	71.97	71.18
gf/cm	0.0782	0.0764	0.0757	0.0750	0.0736	0.0734	0.0726

　　앞에서 기술한 지식을 응용해서 지반 내의 모세관현상을 생각해 보자. 흙 속의 간극은 연속되어 있으므로 지반 내에는 모세관이 무수히 형성되어 있다고 볼 수 있다. 따라서 지하수면(정수면)에서는 모세관현상이 발생하게 된다. 흙 속의 모관상승고의 크기는 간극이나 입경에 따라 다르다. 간극이 크면 모세관의 직경이 큰 것으로 생각할 수 있으므로 식 (5.2)에서 모관상승고는 낮아진다. 예를 들면, 거친 모래에서는 모관상승고가 0.5m, 가는 모래에서는 1m, 실트에서는 2m~수십 미터정도이며, 점토의 경우는 이보다 훨씬 크다.

개략적인 흙의 종류별 모관상승고는 표 5.2와 같다. 이 표는 여러 연구자들에 의한 개략적인 범위로, 나라마다 흙의 종류에 대한 입경의 범위가 약간씩 차이가 있어 이 범위도 약간 변화할 수 있지만 큰 차이는 없을 것으로 생각된다.

표 5.2 흙의 종류별 개략 모관상승고(Holtz et al., 1981)

흙의 종류	Loose(느슨)	Dense(조밀)
Coarse sand (조립모래)	0.03~0.12 m	0.04~0.15 m
Medium sand (중간모래)	0.12~0.50 m	0.35~1.10 m
Fine sand (세립모래)	0.30~2.0 m	0.04~3.5 m
Silt (실트)	1.5~10 m	2.5~12 m
Clay (점토)	≥10 m	

하젠(Hazen, 1930)이 실험적으로 구한 모관상승고의 근삿값은 식 (5.3)과 같다.

$$h_c = \frac{C}{e D_{10}} \tag{5.3}$$

여기서, C : 입경 및 표면의 불순도 등으로 결정되는 정수로서 $0.1{\sim}0.5\,\mathrm{cm}^2$의 값

$\quad\quad e$: 간극비

$\quad\quad D_{10}$: 유효입경(cm)

5.2.3 간극수압

흙 속의 물은 간극에 있으므로 간극수에 작용하고 있는 수압을 특별히 간극수압이라고 말하고 이것을 u로 나타낸다.

지하수대(地下水帶)의 간극수는 흙의 간극을 포화하며 연속되어 있다. 정수는 서로 연속하고 있으면 어떤 연결방법을 하고 있더라도 정수압분포를 나타낸다. 따라서 정수상태에 있는 지하수대의 간극수압분포는 그림 5.2의 경우와 동일하게 깊이 z에서 $\gamma_w z$가 된다. 한편, 모관수의 영향으로 지하수위보다 위의 간극수압은 부(−)가 되며, 그림 5.3과 같은 역삼각형 분포가 된다. 암반의 경우, 외력을 받으면 비배수상태에서 과잉간극수압이 발생하므로 간극수압이 변화하지만 외력을 받기전인 평형상태에서의 간극수압은 흙의 경우와 동일하게 그림 5.2의 분포가 된다(Farmer, 1983).

5.3 투수상태의 흙 속의 물

흙 속을 물이 흐르는 상태를 투수상태라고 하며, 동수역학(動水力學)에 기초하고 있다. 여기서는 먼저 동수역학의 용어에 대해 기술하고, 이를 흙의 투수에 적용하는 방법에 대해 기술하기로 한다.

5.3.1 동수역학의 용어

(1) 정류와 부정류

유체가 흐를 때 유속, 압력, 유량 등이 「어떤 지점에서 시간에 따라」 변화하지 않는 상태를 정상상태(定常狀態, steady state)라 하고, 이런 흐름을 정상류(定常流 ; steady flow) 또는 정류(定流)라 한다. 이와는 달리 시간에 따라 변화하는 흐름을 부정류(不定流 ; unsteady flow) 또는 비정류(非定流)라 한다. 흙 속의 물은 부정류도 있겠으나, 시간에 따라 변하지 않는 정류로 취급하는 것이 일반적이며 여기서도 정류의 경우에 한정하여 기술하기로 한다.

(2) 유선과 유관

유체가 흐를 때 어떤 순간에 있어서 각 입자의 속도벡터를 그릴 수 있다. 이 속도벡터가 접선이 되는 곡선을 상상하여, 이것을 유선(流線 ; stream line)이라 부른다. 수면을 극히 작은 고체가 떠서 흐를 때, 노출시간 t로써 사진을 찍었다고 생각하면 사진에는 t시간 사이에 고체가 움직인 경로가 나타날 것이다. 이와 같이 고체가 움직인 방향이 속도벡터의 방향이고 그 길이가 속도의 크기를 나타낸다.

정류에 있어서는 유선이 시간에 따라 변화하지 않을 것이므로 그림 5.4(a)와 같이 유체의 입자가 움직인 경로 즉, 유적선(流跡線 ; path of particle)과 유선이 일치한다. 어떤 점에서 착색(着色) 유체를 흐르게 하면 착색선을 그리면서 흐르는데 이것이 유적선이다. 부정류에 있어서는 유선이 시간에 따라 변화한다. 그림 5.4(b)에 있어서 유선은 시간 t_1, t_2, t_3에 따라 변화하고, 하나의 입자는 곡선 P_1, P_2, P_3에 연해서 움직인다. 따라서 부정류에 있어서는 유적선과 유선이 일치하지 않는다. 흙 속의 물의 흐름은 주로 정류이므로 그림 5.4(a)의 경우가 된다.

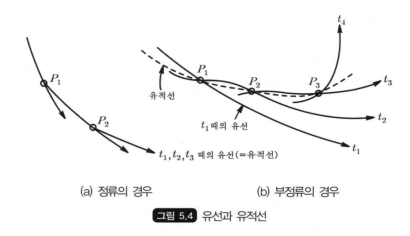

(a) 정류의 경우　　　　　　　　(b) 부정류의 경우

그림 5.4 유선과 유적선

유선은 어떤 순간(시각)에 대하여 생각하므로 하나의 유선이 다른 유선과 교차하지 않는다. 유선의 교차는 하나의 입자가 동시에 두 방향의 속도벡터를 갖는 것을 의미하므로 있을 수 없다.

유체 속에 하나의 폐곡선(閉曲線)을 상상하여 이 곡선 위를 통과하는 유선을 생각한다. 폐곡선 위를 통과하는 유선은 서로 교차하지 않으므로 하나의 관을 구성한다. 이와 같은 관을 유관(流管; stream tube)이라 부른다.

그림 5.5에 있어서 단면 I의 폐곡선을 통과하는 유선은 단면 II 및 단면 III의 폐곡선을 통과할 것이고, 유관의 도중에서 유선이 생기지도 않고 없어지지도 않는다. 유관의 벽면은 유선과 일치하므로 벽면에 연한 속도 이외에는 어떤 방향에도 속도성분이 없다.

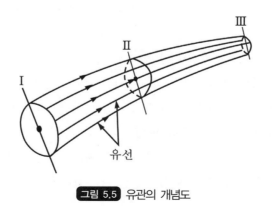

그림 5.5 유관의 개념도

(3) 완전유체

점성을 무시하고 밀도가 일정한 가상적 유체를 완전유체(完全流體) 또는 이상유체(理想流體)라 한다. 완전유체가 운동할 때는 에너지의 손실은 없으나 실제유체는 점성이 있으므로 에너지의 손실이 있다. 물은 점성이 있으나 취급하는 문제에 따라서는 점성을 무시해도 좋은 경우도 있다.

5.3.2 베르누이의 정리

(1) 연속방정식

그림 5.6과 같은 유관 속을 물이 정상적으로 흐를 때, 즉 정류일 때의 단면 I 및 단면 II의 단면적 및 유속을 각각 A_1, v_1 및 A_2, v_2라 하자. 물을 완전유체라고 가정하면 밀도는 일정하다.

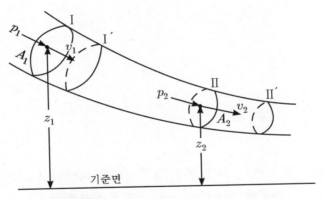

그림 5.6 연속방정식 및 베르누이의 정리 설명도

단면 I을 통과한 물은 단면 II도 통과해야 한다. 단위시간에 통과한 수량(水量)은 모든 단면에 대하여 같다. 단위시간에 한 단면을 통과한 수량 Q(유량이라고 부름)는 단면내의 유속이 시간에 따라 변하지 않는다(일정하다)고 하면 식 (5.4)와 같이 되며 이 식을 연속방정식(equation of continuity)이라고 부른다. 이 식에서 알 수 있듯이 유속과 단면적은 서로 반비례한다. 단면적이 작은 곳에서는 유속이 크고 단면적이 큰 곳에서는 유속이 작다.

$$Q = A_1 v_1 = A_2 v_2 \tag{5.4}$$

(2) 베르누이의 정리의 유도

그림 5.6에 있어서 단면 I과 단면 II 사이의 유체에 대하여 생각한다. δt 시간 후에는 단면 I의 유체는 $v_1 \delta t$ 만큼 이동하고 단면 II는 $v_2 \delta t$ 만큼 이동하여 각각 단면 I' 및 단면 II'에 위치한다. 이때 단면 I과 단면 II 사이 부분의 에너지가 변화한다. 이 변화량은 I'와 II' 사이 부분의 에너지와 I과 II 사이 부분의 에너지의 차(差)이다. I'와 II 사이 부분은 공통이므로 II' 부분과 IIII' 부분만을 생각하면 된다.

밀도를 ρ, 기준면(또는 基準水平面)에서 각 단면까지의 높이를 z_1, z_2라 하면, II' 및 IIII' 부분의 질량은 $\rho v_1 \delta t A_1$ 및 $\rho v_2 \delta t A_2$이므로, 각 단면의 위치에너지와 운동에너지의 합의 차는 $\left(\rho v_2 \delta t A_2 g z_2 + \rho v_2 \delta t A_2 v_2^2 / 2 \right) - \left(\rho v_1 \delta t A_1 g z_1 + \rho v_1 \delta t A_1 v_1^2 / 2 \right)$이 된다.

이와 같은 에너지의 증가는 양면에 작용하는 수압에 의한 일과 같다. 수압에 의한 일은 압력을 각각 p_1 및 p_2라 하면 $p_1 A_1 v_1 \delta t - p_2 A_2 v_2 \delta t$이다. 위의 두 식을 같다고 하면 식 (5.5)가 성립한다.

$$\rho \delta t \left(v_2 A_2 g z_2 + v_2 A_2 \frac{v_2^2}{2} - v_1 A_1 g z_1 - v_1 A_1 \frac{v_1^2}{2} \right) = \delta t \left(p_1 A_1 v_1 - p_2 A_2 v_2 \right) \tag{5.5}$$

연속방정식 (5.4)의 $A_1 v_1 = A_2 v_2$를 식 (5.5)에 대입하여 정리하면 식 (5.6)과 같이 된다.

$$\frac{v_1^2}{2g} + \frac{p_1}{\rho g} + z_1 = \frac{v_2^2}{2g} + \frac{p_2}{\rho g} + z_2 \tag{5.6}$$

식 (5.6)은 흐름의 유관에 연해서는 어떤 점에서도 성립한다. 일반적으로 $\rho g = w$(물의 단위중량)라 놓고 식 (5.7)과 같이 표기하여 베르누이의 정리(또는 베르누이의 법칙; Bernoulli's law)라고 부른다.

$$H_t = \frac{v^2}{2g} + \frac{p}{w} + z = const \tag{5.7}$$

여기서, H_t : 전수두(total head)

$\frac{v^2}{2g}$: 속도수두(velocity head)

$\frac{p}{w}$: 압력수두(pressure head)

z : 위치수두(potential head)

베르누이의 정리는 하나의 유관 또는 유선에 대하여 성립하는 것이므로, 하나의 유선에 대해서는 H_t가 일정하다. 다시 말하면 하나의 유선에 연해서는 전에너지가 일정하다. 식 (5.7)은 정류의 경우에 대한 결과이므로 부정류의 경우는 성립되지 않는다는 것을 다시 한 번 강조한다.

(3) 동수경사선과 에너지선

베르누이의 정리에 있어서 기준면에서 전수두 H_t까지의 높이를 연결한 선을 에너지선 (energy line)이라 부른다. H_t는 일정하므로 기준면과 에너지선은 나란하다.

기준면에서 $(z + p/w)$인 점을 연결한 선을 동수경사선(動水傾斜線 ; hydraulic grade line) 또는 수두경사선(水頭傾斜線)이라 부른다. 그림 5.7과 같은 유관 속을 물이 흐를 때 관벽에 유리관을 세우면, 각 점에 있어서 물이 동수경사선까지 상승한다. I점, II점에서 동수경사선까지의 높이는 p/w이다. 그러므로 에너지선과 동수경사선의 높이의 차는 $v^2/(2g)$이다.

I점과 II점의 거리가 대단히 짧다고 하여 이것을 dl이라 하고, 두 단면의 동수경사선의 차를 dh라 하면, $dh = \left(\dfrac{p_1}{w} + z_1\right) - \left(\dfrac{p_2}{w} + z_2\right) = \dfrac{v_2^2}{2g} - \dfrac{v_1^2}{2g} = d\left(\dfrac{v^2}{2g}\right)$이 되어 정리하면 식 (5.8)이 된다. 이 식에서 dh/dl은 동수경사선의 기울기이며 이것을 동수경사(hydraulic gradient)라 부른다.

$$\frac{dh}{dl} = \frac{d}{dl}\left(\frac{v^2}{2g}\right) \tag{5.8}$$

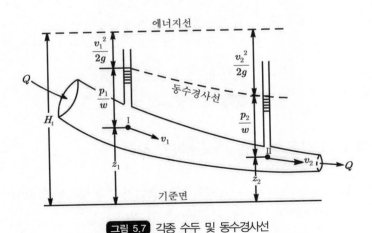

그림 5.7 각종 수두 및 동수경사선

(4) 손실을 고려한 베르누이의 정리

완전유체는 점성이 없으므로 마찰저항이 없고 이 경우의 베르누이의 정리는 식 (5.7)로 표시된다. 그러나 실제의 흐름에는 그 내부 또는 주벽(周壁)에 있어서 마찰저항이 있으므로 흐름의 에너지를 생각할 때는 손실수두를 고려해야 한다.

그림 5.8과 같은 유관에 있어서 단면 I과 단면 II 사이의 손실수두 Δh를 고려하여 베르누이의 정리를 나타내면 식 (5.9) 또는 식 (5.10)과 같다. 손실수두(Δh)가 생기는 것은 유속이나 압력의 손실이 있기 때문이므로, 속도수두, 압력수두 모두 감소하며, 에너지선 뿐만 아니라 동수경사선의 기울기도 증가하게 된다. 이 상황을 그림 5.8과 같이 나타낸 것이다.

$$\frac{v_1^2}{2g}+\frac{p_1}{w}+z_1 = \frac{v_2^2}{2g}+\frac{p_2}{w}+z_2+\Delta h \tag{5.9}$$

$$\frac{v^2}{2g}+\frac{p}{w}+z+\Delta h = const \tag{5.10}$$

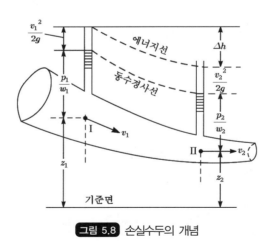

그림 5.8 손실수두의 개념

5.3.3 흙 속의 물의 흐름에 대한 베르누이의 정리

흙 속의 물의 흐름(지하수류 ; 地下水流)의 경우, 흙입자의 점성저항에 의한 에너지 손실의 항(손실수두)을 고려하여 베르누이의 정리는 식 (5.9)와 같이 표현된다. 다만, 흙 속에서의 유속은 대단히 낮으므로($v_1 ≒ 0,\ v_2 ≒ 0$), 식 (5.9)는 식 (5.11)과 같이 간략화 되며, 이 식에 사용된 기호의 의미는 그림 5.9와 같다.

$$\frac{p_1}{\gamma_w} + z_1 = \frac{p_2}{\gamma_w} + z_2 + \Delta h \tag{5.11}$$

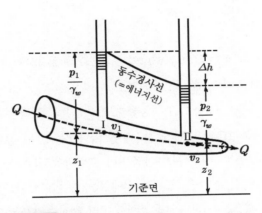

그림 5.9 지하수류에 대한 베르누이의 정리 설명도

지하수류에서의 손실수두는 상하류의 전수두차와 같은데, 수두차 즉 손실수두가 클수록 물의 흐름에 의해 흙입자가 받는 힘이 커진다. 즉, 상하류의 경사(수두차)가 클수록 흙시료가 큰 저항력을 발휘하게 된다. 만약 수두차가 너무 커서 흙입자가 더 이상 저항할 수 없게 되면 입자가 떠내려가거나 떠올라서 유실되게 되는데 이 현상을 분사현상이라고 하며 이에 대한 상세한 내용은 5.13절에서 기술하기로 한다.

그림 5.10과 같이 흙 속을 흐르는 물의 유속과 유량을 구하기 위해서 식 (5.12)로 정의되는 동수경사(hydraulic gradient)가 사용된다. 이 그림은 흙시료 내의 흐름이 직선적이어서 동수경사선도 직선인 경우이며, 동수경사가 크면 유속과 유량이 증가하게 된다(이에 대해서는 5.3.4절에서 기술).

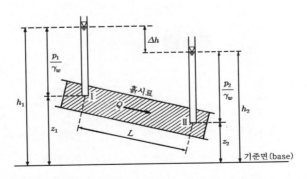

그림 5.10 길이 L인 흙시료의 I, II점에서의 손실수두 Δh의 설명도

$$\text{동수경사} \quad i = \frac{\Delta h}{L} \tag{5.12}$$

여기서, Δh : 거리 L간의 손실수두

흙 속의 임의의 점에서의 전수두(그림 5.10의 h_1 , h_2)를 측정하기 위하여 세관(細管)을 이용하는 간단한 장치를 피에조미터(piezometer)라고 하며 그 측정원리는 그림 5.11과 같다. 이 그림에서 피에조미터의 수위는 지하수위와 동일하므로 P점의 압력수두는 h_P, 위치수두는 h_E, 전수두는 h가 된다. 피에조미터의 수위가 전수두를 나타내는 것은 정수에 한하지 않고 흐르는 물에 대해서도 그대로 적용된다. 따라서 피에조미터 수위와 측정점과의 연직거리 즉, 압력수두 (h_P)를 측정해서 그것에 γ_w를 곱하면 그 지점 P에 작용하는 간극수압($u = \gamma_w h_p$)의 값이 된다. 앞에서 기술한 자유수의 경우는 지하수위와 피에조미터 측정수위가 동일하나, 피압수의 경우는 피압량 만큼 수위가 상승한다는 점에 주의하기 바란다.

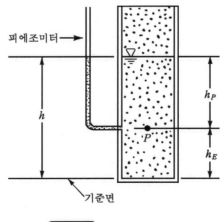

그림 5.11 피에조미터의 원리

5.3.4 다시의 법칙

프랑스 기술자 다시(Darcy)는 1856년에 그림 5.12의 장치를 사용해서 흙 속을 흐르는 물에 대한 법칙(다시의 법칙; Darcy's law)을 제안했다. 그는 이 장치를 이용해서 흙 속으로부터 t시간 동안에 흘러나오는 물의 체적 Q를 실측해서, 흙의 길이(물이 흐르는 거리)를 L, 단면적을

A라 할 때, 식 (5.13)이 성립한다는 것을 발견했다. 실측된 Q와 식 (5.13)을 이용해서 투수계수 (k)를 구하는 것이 투수시험의 기본 원리이다.

$$Q = k\frac{\Delta h}{L}At = kiAt \tag{5.13}$$

여기서, Δh : 손실수두$(h_1 - h_2)$

k : 투수계수

$i\left(=\dfrac{\Delta h}{L}\right)$: 동수경사

t : 투수시간(시험시간)

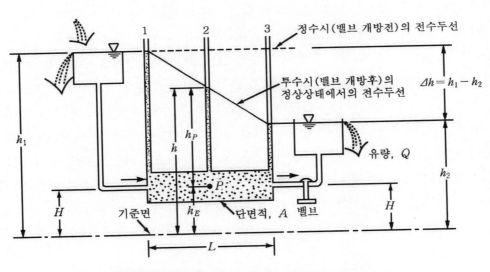

그림 5.12 흙 속에 물이 흐를 때의 전수두의 변화$(h_1 \rightarrow h_2)$

식 (5.13)에서 k는 투수계수(coefficient of permeability ; hydraulic conductivity)라고 불리며, 흙의 투수능력(또는 투수성 ; permeability)을 나타내는 중요한 토질정수로서 흙의 밀도나 입도에 따라 달라지는데 흙의 종류별 투수계수에 대해서는 5.3.5절을 참조하기 바란다. k값이 큰 흙일수록 물이 쉽게 흐르게 되므로 투수성이 높다고 말하며 그와 반대의 경우는 투수성이 낮다고 말한다.

식 (5.13)의 ki를 v(유속)로 바꾸어서 표현하면 식 (5.14)와 같이 연속방정식을 나타내게 된다(연속방정식은 식 (5.4) 참조). 여기서, v의 물리적 의미를 생각해 보자. 식 (5.14)는 어떤 시간 t 동안 흙의 단면적 A를 통하여 유속 v로 흐를 때의 유량 Q를 나타내는데, 주의할 점은 물은 흙입자와 간극을 포함한 흙 전체의 단면적 A를 통해서 흐르는 것이 아니고, 간극만의 단면적 A_v 속을 흐른다는 것이다. 즉 v는 흙 전체의 단면적 A를 사용해서 정의한 가상적인 유속(겉보기유속이라고도 함)을 의미하며, 간극 속을 흐르는 물의 실제 유속 v_v를 사용하여 식 (5.14)를 다시 쓰면 식 (5.15)와 같이 된다. 왜 다시가 실제 유속을 사용하지 않고 가상유속을 사용했을까? 이에 대한 대답은 간단하다. 즉, 유량을 구하거나 투수시험을 통하여 투수계수를 구할 때 v_v를 사용하기 위해서는 단면적으로 A_v를 사용해야 하기 때문이다. A_v는 간극비 등을 사용하여 계산해서 구해야 하므로 상당히 불편한 반면, 흙 전체의 단면적(A)을 적용하여 계산된 가상유속 v를 사용하면 유량을 구하는 것이 훨씬 편리할 것이다. 실제 유속이 아닌 가상유속을 사용하더라도 그 개념만 정확히 알고 사용한다면 전혀 문제는 없고 오히려 식의 전개나 투수계수의 정의가 훨씬 편리할 것이다. 투수계수 k 역시 투수시험에서 가상유속을 사용하여 계산된 값이므로 이것 또한 흙의 투수성을 정의하는 가상적인 계산치이다. 여기서 주의할 것은 투수계수의 단위는 cm/s(차원은 LT^{-1}) 등과 같이 유속의 단위와 같으므로 자칫하면 투수계수 자체가 유속인 것으로 착각할 수가 있다는 점이다. 투수계수는 투수의 잠재능력을 나타내는 값으로 이것에다 동수경사를 곱해야 유속이 구해진다. 예를 들면 투수계수가 아무리 높은 흙이라도 상하류의 수두차가 없으면 전혀 물이 흐르지 않아 유속이 0이라는 사실만으로도 쉽게 알 수 있다. 이런 것들로 보아, 투수계수가 1cm/s인 흙 위에 물방울을 놓으면 1초에 1cm 속도로 투수된다고 생각해서는 안 된다는 것도 쉽게 알 수 있을 것이다.

$$Q = A(ki)t = Avt \qquad (5.14)$$
$$Q = A_v v_v t \qquad (5.15)$$

참고로, 일반적으로 사용되는 가상유속 v와 실제유속 v_v의 관계에 대해서 알아보자.

$Q = Avt = A_v v_v t$에서 $A_v v_v = Av$이므로 이 식에 $A = A_s + A_v$(여기서, A_s는 입자의 단면적)를 대입하면 $(A_s + A_v)v = A_v v_v$가 된다. 따라서 v_v는 식 (5.16)과 같이 구해진다. 이 식에서 $\dfrac{A_s + A_v}{A_v} > 1$ 또는 $\dfrac{n}{100} < 1$이므로 항상 $v_v > v$가 된다.

$$v_v = \frac{A_s + A_v}{A_v}v = \frac{A_sL + A_vL}{A_vL}v = \frac{V_s + V_v}{V_v}v = \frac{1 + \dfrac{V_v}{V_s}}{\dfrac{V_v}{V_s}}v \qquad (5.16)$$

$$= \frac{1 + e}{e}v = \frac{v}{n/100}$$

여기서, L : 그림 5.12 참조

5.3.5 투수계수의 크기

그림 5.13은 흙에 따른 투수계수의 개략적인 값을 나타낸다. 흙입자의 입경이 큰 흙일수록 투수계수의 값은 크다. 사질토의 경우, 입경이 크면 흙의 골격 사이의 간극도 크고, 흐름의 관로가 두꺼워서 물이 흐르기 쉽기 때문이다. 반대로 관로가 가늘면 흐르는 물 자신의 점성에 의해 흐름저항이 커지고 흐름은 나빠진다. 따라서 투수계수의 값은 작아진다. 점성토의 경우, 간극은 사질토보다 크지만 고리모양의 입자가 서로 전기적으로 결합되어 입자 접촉면이 밀접하게 붙어 있으므로 투수성은 낮다.

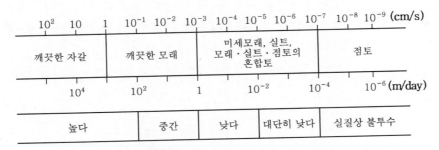

그림 5.13 흙의 종류별 투수계수의 개략치

후술하는 식 (5.17)과 같이, 투수계수의 크기는 관로 반경의 제곱에 거의 비례한다. 따라서, 흙입자의 입경의 약간의 차이에 의해서도 투수계수 값은 크게 달라지며, 점토와 모래는 10^6 배 정도나 차이가 난다. 예를 들면 $i = 1$ 일 경우, 깨끗한 모래 속의 물은 1일에 1m~1km나 흐르지만, 점토 속의 물은 0.1mm~0.001mm밖에 흐르지 않는다. 각 흙의 투수계수에 대한 보다 구체적인 내용은 다음과 같다.

(1) 모래

간극비 e인 모래 속의 수로(水路)가 반경 R인 원통관이라 하고, 그 속을 흐르는 물의 점성계수를 η라고 하면, 투수계수 k는 수리학의 이론으로부터 식 (5.17)과 같이 된다. 이 식에서 모래의 투수계수 값은 기본적으로 관로 반경의 제곱에 비례한다는 것을 알 수 있다.

$$k = \frac{\gamma_w}{8\eta} \frac{e}{1+e} R^2 \tag{5.17}$$

식 (5.17)에 기초해서 테일러(Taylor, 1948)는 약간 더 현실에 가까운 식을 제안했다. 그는 같은 크기의 구(球, 직경= D_s)의 집합체를 생각했는데, 관로의 단면형상이 원이 아닌 점이나 유로가 휜 것 등을 반영한 형상계수(C)를 도입해서 식 (5.18)을 유도했다.

$$k = C\frac{\gamma_w}{\eta} \frac{e^3}{1+e} D_s^2 \tag{5.18}$$

모래의 투수계수가 $e^3/(1+e)$에 비례하는 것은 실험에 의해서 널리 인정되고 있다. 또 모래의 투수계수는 입경의 제곱에 비례하고 점성계수에 반비례한다는 사실도 중요하다. 또한 C가 퇴적구조의 차이를 나타내는 양이라는 것으로부터 C값을 식 (5.18)에서 구해서 퇴적구조를 역으로 조사하는 일도 행해지고 있다.

하젠(Hazen, 1930)은 균등계수가 작은(입도가 균등한) 모래에 대한 실험식으로 식 (5.19)를 제안했다.

$$k = CD_{10}^2 \ (\text{cm/s}) \tag{5.19}$$

여기서, C : 실험상수로서 $100 \sim 150(1/\text{cm} \cdot \text{sec})$
　　　　　D_{10} : 흙의 유효입경(cm)

코제니-카먼(Kozeny-Carman)(Reddi, 2003)은 식 (5.18)과 비슷한 식 (5.20)을 제안했다.

$$k \propto \frac{e^3}{1+e} \text{ 또는 } k = C\frac{e^3}{1+e} \quad (C : \text{상수}) \tag{5.20}$$

식 (5.20)을 이용하여 동일한 모래에서 간극비가 다른 두 상태의 투수계수의 관계를 다음과 같이 유도할 수 있다. 즉, $k_1 : k_2 = \dfrac{C_1 e_1^3}{1+e_1} : \dfrac{C_2 e_2^3}{1+e_2}$ 에서 C값은 e와 무관하므로 투수계수의 관계는 식 (5.21)과 같이 쓸 수 있다.

$$k_1 : k_2 = \frac{e_1^3}{1+e_1} : \frac{e_2^3}{1+e_2} \approx e_1^2 : e_2^2 \tag{5.21}$$

예를 들어, $e_1 = 0.5, e_2 = 0.6$일 때 $\dfrac{e_1^3}{1+e_1} : \dfrac{e_2^3}{1+e_2} = 1 : 1.62$, $e_1^2 : e_2^2 = 1 : 1.44$로서 약간의 차이가 있으나 큰 차이가 없으므로 $k_1 : k_2 \approx e_1^2 : e_2^2$의 관계가 잘 사용되고 있다.

카사그란데(Casagrande)(Reddi, 2003)는 세립~중간 입경의 깨끗한 모래의 투수계수에 대해 식 (5.22)를 제안했다.

$$k = 1.4e^2 k_{0.85} \tag{5.22}$$

여기서, k : 간극비 e에서의 투수계수

$k_{0.85}$: 간극비 0.85에서의 투수계수

(2) 점성토

점성토는 점토, 실트 등과 같이 투수성이 비교적 낮아 배수에 시간이 걸리므로 재하시 천천히 변형을 일으키며, 연경도의 성질을 갖는 세립토를 말한다. 이렇게 시간에 따라 변형이 증가하는 거동을 점성거동이라고 한다. 즉, 점성토는 점성거동을 하는 흙이라고 정의할 수 있다.

점성토의 경우에는 흡착수와, 투수되는 자유수와의 사이에 전기적인 상호관계가 투수에 크게 영향을 미쳐 식 (5.18)은 적용될 수 없다. 예를 들면 점토의 투수계수 값은 광물의 차이에 따라 크게 달라진다. 같은 크기의 간극비에 대해서도 카오리나이트의 투수계수는 몬모릴로나이트의 투수계수의 1000배 이상이나 된다. 또, 점토를 충분히 반죽하면, 간극비가 변하지 않더라도 그 구조가 응집상태(그림 4.4b 참조)에서부터 분산상태(그림 4.4c 참조)로 변해서 투수계수의 값은 크게 저하하게 된다.

현시점에서, 점토에 대해 알려진 실험적 사실은 e와 $\log_{10}k$가 비례한다는 것이다. 그러나 입자의 배열구조를 흐트리면 이 관계도 변하게 된다.

(3) 암석

리스핀 등(Rispin et al., 1972)에 의하면 신선한 암석(intact rock)의 투수계수는 표 5.3과 같으며 이 때의 투수시험법으로는 다우(Daw, 1971)의 방법을 사용했다.

표 5.3 신선한 암석의 투수계수(Rispin et al., 1972 ; Farmer, 1983)

신선한 암석 (intact rocks) 종류	번터 사암 (Bunter Sandstone)	스테인드롭 사암(Staindrop Sandstone)	석영암 (Quartzite) –Skye	편암(Slate) –Honister	화강암(Granite) –Creetown
투수계수(cm/s)	2×10^{-5}	4×10^{-6}	2×10^{-9}	1.2×10^{-1}	1×10^{-12}

암석은 원지반에서 대부분 균열 등의 불연속면(discontinuities)이 있어 이 불연속면을 통하여 투수성이 증가하게 된다. 후크 등(Hoek et al., 1974)은 불연속면의 상태에 따라 암석의 투수계수를 표 5.4와 같이 제안했다.

표 5.4 불연속면의 상태에 따른 암석의 투수계수(Hoek et al., 1974)

불연속면의 상태	절리가 있는 암석 (jointed rock)	열린 절리가 있는 암석 (open jointed rock)	심하게 균열이 발생한 암석 (heavily fractured rock)
투수계수(cm/s)	0.1	1	100

스노우(Snow, 1968)와 보엄(Vaugham, 1963)은 불연속면이 있는 암석의 투수계수에 관한 식 (5.23)을 제안했다.

$$k = \frac{N\gamma_w\delta^3}{15\eta} \qquad (5.23)$$

여기서, N : 불연속면의 빈도(암석 단위 길이당의 불연속면의 개수)

δ : 불연속면의 폭

η : 물의 점성계수

아트웰 등(Attewell et al., 1976)은 식 (5.23)에 의한 계산 결과를 그림 5.14와 같이 나타내었다. 이 그림을 이용하면 암석 불연속면의 평균적인 폭(δ)과 불연속면의 빈도(N)를 알면 투수계수를 쉽게 구할 수 있게 된다.

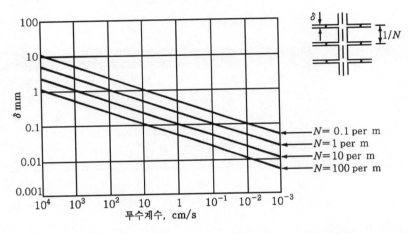

그림 5.14 암석의 불연속면의 폭(δ)과 빈도(N)를 이용해서 투수계수를 구하는 도표 (Attewell et al., 1976)

(4) 투수계수와 물의 온도의 관계

식 (5.17)이나 식 (5.18)을 보면 투수계수는 물의 점성계수에 반비례한다는 것을 알 수 있다. 점성계수는 물의 온도와 밀접한 관계가 있다. 온도가 증가함에 따라 점성계수는 감소하므로 투수계수는 온도의 증가와 더불어 증가한다. 온도에 대한 영향을 고려하기 위해, 실내시험에서 투수계수를 정할 때, 한국산업표준(KS)에서는 15℃를 기준으로 하게 되어 있다. 만일 온도의 증가에 따른 물의 단위중량의 증가를 무시한다면, 투수계수와 점성계수의 관계는 식 (5.24)와 같이 쓸 수 있다. 이 식에서 η_T/η_{15}는 점성보정계수라고 하며 표 5.5와 같다. 투수시험시 물의 온도 15℃를 기준으로 하는 것은 4℃에서 1인 물의 비중과 관계없이, 아마 상온에 가까운 온도를 기준으로 한 것이 아닌가 생각된다. 현장 지하수의 온도가 15℃가 아니면 그 온도에 맞게 보정해서 투수계수를 구해야 정확하겠지만, 현장온도가 변하므로 일반적으로 이렇게 까지는 하지 않고 15℃를 기준으로 구해서 사용한다.

$$k_{15} = k_T \frac{\eta_T}{\eta_{15}}$$

$$\text{(5.24)}$$

여기서, k_{15} : 15℃에서의 투수계수

k_T : T℃에서의 투수계수

η_{15} : 15℃에서의 점성계수

η_T : T℃에서의 점성계수

표 5.5 점성보정계수(η_T/η_{15})

T℃	0.0	0.1	0.2	0.3	0.4	0.5	0.6	0.7	0.8	0.9
0	1.567	1.513	1.460	1.414	1.369	1.327	1.286	1.248	1.211	1.177
10	1.144	1.113	1.082	1.053	1.026	1.000	0.975	0.950	0.926	0.903
20	0.881	0.859	0.839	0.819	0.800	0.782	0.764	0.747	0.730	0.714
30	0.699	0.684	0.670	0.656	0.643	0.630	0.617	0.604	0.593	0.582
40	0.571	0.561	0.550	0.540	0.531	0.521	0.513	0.504	0.496	0.482
50	0.479	0.472	0.465	0.458	0.450	0.443	0.436	0.430	0.423	0.417

5.4 투수계수의 측정

흙의 투수계수를 측정하는 시험을 투수시험이라고 하고 실내투수시험과 현장투수시험으로 크게 나누어진다.

5.4.1 실내투수시험

실내투수시험(laboratory permeability test)은 흙의 투수성에 따라 주로 정수위투수시험, 변수위투수시험, 압밀시험 등의 세 가지로 나누어진다. 어떤 흙이든지 이 세 가지 시험 중 어느 한 가지를 사용하면 투수계수를 구할 수 있지만 투수성에 따라 그 효과와 정확도가 차이가 있으므로 표 5.6과 같은 개략적인 기준을 가지고 시험종류를 정한다. 물론 시험 전에는 투수계수를 알 수 없지만 개략적인 관찰을 통해서 투수계수를 추정해서 시험방법을 결정해야, 보다 쉽고 효과적으로 투수계수를 구할 수 있다.

여기서, 한 가지 첨언할 것이 있다. 실내투수시험의 가장 큰 어려움은 바로 현장 지반의 상태를 재현하여 시험하여야 한다는 것이다. 성토를 하는 경우는 성토의 현장다짐 정도에 맞도록 하여 투수시험을 하면 되지만, 깊은 현장토사를 채취하여 실내투수시험을 하는 경우는 시험 자체가 대단히 어렵다. 압밀시험의 경우는 흐트러지지 않은 상태로 시료를 채취하여 시험을 하므로 큰 문제는 없으나, 정수위투수시험이나 변수위투수시험의 경우는 흐트러진 시료로써 투수시험을 하기 때문에 현장지반의 밀도나 함수비 등 현장조건에 맞도록 다져서 시험하는 등의 노력이 필요하다. 그러나 사실 이렇게 하기는 대단히 어렵기 때문에 주로 현장투수시험에 의하여 투수계수를 구하게 된다.

요약하면, 성토지반의 투수계수를 구하는 경우는 실내투수시험인 정수위투수시험이나 변수위투수시험을 실시하나, 깊은 지반 내의 투수계수를 구하기 위해서는 주로 현장투수시험을 적용하게 된다. 다만, 점토지반에서 채취된 시료의 압밀시험은 흐트러지지 않은 상태에서 수행되므로 이런 경우는 실내투수시험인 압밀시험이 일반적으로 적용되고 있다.

표 5.6 흙의 투수성에 따른 투수시험의 종류

투수시험의 종류	효과적인 적용 대상 흙	개략적인 투수계수의 범위, k (cm/s)
정수위투수시험(constant head permeability test)	모래	$10^2 \sim 10^{-3}$
변수위투수시험(falling head permeability test)	실트~점토	$10^{-3} \sim 10^{-7}$
압밀시험(consolidation test)	점토	10^{-7} 이하(일반 자연상태에서는 거의 불투수에 가까우므로 불투수성 흙이라고 함)

(1) 정수위투수시험

정수위(定水位)투수시험은 정수두(定水頭)투수시험이라고도 하며, 비교적 투수성이 높은 사질토에 적용하는 시험(표 5.6 참조)으로, 그림 5.15와 같이 일정한 수위(定水位) 하에서 정상투수(한 점에서의 유속, 압력, 유량 등이 시간에 따라 변하지 않는 흐름) 상태를 만들어서 시행한다. t 시간 동안에 시료를 통해서 유출된 수량 Q를 측정하면 식 (5.25)를 사용하여 투수계수가 계산된다. 이 시험법은 투수계수가 비교적 커서 유출량 Q가 많은 흙에 사용하여야 그 측정이 쉽고 정확도도 높아진다. 식 (5.25)에서 얻어진 투수계수는 식 (5.24)를 이용해서 온도보정을 하게 된다.

$$Q = kiAt \text{로부터, } k = \frac{Q}{iAt}\left(= \frac{QL}{Ath}\right)$$

(5.25)(기호의 정의는 그림 5.15 참조)

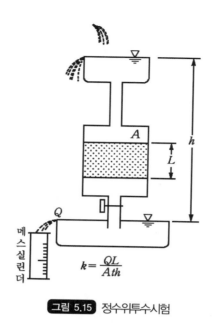

$$k = \frac{QL}{Ath}$$

그림 5.15 정수위투수시험

(2) 변수위투수시험

변수위(變水位)투수시험은 변수두(變水頭)투수시험이라고도 하며, 투수성이 비교적 낮은 실트질 흙에 적용하는 시험이다(표 5.6 참조). 시험기의 구조는 그림 5.16과 같으며, 시료 상부에 단면적 a인 세관(細管)을 세우고 그 내부에 물을 채워 수위가 t시간 동안(시각 t_1에서 시각 t_2까지) 하강한 거리(h_1에서 h_2까지)를 측정하여 그림 5.16에 기술된 식을 사용하여 투수계수를 구하게 된다. 이때 주의할 것은 측정 시작 전에 시료가 포화되도록 시료를 통하여 물을 통과시켜야 한다는 것이다. 이 시험은 세관 속의 수위가 하강하는 양으로 시료를 통한 유출량을 측정하므로 투수성이 낮아 물이 많이 흐르지 않는 흙에 적합한 시험이다. 만약 투수성이 낮은 흙으로 정수위투수시험을 한다면 단위시간당 유출량이 적어, 메스실린더로 정도(精度) 높게 측정할 수 있는 양이 되기 위해서는 많은 시간이 걸리게 될 것이다. 물론 아주 가는 메스실린더를 사용하여 유출량을 측정할 수도 있지만 아무래도 측정과정에서 변수위투수시험의 세관을 사용하여 측정하는 것보다는 정확도가 떨어지게 될 것이다.

여기서, 그림 5.16 내에 있는 투수계수식을 유도하는 과정을 알아보기로 하자. 정수위투수시험의 경우는 동수경사가 일정하게 유지(그림 5.15에서 h가 일정)되지만 변수위투수시험의 경우는 세관 내의 수위(h)가 시간에 따라 변하므로 동수경사($i = h/L$)도 변하게 된다. 따라서 동수경사가 일정할 때의 식인 $k = \dfrac{QL}{Ath}$ (그림 5.15 참조)를 사용할 수 없으므로 다음과 같이 수두 h를 변수로 하여 동수경사 i를 정의하고 투수계수를 구하게 된다.

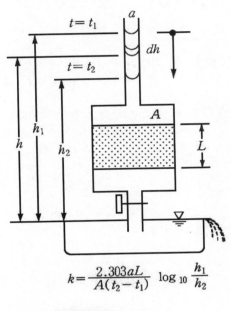

$$k = \frac{2.303aL}{A(t_2 - t_1)} \log_{10} \frac{h_1}{h_2}$$

그림 5.16 변수위투수시험

dt 시간동안 수위가 dh만큼 저하했다고 하면, 시료 내부를 흘러간 수량(dQ)은 $-a \cdot dh$(여기서 h가 하강하므로 dh는 음수가 된다)이다. 따라서 그 때의 시료 양단에서의 전수두의 차를 h라고 하면 식 (5.26)이 성립한다. 여기서 dQ는 상하류의 수두차가 h가 되는 순간의 dt 시간동안의 유량이다.

$$dQ = -a \cdot dh = k\frac{h}{L}Adt \tag{5.26}$$

식 (5.26)의 양변을 적분하면, 즉 $\displaystyle\int_{h_1}^{h_2}(-a)dh = \int_{t_1}^{t_2}k\frac{h}{L}Adt$에서 식 (5.27)이 성립하고 이 식을 풀면 그림 5.16 내의 식 (5.28)이 얻어진다. 식 (5.28)에서 얻어진 투수계수는 식 (5.24)를 이용해서 온도보정을 하게 된다.

$$-\int_{h_1}^{h_2}\frac{dh}{h}=\frac{kA}{aL}\int_{t_1}^{t_2}dt \quad \text{에서} \quad -\ln\frac{h_2}{h_1}=\frac{kA}{aL}(t_2-t_1)$$

$$\tag{5.27}$$

따라서, $k=\dfrac{aL}{A(t_2-t_1)}\ln\dfrac{h_1}{h_2}$ 또는 $k=\dfrac{2.303aL}{A(t_2-t_1)}\log_{10}\dfrac{h_1}{h_2}$ (5.28)

여기서, (t_2-t_1)은 측정시간 t를 의미한다.

참고로, 식 (5.28)의 자연로그 $\ln x$ (즉 $\log_e x$)를 상용로그 $\log_{10}x$로 환산하는 과정은 다음과 같다.

$$\log_e x = y; \ x=e^y; \ \log_{10}x=\log_{10}e^y; \ \log_{10}x=y\log_{10}e$$

$$\therefore y(=\log_e x)=\frac{\log_{10}x}{\log_{10}e}\approx 2.303\log_{10}x$$

(3) 압밀시험

투수성이 대단히 낮은 점토(표 5.6 참조)의 투수계수는 수두를 사용하는 일반적인 투수시험법으로는 시료 내를 물이 거의 흐르지 않아 측정에 대단히 많은 시간이 걸리므로 시험 자체가 곤란하다. 따라서 이런 시료의 투수계수를 구하기 위해서는, 참기름 짜듯이 시료에 압력을 가해서 강제로 물을 짜내서 시험하게 된다. 이런 시험을 압밀시험이라고 하며, 압밀시험 결과로부터 식 (5.29)를 사용하여 계산하면 투수계수가 구해진다. 물론, 압밀시험의 가장 중요한 목적은 압밀침하량 산정을 위한 여러 가지 정수를 구하기 위함이며 이에 대해서는 제7장에서 상세히 기술한다. 식 (5.29)에서 얻어진 투수계수는 식 (5.24)를 이용해서 온도보정을 하게 된다.

$$k=c_v m_v \gamma_w \tag{5.29}$$

여기서, k : 점토의 투수계수

c_v : 압밀시험에서 얻어지는 압밀계수

m_v : 압밀시험에서 얻어지는 체적변화계수

γ_w : 간극수의 단위중량

(4) 기타 투수시험

삼축시험기를 이용하여 현장의 응력상태를 재현하여 등방 또는 이방압밀 상태에서 투수계수를 측정하는 방법도 있다(Carpenter et al., 1986).

5.4.2 현장투수시험

자연지반은 불균질하거나 실내투수시험을 하기 위한 시료를 채취하기 어려운 경우가 많기 때문에 실내투수시험으로 구한 결과를 지반의 투수계수로 사용하기가 곤란하거나 실내시험을 할 수 없을 때가 많다. 또한 실내시험을 위한 시료채취시 교란이 불가피하기 때문에 정확한 투수계수를 구하기 어렵다. 특히 사질토는 불교란시료의 채취가 매우 어렵기 때문에 현장시험에 의해서 투수계수를 구할 수 밖에 없는 실정이다. 따라서 자연지반의 투수계수를 현장투수시험(in-situ permeability test)으로 직접 구하는 것이 좋다. 그러나 현장시험은 시간과 경비가 많이 소요되는 단점이 있다.

현장투수시험은 지하수위가 높은 곳에서는 양수(揚水)시험(시험공에서 물을 양수해서 시험)이, 지하수위가 낮은 곳에서는 주수(注水)시험(시험공에 물을 주입해서 시험)이 적합하다. 현장투수시험의 종류와 적용에 대해 요약하면 표 5.7과 같다.

표 5.7 현장투수시험의 종류와 적용

대분류	중분류	소분류	적용
양수시험 (well pumping test)	한 개의 시험정과 두 개의 관측정에 의한 시험	자유지하수의 경우	지하수위가 높은 곳
		피압지하수의 경우	
	한 개의 시험정 만에 의한 시험	튜브법(tube method)	
		피에조미터법 (piezometer method)	
		오거법 (auger method)	
주수시험 (inflow test)	한 개의 시험정과 두 개의 관측정에 의한 시험		지하수위가 낮은 곳

(1) 양수시험 중 한 개의 시험정(試驗井)과 두 개의 관측정(觀測井)에 의한 시험

이 시험은 불투수층 위의 지반에 자유지하수가 존재할 경우의 지반의 투수시험과 피압대수층에 대한 투수시험의 경우로 나눌 수 있다.

① 자유지하수의 경우(불투수층 위에 자유지하수가 있는 지반에 대한 시험)

불투수층 위에 자유지하수가 있는 지반에 그림 5.17과 같이 한 개의 시험정(pumping well)과 두 개의 관측정(observation well)을 설치하여 투수계수를 구할 수 있다.

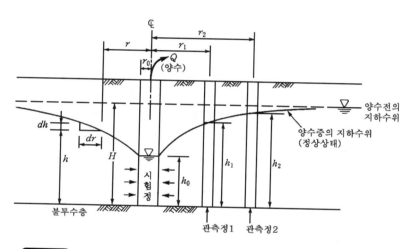

그림 5.17 불투수층 위에 자유지하수가 있는 지반에 대한 현장투수시험의 원리

시험정에서 단위시간에 $Q(\mathrm{cm}^3/\mathrm{s})$만큼의 물을 양수하면서 관측정 내의 수위가 일정하게 유지되면 그 때의 h_o, h_1, h_2를 측정하여 투수계수를 계산하게 된다.

「단위시간당의 양수 유량 = 단위시간당 시험정으로 유입되는 유량(그림 5.18 참조)」의 관계를 이용하며, 투수계수는 식 (5.30)과 같이 유도된다. 즉, 시험정으로 유입되는 유량은 반경 r인 위치에서 불투수층까지의 깊이 h로 유입되는 유량과 동일하므로 다음 식들이 성립한다.

$Q(= k \cdot i \cdot A) = k \cdot \dfrac{dh}{dr} \cdot 2\pi r h$ (여기서, h는 r의 함수)에서 $\dfrac{dr}{r} = \dfrac{2\pi k}{Q} \cdot h \cdot dh$이므로

구간적분을 하면 $\displaystyle\int_{r_1}^{r_2} \dfrac{dr}{r} = \dfrac{2\pi k}{Q} \int_{h_1}^{h_2} h \cdot dh$가 된다. 이를 풀면 식 (5.30)이 얻어진다.

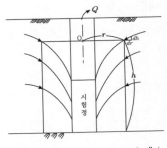

(a) 반경 r 위치의 동수경사$\left(\dfrac{dh}{dr}\right)$

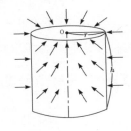

(b) 반경 r 위치에서 시험정으로의 지하수 유입

그림 5.18 반경 r인 위치에서 불투수층까지 깊이 h(그림 5.17)로 유입되는 모양의 설명

$$k = \frac{Q}{\pi(h_2^2 - h_1^2)} \ln \frac{r_2}{r_1} \quad \text{또는} \quad k = \frac{2.303\,Q}{\pi(h_2^2 - h_1^2)} \log_{10} \frac{r_2}{r_1} \tag{5.30}$$

그림 5.17에서 $h = H$가 될 때의 반경 r 중 최소치를 R로 나타내고 영향원의 반경이라 하며, 이때의 원을 영향원(influence circle)이라고 한다. k를 R과 시험정의 수위(h_0)로 나타내면, 식 (5.30)에서 $k = \dfrac{Q}{\pi(H^2 - h_o^2)} \ln \dfrac{R}{r_o}$ 이 되므로 R은 식 (5.31)과 같이 된다.

$$R = r_o \exp\left\{(H^2 - h_o^2)\frac{\pi k}{Q}\right\} \tag{5.31}$$

영향원의 반경 R은 흙의 종류와 상태에 따라 다르며 보통 시험정의 반경 r_o의 3,000~5,000배 또는 500~1,000m로 보는 경우가 많다. 흙의 종류에 따른 영향원의 반경은 표 5.8과 같다.

표 5.8 흙의 종류에 따른 영향원의 반경(R)

흙의 종류		입경(mm)	R(m)
구분			
자갈	거친 것	〉10	〉1,500
	중간 것	2~10	500~1,500
	가는 것	1~2	400~500
모래	거친 것	0.5~1	200~400
	중간 것	0.25~0.5	100~200
	가는 것	0.10~0.25	50~100
	매우 가는 것	0.05~0.10	10~50
실트		0.025~0.05	5~10

② 피압지하수의 경우(피압지하수가 있는 대수층에 대한 시험)

본 시험은 불투수층 사이에 있는 피압대수층의 투수계수를 구하는 시험으로 시험방법은 앞의 ①항의 경우와 동일하며 시험원리는 그림 5.19와 같다.

시험정 내부에서의 단위시간당의 양수 유량 $Q = k \cdot i \cdot A = k \cdot \dfrac{dh}{dr} \cdot 2\pi rH$(피압대수층 이외의 층에 대한 유량은 무시)에서 $\dfrac{dr}{r} = \dfrac{2\pi kH}{Q}dh$이므로 $\displaystyle\int_{r_1}^{r_2}\dfrac{dr}{r} = \int_{h_1}^{h_2}\dfrac{2\pi kH}{Q}dh$가 된다.

이를 풀면 식 (5.32)가 얻어진다.

$$k = \frac{Q}{2\pi H(h_2 - h_1)}\ln\frac{r_2}{r_1} \quad \text{또는} \quad k = \frac{Q}{2.727H(h_2 - h_1)}\log_{10}\frac{r_2}{r_1} \tag{5.32}$$

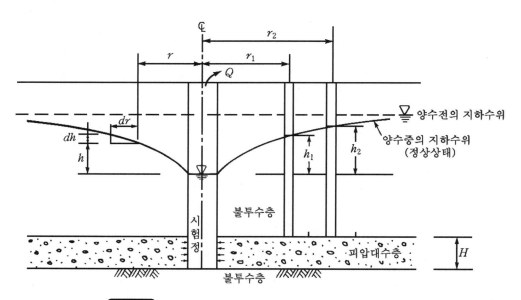

그림 5.19 피압지하수가 있는 대수층에 대한 현장투수시험의 원리

여기서, 피압지하수에 대해 설명하면 다음과 같다. 지하수(groundwater)란 지하수면 아래에 존재하는 흙 속의 물을 말한다. 지하수면 아래의 흙의 간극은 통상 물로 포화되어 있고, 수두가 큰 곳으로부터 작은 곳으로 이동한다. 이것의 정량적인 관계는 다시(Darcy)의 법칙이 적용된다. 지하수는 수문학적 순환의 일부이고, 자유지하수와 피압지하수로 나누어진다. 자유지하수(自由地下水, free groundwater)는 불압지하수(不壓地下水, unconfined groundwater)라고도 한다. 이

것의 수면은 실존하고 자유롭게 상하로 변화할 수 있으며 흙의 간극을 통해서 대기(大氣)와 직접 접하고 있다. 지하수가 대기압과 같은 크기의 압력을 갖고, 대기에 접하고 있는 면을 지하수면(groundwater table, groundwater level)이라고 한다. 또 지하수면 중, 제체(堤体) 중을 흐르는 중력수(그림 5.1 참조)의 표면을 침윤면(phreatic surface, seepage surface ; 5.9절 참조)이라고 한다.

피압지하수(被壓地下水, confined groundwater)는 그의 상하가 불투수성의 지층으로 되어 있고 지하수면을 갖지 않으며, 일반적으로 대기압 이상의 압력을 갖는 지하수이다. 피압지하수에 이르는 우물을 파면 물이 분출하기도 한다. 이와 같이 대수층(帶水層, aquifer; 모래층과 같이 높은 투수성을 갖고 물이 흐르는 지층)의 높이보다 높은 수두를 갖는 지하수는 피압상태(artesian condition)에 있다고 한다. 또, 국소적으로 존재하는 불투수층 위에 렌즈모양으로 고인 지하수를 주수(宙水, perched water)라고 하고, 그 수면을 주수지하수면(perched water table)이라고 한다. 주수는 물의 공급원이 없으므로 단시간의 양수 등으로 소실되는 특징이 있다.

(2) 양수시험 중 한 개의 시험정 만에 의한 시험

한 개의 시험정으로부터 지하수를 양수하거나 주입하여 시험정 안의 수위변화를 측정하고, 이것으로부터 투수계수를 구할 수 있는데, 일반적으로 주수보다는 양수하는 방법이 사용되므로 여기서는 이 방법에 대해 기술하기로 한다. 이 방법은 지하수위가 비교적 낮은 경우에 사용하며, 튜브법, 피에조미터법, 오거법 등이 있는데, 여기서는 튜브법에 대해서만 기술하기로 한다. 튜브법은, 그림 5.20과 같이 반경 r_o인 튜브(tube) 선단을 시험정 저면에 밀착시킨 후 튜브 내의 물을 양수하고 경과시간에 따른 수위 상승량을 측정하여 식 (5.33)으로서 튜브 하부지반의 투수계수를 구한다.

$$k = \frac{2.303\pi r_o^2}{Et} \log_{10} \frac{h_o}{h_1} \tag{5.33}$$

여기서, r_o : 튜브의 반경(cm)

h_o : 지하수위로부터 양수에 의한 튜브내의 수위 저하량(cm)

h_1 : 지하수위로부터 t시간 후 회복된 수위와의 수두차(cm)

E : 계수(cm) (표 5.9 참조)

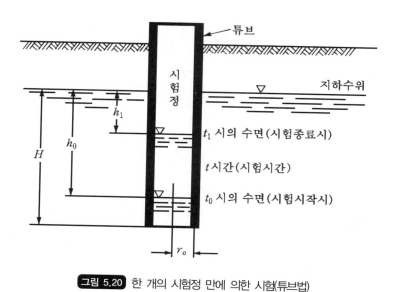

그림 5.20 한 개의 시험정 만에 의한 시험(튜브법)

표 5.9 식 (5.33) 내의 계수 E값(cm)

깊이/직경 $= \dfrac{H}{2r_o}$	관(tube)의 직경($2r_o$, cm)						
	2.5	5.1	5.6	10.2	12.7	15.2	20.3
1						39.6	53.1
2					33.2	39.4	52.9
3				26.2	33.0	39.4	52.6
4			19.6	26.2	32.8	39.2	52.1
5			19.6	25.9	32.8	38.9	51.8
6		13.0	19.3	25.9	32.6	38.6	51.6
7		13.0	19.3	25.6	32.2	38.6	51.3
8	6.4	13.0	19.1	26.6	32.2	38.4	51.0
10		12.7	19.1	25.2	31.8	35.9	
12		12.7	18.8	24.9	31.5		
15	6.1	12.5	18.3	24.6			
25	5.8	11.7	15.3				
40	5.3	10.2					
60	4.8						
100	3.8						

(3) 주수시험(주입시험)

지하수위가 낮은 지반에서는 시험정에서 양수하는 대신 그림 5.21과 같이 시험정에 물을 주입하여 일정한 수두를 유지할 때 주입량 Q와 관측정의 수위를 측정하여 지반의 투수계수를 구하게 된다. 이러한 시험을 주수시험(inflow test)이라고 하며, 이때의 투수계수는 양수시험에 대한 식 (5.30)에서 관측정의 수위 h_1과 h_2를 바꾼 식 (5.34)로써 구해진다.

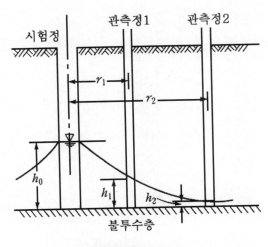

그림 5.21 주수시험

$$k = \frac{Q}{\pi(h_1^2 - h_2^2)} \ln\frac{r_1}{r_2} \quad \text{또는} \quad k = \frac{2.303\,Q}{\pi(h_1^2 - h_2^2)} \log_{10}\frac{r_1}{r_2} \tag{5.34}$$

(4) 암반주수시험(루지온시험)

암반의 현장투수시험에 가장 널리 사용되고 있고 암반투수시험의 표준으로 여겨지고 있는 방법으로 프랑스의 루지온(Lugeon, 1933)에 의해 개발된 루지온시험(Lugeon test)이 있다. 루지온시험은 수압시험(water pressure test)이라고 불리기도 한다.

이 시험법은, 먼저 그림 5.22와 같이 시추공(보통 ϕ46~76mm 사용) 내에 시험구간을 정하여 팩커(packer)라고 하는 수압으로 팽창되는 마개로 봉한 다음, 이 시험구간에 압력을 가하여 암반내에 물을 주입한다. 약 $1MPa$ 정도의 주입압력으로 약 10분 후 주입량이 안정되면, 주입압력 p와 1분간의 주입량 $Q(l/\min)$를 측정하여 식 (5.35)로서 루지온치를 구하고 투수계수를 계산하거나 투수성의 지표로 이용한다.

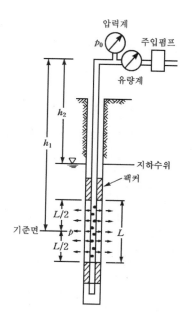

p : L 구간에 대한 평균 주입압(=기준면에서의 주입압)

지하수가 없는 경우 : $p = p_0 + \gamma_w h_1$

지하수가 있는 경우 : $p = p_0 + \gamma_w \{h_1 - (h_1 - h_2)\} = p_0 + \gamma_w h_2$

그림 5.22 루지온시험의 원리

$$L_u = \frac{10\,(bars)}{p\,(bars)} \cdot \frac{Q}{L}$$

(5.35)

여기서, L_u : 루지온치(Lugeon value)

       p : 기준면에서의 주입압으로 원칙적으로 10 bars(약 $1MPa$로 한다.

       Q : 주입량($l/\min$), 즉 시험공의 시험구간(길이 L)을 통해 유출된 유량

       L : 시험구간의 길이(m)로서 보통 5m이다.

루지온시험은 시추공 내에서 일정 수위의 유지에 필요한 보급수량을 이용하는 것으로, 압력 $1MPa$, 시험공의 길이 1m, 1분당의 보급수량(liter)으로 나타내고, $1l/\min/m$의 물이 지반 속으로 들어간 경우의 지반의 투수계수를 $1L_u$(루지온)이라고 한다. 댐 하부지반의 투수성을 감소시키기 위해 설치하는 커튼 그라우팅(curtain grouting)의 루지온치의 목표는 2~5 정도로 하는 일이 많다.

루지온시험은 그림 5.23과 같이 시험을 위한 팩커의 개수에 따라 단팩커(single packer)방식과 이중팩커(double packer)방식으로 나누어진다.

만일 암반이 불연속면을 포함하지 않고 균질 등방인 경우에는 루지온치와 투수계수 k의 사이에는 식 (5.36)의 관계가 성립한다(日本土木學會, 1972).

$$k = \frac{1}{2\pi} \cdot \ln\frac{L}{r} \cdot \frac{L_u}{10^3} \cdot \frac{1}{60} \quad 또는 \quad k = 10^{-5} \times \left(\frac{1}{1.2\pi} \cdot \ln\frac{L}{r} \right) L_u \qquad (5.36)$$

여기서, r, L : 시험공의 반경(m) 및 길이(m)

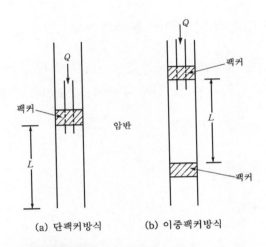

(a) 단팩커방식   (b) 이중팩커방식

그림 5.23 단팩커방식과 이중팩커방식의 개략도

식 (5.36)의 계산 예를 들면, 시험공의 길이 및 반경이 $L = 5m$, $r = 46/2 \sim 76/2mm$인 경우, 1 L_u에 해당되는 투수계수는(1.43~1.29)×10-5cm/s 즉 $k \approx 1 \times 10\text{-}5$ cm/s 가 된다. Bell(1992)에 의하면 루지온치와 투수성의 관계는 대략 다음과 같다.

① 1 Lugeon = 1.3×10^{-5}cm/s
② 1 Lugeon은 기초의 그라우팅이 불필요한 투수성이다.
③ 10 Lugeon은 대부분의 형식의 댐에 그라우팅이 필요함을 의미한다.
④ 100 Lugeon은 폭이 넓은 절리가 심하게 발달되어있는 암반임을 나타낸다.

루지온시험에 대한 보다 상세한 내용은 비케(Wittke, 1990), 일본토목학회(日本土木學會編, 1984), 이(1999) 등을 참조하기 바란다.

5.5 다층지반의 평균 투수계수

자연지반에서는 층상으로 되어 있는 경우가 많으며, 이때의 각층의 투수계수는 각각 다르다. 이렇게 투수계수가 다른 여러 지층의 평균투수계수를 구하여 현장 투수계수로 사용하면 계산이 편리하다. 여기서는 다음과 같은 두 가지 특수한 경우에 대해 기술하기로 한다.

5.5.1 흐름에 평행한 다층지반의 평균 투수계수

그림 5.24에서, 단위폭당 및 단위시간당의 유량 Q를 사용하여 각 층의 투수계수와 평균 투수계수 k_h의 관계는 각 층의 동수경사선이 동일하다는 조건을 이용하여 식 (5.37)과 같이 구할 수 있다.

$$Q = k_h i H = k_1 i H_1 + k_2 i H_2 + \cdots + k_n i H_n$$

$$\therefore k_h = \frac{1}{H}(k_1 H_1 + k_2 H_2 + \cdots + k_n H_n)$$

$$(5.37)$$

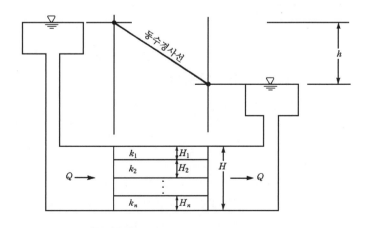

그림 5.24 흐름에 평행한 다층지반의 침투

5.5.2 흐름에 수직인 다층지반의 평균 투수계수

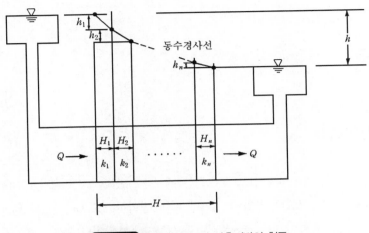

그림 5.25 흐름에 수직인 다층지반의 침투

그림 5.25와 같이 층이 연직으로 분리되어 있는 경우는 각 층의 동수경사가 다르며, 결과적으로 수두차 h가 발생하므로 식 (5.38)의 관계가 성립한다.

$$h = h_1 + h_2 + \cdots + h_n = H_1 i_1 + H_2 i_2 + \cdots + H_n i_n \tag{5.38}$$

식 (5.38)에서 $i_i \left(= \dfrac{h_i}{H_i} \right)$를 k_v에 관한 식으로 변환하여 소거할 필요가 있다.

각 층의 유속은 동일하므로 식 (5.39) 및 식 (5.40)이 성립한다.

$$v = k_v i = k_1 i_1 = k_2 i_2 = \cdots = k_n i_n \tag{5.39}$$

$$i_1 = \frac{k_v}{k_1} i, \ i_2 = \frac{k_v}{k_2} i, \ \cdots, \ i_n = \frac{k_v}{k_n} i \tag{5.40}$$

식 (5.40)을 식 (5.38)에 대입하면,

$$h = H_1 \frac{k_v}{k_1} i + H_2 \frac{k_v}{k_2} i + \cdots + H_n \frac{k_v}{k_n} i = k_v i \left(\frac{H_1}{k_1} + \frac{H_2}{k_2} + \cdots + \frac{H_n}{k_n} \right)$$ 이 되며, 이 식에서

$i = \dfrac{h}{H}$(평균 동수경사)이므로 식 (5.41)이 얻어진다.

$$k_v = \frac{H}{\dfrac{H_1}{k_1} + \dfrac{H_2}{k_2} + \cdots + \dfrac{H_n}{k_n}} \tag{5.41}$$

5.6 2차원 침투해석

흙 속의 물이 일방향(또는 이방향)으로 흐르는 경우의 흐름을 1차원(또는 2차원)흐름이라고 한다. 실제의 지반에서는 흐름의 방향이 위치에 따라 변화하므로 대부분 3차원흐름이 되지만, 해석의 간략화를 위해 흐름이 미약한 부분은 무시하고 1차원이나 2차원 흐름으로 가정하는 경우가 많다. 여기서는 일반적으로 가장 많이 적용하는 2차원 흐름에 대해 기술한다.

5.6.1 연속방정식

그림 5.26과 같이 흐름(침투 ; seepage)이 연직면 xz 내에서 일어나는 2차원흐름에 대해 설명하기로 한다. 유속의 x, z 성분을 각각 v_x, v_z라 하면, 이들은 x, z의 함수이다. 흐름이 있는 지반 내의 어떤 P점(x, z)을 정점(頂点)으로 하는 $dx \times dz \times 1$의 미소 정육면체(두께 1인 요소 abcd)을 생각한다. 면 ab 및 면 ad 상의 평균유속을 각각 v_x, v_z라고 하면 각 변에서의 유속의 변화에 따른 유입량과 유출량은 그림 5.26에 나타낸 바와 같이 된다. 따라서 물과 흙입자가 간극수압의 크기에 관계없이 체적불변 즉 비압축이라면, 요소 abcd내의 「전유입량 = 전유출량」의 관계 식 (5.42)로부터 식 (5.43)이 유도된다.

$$\left(v_x + \frac{\partial v_x}{\partial x}dx\right)dz \times 1 + \left(v_z + \frac{\partial v_z}{\partial z}dz\right)dx \times 1 = v_x dz \times 1 + v_z dx \times 1 \tag{5.42}$$

따라서, $\dfrac{\partial v_x}{\partial x} + \dfrac{\partial v_z}{\partial z} = 0$ \hfill (5.43)

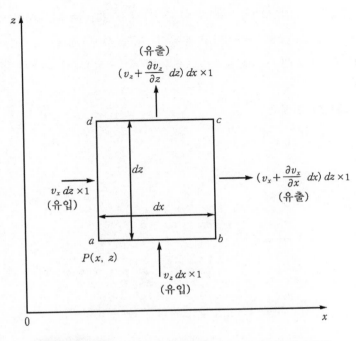

그림 5.26 흙요소의 속도성분의 변화값에 의한 유입량과 유출량

위의 2차원의 경우를 일반적인 3차원 흐름의 경우로 확장하면 식 (5.44)가 얻어지고, 이것을 3차원 흐름의 연속방정식이라고 한다(유관에 대한 연속방정식은 식 (5.4) 참조).

$$\frac{\partial v_x}{\partial x} + \frac{\partial v_y}{\partial y} + \frac{\partial v_z}{\partial z} = 0 \tag{5.44}$$

흙의 골격구조가 수압의 변화에 따라서 체적변화를 일으킬 때의 투수문제는 복잡하여 비오 (Biot)에 의한 다차원압밀론에 의하지 않으면 안 된다. 식 (5.44)를 유도할 경우, 어떤 순간에 주목하면 유속벡터 $\boldsymbol{v}(v_x, v_y, v_z)$가 시각 t의 함수라도 관계없다. 즉, 흐름이 비정상상태라도 식 (5.44)가 성립한다는 것도 참고로 첨언해 둔다.

5.6.2 라플라스방정식

정상침투이면, 전수두 h는 t와 무관하게 $h = h(x, y, z)$가 된다. 여기서 이방성 흙에 대한 다시의 법칙인 식 (5.45)를 식 (5.44)에 대입하면 식 (5.47)이 얻어진다. 또 등방성 흙의 경우는

$k_x = k_y = k_z = k$ (일정)이므로 식 (5.46)을 식 (5.44)에 대입하면 식 (5.48)이 얻어지며 이 식을 라플라스방정식(Laplace's equation)이라고 부른다. 이들 식에서 h는 증가할 때 $(+)$가 되나, 유속은 h가 감소할 때 $(+)$가 되므로 식 (5.45) 및 식 (5.46)에서 $(-)$가 붙는다.

이방성 흙의 다시의 법칙 :

$$v_x = - k_x \frac{\partial h}{\partial x}, \quad v_y = - k_y \frac{\partial h}{\partial y}, \quad v_z = - k_z \frac{\partial h}{\partial z} \tag{5.45}$$

등방성 흙의 다시의 법칙 :

$$v_x = - k \frac{\partial h}{\partial x}, \quad v_y = - k \frac{\partial h}{\partial y}, \quad v_z = - k \frac{\partial h}{\partial z} \tag{5.46}$$

$$\frac{\partial}{\partial x}\left(k_x \frac{\partial h}{\partial x}\right) + \frac{\partial}{\partial y}\left(k_y \frac{\partial h}{\partial y}\right) + \frac{\partial}{\partial z}\left(k_z \frac{\partial h}{\partial z}\right) = 0 \quad \text{(3차원 흐름, 이방성 흙)} \tag{5.47}$$

$$\frac{\partial^2 h}{\partial x^2} + \frac{\partial^2 h}{\partial y^2} + \frac{\partial^2 h}{\partial z^2} = 0 \quad \text{(라플라스방정식) (3차원 흐름, 등방성 흙)} \tag{5.48}$$

흐름이 연직면 xz 내로 한정되는 2차원 흐름에서는 $h = h(x, z)$이므로, 식 (5.47)과 식 (5.48)이 각각 식 (5.49)와 식 (5.50)과 같이 된다.

$$\frac{\partial}{\partial x}\left(k_x \frac{\partial h}{\partial x}\right) + \frac{\partial}{\partial z}\left(k_z \frac{\partial h}{\partial z}\right) = 0 \quad \text{(2차원 흐름, 이방성 흙)} \tag{5.49}$$

$$\frac{\partial^2 h}{\partial x^2} + \frac{\partial^2 h}{\partial z^2} = 0 \quad \text{(2차원 흐름, 등방성 흙)} \tag{5.50}$$

투수성 지반에 타입된 널말뚝(sheet pile) 주위의 흐름(그림 5.27a)와 같이, 흐름의 경계면 상에 대기와 접하는 부분이 없는 흐름을 구속흐름(또는 구속침투)이라고 한다. 그림 5.27(a)의 ad, ce면 상의 관계식 $h = H_1$, $h = H_2$는 경계조건을 나타내고, 유선은 이 면과 직교한다. 여기서 h는 전수두를 의미한다. 널말뚝에 연한 abc는 하나의 유선이 되고, 등수두선(等水頭線)은 이것과 직교한다(5.7절에서 설명). 불투수지반면 fg상에서의 흐름에서는 $v_z = 0$(또는 $\partial h/\partial z = 0$)의 경계조건식이 성립한다.

그림 5.27(b)는 저수(貯水)용 흙댐 내의 비구속흐름(비구속침투)을 나타내는데, 흐름의 경계면에 대기와 접하는 부분이 나타난다는 점에서 그림 5.27(a)와 다르고, 흙속에서 이와 같은

면 ad는 침윤면(浸潤面) 또는 침윤선이라고 하고, 또 직접대기에 접하는 면 cd는 침출면(浸出面)이라고 한다. 침윤면과 침출면에서의 경계조건식은 동일하게 $h = z$(z는 전수두를 구하는 점의 암반면 bc로부터의 높이)이다. 면 ab에서는 $h = H$, 면 bc에서는 $v_z = 0$(또는 $\partial h / \partial z = 0$)로 되는 것은 명확하다. 물론 여기서 h는 전수두를 의미한다.

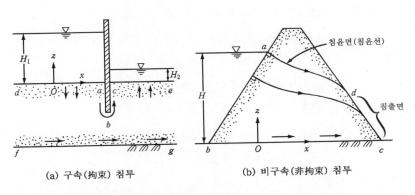

(a) 구속(拘束) 침투   (b) 비구속(非拘束) 침투

그림 5.27 흙 속의 물의 침투에 대한 두 가지 경계조건의 예

5.7 유선망

운동하고 있는 물 또는 다른 유체에 대하여 어느 한 순간에 있어서 각 점에서 속도벡터를 그린다면 모든 점에서 이들 벡터에 접하는 곡선을 그을 수 있다. 이 가상의 곡선을 유선(stream line)이라고 한다. 따라서 흐름의 방향은 항상 그 순간의 유선의 접선방향과 일치한다.

시간에 따른 운동상태의 변화가 없는 흐름, 즉 정상류에서는 유선의 시간적 변화가 없으며 유체입자의 실제의 운동경로 즉, 유적선(流跡線 ; path of particle)도 유선과 일치한다. 어떤 점에서 착색(着色) 유체를 흐르게 할 때 착색선을 그리면서 흐르는 것이 유적선이다. 부정류에서는 항상 운동상태가 변화하므로 유선의 형태도 시간에 따라 변화한다. 즉 부정류의 경우는 유선과 유적선이 일치하지 않는다.

2차원 정상(定常)침투의 경우의 기본방정식인 식 (5.50)의 라플라스방정식을 풀면, 직교하는 두 개의 곡선군이 얻어지는데 이 곡선군을 유선망(flow nets)이라고 하며, 이 중 하나는 실제로 물이 흐르는 경로인 유선(flow lines)이고, 다른 하나는 이 선상에서는 전수두가 동일하게 되는 등수두선(equipotential lines)이다. 라플라스방정식은 수치해석을 통해 풀게 되며 여기서는 해석방법에 대해서는 생략하기로 한다. 두 개의 유선 사이의 길을 유로라 하고, 두 개의 등수두선 사이를 등수두면이라고 한다. 당연히, 유선과 등수두선을 그으면, 이들은 직교망을 구성한다. 직교망은 일반적으로 그림 5.28(a)와 같이 장방형요소로 되어 있지만, 각 요소의 4변이 그림 5.28(b)와 같이 하나의 원에 외접한 모양으로 망을 조합했을 때는 정방형 유선망이라고 부르며, 이를 이용하면 유량 등의 계산이 용이하므로 대부분의 경우 정방형 유선망이 사용된다. 단, 흐름장(場)이 모두 정방형 유선망으로 구성된다고는 한정할 수 없고, 특이점(特異點)이라고 불리는 곳이나 다른 투수성 재료의 경계 등에서는 유선망이 삼각형, 오각형 등이 된다(그림 5.30의 널말뚝 하단 부근의 유선망 모양 참조).

정방형 유선망의 성질은, (i) 서로 인접하는 등수두선의 손실수두는 같다. 즉 인접한 두 개의 등수두선의 수압변화량은 다른 인접한 두 개의 등수두선에 대해서도 같다. (ii) 각 유로 내의 침투유량은 같다, 등이다. 즉, 그림 5.28(c)에서 $\Delta h = \Delta h'$, $q = q'$가 성립한다. 이를 증명해 보자. 동일 유로 내의 연속의 성질로부터 내접원의 직경이 d_1, d_2인 정방형 ①, ②의 유량은 같으므로 식 (5.51)이 성립하고, 이것으로부터 $\Delta h = \Delta h'$가, 또 정방형 ③의 직경이 d_3라면 식 (5.52)에서 각 유로들의 유량이 같다는 것이 증명된다.

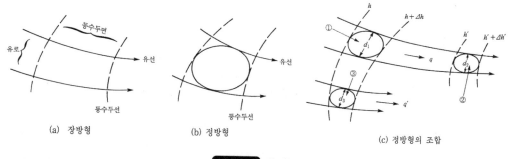

그림 5.28 유선망

$$q = -k\frac{\Delta h}{d_1}d_1 = -k\frac{\Delta h'}{d_2}d_2 \qquad \therefore \Delta h = \Delta h' \tag{5.51}$$

$$q' = -k\frac{\Delta h}{d_3}d_3 = -k\Delta h = q \qquad \therefore q' = q \tag{5.52}$$

투수문제에서는 일반적으로 흐름의 상류(입구)와 하류(출구)의 전수두가 H_1, H_2와 같이 주어진다(즉, 상하류의 수두차는 $H_1 - H_2$). 정방형 유선망을 그려서, 등수두면의 수를 N_d, 유로수를 N_f라 하면, 정방형 유선망의 성질 중 (i)에 의해 $\Delta h = (H_2 - H_1)/N_d$이고, 또 (ii)의 성질을 이용하면 폭 L에 관한 전체 유량 Q는 식 (5.53)과 같이 된다. 식 (5.53)에서 $q = -k \cdot \Delta h$는 식 (5.51)에서 유도된다. 참고로, 투수계수가 방향에 따라 다른 이방성 흙의 경우의 유량은 식 (5.54)와 같이 되며 이의 유도과정은 생략한다.

$$Q = N_f \cdot q \cdot L = -N_f \cdot k \cdot \Delta h \cdot L = -N_f \cdot k \cdot \frac{H_2 - H_1}{N_d} \cdot L = k(H_1 - H_2)\frac{N_f}{N_d}L$$

$$(5.53)$$

(또는 $Q = kh\dfrac{N_f}{N_d}L$, 여기서 h : 상하류의 수두차)

$k_x \neq k_z$인 이방성 흙의 경우 : $Q = \sqrt{k_x k_z}\, h\, \dfrac{N_f}{N_d}L$

$$(5.54)$$

그림 5.27에서 나타낸 유선망의 경계조건과 유선망이 서로 직교하는 성질을 이용하면 수치해석적 기법에 의하지 않고도 개략적인 유선망의 작도가 가능하게 된다. 또, 정방형 유선망의 성질을 이용하면 유량 등의 계산이 용이하므로 정방형 유선망이 주로 사용되고 있다. 이하 몇 가지 대표적인 침투문제에 대해 기술한다.

5.8 널말뚝의 침투

물막이 널말뚝의 정상등방침투의 정방형유선망은 개략적으로 그림 5.29, 그림 5.30과 같으며, 널말뚝 단위폭당의 침투유량은 식 (5.53)에서 기술한 바와 같이 식 (5.55)에서 구해진다. 다만, 이들 그림은 정상침투(정류)의 경우이므로 상하류의 수위는 불변한다는 전제가 있다는 것을 다시 한번 강조한다. 수위가 변하는 부정류에 대한 해석은 본 책의 범위를 벗어난다. 그림 5.29에서 알 수 있는 경계조건은 그림에 표시한 경계조건 1~3이며, 이들 경계면에서 유선과 등수두선이 직교하는 조건이 성립되어야 한다. 그림 5.30은 양쪽에서 침투되는 물막이 널말뚝의 유선망의 예이다. 이들 그림에서, 경계조건을 잘 이용하면, 수치해석 등의 정확한 유선망 해법을 사용하지 않더라도 개략적인 유선망을 작도할 수 있게 된다.

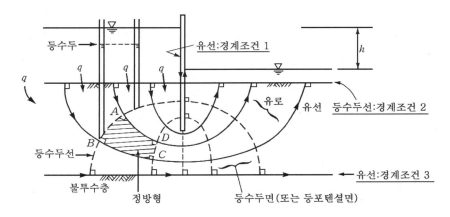

그림 5.29 물막이 널말뚝에 대한 정방형유선망의 예(일 방향 침투)

$$Q = kh\frac{N_f}{N_d} \tag{5.55}$$

여기서, Q : 널말뚝 단위폭당의 침투유량

k : 지반의 투수계수

h : 상하류의 수두차

N_f : 유로의 수(그림 5.29에서는 $N_f = 4$)

N_d : 등수두면의 수(그림 5.29에서는 $N_d = 6$)

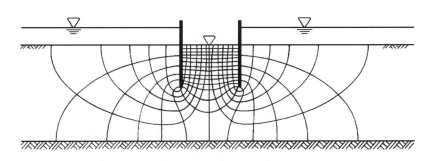

그림 5.30 물막이 널말뚝에 대한 정방형유선망의 예(양 방향 침투)

그림 5.31은 흙막이 유선망의 모형실험으로 오타와모래(Ottawa sand) 지반을 흐르는 유선을 염료관 염료로써 나타내고, 또한 각 위치에서의 수두를 피에조미터로써 측정한 결과를 나타낸다. 이 그림에서, 그림 5.29의 경계조건에서의 유선과 등수두선의 직교상태를 개략적으로 알 수 있다(그림 5.32도 유사한 모형실험 사례임). 또, 그림 5.33은 흙막이 널말뚝의 유선망의 예로서 각 위치에서의 침투압, 벽체배면에 작용하는 순압력, 여러 가지 수두 등을 정리한 것이 표 5.10이며 순압력 분포도는 그림 내에 나타내었다. 또한 A점에서의 각종 수두 및 수압의 개념을 피에조미터로써 설명하였다. 보통, 기준면(datum)은 하류면이나 불투수층이 되며, 그림 5.33에서는 하류면을 기준면으로 하였다.

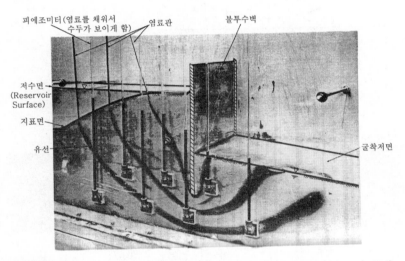

그림 5.31 흙막이 유선망의 모형실험 결과(1)(Dixon, 1967 ; Perloff et al., 1976)

그림 5.32 흙막이 유선망의 모형실험 결과(2)(Jumikis, 1962)

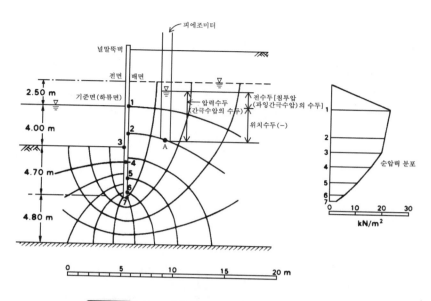

그림 5.33 흙막이 널말뚝에 대한 정방형유선망의 예

표 5.10 그림 5.33의 널말뚝 침투에서의 각 위치의 각종 압력 및 수두($g=9.8m/s^2$)

위치	위치 수두 z(m)	벽체 배면				벽체 전면				벽체 배면의 순압력 u_b-u_f (kN/m²)
		전수두 h_b(m)	침투압 (과잉간극 수압) $\triangle u_b$ (kN/m²)	압력수두 u_b/γ_w (m)	간극수압 u_b (kN/m²)	전수두 h_f(m)	침투압 (과잉간극 수압) $\triangle u_f$ (kN/m²)	압력수두 u_f/γ_w (m)	간극수압 u_f (kN/m²)	
1	0.00	2.29	22.44	2.29	22.44	0.00	0.00	0.00	0.00	22.44
2	−2.70	2.08	20.38	4.78	46.84	0.00	0.00	2.70	26.46	20.38
3	−4.00	1.98	19.40	5.98	58.60	0.00	0.00	4.00	39.20	19.40
4	−5.50	1.83	17.93	7.33	71.83	0.21	2.06	5.71	55.96	15.87
5	−7.10	1.67	16.34	8.77	85.95	0.50	4.90	7.60	74.48	11.47
6	−8.30	1.46	14.31	9.76	95.65	0.84	8.23	9.14	89.57	6.08
7	−8.70	1.25	12.25	9.95	97.51	10.19	1.04	9.74	95.45	2.06

표 5.10의 값을 구하는 과정을 그림 5.33의 4번 위치의 예를 들어 설명하면 다음과 같다.

(1) 위치수두, z

기준면(하류측 수위면)에서 부터의 수두는 −5.50m 이다.

(2) 벽체 배면의 침투압(과잉간극수압), Δu_b

상류와 하류(기준면)의 수두차로 인해 침투가 발생하며 출발점(상류측 수위 면)에서의 침투압은 상하류의 수두차로 인한 압력이 되며 도착점(하류측 수위면)에서의 침투압은 0(zero)이 된다. 즉 침투압은 상류에서 하류로 오면서 흙의 저항을 받아 최종적으로는 0이 되는 것이다. 상하류의 수두차가 클수록 흙이 저항해야하는 압력이 증가하며, 만약 더 이상 흙입자가 침투압에 저항할 수 없게 되면 침투압에 의해 흙이 떠내려가는 분사현상(5.13절 참조)이 발생하게 된다.

그런데, 침투압은 각 등수두면에서 동일한 양으로 감소되어 최종적으로는 0이 되므로 4번 위치에서의 침투압은 $\Delta u_b = 9.8\text{kN/m}^3\left(\dfrac{8.8}{12}\times 2.50\text{m}\right) \div 9.8 \times 1.83 = 17.93\,\text{kN/m}^2$이 되어 수두로는 전수두를 의미하게 된다. 침투압은 기준면에서 증가되는 간극수압이란 의미로 과잉간극수압이라고도 한다.

(3) 벽체 배면의 전수두. h_b

$h_b = \dfrac{8.8}{12}\times 2.50 = 1.83\text{m}$ 로서 압력으로는 침투압을 의미한다.

(4) 벽체 배면의 압력수두, u_b/γ_w

압력수두 = 전수두 − 위치수두 이므로 $u_b/\gamma_w = 1.83 - (-5.50) = 7.33\text{m}$ 가 된다. 압력수두는 압력으로는 간극수압이 된다.

(5) 벽체 배면의 간극수압, u_b

$u_b = 9.8 \times 7.33 = 71.83\,\text{kN/m}^2$으로서 수두로는 압력수두가 된다.

(6) 벽체 전면의 침투압, Δu_f

$\Delta u_f = 9.8\left(\dfrac{1}{12}\times 2.50\right) = 9.8 \times 0.21 = 2.06\ \text{kN/m}^2$

(7) 벽체 전면의 전수두, h_f

$h_f = \dfrac{1}{12}\times 2.50 = 0.21\text{m}$ 로서 압력으로는 침투압을 의미한다.

(8) 벽체 전면의 압력수두, u_f/γ_w

$u_f/\gamma_w = h_f - z_z = 0.21 - (-5.50) = 5.71\text{m}$

(9) 벽체 전면의 간극수압, u_f

$u_f = 9.8 \times 5.71 = 55.96\,\text{kN/m}^2$으로서 수두로는 압력수두가 된다.

(10) 벽체 배면에 작용하는 순압력, $u_b - u_f$

$$u_b - u_f = 71.83 - 55.96 = 15.87 \, \mathrm{kN/m^2}$$

5.9 제체의 침투

제체(堤体; dam)의 침투는 비구속 침투(unconfined seepage, 그림 5.27 참조)에 속하며, 자유 지하수면이 포함되는 단면 내에 유선망을 그리기 위해서는 최상부 유선(침윤선이라고 함)이 추정되어야 한다. 그림 5.34와 같이 불투수성 지반 위에 놓인 균질 등방 제체의 경우를 생각해 보자. 불투수 경계면 AB는 유선들 중 하나이고 CD는 침윤선이다. 상류측 제체면 BC 상에서의 모든 점에서의 전수두는 상하류의 수두차(손실수두) h로서 동일하다. 유출면 AD는 모든 점에서 전수두가 0인 등수두선이 된다. 최상부 유선의 모든 점에서도 전수두는 0이고, 또 이 선상에서 각 등수두선 사이의 수두강하량은 Δz로서 동일하다.

제체 내의 유출면에는 일반적으로 적절한 필터(filter)가 설치된다. 필터의 기능은 침투가 완전히 제체 내에서 행해져서 제체 표면으로 유출되지 않도록 하는 것이다. 만약 하류측 제체면으로 침투수가 유출되면 사면의 점진적인 침식을 일으키게 될 것이다. 필터의 다른 형태는 그림 5.35의 두 경우와 같다. 이들 두 경우에 있어서 유출면 AD는 유선도 등수두선도 아니다. 왜냐하면 AD면의 수직방향과 접선방향 모두 유출속도 성분을 갖기 때문이다.

그림 5.36은 모래댐의 모형실험을 통해 유선을 관찰한 예이다. 모형댐 양쪽사면의 경사도는 1 : 2이며 높이는 375mm이다. 투명한 아크릴 판으로 제작된 토조(soil tank)의 폭은 100mm이며, 유선은 그림 5.31과 같이 염료로써 채색하였다.

제체 단면의 유선망은 그림 5.37과 같으며, 침윤선은 CJD가 된다. 침윤선은 GD와 같은 포물선을 약간 수정해서 구하게 되는데, 수정 전의 포물선을 기본포물선(basic parabola)이라고 한다.

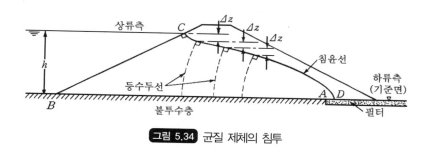

그림 5.34 균질 제체의 침투

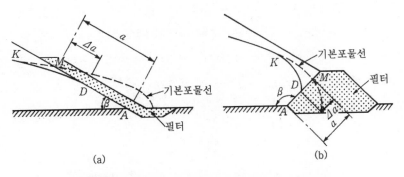

(a)   (b)

그림 5.35 필터의 종류에 따른 기본포물선의 하류측 수정

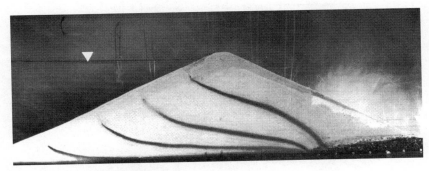

그림 5.36 모형댐에서의 유선(Lambe et al., 1979)

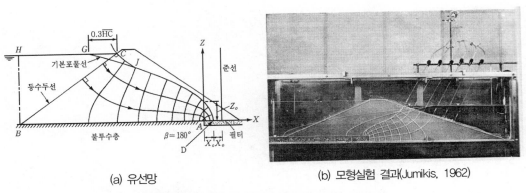

(a) 유선망   (b) 모형실험 결과(Jumikis, 1962)

그림 5.37 하부 필터가 있는 제체 단면에 대한 유선망

침윤선의 작도에 있어서는 먼저 그림 5.38과 같이 하류측의 제체 끝점(그림 5.37과 같이 제체 하부에 필터가 있을 때는 필터의 끝 A점)을 좌표축의 중심으로 잡고 기본포물선을 그리고 그림 5.37과 같이 유입부인 GJ부분을 등수두선(제체 표면)과 직교하도록 약간 수정하여 CJ로

그리면 침윤선이 완성된다. 그림 5.37과 같이 하류측에 필터가 있으면 기본포물선을 CJ만 수정하면 침윤선이 되나, 그림 5.38과 같이 하류측에 필터가 없이 하류측 끝점이 좌표축의 중심이 될 때는 기본포물선이 제체 바깥으로 나가므로 약간의 수정이 필요하다. 그림 5.38에 이와 같은 경우에 대한 침윤선의 작도 순서(①~⑧)에 대해서 기술되어 있으며, 기본포물선의 식은 식 (5.56)과 같다. 이때 좌표 원점이 포물선의 초점이 된다.

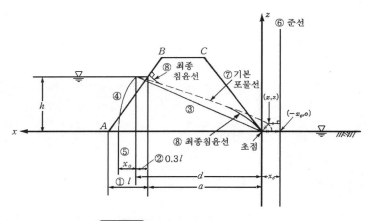

그림 5.38 침윤선의 작도 순서(①~⑧)

기본포물선의 식 :

$$\sqrt{x^2 + z^2} = x - (-x_o) => x^2 + z^2 = x_o^2 + 2x_o x + x^2$$

$$\therefore x = \frac{z^2 - x_o^2}{2x_o}$$

(5.56)

여기서, $x_0 = \sqrt{h^2 + d^2} - d$

$d = a + 0.3l$

그림 5.38과 같이 필터가 없는 댐의 경우는 그림 5.37과 ①~⑦의 과정에 대해서는 동일하나, 최종적인 ⑧의 과정에서 침윤선의 진출부에 약간의 곡선 수정이 이루어진다. 이 경우의 모형실험 결과 얻어진 유선은 그림 5.39와 같다. 침윤선이 하류 경사면과 만나는 경우의 완성된 유선망의 예는 그림 5.40과 같다. 이 그림에서 하부의 침윤선이 댐사면과 만나는 점 J의 위치는 길보이(Gilboy, 1933)가 그림 5.41의 도표로서 제시했다.

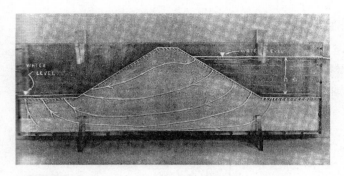

그림 5.39 하부 필터가 없는 제체의 침투실험결과(Jumikis, 1962)

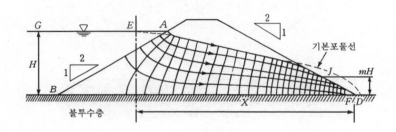

그림 5.40 침윤선이 하류 경사면과 만나는 경우에 대한 유선망

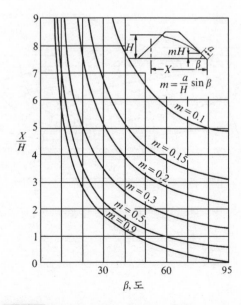

그림 5.41 기본포물선 하류부 수정도표(Gilboy, 1933)

5.10 콘크리트댐 하부지반의 침투

콘크리트댐에서는 댐체는 불투수성이므로 하부지반으로 침투가 발생한다. 그림 5.42, 그림 5.43은 콘크리트댐 하부지반의 침투 예를 나타낸다.

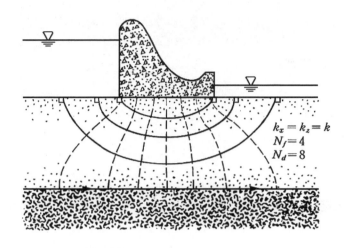

$k_x = k_z = k$
$N_f = 4$
$N_d = 8$

그림 5.42 콘크리트댐 하부지반의 침투 예

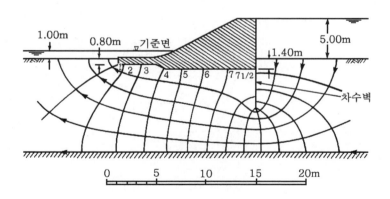

그림 5.43 콘크리트댐 하부지반의 침투 예(차수벽용 널말뚝이나 커튼그라우팅이 있는 경우)

5.11 양압력

콘크리트댐과 같은 불투수성 구조물 하부지반에 정수압과 침투압이 있을 때, 구조물을 연직 상향으로 들어 올리려는 압력이 발생하게 되는데 이 압력을 양압력(揚壓力; uplift pressure)이라고 하며, 침투가 없는 경우와 있는 경우로 나누어서 설명하기로 한다.

5.11.1 침투가 없는 경우

그림 5.44와 같이 상하류의 수두가 동일하여 침투가 없는 경우의 콘크리트 댐 하부의 양압력으로는 그림 5.45와 같은 정수압만이 작용하게 된다. 이 정수압은 부력과 동일하다.

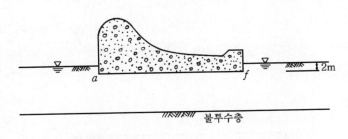

그림 5.44 침투가 없는 경우의 콘크리트 댐 하부지반

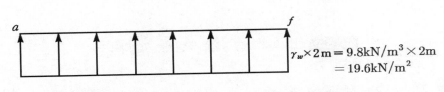

그림 5.45 그림 5.44 댐 하부에 작용하는 양압력의 크기(부력과 동일)

5.11.2 침투가 있는 경우

그림 5.46과 같이 침투가 있는 경우의 콘크리트댐 하부에 작용하는 양압력은 정수압과 침투압의 합이 된다. 정수압은 그림 5.45와 같으며, 침투압은 유선망을 이용하여 구하게 된다.

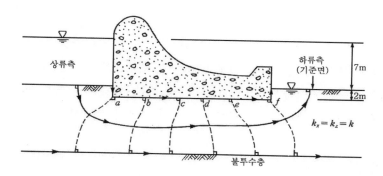

그림 5.46 침투가 있는 경우의 콘크리트 댐 하부지반의 유선망

그림 5.46의 각 지점에서의 압력수두(하류측기준 정수압 수두＋침투압 수두)의 크기는 유선
망을 이용해서 표 5.11과 같이 구해지며, 압력수두에 의한 양압력은 그림 5.47과 같은 분포가
된다. 침투가 없는 경우는 그림 5.45와 같이 위치에 관계없이 동일한 양압력이 작용하나, 침투가
있는 경우는 그림 5.47과 같이 위치에 따라 양압력의 크기가 다르므로 이로 인해 구조물이
기울어질 우려도 있다.

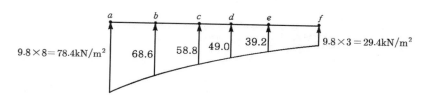

그림 5.47 그림 5.46의 댐 저면에 작용하는 양압력의 크기

표 5.11 그림 5.46의 댐 저면에서의 압력수두

위치	압력수두	위치	압력수두
a	$2m + \dfrac{6}{7} \times 7m = 8m$	d	$2m + \dfrac{3}{7} \times 7m = 5m$
b	$2m + \dfrac{5}{7} \times 7m = 8m$	e	$2m + \dfrac{2}{7} \times 7m = 4m$
c	$2m + \dfrac{4}{7} \times 7m = 6m$	f	$2m + \dfrac{1}{7} \times 7m = 3m$

콘크리트댐 하부에 차수그라우팅(커튼그라우팅)이 있는 경우의 그림 5.48의 예를 들어보자. 기초
지반의 투수계수가 $2.5 \times 10^{-5} \mathrm{m/s}$ 라면 침투유량은 식 (5.57)과 같이 계산된다.

$$Q = kh\frac{N_f}{N_d} = 2.5 \times 10^{-5}\text{m/s} \times 4.0\text{m} \times \frac{4.7}{15} = 3.1 \times 10^{-5}\text{m}^3/\text{s}(\text{per m}) \tag{5.57}$$

또, 댐 저면에 작용하는 양압력의 분포는 그림 5.48의 위쪽에 나타내었으며, 각 위치에서의 수두와 양압력을 정리하면 표 5.12와 같다.

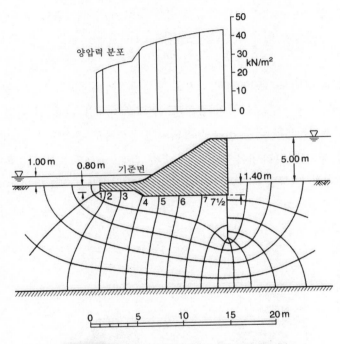

그림 5.48 커튼그라우팅이 있는 콘크리트댐의 예

표 5.12 그림 5.48의 댐 저면 각 위치에서의 수두 및 양압력

위치	전수두 h (m)	위치수두 z (m)	압력수두 $h - z$ (m)	간극수압(양압력) $u = \gamma_w(h - z)\,(\text{kN/m}^2)$
1	0.27	−1.80	2.07	20.3
2	0.53	−1.80	2.33	22.9
3	0.80	−1.80	2.60	25.5
4	1.07	−2.10	3.17	31.1
5	1.33	−2.40	3.73	36.6
6	1.60	−2.40	4.00	39.2
7	1.87	−2.40	4.27	41.9
$7\frac{1}{2}$	2.00	−2.40	4.40	43.1

5.12 유효응력

5.12.1 응력의 정의

　물체에 힘을 가하면 물체 내의 각 부분이 국소적으로 변형(deformation)하게 된다. 이 국소적 변형을 변형률(strain)이란 용어를 사용하여 표현하며, 변형률을 발생시키는 국소적 힘을 미소면적으로 나눈 값을 응력(stress)이라고 한다. 응력은 주로 주목하는 면에 수직한 수직응력(normal stress, 주로 σ로 나타냄)과 면에 평행한 전단응력(shear stress, 주로 τ로 나타냄)으로 나누어서 나타내게 된다.

　금속과 같은 연속체(비교 : 흙은 개개 입자로 구성된 입상체)에 작용하는 응력은 그림 5.49와 같이 정의된다. 즉, 어떤 지정면 상의 응력분포는 그 지정면 위에 있는 미소면적(지정점)에 작용하는 힘을 미소면적으로 나눈 값들로 정의되는 응력들로 구성된다. 그러므로 응력의 단위는 단위면적당의 힘으로 나타내어지며 kN/m^2과 같이 FL^{-2}의 차원이 된다. 만약 물체에 작용하는 하중이 어떤 면(그림 5.49의 지정면)에서 균일하게 분포한다면 그 면에 작용하는 모든 점에서의 응력은 동일하며 P/A(여기서, P : 하중, A : 그 하중을 받는 단면적)로 나타낼 수 있다. 응력의 정의에 대한 보다 자세한 설명은 6.1절 참조.

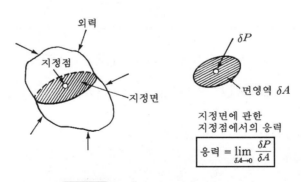

지정면에 관한
지정점에서의 응력

$$응력 = \lim_{\delta A \to 0} \frac{\delta P}{\delta A}$$

그림 5.49 연속체에 작용하는 응력의 정의

5.12.2 흙 속에 작용하는 수직응력, 전단응력의 특성

　그림 5.50에 나타낸 바와 같이, 흙 속의 어떤 면 위에 작용하는 총 수직력은 이 면에 작용하는 흙입자간의 수직력과 모든 방향으로 동일하게 등방압으로 작용하는 간극압(간극수압 및 간극공

기압)에 의한 수직력의 합이다. 이 생각을 최초로 발표한 사람은 현대 토질역학의 창시자인 테르자기(Terzaghi)이다. 테르자기는 "유효응력은 토층 내에서 흙의 체적변화와 강도를 지배한다"고 하는 유효응력의 원리를 발표했다.

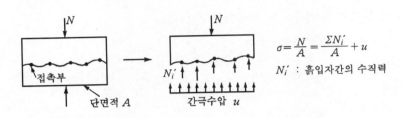

그림 5.50 수직응력(σ)의 정의(간극압은 σ에 큰 영향을 미침)

그림 5.51과 같이 흙 속의 어떤 면 위에 전단력이 작용할 때 흙입자의 접촉부에서 반력으로서 발생하는 전단저항력 T_i에는 간극압의 영향이 전혀 포함되지 않는다. 왜냐하면 간극에 포함된 물이나 공기는 전단저항력을 가질 수 없기 때문이다. 즉, 간극압은 전단응력에 전혀 영향을 미치지 않는다. 이런 의미에서 5.12.3절에서 기술하는 전응력과 유효응력의 구별은 전단응력에는 불필요하며 동일한 값이 된다. 어떤 단면에 작용하는 평균적인 전단응력은 그림 5.51의 τ로 정의된다.

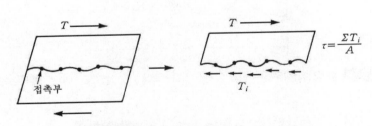

그림 5.51 전단응력(τ)의 정의(간극압은 τ와 무관)

5.12.3 전응력, 간극압, 유효응력

5.12.2절에서 기술한대로 전단응력은 간극압에 무관하므로 전응력, 유효응력의 구별이 필요 없다. 따라서 전응력, 유효응력 중 어떤 값을 적용해도 전단응력은 동일하며, 여기서 기술하는 전응력, 간극압, 유효응력은 모두 수직응력에 대한 것이다.

그림 5.52는 흙속의 단면 C-C(단면적 A)에 작용하는 각종 힘과 입자간 접촉면적(a_i) 등을 나타내는 모식도로서, 스켐프톤(Skempton, 1960)이 테르자기가 제안한 유효응력 식 (5.60)을 다음과 같이 증명하였다. 이 그림에서 P는 단면적 A에 작용하는 수직력이고 P_i'는 흙입자 사이에 작용하는 힘의 단면 C-C에 대한 수직 분력을 나타낸다. 또 u_v는 단면 C-C에서 간극내의 모든 방향으로 동일하게 작용하는 간극압을 나타낸다.

그림 5.52에서 식 (5.58)이 유도된다.

$$P = \sum P_i' + \{u_v \times 간극\ 단면적\}$$
$$= \sum P_i' + \{u_v \times (전\ 단면적 - 흙입자의\ 접촉\ 단면적의\ 합)\} \tag{5.58}$$
$$= \sum P_i' + \{u_v \times (A - \sum a_i)\}$$

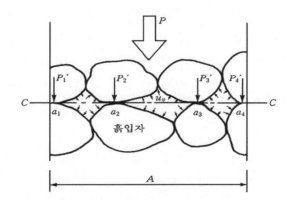

그림 5.52 흙입자에 작용하는 힘과 입자간 접촉면적에 대한 설명도(모래에 대한 모식도)

식 (5.58)의 양변을 전체단면적 A로 나누면 식 (5.59)가 된다.

$$\frac{P}{A} = \frac{\sum P_i'}{A} + \frac{u_v \times (A - \sum a_i)}{A}$$
$$= \frac{\sum P_i'}{A} + u_v \left(1 - \frac{\sum a_i}{A}\right) \tag{5.59}$$

여기서, A : 흙입자와 간극의 단면을 포함한 전체 단면적

$\sum a_i$: 흙입자의 접촉 단면적의 합

흙입자는 단단하여 접촉면적이 대단히 작으므로 식 (5.59)에서 $\dfrac{\sum a_i}{A} \approx 0$으로 해서 식 (5.60)과 같이 쓸 수 있다. 따라서, 식 (5.60)에서 유효응력(σ')은 전응력(σ)에서 간극압(u_v)을 제함으로서 쉽게 계산될 수 있다는 것을 알 수 있다.

$$\sigma = \sigma' + u_v \tag{5.60}$$

여기서, $\sigma = \dfrac{P}{A}$: 전응력이라 함.

$\sigma' = \dfrac{\sum P_i{'}}{A}$: 유효응력이라 함.

$u_v =$ 간극압(공기간극압 u_a와 간극수압 u의 합), 포화시 $u_v = u$

식 (5.60)에서 연직방향의 전응력과 유효응력에 대해 생각해보자. 전응력은 하중과 단면적 또는 단위중량이 주어지면 구해지지만, 유효응력은 간극압을 구해서 전응력에서 제함으로서 계산으로 구하게 된다. 그러면, 유효응력이란 무엇인가? 유효응력은 전응력에서 간극압을 뺀 값으로, 보통 입자간 응력이라고 하지만 이는 편의상 그렇게 말하는 것이고 정확한 의미는 아니다. 즉, 유효응력은 입자간의 힘을 간극과 입자를 포함한 전체 면적(입자간의 접촉면적이 아닌)으로 나눈 어떤 가상적인 응력이다. 유효응력을 이와 같이 정의한 이유는 계산의 편의를 위함이다. 정확한 입자간 응력을 구하기 위해서 단면적으로, 입자간 접촉면적을 사용한다면 힘을 구한다거나 전응력과의 관계를 세운다거나 하는 계산이 얼마나 불편하겠는가?

흙의 본체는 골격이므로 흙의 역학거동을 본질적으로 설명하려면, 전응력이 아니고, 유효응력에 의하는 것이 이치에 맞다. 유효응력의 중요성에 대한 보다 상세한 내용은 제7장 압밀, 제9장 전단에서 기술한다.

5.12.4 침투가 없는 포화토층 내의 연직유효응력

물로 포화된 지반에서 침투가 없이 정수압만 작용할 경우의 연직유효응력은 식 (5.60)의 간극압 u_v 대신 간극수압 u를 대입해서 구하며 식 (5.61)과 같이 된다.

$$\sigma_v{}' = \sigma_v - u \qquad (5.61)$$

여기서, σ'_v : 연직유효응력

$\quad\quad u$: 간극수압(u_w로 나타내기도 하지만 여기서는 u를 사용)

$\quad\quad \sigma_v$: 연직전응력

식 (5.60)이 근사적으로 성립한다는 것을 식 (5.59)로서 증명하였으며, 포화시를 나타내는 연직응력식인 식 (5.61)도 마찬가지로 성립하게 된다. 저자는 식 (5.61)이 근사해가 아니라 정해라는 것을 다음과 같이 설명하고자 하나, 식 (5.59)를 이용한 근사해와의 관계에 대해서는 아직 명확히 밝히지 못했으므로 참고로 하기 바란다.

그림 5.53에서 C-C단면에 작용하는 입자의 무게는 식 (5.62)와 같이 나타내어진다.

입자 무게 = 전체 무게 − { 간극수 무게(빗금 부분) + 입자 부력에 의해 경감된 입자 무게 }

$$\qquad (5.62)$$

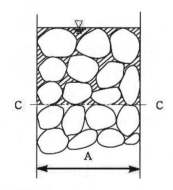

그림 5.53 C–C단면에서의 유효응력의 설명

식 (5.62)에서 입자 부력은 C-C단면 상부의 입자 체적만큼의 물 무게와 동일하므로 결국 {간극수 무게+입자 부력}은 {C-C단면 상부를 모두 물로 채울 때의 물 무게}가 된다. 또 그림 5.53과 같이 계산 대상이 되는 단면적을 A라고 하면 식 (5.63)이 성립되어 식 (5.61)이 연직유효응력을 나타내는 정확한 식이라는 것을 알 수 있다.

$$\frac{입자\ 무게}{A} = \frac{전체\ 무게}{A} - \frac{C-C단면\ 상부가\ 입자없이\ 모두\ 물일때의\ 물무게}{A}$$

$$(즉\ \sigma_v' = \sigma_v - u)$$

$$(5.63)$$

침투가 없는 포화토층에서의 간극수압은 흙이 일반지반과 같이 평형상태로 변형을 일으키지 않을 때는 정수압과 동일하지만 외력 등의 영향으로 변형을 일으키거나 침투가 있으면 정수압 이외의 추가적인 간극수압이 발생하게 되는데 이를 과잉(또는 초과)간극수압(excess pore water pressure)이라고 한다. 그림 5.54와 같이 평형상태에 있는 지반의 연직방향 전응력(σ_v), 간극수압(u), 유효응력(σ_v')의 분포는 그림 5.55와 같다. 이 그림에서 유효응력은 지표면 상부의 수위 H_1의 크기와는 무관하다는 것을 알 수 있다.

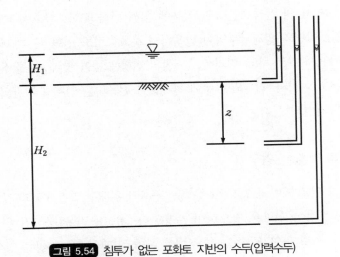

그림 5.54 침투가 없는 포화토 지반의 수두(압력수두)

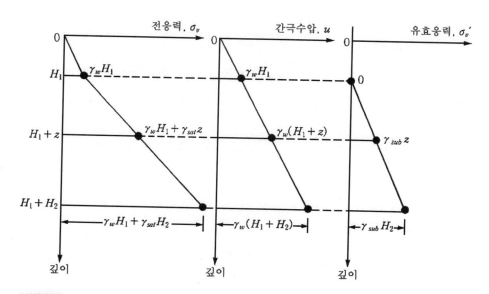

그림 5.55 그림 5.54에 나타낸 지반의 깊이에 따른 연직방향의 전응력, 간극수압, 유효응력의 분포

5.12.5 침투가 있는 포화토층 내의 연직유효응력

침투가 있는 포화토층 내의 연직유효응력도 침투가 없는 경우의 식 (5.61)과 동일한 관계식이 사용된다. 단, 식 (5.61)의 간극수압 u가 침투에 의해 변화하므로 유효응력도 변한다. 지반이 침하나 변형을 일으키면 과잉간극수압이 발생하여 유효응력도 변화하는데, 이에 대해서는 제7장 및 제9장에서 기술하기로 하고, 여기서는 지반의 변형은 없이 평형상태를 유지할 때에 대해서만 기술하기로 한다. 여기서, 침투의 유무에 관계없이 전응력은 언제나 지반의 연직하중에 의해 결정된다는 것을 첨언해 둔다.

(1) 연직 상향침투가 있는 경우

연직 상향침투가 있는 지반의 연직유효응력을 구하기 위해서 그림 5.56과 같이 모든 영역에서 크기가 동일한 정방형 유선망을 작도하여 사용한다. 유효응력을 구하기 위해서는 침투압에 의한 간극수압의 증가량(과잉간극수압)을 구해야 하며, 이때의 간극수압은 정수압＋침투수압이며, 정수압은 침투압의 영향이 소멸되는 하류측을 기준으로 한 수압이 된다. 또 전응력은 연직상부의 흙입자와 간극수의 자중만으로 구성된다.

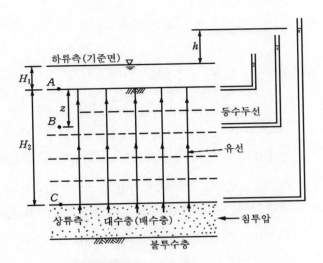

그림 5.56 연직 상향침투가 있는 지반

그림 5.56에서,

A점에서의 전응력 : $\sigma_{vA} = \gamma_w H_1$

간극수압 : $u_A = \gamma_w H_1$

유효응력 : $\sigma_{vA}' = \sigma_{vA} - u_A = 0$

B점에서의 전응력 : $\sigma_{vB} = \gamma_w H_1 + \gamma_{sat} z$

간극수압 : $u_B = \gamma_w \left(H_1 + z + \dfrac{z}{H_2} h \right) = \gamma_w (H_1 + z + iz)$

여기서, $H_1 + z$: 하류측 정수압

$\gamma_w iz$: 침투압에 의해 증가된 간극수압

(과잉 간극수압이라고 함)

$i = \dfrac{h}{H_2}$: 동수경사

유효응력 : $\sigma_{vB}' = \sigma_{vB} - u_B = \gamma_{sub} z - \gamma_w iz$

C점에서의 전응력 : $\sigma_{vC} = \gamma_w H_1 + \gamma_{sat} H_2$

간극수압 : $u_C = \gamma_w (H_1 + H_2 + h)$

유효응력 : $\sigma_{vC}' = \sigma_{vC} - u_C = \gamma_{sub} H_2 - \gamma_w h = \gamma_{sub} H_2 - \gamma_w i H_2$

$\sigma_{vB}{'}$를 예를 들면, 이 값은 침투가 없을 때의 유효응력인 $\gamma_{sub}z$가 상향침투압($\gamma_w iz$)만큼 감소된 값임을 알 수 있다.

$\sigma_v{'} = 0$일 때의 동수경사 i를 한계동수경사(i_c ; critical hydraulic gradient)라고 한다. 즉, B점의 경우 $\gamma_{sub}z - \gamma_w i_c z = 0$에서 $i_c = \dfrac{\gamma_{sub}}{\gamma_w}\left(= \dfrac{G_s - 1}{1 + e}\right)$가 된다.

$i\left(= \dfrac{h}{H_2}\right) > i_c\left(= \dfrac{G_s - 1}{1 + e}\right)$이면 침투압보다 흙입자의 중량에 의한 하향 유효응력이 작아서 연직유효응력이 음수가 되므로 흙입자는 침투압에 의해 상향으로 떠올라 파괴된다. 이 현상을 분사현상(quick sand)이라고 한다. 이에 대한 추가적인 설명은 5.13절에서 기술한다.

위의 계산결과를 이용하여 깊이에 따른 연직방향의 전응력, 간극수압, 유효응력의 분포를 그리면 그림 5.57과 같다.

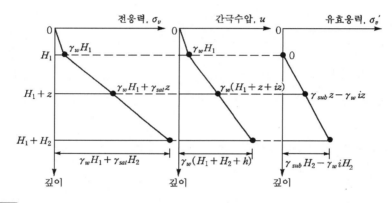

그림 5.57 그림 5.56에 나타낸 지반의 깊이에 따른 연직방향의 전응력, 간극수압, 유효응력의 분포

(2) 연직 하향침투가 있는 경우

그림 5.58은 연직 하향침투가 있는 지반의 경우를 나타낸다. 이 그림에서 각 위치에서의 유효응력은 하향 침투압에 의해 증가하게 된다.

그림 5.58에서,

A점에서의 전응력 : $\sigma_{vA} = \gamma_w H_1$

간극수압 : $u_A = \gamma_w H_1$

유효응력 : $\sigma_{vA}{'} = \sigma_A - u_A = 0$

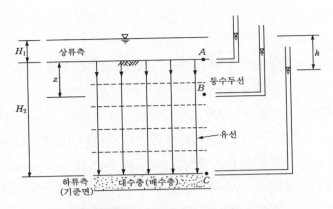

그림 5.58 연직 하향침투가 있는 지반

B점에서의 전응력 : $\sigma_{uB} = \gamma_w H_1 + \gamma_{sat} z$

간극수압: $u_B = \gamma_w(H_1 + z - h) + \gamma_w\left(\dfrac{H_2 - z}{H_2}\right)h$

$$= \gamma_w\left(H_1 + z - \dfrac{z}{H_2}h\right) = \gamma_w(H_1 + z - iz)$$

여기서, $\gamma_w(H_1 + z - h)$: 하류측 기준 정수압

$\gamma_w\left(\dfrac{H_2 - z}{H_2}\right)h$: 침투압에 의한 과잉간극수압

유효응력: $\sigma_{vB}' = \sigma_{vB} - u_B = \gamma_{sub} z + \gamma_w i z$

여기서, $i = \dfrac{h}{H_2}$: 동수경사

C점에서의 전응력 : $\sigma_{vC} = \gamma_w H_1 + \gamma_{sat} H_2$

간극수압: $u_C = \gamma_w(H_1 + H_2 - h)$

유효응력: $\sigma_{vC}' = \sigma_{vC} - u_C = \gamma_{sub} H_2 + \gamma_w h$

$$= \gamma_{sub} H_2 + \gamma_w i H_2$$

σ_{vB}'를 주목하면, 침투가 없을 때의 유효응력인 $\gamma_{sub} z$가 하향침투압에 의해 $\gamma_w i z$ 만큼 증가된 것을 알 수 있다. 이것이 상향침투의 경우와 반대인 것은 당연하다. 지반침하의 발생원인 중이 하향침투에 의해 증가된 유효응력에 의한 경우도 있다.

위의 계산결과를 이용하여 깊이에 따른 연직방향의 전응력, 간극수압, 유효응력의 분포를 그리면 그림 5.59와 같다.

여기서 첨언해 두고 싶은 것이 있다. 앞에서 기술한 식들을 보면, 연직 상향침투인 경우는 정수상태의 유효응력($\gamma_{sub}z$)에서 침투압만큼 유효응력이 감소한다. 그런데, 연직 하향침투인 경우는 유효응력이 $\gamma_{sub}z$에서 침투압에 의해 증가하기는 하지만, 동시에 간극수압도 증가하므로 침투압의 크기와 동일한 양만큼 유효응력이 증가하는 것은 아니며, 더욱이 침투압의 크기가 작을수록 침투에 의한 유효응력의 증가량은 증가한다. 이유에 대해 아직 확실하게 설명하기 어렵지만, 침투압은 동일한 크기로 간극수압을 증가시켜 유효응력을 감소시키지만, 하향압력으로 유효응력을 증가시키는 양은 침투압의 크기보다 작기 때문이 아닐까 추정한다.

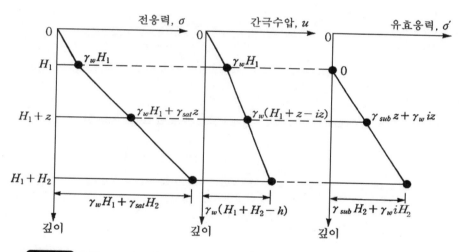

그림 5.59 그림 5.58에 나타낸 지반의 깊이에 따른 전응력, 간극수압, 유효응력의 분포

(3) 널말뚝의 침투 예

그림 5.60은 널말뚝의 침투 시의 상하향 침투에 따른 침투압의 변화에 대한 모식도이다. 널말뚝의 경우는 앞에서 기술한 유선이 연직방향인 단순한 상하향 침투와 달리 유선과 등수두선이 곡선이므로 침투압이나 유효응력 등의 계산은 곡선 유선망을 이용하여 구하게 된다.

널말뚝의 침투를 나타내는 그림 5.61에서의 전응력, 간극수압, 유효응력은 다음과 같이 구해진다. 이들 식에서 유효응력은 침투가 없는 유효응력($\gamma_{sub}z$)에서 침투압에 의해 증(하향침투일 경우), 감(상향침투일 경우) 한다는 것을 알 수 있다. 물론, 침투압의 크기만 가지고는 상향,

하향을 구별할 수 없지만, 상하류의 수위가 포함되는 전응력과의 관계에서 유효응력을 구하면 침투압에 의한 유효응력의 증, 감을 알수 있어 상향침투(감)인지 하향침투(증)인지가 명확해진다.

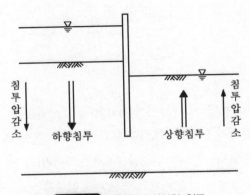

그림 5.60 널말뚝의 상하향 침투

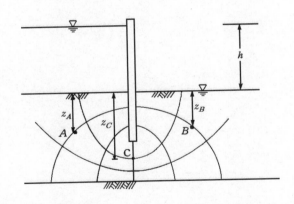

그림 5.61 널말뚝에서의 침투에 의한 지중응력 계산 예

A점에서 : 전응력   : $\sigma_A = \gamma_{sat} z_A + \gamma_w h$

침투압(과잉간극수압) : $\Delta u_A = \dfrac{5}{6} \gamma_w h$

간극수압   : $u_A = \gamma_w z_A + \dfrac{5}{6} \gamma_w h$

유효응력   : $\sigma_A' = \sigma_A - u_A = \gamma_{sub} z_A + \dfrac{1}{6} \gamma_w h$

B점에서 : 전응력   : $\sigma_B = \gamma_{sat} z_B$

    침투압(과잉간극수압) : $\Delta u_B = \dfrac{1}{6}\gamma_w h$

    간극수압   : $u_B = \gamma_w z_B + \dfrac{1}{6}\gamma_w h$

    유효응력   : $\sigma_B' = \sigma_B - u_B = \gamma_{sub} z_B - \dfrac{1}{6}\gamma_w h$

C점에서 : 좌우의 수위가 다르므로 나누어서 계산한다. 계산결과를 보면 알 수 있듯이, C점에서의 전응력의 크기는 결정하기 어렵다. 그러나 유효응력의 크기는 $\sigma_{CL}' \rightarrow \sigma_{CR}'$로 변화하므로 C점에서는 $\sigma_C = \gamma_{sub} z_C$(널말뚝 자중은 무시할 때)로서 침투압의 영향은 없다는 것을 알 수 있다. 그 이유는 다음의 (4)항에서 기술하는 바와 같이 C점에서는 순간적으로 수평침투가 되기 때문인 것으로 생각할 수 있다.

(좌측) $\sigma_{CL} = \gamma_{sat} z_C + \gamma_w h$, $\quad u_{CL} = \gamma_w z_C + \dfrac{1}{2}\gamma_w h$

    $\sigma'_{CL} = \sigma_{CL} - u_{CL} = \gamma_{sub} z_C + \dfrac{1}{2}\gamma_w h$

(우측) $\sigma_{CR} = \gamma_{sat} z_C$, $\qquad u_{CR} = \gamma_w z_C + \dfrac{1}{2}\gamma_w h$

    $\sigma_{CR}' = \sigma_{CR} - u_{CR} = \gamma_{sub} z_C - \dfrac{1}{2}\gamma_w h$

(4) 수평침투가 있는 경우

그림 5.62의 A점과 같이 수평침투가 있는 경우는, 상하향 침투가 있는 경우와는 달리 침투압에 의한 연직방향의 유효응력의 변화가 없는 것이 당연하지만, 아래 식과 같이 증명할 수 있다. 즉, A점에서의 유효응력은 「$\gamma_{sub} \times z$ + 댐중량에 의한 연직응력」이 된다.

$$\sigma_{vA} = \gamma_{sat} z + \gamma_w \times 2 + \gamma_w \times \left(\dfrac{3}{7} \times 7\right) + 댐자중에\ 의한\ 압력$$

$$u_A = \gamma_w (z+2) + \gamma_w \times \left(\dfrac{3}{7} \times 7\right)$$

$$\sigma_{vA}{}' = \sigma_{vA} - u_A = \gamma_{sat}z - \gamma_w z = \gamma_{sub}z + 댐자중에 의한 압력$$

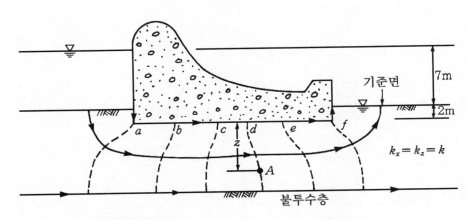

그림 5.62 수평침투가 있는 경우의 콘크리트 댐 하부지반의 유선망

5.12.6 모관수두 내에 있는 토층의 유효응력

일반적인 간극수압은 흙입자를 압축하므로 정(+)의 압력이 작용하게 된다. 그러나 모관수두 내의 물은 흙입자를 당겨 올려서 인장하게 되므로 부(−)의 압력으로 작용하게 된다.

흙의 모관수두를 나타내는 표 5.2나 식 (5.3)에 기술한 값들은 그림 5.63의 h_1을 의미한다. 이 그림에서 알 수 있듯이 어느 높이 h_2까지는 포화도가 100%이지만, 그 이상의 높이에서는 불포화상태로 모관수두가 형성되어 있다. 따라서, 수면에서 h_2까지의 간극수압은 $u = -\gamma_w h$가 되고, $h_1 \sim h_2$ 사이의 간극수압은 근사적으로 $u = -\dfrac{S}{100}\gamma_w h$가 된다. 일반적인 불포화흙에는 간극수압이 작용하지 않지만 모관수두에 의한 불포화흙에는 이와 같이 포화도에 따른 부(−)의 간극수압이 작용하게 된다. 그러나 실제에 있어서는 h_1, h_2의 구별도 어려우므로 계산의 편의상 모관수두 전체의 평균 포화도 S_{av}를 사용하여 전체적으로 간극수압을 정의하는 것이 일반적이다. 이때의 간극수압은 완전포화, 불포화 영역을 구별하지 않고 $u = -\dfrac{S_{av}}{100}\gamma_w h$가 된다. 이렇게 해서 구해진 간극수압을 이용하면 $\sigma_v{}' = \sigma_v - u = \sigma_v + \dfrac{S_{av}}{100}\gamma_w h$ 로서 유효응력이 구해진다. 이와 같이 모관수두 내의 유효응력은 간극수압에 의해 증가하게 되나, S_{av}에 대한 정확한 정보를 얻기 어렵고, 얻는다 하더라도 지하수위에 따라 변화하게 되어 적용에 어려움이 있다. 더욱이 모관수두 내의 간극수압은 정수압에 비해 그다지 크지 않기 때문에 유효응력 계산에는 고려하지 않는 것이 일반적이다.

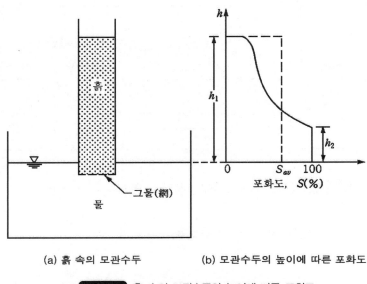

(a) 흙 속의 모관수두   (b) 모관수두의 높이에 따른 포화도

그림 5.63 흙 속의 모관수두와 높이에 따른 포화도

5.13 분사현상

5.13.1 분사현상의 개념

모래지반에서 상향침투가 있을 때, 흙입자의 하향중량보다 상향침투압이 크면 흙입자가 상향으로 떠올라서 지반이 파괴되는데 이 현상을 분사현상(quick sand)이라고 한다. 분사현상이 일어날 때는 유효응력 = 0이 되어 입자 간의 접촉저항(전단저항) = 0이 되므로 흙입자의 유동이 발생하게 된다. 분사현상에 대한 역학적 설명은 5.12.5(1)에 기술되어 있으며, 안전율은 식 (5.64)와 같이 정의된다. 분사현상이 발생하면 옹달샘에서 흙이 보글보글 올라오듯이 흙입자가 물 속에서 끓어 올라 오는 것같이 보인다고 해서 보일링(boiling)이라고도 한다.

$$F_q = \frac{i_c}{i} \tag{5.64}$$

여기서, F_q : 분사현상에 대한 안전율(보통 2를 사용; NAVFAC, 1982)

i_c : 한계동수경사 $\left(= \dfrac{\gamma_{sub}}{\gamma_w} = \dfrac{G_s - 1}{1 + e} \right)$

i : 동수경사

모래의 비중을 $G_s = 2.65$, 간극비를 $e = 0.55 \sim 0.75$ 라고 하면, 한계동수경사 $i_c = 0.94 \sim$ 1.06으로 $i_c \fallingdotseq 1$이 된다.

식 (5.64)에서 알 수 있듯이 분사현상은 흙의 투수성과 무관하므로 원리적으로는 점토라도 $i > i_c$가 될 수 있지만, 점토입자는 서로 전기적으로 결합되어 있어, 모래지반과 같이 급격한 분사현상은 발생하지 않으므로 검토대상에 포함시키지 않고 주로 히빙(제10.8.2절 참조)에 대한 검토가 수행된다. 분사현상의 영문이름에서도 sand로 되어 있어 주된 검토대상이 모래라는 것을 알 수 있다.

5.13.2 널말뚝 주변지반의 분사현상

그림 5.64와 같은 널말뚝에 침투가 발생하면, 상향침투가 발생하는 쪽에서는 침투압에 의한 유효응력의 감소로 인하여 분사현상의 발생 가능성이 있다. 하향침투가 발생하는 쪽에서는 유효응력의 증가로 인하여 입자간 전단저항력이 증가하여 상향침투보다 안전하므로 하향침투에 대한 분사현상이 주된 검토대상이 된다. 상향침투가 발생하는 쪽 중에서도 그림 5.64에서의 널말뚝 최하단에서 상향침투압이 가장 커서 유효응력의 감소율이 가장 크고 안전율이 가장 낮으므로 이곳에서의 분사현상 발생에 대해서 검토하게 된다. 식 (5.64)에서 알 수 있듯이 분사현상에 대한 안전율은 동수경사 i가 클수록 낮아진다. 그림 5.33의 널말뚝의 최하단인 7점의 하류측에서의 i는 $\dfrac{5/12 \times 2.5\text{m}}{4.7\text{m}} = 0.22$이며, 4점의 하류측에서의 i는 $\dfrac{1/12 \times 2.5\text{m}}{1.5\text{m}} = 0.14$이 므로 널말뚝의 최하단에서 안전율이 가장 낮다는 것을 알 수 있다. 따라서 이곳에서의 안전율을 검토하면 되는 것이다.

또, 테르자기(Terzaghi, 1922)의 모형실험 결과 분사현상은 일반적으로 널말뚝으로부터 $d/2$ 거리 내에서 발생하므로, 그림 5.64와 같이 이 영역의 평균침투압을 사용하여 분사현상을 검토하게 된다.

그림 5.64에서, 분사현상에 대한 안전율 F_q는 식 (5.64)와 같으며, 여기서는 동수경사 i는

식 (5.65)와 같이 정의된다. 이 식에서 h_a 대신 $h/2$를 사용하여 i를 구하면 안전율이 낮게 계산되어 안전측 검토가 되며, 또 h_a를 구해서 계산하기도 번거로우므로 일반적으로 식 (5.66)과 같이 h_a 대신에 $h/2$를 사용하여 안전측으로 계산하게 된다.

사실, 그림 5.64의 침투압 분포가 포물선이라고 가정하면 $h_a = 0.36h$가 되어 일반적으로 사용되는 $h/2$와는 약간의 차이가 있으므로 $d/2$ 범위의 평균침투압을 구해서 i를 계산하면, 보다 정확한 안전율이 계산될 수 있을 것이다. 여기서, 주의할 점이 있다. 그림 5.64의 경우는 상하류 지반면의 위치가 동일하여 유선망이 좌우대칭이 되므로 최하단에서의 $i = \dfrac{(1/2)h}{d}$ 가 되나, 그림 5.33과 같은 경우의 $i = \dfrac{(5/12)h}{d}$ 가 되어 경우에 따라 다른 값을 갖는다는 것이다.

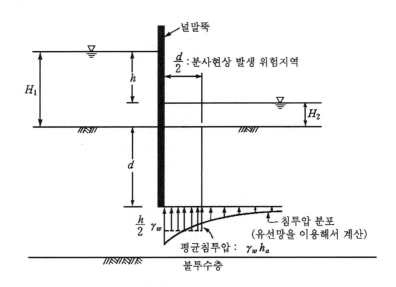

그림 5.64 널말뚝의 분사현상

$$i = \frac{h_a}{d} \tag{5.65}$$

여기서, i : 동수경사

h_a : 널말뚝에서 $d/2$ 범위에서의 평균침투압($\gamma_w h_a$)에 의한 수두

(침투압 분포가 포물선이라고 가정하면, $h_a = 0.36h$)

d : 널말뚝의 근입깊이

$$i = \frac{h/2}{d} \tag{5.66}$$

식 (5.64)에서 알 수 있듯이 i_c는 토질상수를 사용하여 계산되어 일정하므로 분사현상에 대한 안전율을 높이기 위해서는 i를 감소시켜야 한다. i를 감소시키기 위해서는 식 (5.65)에서 알 수 있듯이 널말뚝의 근입깊이 d를 증가시켜야 한다.

5.13.3 파이핑

분사현상에 의해서 흙입자가 이탈되면 그만큼 유로가 단축되고 이로 인하여 동수경사가 증가하므로 다음번 흙입자는 즉시 이탈되어 그 이탈속도는 점점 가속화된다. 특히 유선이 집중되는 곳은 분사현상이 국부적으로 일어나고 물은 가장 짧은 유로를 따라 흐르려는 경향이 있으므로 분사현상으로 흙입자가 이탈된 위치에 유량이 집중되어 흙입자 이탈이 더욱 가속화되어 결국 파이프와 같은 공동이 형성된다. 이러한 현상을 파이핑(piping) 또는 침윤세굴(seepage erosion) 또는 내부세굴(internal erosion)이라고 한다. 그림 5.65와 같이 널말뚝 하류면이나 수리구조물의 뒷굽 등과 같이 유선망이 조밀해지는 부근에서 동수경사가 크므로 파이핑이 발생할 가능성이 크다.

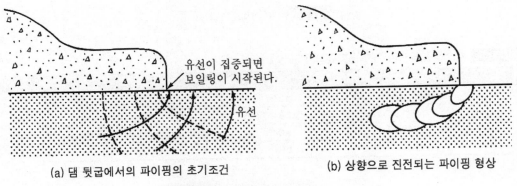

(a) 댐 뒷굽에서의 파이핑의 초기조건　　　(b) 상향으로 진전되는 파이핑 형상

그림 5.65 파이핑의 발달 과정(김, 1991)

연직방향의 분사현상에 대한 안전율에 대해서는 앞에서 기술한 대로 계산하지만, 흙댐 내부나 하부지반으로의 침투 또는 콘크리트댐 하부지반으로의 침투 등은 분사현상 발생 여부에 대한 명확한 계산법이 확립되어 있지 않다. 이런 경우에는 그림 5.65와 같이 전체적인 안정에 대한 문제가 아니고 부분적으로 유실되어 가는 과정이 문제가 되므로 안전상 필터 등의 안전대책을 강구하게 된다.

그림 5.66과 같이 투수성의 지반에 축조한 댐, 제방의 파이핑 방지 목적으로 지수벽을 시공했을 때는 식 (5.67)과 같이 정의되는 크리프비 C_w(weighted creep ratio)를 구하여 C_w값이 표 5.13의 값보다 크면 안전하다고 판단하는 방법도 사용된다.

$$C_w = \frac{L_w}{h} = \frac{\frac{1}{3}a + 2d}{h}$$

(5.67)

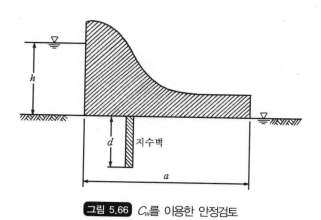

그림 5.66 C_w를 이용한 안정검토

표 5.13 지반의 종류에 따른 크리프비(C_w)의 안전치(Lane, 1935)

지반의 종류	C_w	지반의 종류	C_w
점토 또는 실트	8.5	가는 자갈	4.0
세사	5.0	굵은 자갈	3.5
중사	6.0	호박돌을 포함한 굵은 자갈	3.0
조사	5.0	호박돌, 자갈을 포함한 옥석	2.0

5.13.4 필터의 설계

대부분의 파이핑은 댐의 내부나 아래에서의 하부침식에 기인한다. 이들 파괴들은 댐이 역할을 개시한 후 수개월 또는 수년까지에 걸쳐 일어날 수 있다. 본래, 사면 끝점의 지반으로부터 나오는 물은 만약 유출 경사가 충분히 높으면 침식을 시작하여 구조물 아래에 파이프 모양의 통로를 지속적으로 형성하게 된다. 이 통로가 수면을 향하여 역으로 진행될 때 흙과 물의 혼합물이 그 통로를 통하여 분출되게 된다. 하부 침식에 기인하는 파이핑의 위험은 입경이 작을수록 증가한다.

파이핑의 방지책으로는 동수경사 i를 저하시키면 되므로 침투유로의 길이를 길게 하는 방법이 많이 쓰인다. 이것에는 댐 상하류 선단부에 널말뚝을 박거나 지수벽(止水壁) 설치, 상류측에 불투수성의 차수판 설치 등을 들 수 있으며, 필댐(fill dam) 중앙부에 불투수성($k \leq 10^{-7} \text{cm/s}$) 점성토 심벽(心壁 ; core)을 설치하는 것도 파이핑을 방지하는 방법으로 사용되고 있다.

또한 침투수로 인한 흙의 유실을 방지하면서 빨리 배수시킬 목적으로 설치하는 배수층을 필터 (filter)라고 한다. 흙속을 통하는 물이 가는 입자로부터 갑자기 굵은 입자의 흙덩이를 통과한다면 작은 입자가 유실될 수도 있고, 그 반대로 가는 입자쪽으로 물이 통과한다면 간극수압이 유발될 수도 있다. 따라서 이 사이에 적절한 입경의 배수층을 설치하면 이런 문제가 해소될 수 있을 것이다. 필터는 흙댐의 심벽의 양쪽과 하류 경사면 또는 옹벽의 배수공 주위에 많이 설치되며, 필터에 사용되는 재료는 일반적으로 입자의 강도가 높고 비교적 압축성이 낮은 굵은 모래 또는 자갈질의 골재이다. 필터는 다음의 상반되는 두 가지 요구조건을 적절한 수준에서 만족하여야 한다.

① 배수 요건 : 필터로 유입된 물이 수두 손실없이 자유롭게 빠져 나갈 수 있도록 간극이 충분히 커야 한다.
② 입자유실 방지 요건 : 물의 침투에 의해 세립자가 유실되지 않도록 간극의 크기가 충분히 작아야 한다.

필터는 위의 두 가지 요건에 대하여 입경을 근거로 하여 설계되며 NAVFAC (1982)에서는 다음과 같은 5가지 기준을 제시하고 있다. 여기서, D_{15}, D_{50}, D_{85}는 가적통과율 15%, 50%, 85%일 때의 입경을 의미, 첨자 F는 필터, 첨자 B는 필터에 인접한 지반(Base material)을 의미.

① 필터 내의 수두 손실을 피하기 위해 투수성이 충분히 커야하는 조건 : $D_{15F} / D_{15B} > 4$
② 지반의 입자 이동을 방지하는 조건 : $D_{15F} / D_{85B} < 5$, $D_{50F} / D_{50B} < 25$,
$$D_{15F} / D_{15B} < 20$$

단, 지반의 입도가 매우 균등($C_u < 1.5$)할 때 : $D_{15F}/D_{85B} < 6$

지반의 입도가 양호($C_u > 4$)할 때 : $D_{15F}/D_{15B} > 40$

③ 배수를 위해 배수관을 설치할 경우에 필터 입자의 이동을 방지하는 조건 : D_{85F} / 배수슬롯 (배수공에 난 구멍)의 폭 > 1.2~1.4, D_{85F} / 배수공 직경 > 1.0~1.2

④ 입자의 분리를 피하는 조건 : 입경이 3인치(76.2mm) 이하의 재료만 사용

⑤ 필터 세립자의 내부이동을 방지하는 조건 : 75μm 체 통과량이 5% 미만

흙댐 하류 경사면에 두는 필터층의 두께는 그림 5.67의 그래프로서 결정할 수 있다(Cedergren, 1960). 필터와 이에 인접한 흙의 투수계수의 비, k_f/k_s와 하류면의 댐 기울기 S를 알면 H/T가 구해진다. 여기서 T는 알려고 하는 필터층의 두께이며, H는 침윤선과 사면이 만나는 점으로 댐의 포화 높이가 된다. H는 현장조건과 토질조건으로부터 추정되어지며, 이 값이 결정되면 필터 두께 T가 얻어진다.

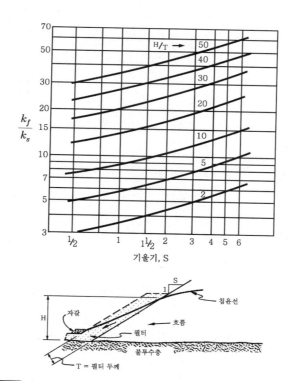

그림 5.67 사면에 설치하는 필터층의 두께를 구하는 도표(Cedergren, 1960)

흙댐을 통과하는 침투수가 하부사면의 표면으로 흘러나와 침식시키는 것을 방지하기 위하여, 그림 5.68과 같이 댐하부 바닥면에 수평한 필터를 설치하여 자유수면의 위치를 댐 내부에 국한 시키는 경우에 대한 필터층의 두께에 대한 기준이나 연구는 별로 보이지 않는다. 이 경우 자유수 면이 댐의 하부사면에 노출되지 않게 하기 위한 필터의 최소길이 L_{min}은 식 (5.68)과 같이 구할 수 있다. 그러나, 모세관현상에 의하여 자유수면 윗부분의 흙도 일정한 높이까지 포화상태 에 있음을 고려하면, 자유수면과 댐 하부사면 사이에 적당한 간격이 유지되어야 한다(김, 1997).

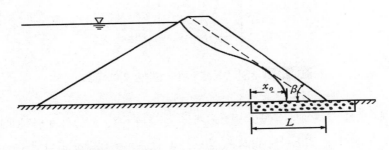

그림 5.68 흙댐에서 수평한 필터를 설치하는 경우(김, 1997)

$$L_{min} = x_o(1 + \cot^2\beta) \tag{5.68}$$

여기서, β : 하부사면의 경사각
x_o : 필터의 끝단에서부터 자유수면이 필터와 만나는 점까지의 거리

5.14 동해

물이 얼면 약 9%의 체적팽창이 발생한다. 포화된 흙이 얼면 간극비에 따라 차이는 있지만, 대략 총체적이 2.5%~5% 정도 증가하게 된다. 그러나 어떤 환경하에서는 흙 속에 그림 5.69와 같은 아이스렌즈(ice lens)가 형성되어 더 큰 체적의 증가가 발생할 수 있다.

지반이 얼어서 상승하는 현상을 동상(凍上 ; frost heave)이라 하고, 동상이 일어난 지반이 녹아서 약화되는 현상을 연화(軟化 ; frost boil)라고 하며, 이들 동상과 연화를 통틀어서 동해(凍 害)라고 한다.

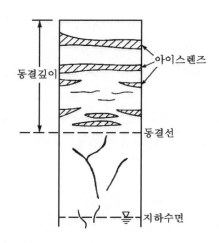

그림 5.69 지반의 동결에 의해 발생한 아이스렌즈

사질토에서는 지표 부근에서 동상을 일으키게 하는 주된 수분(水分)의 공급원(供給源)인 모관수두가 작아서 동상이 잘 일어나지 않으며, 점토는 모관수두는 대단히 크나 투수성이 낮으므로 수분의 공급이 원활치 못하여 활발히 일어나지 못하나 동결온도가 계속되면 동상이 일어나는 경향이 있다. 동해가 가장 심한 흙은 실트질 흙이며 이것은 모관수두도 클 뿐 아니라 투수성도 어느 정도 커서 수분의 공급이 원활하기 때문이다.

지반 속에서 동결작용이 미치는 최대깊이를 동결깊이(또는 동결심도 ; frost depth)라고 하며, 우리나라의 대표적인 도시의 동결깊이는 표 5.14와 같다. 우리나라에서는 최대 동결깊이를 120cm 정도로 보고 구조물기초를 설계하면 어느 곳에서도 동해를 받지 않을 것이다.

표 5.14 우리나라의 대표적인 도시의 동결깊이

도시	서울	부산	강릉	대구	전주
동결깊이(cm)	84	35	54	55	59

동상 방지대책공법으로는 다음과 같은 것을 들 수 있다.

① 배수구 등의 설치로 지하수위를 저하시키는 방법
② 모관수의 상승을 차단할 목적으로 된 층(조립층)을 지하수위보다 높은 곳에 설치하는 방법
③ 동결깊이 상부에 있는 흙을 동결되지 않는 재료로 치환하는 방법

④ 지표의 흙을 화학약액으로 처리하는 방법

⑤ 흙속에 단열재료를 매입하는 방법

5.15 연습 문제

5.1 흙속의 물의 유속 중 일반적으로 사용되는 가상유속과 실제 간극속을 흐르는 유속인 실제유속의 크기관계를 식으로 증명하고, 실제적으로는 가상유속이 사용되는 이유를 간단히 설명하시오.

5.2 흙의 종류에 따른 실내 투수시험의 종류를 기술하시오. 또 모래의 투수시험에서 투수계수를 구하는 방법을 설명하시오.

5.3 현장지반의 투수계수 k를 알고, 반경 r_0의 시험정을 통해 양수시험을 한 결과 얻어지는 영향원의 반경을 구하는 식을 유도하시오.

5.4 정방형유선망의 중요한 성질 세 가지 중, 직교하는 성질을 제외한 두 가지에 대해 기술하고 증명하시오.

5.5 제체의 침투에서 제체 하부에 필터가 있는 경우와 없는 경우에 대한 기본포물선의 식을 유도하고 침윤선을 작도하시오.

5.6 다음 그림의 콘크리트댐 저면지반의 정방형유선망을 이용하여 d점에서의 양압력과 압력수두를 구하시오.

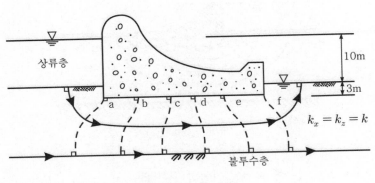

〈문제 5.6의 그림〉

5.7 다음 그림과 같은 널말뚝의 정방형유선망을 이용하여 각 점(A, B, C)에서의 다음 값을 구하시오.

(1) 전수두, 위치수두, 압력수두
(2) 침투압(과잉간극수압), 간극수압
(3) 전응력, 유효응력

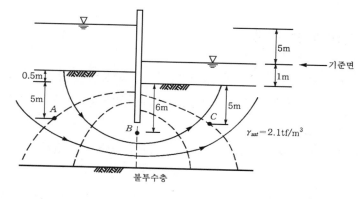

〈문제 5.7의 그림〉

5.8 널말뚝에서의 분사현상에 대한 안전율 식을 유도하시오.

5.9 모관수두의 식을 구하고 수면 상하의 수압분포를 그리시오.

5.10 아래 그림과 같은 콘크리트댐에서 폭 1m당, 1일간의 침투유량과 A점에서의 양압력을 구하시오. 단, 댐 하부지반의 투수계수는 2.3×10^{-4} cm/s 이고, 상하류의 수두 차는 8m이다. 유선망은 정방형이다. 단, 하류면에서 A점까지의 높이 차는 1m이다.

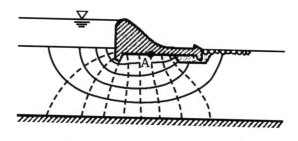

〈문제 5.10의 그림〉

5.11 다음 그림은 모래지반에 관입된 가물막이널말뚝(cofferdam) 내부를 굴착하고 양수한 결과 얻어진 정방형유선망을 나타낸다. 널말뚝 내부로 단위길이(1m) 당 0.25 m³/h 의 물이 유입되어 양수함으로써 수위를 내부 지반면과 일치되게 하고 있다. 지반의 투수계

수를 구하고, 기준면에서 깊이 0.9m 위치에서의 동수경사를 계산하시오. 또 이 널말뚝의 분사현상에 대한 안전율을 구하시오. 단, 모래지반의 비중 = 2.6, 간극비 = 0.7이다.

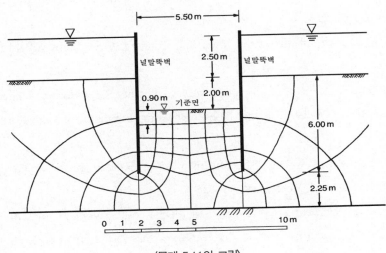

〈문제 5.11의 그림〉

5.16 참고문헌

· 김명모(1997), 토질역학, 문운당, p.88.

· 김상규(1991), 토질역학—이론과 응용—, 청문각.

· 이완호(1999), Q&A, 지반(한국지반공학회지), Vol.15, No.8, pp.65-70.

· Attewell, P.B. and Farmer, I.W.(1976), Principles of Engineering Geology, Chapman and Hall, London.

· Bell, F.G. (1992), Engineering in Rock Masses, p.335.

· Carpenter, G.W. and Stephenson, R.W.(1986), "Permeability Testing in the Triaxial Cell," Geotechnical Testing Journal, GTJODJ, Vol.9, No.1, pp.3-9.

· Cedergren, H.R.(1960), "Seepage Requirements of Filters and Pervious Bases", J. Soil Mech. Found. Eng. Div., ASCE, Vol.86, No.SM5, pp.15-22.

· Daw, G.P.(1971), "A modified Hoek-Franklin triaxial cell for rock permeability measurements," Geotechnique, 21, pp.89-91.

· Dixon, R.K.(1967), "New Techniques for Studying Seepage Problems Using Models," Geotechnique, Vol.17, No.3.

· Farmer, I.W.(1983), Engineering Behaviour of Rocks, 2nd ed., Chapman and Hall, London, Newyork, pp.22-23, p.41.

· Gilboy, G.(1933), "Hydraulic-fill Dams," Proc. Int. Conf. on Large Dams, World Power Conf., Stockholm.

· Hazen, A.(1930), "Water supply", in American Civil Engineers Handbook, Wiley, New York.

· Hoek, E. and Bray, J.W.(1974), Rock Slope Engineering, Institution of Mining and Metallurgy, London.

· Holtz, R.D. and Kovacs, W.D.(1981), Am Introductim to Geotechnical Engineering, p.176.

· Jumikis, A.R.(1962), Soil Mechanics, pp.325-326.

· Lambe, T.W. and Whitman, R.V.(1979), Soil Mechanics, SI Version, pp.278-279.

· Lane, E.W.(1935), "Security from Under-Seepage," Masonry Dams on Earth Foundation, Trans. ASCE, Vol.100, p.1235.

· Lugeon, M.(1933), Barrages et Geologie, Published by Bulletin Technique de la Suisse Romande; reprinted 1979 by ISRM with Proc. of the Fourth Congress of ISRM, Paris, Dunoid.

· NAVFAC DM-5.1(1982), Soil Mechanics Design Manual, Department of the Navy Naval Facilities Engineering Command, pp.5.1-262, pp.7.1-271~273.

· Perloff, W.H. and Baron, W.(1976), Soil Mechanics, pp.632-634.

· Reddi, L.N.(2003), Seepage in Soils, pp27-29.

· Rispin, A. and Cooper, I.(1972), The Mechanical Cutting of Rock Materials in Relation to the Design and Operation of Tunnelling Machines and Rapid Excavation Systems, Internal report, University of Newcastle-upon-Tyne.

· Skempton, A.W.(1960), "Correspondence," Geotechnique, Vol.10, No.4, p.186.

· Snow, D.T.(1968), "Rock fracture, spacings, openings and porosities", J. Soil Mech. Found. Div., ASCE, 94, pp.73-91.

· Taylor, D.W.(1948), Foundamentals of Soil Mechanics, John Wiley and Sons, New York.

· Terzagi, K.(1922), "Der Grundbruch an Stauwerken und seine Verhutung", Die Wasserkraft, Vol.17, pp.445-449.

· Vaughan, P.R.(1963), "Contribution to discussion, grouts and drilling muds in engineering practice", British Geotechnical Society, London, p.54.

· Wittke, W.(1990), Rock Mehanics-Theory and Applications with Case Histories, Springer-Verlag, pp.896-921.

· 日本土木學會(1972), ダム基礎岩盤グラウチングの施工指針, 土木學會, pp.12-13.

· 日本土木學會編(1984), 新體系土木工學, 14 土木地質, 技報堂, pp.121-123.

\# 오직 성령의 열매는 사랑과 희락과 화평과 오래 참음과 자비와 양선과 충성과 온유와 절제니,(성경, 갈라디아서 5장 22-23절)

제6장

지반 내의
응력

제6장 지반 내의 응력

지반의 자중이나 침투에 의한 연직지중응력에 대해서는 제5장에서 기술했다. 연직지중응력은 전응력과 유효응력으로 구별되며 흙의 침하나 강도에 영향을 미치는 것은 유효응력이다. 본 장에서는 지반의 자중이나 지표면에 가해지는 하중에 의해서 발생하는 여러 방향의 지중응력에 대해서 기술한다. 지중응력 중 수직응력을 전응력으로 나타낼 때는 σ, 전응력에서 간극수압을 뺀 값인 유효응력으로 나타낼 때는 σ'(sigma prime)과 같이 $'$(prime)을 붙여서 표현한다. 전단응력은 5.12.2절에서 기술한 바와 같이 간극수압과 무관하여 전응력, 유효응력의 값이 동일하므로 일반적으로 전응력 형태인 τ(tau)로 나타낸다. 후술할 식 (6.9)에서도 τ는 간극수압과 무관하다는 것을 알 수 있다.

6.1 지중응력의 표현

6.1.1 지중의 한 점에 작용하는 응력

그림 6.1은 제방이 있는 지반의 어떤 점 A에서의 응력을 나타낸다. 지반의 경우는 보통 수직응력은 압축을 +, 전단응력은 두 개의 양의 면(two positive planes ; 그림 6.1의 바깥에서 보이는 면)의 각도를 증가시키는 방향을 +로 하며, 이는 재료역학에서 일반적으로 사용하는 부호규약과 반대이다. 그림 6.1에 나타낸 수직응력 σ와 전단응력 τ의 화살표 방향은 이런 부호규약에 따라 나타낸 + 방향이다.

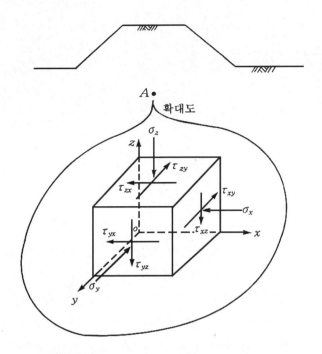

그림 6.1 제방 하부지반의 어떤 점 *A*에서의 응력성분

(응력은 음의 면, 즉 이 그림에서 보이지 않는 3개의 면에도 작용하지만 표현의 간략화를 위해,
보이는 면 즉, 양의 면에만 나타내었음. 화살표 방향이 +)

그림 6.1의 응력은 일반적인 3차원의 표시인데, 이 응력상태를 해석이나 이해의 편의상 주로
그림 6.2와 같이 주응력으로 나타내게 된다. 주응력이란 전단응력이 0이 되는 면에서의 수직응력
을 말하며, 최대주응력(σ_1), 중간주응력(σ_2), 최소주응력(σ_3)이 있고, 크기 순서는 $\sigma_1 > \sigma_2 > \sigma_3$
이다. 이들 주응력 중에서 지반의 안정해석에 가장 큰 영향을 미치는 것은 σ_1과 σ_3로, σ_2의
영향은 미미하므로 약간의 오차가 포함되더라도 계산이나 해석의 간편성 때문에 이 두 개의
응력만을 사용하는 경우가 많다. 특히 단면에 비해서 길이가 상당히 긴 제방, 성토, 절토 등과
같이 평면변형률 상태에 가까운 지반구조물의 해석에는 σ_1과 σ_3만을 사용하는 경우가 대부분이
다. 평면변형률(plane strain)상태란, 한 방향(여기서는 종이의 수직방향)의 변형이 없는 상태를
말한다. 어떻든, 두 개의 응력만을 사용한 해석은 2차원해석이 되며 지반구조물에서는 3차원을
2차원으로 간략화해서 해석하는 경우가 많다. 그림 6.3은 절토(또는 성토)된 지반 내의 한 점
A에서의 응력상태를 2차원으로 나타낸 것이다.

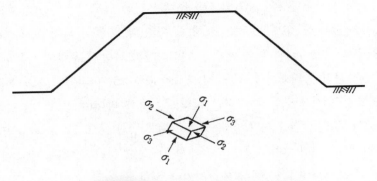

그림 6.2 주응력으로 나타낸 지중응력

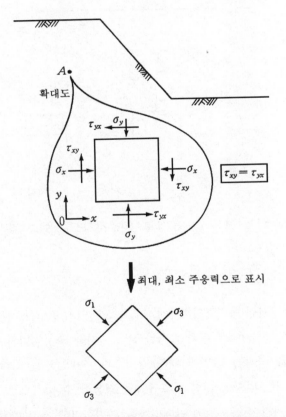

그림 6.3 지중의 한 점 A에서의 응력을 2차원응력(평면변형률 상태)으로 나타낸 것
(지표면이 수평이 아닌 경우이고, 화살표 방향이 +)

이런 경우는 흙의 자중방향의 응력인 연직응력이 가장 크고, 그 다음이 종이의 수직방향, 가장 작은 것이 측방의 응력이라는 것은 쉽게 알 수 있다. 따라서 최대 및 최소주응력을 받는 면에 대해 2차원으로 근사시켜 해석할 경우 연직방향과 측방의 응력을 사용하게 될 것이다. 이 그림에는 일반적인 응력표시를 최대 및 최소주응력으로 나타낸 그림도 포함되어 있다.

그림 6.4는 수평한 지표면을 갖는 지반 내의 응력을 나타내며 이런 경우에는 연직응력이 최대주응력(σ_1)이 되고, 중간주응력(σ_2)이 최소주응력(σ_3)과 같으므로 σ_1과 σ_3만으로 2차원처럼 응력을 나타낼 수 있다. 이런 상태를 축대칭상태라고 한다. 응력의 방향이나 크기 등을 구하는 방법에 대해서는 6.1.2절에서 기술하기로 한다.

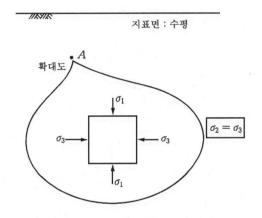

그림 6.4 지중의 한 점 A에서의 응력을 2차원 주응력으로 나타낸 것(지표면이 수평인 경우이고, 화살표 방향이 +)

6.1.2 응력의 모아원

그림 6.3의 일반적인 2차원 응력조건하에서, 이 요소 내의 어떤 직교하는 두 면에서의 수직응력과 전단응력을 알 때, 그림 6.5에 나타낸 바와 같이 경사각 θ인 임의의 어떤 면에서의 수직응력(σ_θ), 전단응력(τ_θ)을 구하는 방법에 대해 알아보자. 이때 σ_θ는 압축을 +로 정의하지만, τ_θ는 τ_{xy}, τ_{yx}에서 정의한 방향에 대한 부호규약을 적용할 수 없으므로 그림에서 화살표로써 +방향을 정의해서 결과값이 음수이면 반대방향을 의미한다고 하는 방식으로 표현하게 된다.

그림 6.5의 $\triangle ABC$에서 σ_θ방향의 힘의 평형조건에서, 식 (6.1)이 성립하고, τ_θ방향의 힘의 평형조건에서 식 (6.2)가 성립한다.

$$\sigma_\theta \times l - \sigma_y \cos\theta \times l\cos\theta + \tau_{yx}\sin\theta \times l\cos\theta - \sigma_x\sin\theta \times l\sin\theta + \tau_{xy}\cos\theta \times l\sin\theta = 0 \quad (6.1)$$

$$\tau_\theta \times l - \sigma_y\sin\theta \times l\cos\theta - \tau_{yx}\cos\theta \times l\cos\theta + \sigma_x\cos\theta \times l\sin\theta + \tau_{xy}\sin\theta \times l\sin\theta = 0 \quad (6.2)$$

식 (6.1), 식 (6.2)를 정리하여 σ_θ, τ_θ를 구하면 식 (6.3), 식 (6.4)와 같이 된다. 이들 식에서 「τ_{xy}의 크기 = τ_{yx}의 크기」이므로 τ_{yx} 대신 τ_{xy}로 표현할 수도 있지만, 6.1.3절에서 기술하는 모아원에서는 전단응력의 부호가 반시계방향을 +로 하므로 혼동을 피하기 위해서 이들 식에도 반시계방향을 나타내는 τ_{yx}로 나타내었다.

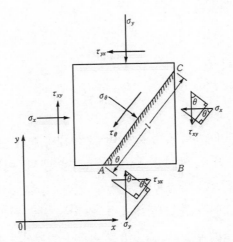

그림 6.5 요소 내의 어떤 면 $\overline{AC}$ 에서의 수직응력(σ_θ), 전단응력(τ_θ)(화살표 방향을 +로 함)

$$\sigma_\theta = \sigma_x\sin^2\theta + \sigma_y\cos^2\theta - \tau_{yx}\sin\theta\cos\theta - \tau_{xy}\sin\theta\cos\theta$$
$$= \sigma_x\sin^2\theta + \sigma_y\cos^2\theta - 2\tau_{yx}\sin\theta\cos\theta \quad (\because \tau_{xy}\text{의 크기} = \tau_{yx}\text{의 크기}) \quad (6.3)$$
$$= \frac{\sigma_y + \sigma_x}{2} + \frac{\sigma_y - \sigma_x}{2}\cos2\theta - \tau_{yx}\sin2\theta$$

$$\tau_\theta = \sigma_y\sin\theta\cos\theta - \sigma_x\sin\theta\cos\theta + \tau_{yx}\cos^2\theta - \tau_{xy}\sin^2\theta$$
$$= \frac{\sigma_y - \sigma_x}{2}\sin2\theta + \tau_{yx}\cos2\theta \quad (\because \tau_{xy}\text{의 크기} = \tau_{yx}\text{의 크기}) \quad (6.4)$$

식 (6.4)에서, $\tau_\theta = 0$인 면, 즉 주응력면에서의 수직응력(주응력)을 구하면 다음과 같다.

$\tau_\theta = 0$에서 $\dfrac{\sigma_y - \sigma_x}{2}\sin 2\theta = -\tau_{yx}\cos 2\theta$ 이므로, $\tan 2\theta = \dfrac{2\tau_{yx}}{\sigma_x - \sigma_y}$ 가 된다. 이 값을 식 (6.3) 에 대입하여 σ_θ를 구하면 식 (6.5)와 같은 두 개의 값이 얻어지는데, 하나는 최대주응력(σ_1), 다른 하나는 최소주응력(σ_3)이 된다. 식 (6.3)~식 (6.5)는 모아원을 이용하면 보다 쉽게 구할 수 있으며, 이에 대해서는 6.1.3에서 기술한다.

$$\sigma_{1,3} = \frac{\sigma_y + \sigma_x}{2} \pm \sqrt{\left(\frac{\sigma_y - \sigma_x}{2}\right)^2 + \tau_{yx}^2} \tag{6.5}$$

여기서, σ_1 : 최대주응력

σ_3 : 최소주응력

지중의 어떤 요소의 경계면에서의 응력을 알 때, 요소 내의 어떤 면에서의 수직응력, 전단응력 을 정의하는 식은 식 (6.3), 식 (6.4)이다. 요소의 주응력을 알 때, 이들 주응력면과 어떤 경사를 이루는 면에서의 응력도 동일한 방법으로 구할 수 있다. 그림 6.6은 2차원 응력 중 최대 및 최소주응력으로 나타낸 요소이다. 이 그림에서, σ_1을 받는 면을 최대주응력면, σ_3를 받는 면을 최소주응력면이라고 하며, 최대주응력면과 θ각을 이루는 면에서의 수직응력(σ_θ), 전단응력(τ_θ) 은, 그림 6.6(b)의 σ_θ, τ_θ 방향의 힘의 평형조건으로부터 얻어진 식 (6.6), 식 (6.7)로부터 구해진 다. 이들 식은 식 (6.1), 식 (6.2)에서 $\sigma_y = \sigma_1$, $\sigma_x = \sigma_3$, $\tau_{xy} = \tau_{yx} = 0$를 대입하여도 유도된다.

$$\sigma_\theta \times l - \sigma_1 \cos\theta \times l\cos\theta - \sigma_3 \sin\theta \times l\sin\theta = 0 \tag{6.6}$$
$$\tau_\theta \times l - \sigma_1 \sin\theta \times l\cos\theta + \sigma_3 \cos\theta \times l\sin\theta = 0 \tag{6.7}$$

식 (6.6), 식 (6.7)을 정리하면 σ_θ, τ_θ는 식 (6.8), 식 (6.9)와 같이 된다. 이들 식은 식 (6.3), 식 (6.4)에서 $\sigma_y = \sigma_1$, $\sigma_x = \sigma_3$, $\tau_{xy} = \tau_{yx} = 0$를 대입하여도 유도된다.

$$\sigma_\theta = \sigma_1 \cos^2\theta + \sigma_3 \sin^2\theta = \frac{\sigma_1 + \sigma_3}{2} + \frac{\sigma_1 - \sigma_3}{2}\cos 2\theta \tag{6.8}$$

$$\tau_\theta = \sigma_1 \sin\theta\cos\theta - \sigma_3 \sin\theta\cos\theta = \frac{\sigma_1 - \sigma_3}{2}\sin 2\theta \tag{6.9}$$

식 (6.8)과 식 (6.9)를 이용하여 두 식의 관계식을 만들면 식 (6.10)과 같은 원의 식이 얻어진다. 이 식은 σ(수직응력) $\sim \tau$(전단응력) 좌표축에서 중심이 ($\frac{\sigma_1 + \sigma_3}{2}$, 0)이고 반경이 $\frac{\sigma_1 - \sigma_3}{2}$ 인 원을 의미한다.

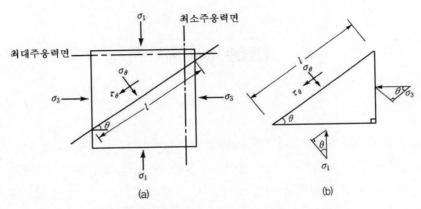

그림 6.6 최대 및 최소주응력으로 나타낸 요소

즉, 식 (6.8)에서, $\frac{\sigma_1 - \sigma_3}{2}cos 2\theta = \sigma_\theta - \frac{\sigma_1 + \sigma_3}{2}$, 식 (6.9)에서, $\frac{\sigma_1 - \sigma_3}{2}sin 2\theta = \tau_\theta$가 얻어지며 이들 수식의 양변을 제곱하여 더하고 σ_θ, τ_θ를 축의 기호에 맞도록 σ, τ로 일반화하여 표현하면 식 (6.10)이 구해진다.

$$\left(\sigma - \frac{\sigma_1 + \sigma_3}{2}\right)^2 + \tau^2 = \left(\frac{\sigma_1 - \sigma_3}{2}\right)^2 \tag{6.10}$$

식 (6.10)을 그래프로 나타내면 그림 6.7과 같은 원이 되며, 이 원을 응력의 모아원(Mohr's circle of stress)이라고 한다. 모아원의 M점에서 2θ 각도 또는 σ_3점에서 θ각도로 선을 그어서 원과 만나는 점이 바로 최대주응력면과 θ각을 이루는 면에서의 수직응력(σ_θ), 전단응력(τ_θ)이 된다. 이 모아원에서의 σ_θ, τ_θ 값이 식 (6.8), 식 (6.9)와 같다는 것을 알 수 있다.

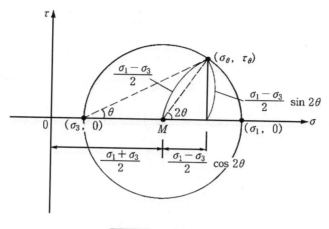

그림 6.7 응력의 모아원

6.1.3 극점법

극점법(pole method)이란 평면기점법(method of origin of planes)이라고도 하며, 평면상의 응력(2차원 응력)을 받는 요소 내의 어떤 면에서의 응력(수직응력, 전단응력)을 기하학적 방법으로 간단히 구할 수 있는 대단히 편리한 방법이다. 그림 6.8과 같이 그림 6.5와 동일한 요소 내의 θ 면에서의 σ_θ, τ_θ를 극점법으로 구하는 순서를 나타낸 그림 6.9 내의 ①~⑥을 설명하면 다음과 같다.

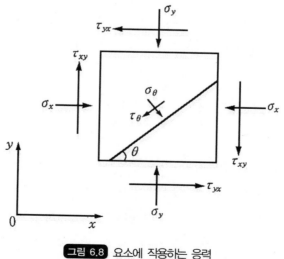

그림 6.8 요소에 작용하는 응력

① 그림 6.9에서 응력점 $(\sigma_y,\ \tau_{yx})$와 $(\sigma_x,\ -\tau_{yx})$를 연결하는 선을 직경으로 하여 모아원을 그린다. 이때, 수직응력은 압축을 +, 전단응력은 반시계방향을 +로 한다. 주의할 점은, 모아원을 이용할 때 전단응력의 부호가 그림 6.1의 부호규약과 달리 어떤 면에서든지 반시계방향을 +로 해야 한다는 것이다.

② 알고 있는 응력이 작용하는 면의 방향으로 선을 그어 모아원과 만나는 점을 구하여,

③ 이 점을 극 또는 극점(pole ; P점)이라 한다. 알고 있는 응력점은 $(\sigma_y,\ \tau_{yx})$ 및 $(\sigma_x,\ -\tau_{yx})$ 이며 어떤 응력을 이용해도 동일한 P점이 얻어진다.

④ 극점에서 응력을 구하고자 하는 면의 방향(수평면과 θ각 ; 그림 6.8)으로 선을 그으면,

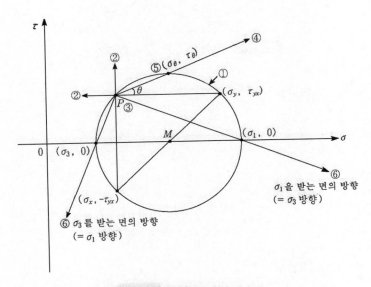

그림 6.9 극점법의 활용 순서도

⑤ 이 선과 모아원이 만나는 점이 그림 6.8에서의 $\sigma_\theta,\ \tau_\theta$가 된다.

⑥ 당연한 말이지만, 모아원을 이용하면 $\sigma_1,\ \sigma_3$의 크기가 구해짐은 물론, $\sigma_1,\ \sigma_3$를 받는 면의 방향까지도 구해진다. 여기서, σ_1을 받는 면의 방향과 σ_3를 받는 면의 방향은 각각 σ_3방향과 σ_1방향을 의미한다.

극점법을 이용하여 식 (6.8)~식 (6.10)을 증명해보자. 그림 6.10은 그림 6.9에서 $\sigma_\theta,\ \tau_\theta$를 구하는 과정을 설명하기 위한 그림이다.

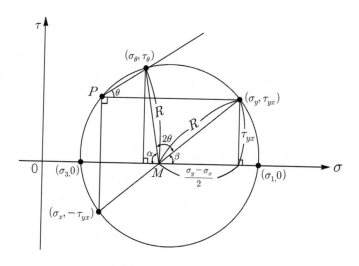

그림 6.10 극점법에 의한 σ_θ, τ_θ의 크기

그림 6.10에서 σ_θ, τ_θ는 식 (6.11)과 같다.

$$\sigma_\theta = \frac{\sigma_y + \sigma_x}{2} - R\cos\alpha \tag{6.11}$$

$$\tau_\theta = R\sin\alpha$$

여기서, $R = \sqrt{\left(\dfrac{\sigma_y - \sigma_x}{2}\right)^2 + \tau_{yx}^2}$

$\quad\quad\quad \alpha = 180° - (2\theta + \beta)$

$\quad\quad\quad \sin\beta = \dfrac{\tau_{yx}}{R}, \ \cos\beta = \dfrac{\left(\dfrac{\sigma_y - \sigma_x}{2}\right)}{R}$

$\quad\quad\quad \sin\alpha = \sin 2\theta \cdot \cos\beta + \cos 2\theta \cdot \sin\beta$

$\quad\quad\quad\quad\quad = \sin 2\theta \cdot \dfrac{\left(\dfrac{\sigma_y - \sigma_x}{2}\right)}{R} + \cos 2\theta \cdot \dfrac{\tau_{yx}}{R}$

$$\cos\alpha = -\cos2\theta \cdot \cos\beta + \sin2\theta \cdot \sin\beta$$

$$= -\cos2\theta \cdot \dfrac{\left(\dfrac{\sigma_y - \sigma_x}{2}\right)}{R} + \sin2\theta \cdot \dfrac{\tau_{yx}}{R}$$

이므로, 식 (6.11)은 식 (6.12)가 되어 식 (6.3), 식 (6.4)와 같아진다.

$$\sigma_\theta = \frac{\sigma_y + \sigma_x}{2} + \frac{\sigma_y - \sigma_x}{2}\cos2\theta - \tau_{yx}\sin2\theta \qquad (6.12)$$

$$\tau_\theta = \frac{\sigma_y - \sigma_x}{2}\sin2\theta + \tau_{yx}\cos2\theta$$

또, $\sigma_1 = \dfrac{\sigma_y - \sigma_x}{2} + R$, $\sigma_3 = \dfrac{\sigma_y - \sigma_x}{2} - R$ 이므로

$$\sigma_{1,3} = \frac{\sigma_y - \sigma_x}{2} \pm \sqrt{\left(\frac{\sigma_y - \sigma_x}{2}\right)^2 + \tau_{yx}^2}$$ 이 되어 식 (6.5)와 동일한 결과가 얻어진다.

여기서, 최대 및 최소주응력이 작용하는 그림 6.6의 요소에서 최대주응력면과 각도 θ를 이루는 면에서의 수직응력(σ_θ), 전단응력(τ_θ)은 식 (6.8), 식 (6.9)와 같아진다는 것도 극점법으로 증명해 보자.

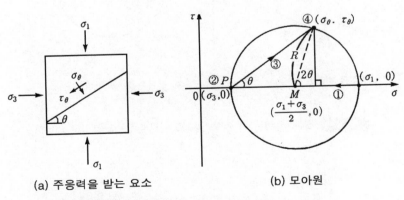

(a) 주응력을 받는 요소 (b) 모아원

그림 6.11 최대주응력(σ_1)이 연직방향으로 작용할 때의 σ_θ, τ_θ

그림 6.11(a)와 같이 주응력으로 나타낸 요소의 최대주응력면에서 θ만큼 기울어진 면에서의 σ_θ, τ_θ는 그림 6.11(b)에서 ①~④의 과정으로 구해진다. 이 그림에서 알 수 있는 바와 같이, 그림 6.7에서, $(\sigma_3, 0)$에서 θ되는 각도의 직선을 그어 만나는 점이 $(\sigma_\theta, \tau_\theta)$라는 정의와 같아지고, $\sigma_\theta = \dfrac{\sigma_1 + \sigma_3}{2} + R\cos2\theta$, $\tau_\theta = R\sin2\theta$가 된다. $R = \dfrac{\sigma_1 - \sigma_3}{2}$이므로 위 식은 식 (6.8), 식 (6.9)와 같아진다.

여기서, 주응력이 그림 6.12(a)와 같이 경사져 있을 때도 σ_θ, τ_θ를 구하는 방법은 그림 6.11(b)의 경우와 동일한가 하는 의문이 생길 수 있다. 당연히 동일하며, 이를 증명해 보자. 그림 6.12(b)는 그림 6.12(a)의 응력상태를 모아원으로 나타낸 것이다. 이 그림에서 ①, ②, ③의 순서로 구한 ④가 구하고자 하는 σ_θ, τ_θ이며, 결국 ④는 점$(\sigma_3, 0)$에서 θ만큼 경사진 선을 그어서 구하는 것과 같아진다. 즉, 요소가 경사져 있든 어떻든 간에 최대주응력면과 θ만큼 경사진 면에서의 수직응력, 전단응력은 최소주응력점$(\sigma_3, 0)$에서 θ각도로 그은 직선과 모아원이 만나는 점의 값이 된다. 주의할 점은, 이 정의는 응력의 크기에 대한 것이고, 응력의 방향은, 기울어진 요소를 그대로 사용해서 극점을 구하고 이를 이용해서 구해야 한다는 것이다.

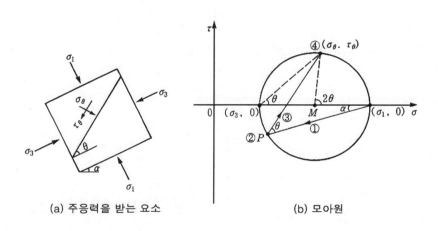

(a) 주응력을 받는 요소   (b) 모아원

그림 6.12 최대주응력(σ_1)이 연직방향과 경사지게 작용할 때의 σ_θ, τ_θ

6.2 집중하중에 의한 지중응력

지반이 등질(등방균질)이고 하중에 의한 변형이 비교적 적을 때에는 지반을 탄성체로 보아서 지반 속의 응력분포를 추정할 수 있다. 반무한 탄성지반의 표면에 집중하중이 작용할 때의 흙 속의 응력증가량은 부시네스크(Boussinesq, 1883)에 의해서 처음으로 해석되었다.

그림 6.13의 x, y 평면 위의 한 점 O에 집중하중 Q가 작용할 때, O점에서 거리 R인 곳에 있는 어떤 미소요소의 연직응력 σ_z, O점에서 연직좌표 z의 축을 중심으로 한 반경 r 원주상의 반경방향의 수직응력 σ_r 및 원주방향의 수직응력 σ_t, 또한 전단응력 τ_{zr} 및 τ_{rz} 는 식 (6.13)과 같다.

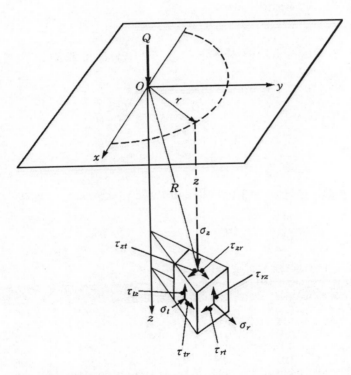

그림 6.13 부시네스크(Boussinesq, 1883)에 의한 지중응력

$$\sigma_z = \frac{3Qz^3}{2\pi R^5} = \frac{3Q}{2\pi z^2} \cdot \frac{1}{\left\{1 + \left(\dfrac{r}{z}\right)^2\right\}^{5/2}}$$

$$\sigma_r = \frac{Q}{2\pi}\left\{\frac{3r^2 z}{R^5} - \frac{1-2\nu}{R(R+z)}\right\}$$

$$\sigma_t = \frac{Q}{2\pi}(1-2\nu)\left\{\frac{1}{R(R+z)} - \frac{z}{R^3}\right\}$$

$$\tau_{zr} = \tau_{rz} = \frac{3Q}{2\pi} \cdot \frac{rz^2}{R^5}$$

(6.13)

여기서, ν : 포아송비(Poisson's ratio)

식 (6.13)의 σ_z는 영향치($I_{\sigma Q}$)를 사용하여 식 (6.14)와 같이 표현할 수 있다.

$$\sigma_z = \frac{3Q}{2\pi} \cdot \frac{z^3}{(r^2+z^2)^{5/2}} = \frac{Q}{z^2} \cdot \frac{3}{2\pi\left\{1+\left(\dfrac{r}{z}\right)^2\right\}^{\frac{5}{2}}} = \frac{Q}{z^2} I_{\sigma Q}$$

(6.14)

여기서, $I_{\sigma Q}$: 영향치 또는 부시네스크 지수라고 부르며 무차원의 수로서 r/z의 함수임(표 6.1 참조).

표 6.1 집중하중에 의한 연직응력에 대한 영향치, $I_{\sigma Q}$

r/z	$I_{\sigma Q}$	r/z	$I_{\sigma Q}$	r/z	$I_{\sigma Q}$	r/z	$I_{\sigma Q}$
0.00	0.478	0.60	0.221	1.20	0.051	1.80	0.013
0.10	0.466	0.70	0.176	1.30	0.040	1.90	0.011
0.20	0.433	0.80	0.139	1.40	0.032	2.00	0.009
0.30	0.385	0.90	0.108	1.50	0.025	2.20	0.006
0.40	0.329	1.00	0.084	1.60	0.020	2.40	0.004
0.50	0.273	1.10	0.066	1.70	0.016	2.60	0.003

집중하중 직하(直下)의 연직응력의 증가량은 식 (6.13)에 $r = 0$를 대입하면 구해지며 식 (6.15)와 같이 된다.

$$\sigma_{zo} = \frac{Q}{z^2} \cdot \frac{3}{2\pi} = 0.4775 \frac{Q}{z^2} \qquad (6.15)$$

집중하중에 의한 연직지중응력의 증가량은 개략적으로 그림 6.14와 같은 형태가 된다.

지반 위에 분포하중이 있을 때는 분포하중을 작게 분할해서 여러 개의 집중하중으로 보고 이들 각 집중하중에 의한 지중응력을 더하면 전체 집중하중에 의한 어떤 지점의 지중응력을 계산할 수 있다.

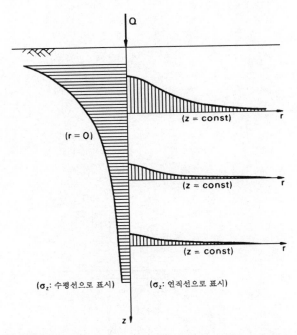

그림 6.14 집중하중 Q에 의한 연직지중응력의 증가량 분포 형태

6.3 선하중에 의한 지중응력

그림 6.15와 같은 반무한 탄성지반 상에 놓인 무한 길이의 선하중에 의한 지중응력의 증가량은 식 (6.16)과 같다. 선하중의 예는 드물지만, 송유관(oil pipeline)과 같은 관로를 들 수 있다.

$$\sigma_z = \frac{2L}{\pi} \cdot \frac{z^3}{(x^2 + z^2)^2}$$

$$\sigma_x = \frac{2L}{\pi} \cdot \frac{x^2 z}{(x^2 + z^2)^2} \qquad\qquad (6.16)$$

$$\tau_{zx} = \frac{2L}{\pi} \cdot \frac{xz^2}{(x^2 + z^2)^2}$$

식 (6.16)의 제1식은 영향치 $I_{\sigma L}$을 사용하여 식 (6.17)과 같이 나타내기도 한다.

$$\Delta\sigma_z = I_{\sigma L}\frac{L}{z} \qquad\qquad (6.17)$$

여기서, $I_{\sigma L} = \dfrac{2}{\pi}\left\{\dfrac{1}{1 + \left(\dfrac{x}{z}\right)^2}\right\}^2$: 영향치

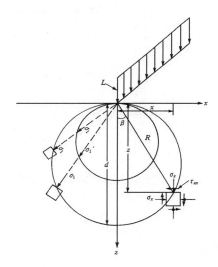

그림 6.15 반무한 탄성지반 상에 작용하는 선하중에 의한 지중응력의 증가

6.4 띠하중에 의한 연직지중응력

지표면에 띠하중(strip load)이 작용할 때의 연직지중응력의 설명도는 그림 6.16과 같다. 이 그림에서 $q \cdot dr$의 선하중이 작용할 때의 A점에서의 연직지중응력의 증가량 $d\sigma_z$는 식 (6.16)에서부터 식 (6.18)과 같이 된다.

$$d\sigma_z = \frac{2(q \cdot dr)z^3}{\pi\{(x-r)^2 + z^2\}^2} \tag{6.18}$$

식 (6.18)을 하중폭 B에 대해 적분하여 A점의 σ_z를 구하면 식 (6.19)와 같으며, 식 (6.19)를 간단히 표현하면 식 (6.20)과 같이 된다.

$$\sigma_z = \int d\sigma_z = \int_{-\frac{B}{2}}^{\frac{B}{2}} \frac{2q}{\pi} \cdot \frac{z^3}{\{(x-r)^2 + z^2\}^2} \cdot dr$$
$$= \frac{q}{\pi}\left\{\tan^{-1}\left(\frac{z}{x-B/2}\right) - \tan^{-1}\left(\frac{z}{x+B/2}\right) - \frac{Bz(x^2 - z^2 - B^2/4)}{(x^2 + z^2 - B^2/4)^{2} + B^2 z^2}\right\} \tag{6.19}$$

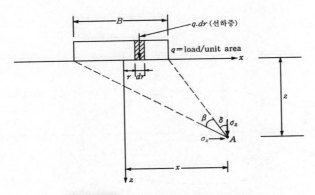

그림 6.16 띠하중에 의한 연직지중응력

$$\sigma_z = \frac{q}{\pi}\{\beta + \sin\beta \cdot \cos(\beta + 2\delta)\} \tag{6.20}$$

여기서, 각 기호의 정의는 그림 6.16 참조.
모든 각도는 radian.

동일한 방법으로 구한 σ_x, τ_{xz}는 식 (6.21), 식 (6.22)와 같다.

$$\sigma_x = \frac{q}{\pi}\{\beta - \sin\beta \cdot \cos(\beta + 2\delta)\} \tag{6.21}$$

$$\tau_{xz} = \frac{q}{\pi}\sin\beta \sin(\beta + 2\delta) \tag{6.22}$$

6.5 원형 등분포하중에 의한 하중중심점에서의 연직지중응력

원형 등분포하중이 작용할 때의 연직지중응력의 설명도는 그림 6.17과 같다. 이 그림에서 $q \cdot r \cdot d\alpha \cdot dr$의 집중하중이 작용할 때의 좌표축 중심위치에서 깊이 z인 곳의 연직지중응력의 증가량 $d\sigma_z$는 식 (6.14)에서부터 식 (6.23)과 같이 된다.

$$d\sigma_z = \frac{3q \cdot r \cdot d\alpha \cdot dr}{2\pi} \cdot \frac{z^3}{(r^2 + z^2)^{5/2}} \tag{6.23}$$

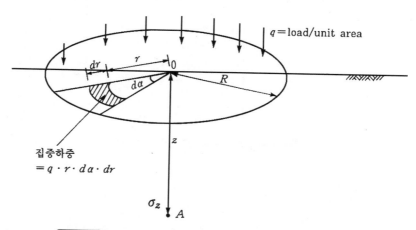

그림 6.17 원형 등분포하중에 의한 연직지중응력(하중중심점 위치)

식 (6.23)을 하중면적에 대해 적분하면 식 (6.24)가 얻어진다.

$$\sigma_z = \int d\sigma_z = \int_{\alpha=0}^{\alpha=2\pi} \int_{r=0}^{r=R} \frac{3q}{2\pi} \cdot \frac{z^3 r}{(r^2+z^2)^{5/2}} dr \cdot d\alpha$$

$$= q\left[1 - \frac{1}{\left\{(R/z)^2+1\right\}^{3/2}}\right]$$

(6.24)

6.6 직사각형 등분포하중에 의한 연직지중응력

직사각형 등분포하중이 작용할 때의 연직지중응력의 설명도는 그림 6.18과 같다. 이 그림에서 $q \cdot dx \cdot dy$ 의 집중하중이 작용할 때의 좌표축 중심위치에서 깊이 z 인 곳(A점)의 연직지중응력의 증가량 $d\sigma_z$ 는 식 (6.14)로부터 식 (6.25)와 같이 된다.

$$d\sigma_z = \frac{3q \cdot dx \cdot dy}{2\pi} \cdot \frac{z^3}{\left\{(x^2+y^2)+z^2\right\}^{5/2}}$$

(6.25)

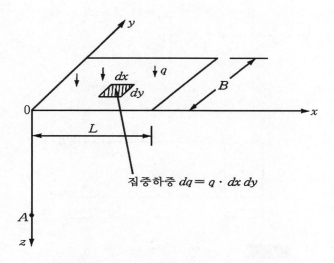

집중하중 $dq = q \cdot dx\,dy$

그림 6.18 직사각형 등분포하중에 의한 연직지중응력

식 (6.25)를 하중면적에 대해 적분하면 식 (6.26)이 얻어진다.

$$\sigma_z = \int d\sigma_x = \int_{y=0}^{B}\int_{x=0}^{L} \frac{3qz^2}{2\pi(x^2+y^2+z^2)^{5/2}}dxdy = I_\sigma q \tag{6.26}$$

여기서,

$$I_\sigma = \frac{1}{4\pi}\left\{\frac{2mn\sqrt{m^2+n^2+1}}{m^2+n^2+m^2n^2+1}\left(\frac{m^2+n^2+2}{m^2+n^2+1}\right) + \tan^{-1}\left(\frac{2mn\sqrt{m^2+n^2+1}}{m^2+n^2-m^2n^2+1}\right)\right\}$$

$$m = \frac{B}{z}, \ n = \frac{L}{z}$$

식 (6.26)의 I_σ는 도표로 구하기도 한다. 이 도표는 NAVFAC DM-7(1982)를 참조하기 바란다. 직사각형 등분포하중의 안이나 밖의 어떤 점에서의 깊이 z인 곳의 연직지중응력은 위의 방법을 응용해서 다음과 같이 구할 수 있다.

6.6.1 구하고자 하는 점의 위치가 직사각형 안에 있을 때

그림 6.19에서 등분포하중 q의 평면형상이 ACDB와 같을 때, O점에서 깊이 z인 곳의 연직지 중응력의 증가량은 식 (6.27)과 같이 구해진다.

$$\sigma_z = q\{I_{\sigma(\square OEAG)} + I_{\sigma(\square OHCE)} + I_{\sigma(\square OFDH)} + I_{\sigma(\square OGBF)}\} \tag{6.27}$$

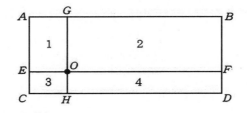

그림 6.19 구하는 점의 위치가 직사각형 안에 있을 때

6.6.2 구하고자 하는 점의 위치가 직사각형 밖에 있을 때

그림 6.20에서 등분포하중 q의 평면형상이 ADCB와 같을 때, O점에서 깊이 z인 곳의 연직지중응력의 증가량은 식 (6.28)과 같이 구해진다.

$$\sigma_z = q\{I_{\sigma(\square OEDH)} - I_{\sigma(\square OEAG)} - I_{\sigma(\square OFCH)} + I_{\sigma(\square OFBG)}\} \tag{6.28}$$

그림 6.20 구하는 점의 위치가 직사각형 밖에 있을 때

6.7 삼각형 분포하중에 의한 지중응력

그림 6.21과 같은 삼각형 분포하중에 의한 지중응력의 증가량은 선하중에 의한 지중응력식을 이용해서 적분하면 구할 수 있다. 그 결과는 식 (6.29)와 같다.

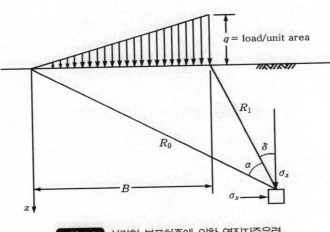

그림 6.21 삼각형 분포하중에 의한 연직지중응력

$$\sigma_z = \frac{q}{2\pi}\left(\frac{2x\alpha}{B} - \sin 2\delta\right)$$

$$\sigma_x = \frac{q}{2\pi}\left(\frac{2x\alpha}{B} + \sin 2\delta - \frac{2z}{B}\cdot \ln\frac{R_0^2}{R_1^2}\right)$$

(6.29)

여기서, $\alpha = \tan^{-1}\left(\dfrac{x}{z}\right) - \tan^{-1}\left(\dfrac{x-B}{z}\right)$, $\delta = \tan^{-1}\left(\dfrac{x-B}{z}\right)$

$R_0 = \sqrt{x^2 + z^2}$, $R_1 = \sqrt{(x-B)^2 + z^2}$, 모든 각도는 radian.

6.8 제방하중에 의한 지중응력

그림 6.22와 같은 제방하중에 의한 지중응력의 증가량은 그림 6.21의 경우와 마찬가지로 선하중에 의한 지중응력식을 이용해서 적분하면 구할 수 있다. 그 결과는 식 (6.30)과 같다.

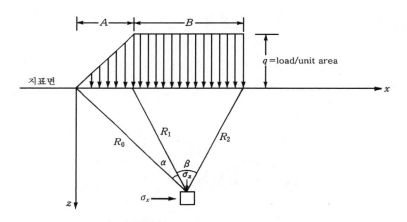

그림 6.22 제방하중에 의한 연직지중응력

$$\sigma_z = \frac{q}{\pi}\left\{\beta + \frac{x\alpha}{A} + \frac{z}{R_2^2}(A+B-x)\right\}$$

$$\sigma_x = \frac{q}{\pi}\left\{\beta + \frac{x\alpha}{A} + \frac{z}{R_2^2}(x-A-B) + \frac{2z}{A}\ln\left(\frac{R_1}{R_0}\right)\right\}$$

(6.30)

여기서, $\alpha = \tan^{-1}\left(\dfrac{x}{z}\right) + \tan^{-1}\left(\dfrac{A-x}{z}\right)$

$\beta = \tan^{-1}\left(\dfrac{A+B-x}{z}\right) - \tan^{-1}\left(\dfrac{A-z}{z}\right)$

$R_0 = \sqrt{x^2 + z^2}$, $R_1 = \sqrt{(A-x)^2 + z^2}$, $R_2 = \sqrt{(A+B-x)^2 + z^2}$

모든 각도는 radian.

오스터베르그(Osterberg, 1957)는 식 (6.30) 중의 연직응력 σ_z를 식 (6.31)과 같이 영향치 (influence factors)를 사용하여 간단히 표현하였다. 여기서, 주의할 점은 σ_z를 구하는 위치가 그림과 같이 제방 내측 끝점 하부라는 것이다.

$$\sigma_z = I_\sigma \cdot q \qquad\qquad (6.31)$$

여기서, I_σ는 영향치로서 그림 6.23의 그래프에서 구한다.

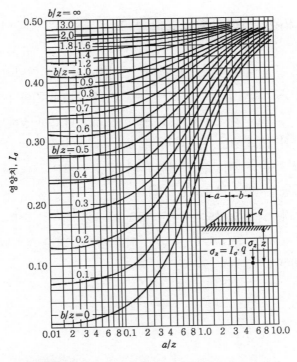

그림 6.23 오스트베르그의 영향치 도표(Osterberg, 1957)

6.9 영향원에 의한 연직지중응력의 산정

뉴마크(Newmark, 1942)는 등분포하중에 의한 연직지중응력을 영향원을 이용하여 기하학적으로 구하는 방법을 제안하였다. 영향원을 이용한 연직지중응력은 식 (6.32)와 같다.

$$\Delta \sigma_z = I_\sigma \cdot n \cdot q \tag{6.32}$$

여기서, I_σ : 영향치

$\quad\quad n$: 영향원 구역수

$\quad\quad q$: 등분포하중

현재 이 방법은 거의 사용되지 않으므로 상세한 설명은 생략한다. 영향원이나 식 (6.32)의 영향치, 구역수 등에 대해서는 문헌(예를 들면, Al-khafaji et al., 1992)을 참조하기 바란다.

6.10 간편법에 의한 연직지중응력의 산정

그림 6.24와 같은 기초에 하중이 주어질 때 연직지중응력은 그림에서와 같이 2:1 분포로 전달된다고 보는 경우가 많다(Bowles, 1996). 이 방법은 간단하지만 응력분포가 그림의 범위 내에서는 일정하고 이 범위 외에는 응력이 분포하지 않는다고 가정하므로, 중앙부에서 크고 가장자리에서 작은 실제분포와는 차이가 있다. 그러나, 계산이 간단하고 이론적 계산결과와 큰 차이가 없으며, 또 여기서 제안된 응력범위 바깥 영역에서는 응력이 크지 않아 생략할 수 있을 정도이므로 실용상 많이 사용되고 있다.

그림 6.24와 같이 직사각형 등분포하중이 작용할 때 모든 깊이에서 증가된 총하중 Q는 동일하므로, 깊이 z에서 $\sigma_v (B+z)(L+Z) = Q$ 가 되어 깊이 z인 곳의 지중응력의 증가량 σ_v는 식 (6.33)과 같이 된다.

$$\sigma_v = \frac{Q}{(B+z)(L+z)} \tag{6.33}$$

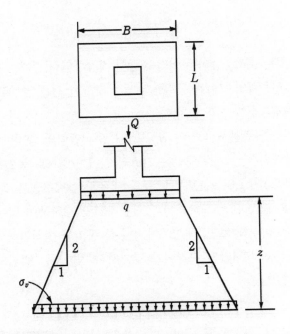

그림 6.24 기초하중이 지반으로 분포되는 형상(2:1 분포법)

식 (6.33)의 경우에 Q를 등분포하중 q로 나타낸다면 $Q = qBL$이므로 식 (6.34)와같이 된다.

$$\sigma_v = \frac{BL}{(B+z)(L+z)}q = \frac{q}{\left(1+\dfrac{z}{B}\right)\left(1+\dfrac{z}{L}\right)} \tag{6.34}$$

그림 6.24에서 L이 대단히 큰 띠기초인 경우에는 단위길이당 하중의 평형조건을 취하면 $\sigma_v(B+z) \times 1 = q \times B \times 1$에서 식 (6.35)가 얻어진다. 또는, 식 (6.34)에서 $L \to \infty$ 일 때와 동일하다.

$$\sigma_v = \frac{B}{B+z}q = \frac{q}{1+\dfrac{z}{B}} \tag{6.35}$$

6.11 압력구근

지표면에 집중하중이든 분포하중이든 어떤 하중이 작용하면 지중에는 응력이 증가한다. 이때 지중에서 증가하는 연직응력의 크기가 동일한 점들을 연결한 선을 압력구근(壓力球根 ; pressure bulb) 또는 등압구근(等壓球根)이라고 한다.

그림 6.25는 q의 띠하중(등분포하중)이 작용할 때, 연직압력의 증가량이 $0.2q$, $0.6q$, $0.8q$인 경우의 압력구근을 나타낸다. 이 압력구근은 기초의 길이 방향으로 동일한 기둥형태를 갖지만, 집중하중, 정사각형분포하중, 원형분포하중 등의 경우의 압력구근은 축대칭 형태를 갖는다.

그림 6.25(b)는 (a)와 동일한 분포하중 q가 작용하지만 재하폭이 작은 경우의 압력구근을 나타낸다. 이 그림들을 비교해 보면, 재하폭이 클수록 동일한 연직압력의 압력구근이 커짐을 알 수 있다. 즉, 지표하중이 전달되는 깊이가 깊어져서 침하되는 범위가 증가하므로 기초의 침하는 증가하게 된다.

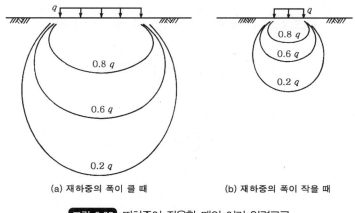

(a) 재하중의 폭이 클 때   (b) 재하중의 폭이 작을 때

그림 6.25 띠하중이 작용할 때의 여러 압력구근

그림 6.26은 그림 6.25(a)에서 연직하중이 $0.2q$인 압력구근을 그리는 방법을 설명한 것이다. 먼저, 지중의 여러 위치(A B, C, D 등)에서의 연직응력 분포를 구하고 여기서 $0.2q$ 되는 지중점을 구해서 서로 연결하면 된다.

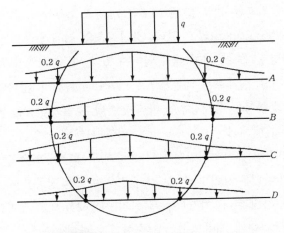

그림 6.26 크기가 $0.2q$인 압력구근의 작도법

6.12 구조물 기초의 접지압

기초의 접지압(接地壓 ; contact pressure) 또는 접촉압력이란 기초저면에 작용하는 지반의 반력을 말하며, 그 분포형상에 영향을 미치는 기초와 지반과의 상대적인 강성(剛性; rigidity)에 관해서 상대강성(relative rigidity)이 정의되어 있고, 장방형기초의 경우에는 식 (6.36)과 같이 주어진다.

$$\sigma_v = \frac{B}{B+z}q = \frac{q}{1+\dfrac{z}{B}} \tag{6.35}$$

여기서, K_r : 상대강성

L : 기초의 길이

H : 기초의 두께

E_p : 기초의 탄성계수

E_s : 지반의 탄성계수

상대강성이 대단히 큰 기초를 강성기초(剛性基礎; rigid foundation), 그렇지 않은 기초를 연성기초(軟性基礎; flexible foundation)라고 한다. 강성기초의 접지압은 탄성학적인 해법에 의해 연속기초, 원형기초, 장방형기초에 대한 해가 얻어져 있다. 이것에 의하면 단부(端部)에서 대단히 큰 접지압을 나타내지만, 실제로는 국부적으로 지반이 항복해서 접지압은 어느 정도 평균화된다. 연성기초의 접지압 분포는 상대강성에 따라 변한다. 등분포하중을 받는 연성의 원형기초 및 연속기초의 접지압에 대해서는 Borowicka에 의한 이론해가 있다.

일반적으로 평균접지압(하중/기초저면적)을 사용하지만 대단히 넓은 구조물기초나 도로포장 등에서 등분포로 보기에는 너무 오차가 클 것 같은 경우는 보다 정확한 기초설계를 위해 이론해를 사용하여 접지압을 구하게 된다. 여기서는 두 가지 이론해에 의한 접지압 분포와 실제기초에서 측정된 접지압 분포에 대해 개략적으로 기술하기로 한다.

6.12.1 이론해 1(지반을 탄성지지점으로 본 접지압)

Euler(Greenberg, 1978)는 그림 6.27과 같이 탄성지지점들로 구성되어 있는 지반 위의 무한보(infinite beam)에 집중하중이 작용할 때의 처짐방정식을 식 (6.37)과 같이 제안했다.

$$EI\frac{d^4u}{dx^4} - Ku = 0 \tag{6.37}$$

여기서, u : 보의 처짐량(m)

EI : 보의 휨강성(flexural rigidity ; $kN \cdot m^2$)

K : 지반반력계수(coefficient of subgrade reaction ; kN/m^3)

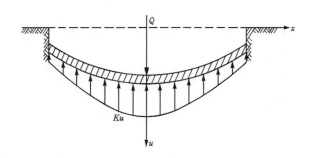

그림 6.27 탄성지반 위에 놓인 보에 집중하중이 작용할 때의 접지압(Ku)

식 (6.37)의 일반해는 식 (6.38)과 같다.

$$u(x) = e^{\beta x}(A \cdot \cos\beta x + B \cdot \sin\beta x) + e^{-\beta x}(C \cdot \cos\beta x + D \cdot \sin\beta x) \tag{6.38}$$

여기서, $\beta = \sqrt[4]{\dfrac{K}{4EI}}$

경계조건

$$\begin{cases} x = \infty \text{일 때 } u = 0 \ \therefore A = B = 0 \\[2mm] x = 0 \text{일 때 } du/dx = 0 \ \therefore C = D, \ \dfrac{d^3u}{dx^3} = -\dfrac{1}{EI} \cdot \dfrac{Q}{2} \text{이므로 } C = D = -\dfrac{Q}{8\beta^3 EI} \end{cases}$$

$$\therefore \ u(x) = C \cdot e^{-\beta x}(\cos\beta x + \sin\beta x) - \dfrac{Q}{8\beta^3 EI} \cdot e^{-\beta x}(\cos\beta x + \sin\beta x) \tag{6.39}$$

〈참고〉 $\dfrac{d^2u}{dx^2} = -\dfrac{M}{EI}, \quad \dfrac{d^3u}{dx^3} = -\dfrac{V}{EI}, \quad \dfrac{d^4u}{dx^4} = \dfrac{q}{EI}$

여기서, M : 휨모멘트, V : 전단력, q : 등분포하중

또, 휨모멘트 M은 식 (6.40)과 같다.

$$M = -EI \cdot \dfrac{d^2u}{dx^2} = \dfrac{Q}{4\beta} \cdot e^{-\beta x}(\sin\beta x + \cos\beta x) \tag{6.40}$$

따라서 하중작용점($x = 0$인 곳)에서의 변위와 휨모멘트는 식 (6.41)과 같이 된다.

$$\begin{cases} \text{변 위 : } u_0 = \dfrac{Q}{8\beta^3 EI} = \dfrac{Q\beta}{2K} \\[3mm] \text{휨모멘트 : } M_0 = \dfrac{Q}{4\beta} \end{cases} \tag{6.41}$$

보의 단면이 $b \times h$인 유한보의 경우에는, $\beta = \sqrt[4]{\dfrac{Kb}{4EI}}$, $I = \dfrac{bh^3}{12}$ 이며, 하중작용점에서의 변위와 휨모멘트는 식 (6.41)과 동일하다.

탄성지반 위에 놓인 보에 등분포하중이 작용하는 그림 6.28의 경우는 식 (6.42)가 성립한다. $p = Ku$는 지반이 보에 미치는 반력이며, 이것이 접지압으로 된다. 또 대단히 연성인(심하게 처지는) 보의 경우에는 식 (6.42)에서 $EI \approx 0$이 되어 $p = Ku = q(x)$로 되고 접지압은 하중강도와 같이 된다. 한편 강성이 대단히 높은 보의 경우에는 $EI \approx \infty$로 되어 $u = $일정으로 부등침하가 발생하지 않으므로 구조물의 안전에 대해 검토할 필요가 없다. 물론 보의 응력을 구하기 위해 접지압을 구하는 노력을 할 필요도 없다. 왜냐하면, 대단히 견고한 보(beam)이므로 하중에 의한 파괴를 생각할 필요가 없기 때문이다. 또 일반 탄소성을 갖는 지반의 경우는 u가 커지면 지반이 파괴를 일으킬 수 있으나 여기서는 탄성지반으로 가정되어 있으므로 지반의 파괴에 대해 고려할 필요가 없다.

$$EI\frac{d^4u}{dx^4} = q(x) - Ku \tag{6.42}$$

여기서, w : 보의 처짐량(m)

EI : 보의 휨강성(kN · m^2)

K : 지반반력계수(kN/m^3)

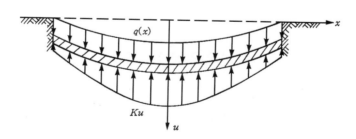

그림 6.28 탄성지반 위에 놓인 보에 등분포하중이 작용할 때의 접지압(Ku)

6.12.2 이론해 2 (부시네스크에 의한 강성기초의 접지압)

부시네스크(Boussinesq)는 지반을 탄성체로 가정하여, 여러 가지 평면형을 가진 강성기초 아래의 접지압(p)을 다음과 같이 제안했다. 그러나 보의 처짐을 구하는 방법을 제안하지는 못했다.

(1) 등분포하중(q)을 받는 띠기초

$$p = \frac{2q}{\pi B} \cdot \frac{1}{\sqrt{1 - \left(\frac{2x}{B}\right)^2}} \tag{6.43}$$

여기서, B : 기초폭,
x : 중심축에서 접지압을 구하려는 위치까지의 거리

(2) 중심에 집중하중(Q)을 받는 원형기초

$$p = \frac{Q}{2\pi R^2} \cdot \frac{1}{\sqrt{1 - \left(\frac{r}{R}\right)^2}} \tag{6.44}$$

여기서, R : 기초의 반경,
r : 원중심에서의 거리

(3) 도심에 집중하중(Q)을 받는 직사각형 기초

$$p = \frac{4Q}{\pi^2 BL} \cdot \frac{1}{\sqrt{\left\{1 - \left(\frac{2x}{B}\right)^2\right\}\left\{1 - \left(\frac{2y}{L}\right)^2\right\}}} \tag{6.45}$$

여기서, B : 기초폭
L : 기초의 길이
$x,\ y$: 접지압을 구하는 점의 도심까지의 거리(종거 및 횡거)

이들의 식에 의하면 어느 경우에도 기초판의 가장자리에서는 접지압이 무한대로 된다. 이것은 현실과 합치되지 않으므로 Ohde는 띠기초에 대하여 가장자리에서 0.07B의 범위는 계산에서 제외하도록 하고, 식 (6.46)을 제안하였다.

$$p = \frac{0.75q}{\sqrt{1 - \left(\dfrac{2x}{B}\right)^2}}$$

(6.46)

식 (6.46)에서 가장자리에서는 값이 무한대이므로, 가장자리에서 0.07B/2 지점에서는 $p = 1.75q$가 되도록 수정하여 제시한 접지압 분포는 그림 6.29와 같다.

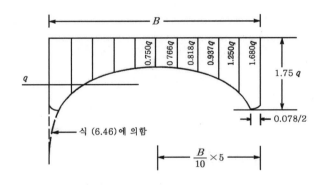

그림 6.29 띠기초의 접지압 분포의 수정(Ohde)

6.12.3 실제의 접지압

접지압 분포가 실제로 기초의 강성이나 근입깊이에 따라 어떻게 변하는가를 점토지반과 모래지반으로 나누어서 나타내면 그림 6.30~그림 6.32와 같다. 앞에서 기술한 바와 같이 실제의 접지압분포는 상대강성 등에 따라 달라지지만 설계 시에는 직선분포로 가정해서 이것을 지반반력에 사용하고, 실제의 접지압분포와의 차이는 안전율로 커버하는 수법이 적용된다.

그림 6.30의 강성기초의 경우, 모래지반에서는 둥근형태의 접지압분포를 보이고 있는데, 이는 모래입자가 점토입자와는 달리 둥그스름한 형태가 많기 때문이라고 기억하면 편리할 것이다(실제로는 입자의 모양과 접지압분포의 형태는 무관하나 이렇게 하면 쉽게 기억할 수 있을 것이라는 뜻). 근입깊이가 있어 기초지반의 변형이 구속되면 그림 6.29와 같이 기초 가장자리의 접지압

이 약간 달라지지만 형태에서의 큰 변화는 없다. 그림 6.29와 그림 6.30을 비교하면 점토지반에서 유사한 형태로서, 모래지반이 점토지반 보다 탄성지반에 가깝다는 일반적인 관념과는 반대라는 점에서 의문이 남는다.

연성기초의 경우는 모래지반이든 점토지반이든 하중이 주어지면 처음에는 강성기초의 접지압 분포와 같이 되나, 곧 접지압(반력)이 작은 부분으로 압력이 집중되어 지반이 압축됨으로서 기초가 휘게 되므로 그림 6.32와 같이 전체적으로 균일한 접지압 분포로 바뀌게 된다. 또한 하중에 따라 기초가 변형하므로 접지압은 하중의 종류(집중하중, 등분포하중)에 무관하게 등분포하게 된다. 이는 식 (6.42)에서, 연성기초의 경우는 $EI \approx 0$이 되어 $p = Ku = q(x)$가 되는 이치와 동일하다.

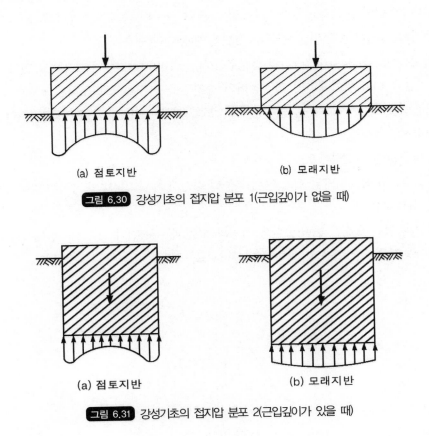

(a) 점토지반   (b) 모래지반

그림 6.30 강성기초의 접지압 분포 1(근입깊이가 없을 때)

(a) 점토지반   (b) 모래지반

그림 6.31 강성기초의 접지압 분포 2(근입깊이가 있을 때)

(a) 점토지반   (b) 모래지반

그림 6.32 연성기초의 접지압 분포

6.13 연습 문제

6.1 최대주응력이 $50\,\text{kN}/\text{m}^2$, 최소주응력이 $20\,\text{kN}/\text{m}^2$인 흙의 요소에서 최대전단응력과 이 응력이 발생하는 면의 방향을 극점법을 이용하여 구하시오.

6.2 지표면에 $20\,\text{m} \times 30\,\text{m}$ 크기의 등분포하중($q = 100\,\text{kN}/\text{m}^2$)이 작용하고 있다. 지표면에서 깊이 10m 위치에서의 연직응력의 증가량을 간편법으로 구하시오.

6.3 극점법을 이용하여 최대주응력면과 θ각도를 이루는 면에서의 수직응력, 전단응력을 유도하시오.

6.4 압력구근을 설명하시오.

6.5 점토지반과 모래지반의 지표면 위에 놓인 강성기초 및 연성기초의 접지압분포의 개략도를 그리시오.

6.6 지중의 어떤 요소의 응력이 다음 그림과 같을 때 수평면과 45° 되는 면에서의 수직응력, 전단응력을 극점법을 이용하여 계산하시오.

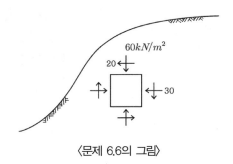

〈문제 6.6의 그림〉

6.14 참고문헌

· Al-khafaji, A.W. and Andersland, O.B.(1992), Geotechnical Engineering and Soil Testing, pp.226-229.

· Boussinesq, J.(1883), Application des Potentials a L'Etude de L'Equilibre dt du Mouvement des Soildes Ekastuques, Gauthier-Villars, Paris.

· Bowles, J.E.(1996), Foundation Analysis and Design, 5th ed., pp.286-287.

· Greenberg, M.D.(1978), "Foundations of applied mathematics", Prentice-Hall Inc., pp.87-88.

· Newmark, N.M.(1942), "Inflence charts for computation of stresses in elastic foundations," University of Illinois Engineering Experiment Station Bulletin, Series, No.338, Vol.61, No.92, Urbana, IL, reprinted 1964.

· Osterberg, J.O.(1957), "Influence charts for computation of stresses in elastic foundations," Proceedings of the Fourth International Conference on Soil Mechanics and Foundation Engineering, London, Vol.1, pp.393-394.

주께서 곤고한 백성은 구원하시고 교만한 자를 살피사 낮추시리이다. 여호와여 주는 나의 등불이시니 여호와께서 나의 어둠을 밝히시리이다.(성경, 사무엘하 22장 28-29절)

제7장

압 밀

제7장 **압 밀**

7.1 침하의 종류

지반이 어떤 원인에 의해 연직방향으로 이동될 때, 즉 연직변위가 발생할 때, 이 연직변위를 침하(settlement)라고 한다. 침하는 발생요인에 따라 표 7.1과 같이 나눌 수 있다.

표 7.1 침하의 분류

대분류	소분류		설명	주된 검토대상 지반	비고
주로 정하중(static load)에 의한 침하	전단 침하	즉시침하 (또는 탄성침하)	재하에 의해 발생하는 지반의 전단변형에 의해 발생. 즉시침하는 탄성적으로 재하순간에 발생하나, 하중을 제거하면 즉시 원상태로 회복된다. 소성침하는 소성적으로 재하순간에 발생하나 하중을 제거해도 원상태로 회복되지 않는다. 점성침하는 시간에 따라 발생한다. 수치해석에 의하지 않고 고전적인 해석적 방법으로 전단침하를 구할 때는 주로 탄성해법을 이용하므로 보통 즉시침하만을 고려대상으로 하게 된다.	모든 종류의 지반	그림 7.1, 표 7.2 참조.
		소성침하			
		점성(전단 크리프) 침하			
	압밀침하 (consolidation settlement)		재하에 의해 발생하는 간극의 감소, 즉 압축(compression)에 의해 발생. 사질토는 재하 후 단기간에, 점성토는 재하 후 장기간에 걸쳐 발생	점성토 지반	
진동이나 함수비 변화에 의한 침하	다짐 (compaction)		입자의 하향 이동에 의해 발생하는 체적감소 현상	사질토 지반	제8장 참조.
하향 침투수에 의한 침하	—		하향 침투에 의해 발생하는 증가유효응력에 의한 재하효과에 의해 발생	모든 지반	침하량이 적으므로 고려하지 않는 경우가 많음.

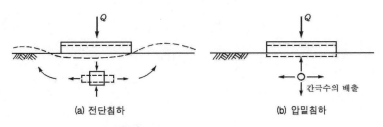

(a) 전단침하   (b) 압밀침하

그림 7.1 정하중에 의한 침하의 원리

정하중에 의한 침하를 흙의 종류별로 나누어 상세히 기술하면 표 7.2와 같다. 본 장에서는 압밀침하를 일으키는 현상인 압밀(consolidation)에 대해 기술하기로 한다.

표 7.2 지반의 종류에 따른 즉시침하 및 압밀침하의 발생 기구

지반의 종류	투수성	즉시침하	압밀침하
조립토 (사질토)	고	재하 즉시 발생 (세립토에 비해 침하량이 작음)	투수성이 높아 간극수의 배출이 빠르므로 재하 후 단기간에 발생 세립토에 비해 상당히 작고 재하 후 단기간에 완료되므로 고려하지 않는 경우도 있음.
세립토 (점성토)	저	재하 즉시 발생	투수성이 낮아 간극수의 배출이 재하 후 장기간에 걸쳐서 발생. 이때 재하에 의해 지반 내에는 과잉간극수압(excess pore water pressure; Δu)이 발생하여 동수경사에 의해 간극수가 이동해서 수압이 낮은 곳으로 배출됨 Δu는 시간의 경과에 따라 서서히 감소해서 압밀완료시 0이 됨(7.2절 참조).

앞에서 기술한 내용을 토대로 지반굴착에 의해 지하수위가 저하될 때 주변지반이 침하하는 이유에 대해 생각해보자. 지하수위 아래에 있던 흙에서 지하수위가 저하되면 간극속에 있던 물이 있다가 없어지므로 자연적으로 간극이 줄어들어 침하가 발생하겠는가? 토질역학을 모르는 사람들은 그렇게 생각할 수도 있지만 토목기술자라면 그렇게 생각해서는 안 된다. 왜냐하면, 간극에 가득 차 있던 물이 없어진다고 해서 토괴(흙입자＋간극)가 압축을 받아 체적이 감소하는 것은 아니며, 흙 개개 입자에 작용하는 압력이 감소된다고 해서 간극을 포함한 토괴의 체적이 감소되는 것도 아니기 때문이다. 그렇다면 그 이유는 무엇인가?

지반이 사질토로 되어 있다면 지하수위 감소로 인해 입자가 하향으로 이동하면서 침하가 발생하는 다짐현상이 발생하게 된다. 그러나 점성토의 경우는 지하수위가 저하되어도 입자가 잘 이동하지 않으므로 다짐현상이 잘 발생하지 않는다. 그러면 점성토지반에 왜 침하가 발생하겠는가? 이유는 간단하다. 부력을 받고 있던 흙입자의 부력이 없어져서 유효단위중량이 수중단위중량에서 습윤단위중량으로 바뀌면서 상당히 증가하기 때문이다. 즉, 지하수위가 저하하면 흙자중이 증가하여 지표면에 추가하중이 작용하는 것과 비슷하게 되므로 압밀침하가 발생하게 된다. 물론 사질토의 경우도 압밀침하가 발생하겠지만 그 양은 미미하고 주로 다짐에 의한

침하가 발생하게 된다. 사질토와 점성토의 중간적인 성질을 갖는 흙은 이 두 현상이 조합되어 침하가 발생하게 될 것이다.

7.2 압밀현상의 발생 기구

압밀을 고려하는 대상지반은 대부분 포화된 점토이므로 여기서도 포화점토지반에 대한 압밀현상의 발생 기구(機構, mechanism)에 대해 기술하기로 한다. 여기서, 점토란 일반적으로 점성토라고 불리는 흙으로, 전기를 띠는 통일분류법 상의 점토를 말한다. 포화토는 물이 배출되지 않는 비배수조건 하, 즉 재하직후에는 외력(Δq)이 변화해도 체적변형은 발생하지 않으므로 유효응력의 원리에 의해서 연직유효응력의 증가량 $\Delta \sigma_v{}' = 0$가 된다. 따라서 $\Delta u = \Delta q$이다. 즉 Δq가 모두 간극수압의 변화량(과잉간극수압)으로 된다. 또, $\Delta \sigma_v{}'$에 따라 발생하게 되는 $\Delta \sigma_h{}'$도 0이 되므로 $\Delta \sigma_h = \Delta u = \Delta q$가 되며 재하순간에는 미처 배수가 발생되지 않으므로 하중을 모두 물이 받게 된다는 것을 의미한다. 즉, $\Delta \sigma_v{}' = \Delta \sigma_h{}' = 0$, $\Delta \sigma_v = \Delta \sigma_h = \Delta u$이다. 외력 변화 후 시간의 경과에 따라 간극수는 배출되어 최종적으로는 $\Delta u = 0$ 및 $\Delta \sigma_v{}' = \Delta q$가 되며, 최종적으로 물이 배출되고 입자간격이 줄어들면 결국 하중을 흙입자가 모두 받게 된다는 뜻이다. 압밀과정에서 $\Delta \sigma_h{}' = K \cdot \Delta \sigma_v{}'$가 되며, 이 식에서 K는 토압계수(또는 측압계수)이고 상세한 정의는 제 10장에서 기술한다. 후술하는 일차원압밀의 경우는 $K = K_0$(정지토압계수)가 된다.

그림 7.2는 측방이 구속된 일차원 또는, K_0(K zero 또는 K naught로 불린다) 상태의 경우에 대해 위의 내용을 설명한 그림이다.

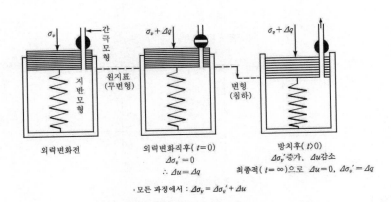

그림 7.2 압밀현상의 발생기구

그림 7.2의 원리를 이용하여, 실제 지반 상에 재하된 경우에 지반깊이에 따라 응력상태가 어떻게 변화하는지를 개략적으로 나타낸 것이 그림 7.3이다. 이런 그림들이 동일 시각에서의 깊이별 응력변화를 나타낸다고 해서 등시곡선(等時曲線; isochrone)이라고 부른다.

그림 7.3(b)에서 양면배수는 상하면(지표면 및 깊이 H 인 곳) 모두 모래와 같이 투수성이 높은 재료로 되어 있는 경우이고 일면배수는 이들 중 한 면만 투수성이 높은 재료인 경우이다. 이 그림에서는 상부가 투수성이 높은 재료가 있을 때에 대한 것을 나타낸다. 하부가 투수성이 높은 일면배수일 경우에는 이 그래프의 상하가 반대로 된다. 어쨌든 투수성이 높은 재료가 있는 곳에서는 재하시간에 관계없이 재하 후 과잉간극수압이 즉시 소산되어 항상 0이 된다.

압밀과정에서는 간극이 줄어들어 입자구조가 변화하게 되는데, 입자구조의 미시적 변화에 대해서는 문헌(風間 등, 1981 ; 日本土質工学会, 1978)을 참조하기 바란다.

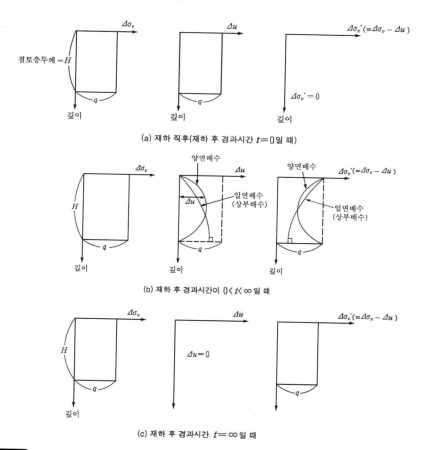

그림 7.3 점토층 표면에 하중강도 q의 반무한등분포하중이 작용할 때의 증가된 지중응력분포

7.3 일차원압밀시험

압밀시험 방법 중 가장 널리 알려진 방법은 테르자기(Terzaghi)가 고안한 일차원압밀시험이다. 이 시험방법은 표준압밀시험으로 알려져 있는데, 근래에는 정변형률압밀시험(CRS ; Constant Ratio of Strain Consolidation Test)도 시간단축 등의 장점이 있어 연구되고 있으나 실용적으로 널리 사용하는 데는 조금 더 시간이 걸릴 것으로 생각된다. 여기서는 테르자기의 일차원압밀시험에 대해서만 기술하기로 한다. 일차원압밀이란 한 방향(연직방향)으로만 변형(압밀침하)이 발생한다고 가정할 때의 압밀이며, 압밀층 두께에 비해 아주 넓은 압밀하중이 분포할 때와 같이 하중 가장자리에서의 삼차원변형의 영향은 무시할 수 있을 정도인 경우에 일차원압밀로 가정하게 된다. 테르자기가 일차원압밀에 대한 시험방법과 이론을 정립했으며, 현장조건이 일차원 압밀이론을 적용하기에는 오차가 클 것으로 예상될 경우에 대비한 이차원, 삼차원압밀해석법도 제안되어 있으나 적용이론이 복잡하여 어느 정도의 오차가 포함되는 것을 각오하고라도 실용적으로는 대부분 일차원압밀시험과 이론을 사용하여 압밀침하를 해석하고 있다.

7.3.1 시험 방법

일차원압밀시험기(consolidometer)는 그림 7.4와 같으며, 오에도미터(oedometer)라고도 한다.

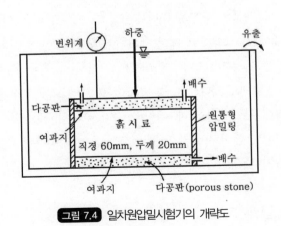

그림 7.4 일차원압밀시험기의 개략도

KS F 2316(2002년)에 의한 개략적인 시험순서는 다음과 같다.

(1) 성형된 시료의 중량(W)을 측정하고 체적(V)을 계산한다. 체적은 시료의 직경과 두께가

정해져 있으므로 간단히 계산된다.

(2) 압밀압력의 범위는 $10{\sim}1600\,kN/m^2$을 표준으로 하며, 압밀압력증분비[하중 증분비(LIR; Load Increment Ratio)라고 함]가 1, 즉 $\Delta\sigma_v/\sigma_v = 1$이 되도록 8단계의 재하(loading)를 한다. 저자의 의견으로는 하중단계를 $10\,kN/m^2$, $20\,kN/m^2$, $40\,kN/m^2$, $80\,kN/m^2$, $160\,kN/m^2$, $320\,kN/m^2$, $640\,kN/m^2$, $1280\,kN/m^2$로 하는 것이 좋을 것으로 생각한다. 각 재하단계에서 24시간(재하 후 3s, 6s, 9s, 12s, 18s, 30s, 42s, 1min, 1.5min, 2min, 3min, 5min, 7min, 10min, 15min, 20min, 30min, 40min, 1h, 1.5h, 2h, 3h, 6h, 12h, 24h)동 안 침하량을 측정한다.

(3) 제하(除荷 ; unloading), 재재하(再裁荷 ; reloading) 과정의 데이터가 필요한 경우에는 위의 방법을 준용하여 시험한다. 제하 단계에서는 팽창이 완료될때까지 기다렸다가 팽창량을 측정한다.

(4) 시험 후 시료를 건조시켜 건조중량(W_s)을 측정한다.

(5) 각종 그래프를 그려서 압밀과 관련된 토질정수들을 구한다.

여기서, 한 가지 첨언하고 싶은 것은, 재하나 제하 단계를 표준압밀시험에서 정한대로 모두 적용할 시간적 여유가 없어 부득이 재하단계를 줄여야 할 때는, 현장에서의 압밀압력을 감안해서 최초($10\,kN/m^2$)나 최종($1,280\,kN/m^2$) 재하단계를 생략하는 편이 나을 것이다.

시험결과를 정리해서 그래프의 경향을 나타내는데 별 문제가 없을 때는 최초나 최종단계를 더 생략할 수도 있을 것이다. 그렇다고 해서 재하단계를 건너 뛰어 $10\,kN/m^2$, $40\,kN/m^2$ ··· 등으로 하는 것은 압밀압력증분비(LIR)가 달라지므로 피해야 한다. 왜냐하면 LIR이 달라지면 각종 압밀정수도 달라지기 때문이다(7.3.4절 참조). 여기서 그래프의 경향을 나타내는데 별 문제가 없다는 것은 그래프를 연결할 때 데이터 수가 부족하지는 않아서 별 어려움이나 큰 오차가 없다는 것을 뜻한다. 데이터 수가 너무 적으면 초기 곡선부나 후기 직선부를 원활하게 그리기가 어려울 수 있기 때문이다.

7.3.2 간극비∼압력 관계 도표

압밀시험 결과 얻어진, 압밀압력(σ_v)과 압밀완료 시(재하 후 24시간 경과 시)의 시료의 간극비(e)의 관계를 그리면 그림 7.5와 같으며, 이 그림의 횡축을 상용대수(log)로 취하면, 곡선이 그림 7.6과 같이 직선화되어 앞으로의 계산이 편리하게 된다.

시험에서의 압밀압력은 외력이므로 σ_v와 같이 연직전응력으로 표시하지만, 시료의 체적변형률이나 간극비는 시료에 작용하는 연직유효응력($\sigma_v{}'$)과 관련되므로 그림 7.5 및 그림 7.6에서 유효응력으로 나타낸 것이다. 연직유효응력은 유효압밀압력이라고 부르는 것이 일반적이다. 이들 그래프에서의 $\sigma_v{}'$는 압밀이 완료되었을 때의 유효압밀압력을 나타내므로 주어진 압밀압력의 크기(σ_v)와 동일한 값이다. 압밀이 완료되지 않는 압밀과정에서도 이들 그림의 관계가 성립하지만 그때의 유효압밀압력은 알 수 없으므로 유효압밀압력이 시료에 가한 압밀압력(연직전응력)과 동일하게 되는 때(압밀완료 시)의 관계를 이용하여 관계곡선을 그린다.

모래는 압밀압력이 가해져도 초기간극비가 별로 변하지 않으나, 점토는 유효압밀압력과 간극비가 항상 일정한 관계(그림 7.5 참조)를 갖는다. 그래서 동일한 구성의 자연퇴적지반에서 모래는 퇴적시의 환경에 따라 깊은 곳의 간극비가 클 수 있지만 점토는 반드시 연직유효응력이 큰 깊은 곳의 간극비가 작다는 것을 기억해서 깊이에 따른 초기간극비 값을 정리할 때 오류가 없도록 해야 할 것이다(그림 7.7 참조).

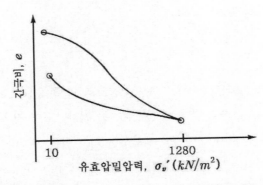

그림 7.5 유효압밀압력($\sigma_v{}'$)에 따른 간극비의 변화(압밀시험 결과)

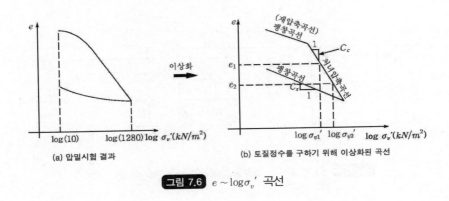

그림 7.6 $e \sim \log \sigma_v{}'$ 곡선

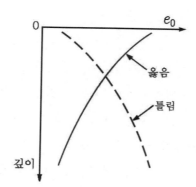

그림 7.7 동일한 구성의 점토지반의 깊이에 따른 초기간극비(e_0) 추이

그림 7.6에서 처녀압축곡선의 기울기 C_c는 압축지수(compression index)라고 불리며, 식 (7.1)과 같이 정의된다.

$$C_c = \frac{e_1 - e_2}{\log\sigma_{v2}' - \log\sigma_{v1}'} = \frac{\triangle e}{\log\dfrac{\sigma_{v2}'}{\sigma_{v1}'}} \tag{7.1}$$

그림 7.6(b)의 팽창곡선은 과압밀점토(7.3.3절 참조)의 압축곡선으로서 이 곡선의 기울기는 팽창지수(C_s ; swelling index)라고 한다. 각종 정수 중 첨자가 c인 것은 대개 지수라고 불린다. 이것은 this, that 등과 같은 「지시」대명사를 생각하면 잊지 않을 것이다. 즉, 「지수는 시(c)이다」 라고 기억하기 바란다. 이와는 달리 첨자 v가 붙으면 주로 계수라고 불린다. 예를 들면, 후술할 c_v는 압밀계수이다. 그림 7.6에 있는 각 압밀압력에서의 압밀완료시의 간극비 e는 식 (7.2)에서 구해지며 각 기호의 설명도는 그림 7.8과 같다.

그림 7.8 첫 압밀단계($10\,\mathrm{kN/m^2}$)에서의 시료 높이의 변화 개념도

$$e = \frac{V_v}{V_s} = \frac{A \cdot H_v}{A \cdot H_s} = \frac{H_v}{H_s} = \frac{H - H_s}{H_s} = \frac{H}{H_s} - 1 \tag{7.2}$$

여기서, H : 각 압밀단계에서 시료 높이

$\quad\quad H_s$: $\dfrac{V_s}{A} = \dfrac{W_s}{G_s \gamma_w}/A = \dfrac{W_s}{A G_s \gamma_w}$

$\quad\quad A$: 시료 단면적

$\quad\quad W_s$: 시험완료 후 측정된 건조시료 무게

식 (7.2)에 의해 구해진 각 압밀단계 완료시점에서의 간극비는 다음과 같다.

$$e_0 = \frac{H_0}{H_s} - 1 \,(\text{재하 전 초기단계})$$

$$e_1 = \frac{H_1}{H_s} - 1 \,(10\,\text{kN/m}^2 \text{ 압밀 완료 후})$$

· · · · · · · · ·

스켐프톤(Skempton, 1944)의 실험에 의하면 액성한계(w_L)와 압축지수(C_c)의 관계는 식 (7.3), 식 (7.4)와 같다. 이들 식에서 교란되면 C_c가 감소하는 것을 알 수 있다(교란의 영향에 대해서는 7.3.4절 참조). 0.009와 0.007이 혼동이 될 때는 007(제임스 본드)이 총 들고 오면 엉망으로 교란된다고 기억하면 될 것이다. 식 (7.4)에서 점토가 최대로 교란(완전히 재성형)될 때의 압축지수는 불교란 시의 0.77배가 되므로 교란의 정도에 따라 0.77~1.0배까지의 범위에 있게 된다. 때때로 교란시료(disturbed sample)는 흐트러진 시료, 불교란시료(undisturbed sample)는 비교란시료라고도 불린다. 또 식 (7.4)의 재성형시료(remolded sample)는 되비빔시료라고도 한다.

불교란시료 : $C_c = 0.009\,(w_L - 10)$ $\tag{7.3}$

교란(재성형)시료: $C_c' = 0.77 C_c = 0.007\,(w_L - 10)$ $\tag{7.4}$

팽창지수(C_s)는 압축지수(C_c)보다 작으며, 대부분의 경우 식 (7.5)의 범위 내에 있다.

$$C_s \fallingdotseq \left(\frac{1}{5} \sim \frac{1}{10} \right) C_c \qquad (7.5)$$

7.3.3 압밀상태에 따른 성질

점토의 공학적 성질이 흙의 종류에 따라 다른 것은 당연하지만, 동일한 점토로 된 지반에서도 압밀의 상태가 다르면 그 공학적 성질이 달라진다. 여기서, 흙의 종류가 같다는 것은 통일분류법 등 공학적 분류에서 동일하게 분류되고, 생성환경이 유사하다는 것을 의미한다. 아래에 압밀상태에 대한 용어나 그에 따른 역학적 특성 등에 대해 기술하기로 한다.

(1) 선행압밀압력, 압밀항복응력

선행압밀압력(preconsolidation pressure) 또는 선행압밀응력(preconsolidation stress)은 현재를 포함해서 과거에 받았던 연직유효응력 중 최대값을 말한다. 시료를 채취한 지점에서의 선행압밀압력($\sigma_{vp}{}'$)을 압밀시험결과를 이용해서 구하는 방법으로는 그림 7.9의 카사그란데(Casagrande, 1936)법이 널리 이용되고 있으며, 다음과 같은 순서로 구하게 된다.

① $e \sim \log\sigma_v{}'$ 곡선의 최대곡률을 나타내는 점, 즉 가장 심하게 꺾이는 점 a를 통하는 수평선과 압축곡선의 접선을 그어 그 두 직선이 이루는 각의 2등분선 ab를 만든다.
② 압축곡선의 직선부분을 연장해서 직선 ab와의 교점 c를 구하고 그 횡좌표 $\sigma_{vp}{}'$를 선행압밀압력으로 한다.

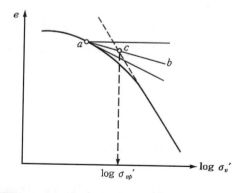

그림 7.9 카사그란데 방법에 의한 선행압밀압력($\sigma_{vp}{}'$)의 결정

그런데, 카사그란데방법은 e의 스케일을 취하는데 따라 $\sigma_{vp}{}'$값이 그림 7.10과 같이 변화하므로 한결같은 결정법은 아니라고 지적되었다. 일본의 압밀시험방법의 기준(日本土質工學會, 1990)에서는, 같은 데이터에서 가급적 동일한 결과를 얻을 수 있도록, 편대수지(1사이클의 길이 6.25cm)에서, $\Delta e = 0.1$이 $0.5{\sim}1.5$cm가 되는 스케일을 사용하도록 하고 있다.

위에서 기술한 카사그란데 방법에 의해 구한 선행압밀압력은 엄밀한 의미에서는 선행압밀압력이 아니고 압밀항복응력(consolidation yield stress)이다. 압밀항복응력은 그림 7.6과 같이 압축곡선의 기울기가 변화하는 점, 즉 팽창곡선에서 처녀압축곡선으로 변하는 점이고, 선행압밀압력은 과거에 받았던 최대연직유효응력을 의미한다. 카사그란데법이 제안된 시기에는 이들이 동일한 의미로 사용되었지만 여러 연구를 거쳐 명확히 구별되게 되었다. 그러나 실용상 큰 문제가 없을 정도이므로 일반적으로 카사그란데법으로 구한 값을 선행압밀압력으로 하고 있다.

압밀항복응력($\sigma_{vy}{}'$)은 선행압밀압력($\sigma_{vp}{}'$)의 경우와 마찬가지로 주로 점토의 변형률 경화현상에 의해서 생기지만 이들 두 가지에 차이가 생기는 원인은 시멘테이션효과(cementation effect)나 경시효과(經時效果 ; aging effect) 등이다. 실제로 지질학적 연대를 경과한 지반에 있어서 점토의 압밀항복응력은 그림 7.11과 같이 선행압밀압력보다 크게 되는 경우가 종종 있다. 레오나즈 등(Leonards, 1964)은 정규압밀점토를 재하하여 수십일간 방치시켰을 때 압밀항복응력이 선행압밀압력보다 확실히 크게 되었다고 보고하고 이것을 의사선행압밀응력(擬似先行壓密応力 ; pseudo(quasi)-preconsolidation stress)이라 불렀다. 또 크로우포드(Crawford, 1964)도 압밀항복응력은 어느 상태의 점토에 대해서 유일하지 않고 재하시간(표준압밀시험에서는 24시간)에 따라 변하는 것을 발견했다(그림 7.12 참조). 그리고 시멘테이션효과나 경시효과를 가진 점토는 정규압밀점토라고 해도 그 압축특성은 과압밀점토((2)항에서 기술)와 동일하므로 의사과압밀점토라고 부르거나 그냥 과압밀점토로 취급한다.

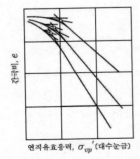

그림 7.10 e의 스케일을 여러 가지로 할 경우의 카사그란데법에 의한 $\sigma_{vp}{}'$(最上, 1969)

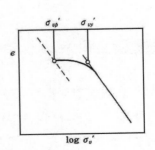

그림 7.11 압밀항복응력과 선행압밀압력

그림 7.12에서 일차압밀 종료시는 재하 후 과잉간극수압＝0가 될 때를 의미하며, 표준압밀시험에서의 재하시간인 24시간보다 훨씬 일찍 생긴다.

항복응력에 대한 경시효과를 베럼(Bjerrum, 1967)은 다음과 같이 설명했다. 점토는 새로 압축응력을 가하면 흙입자의 배치, 즉 골조구조를 변화시켜 일단 이것에 저항하지만 일차압밀이 완료된 후에도 압축응력이 그대로 유지되면 골조구조는 압축에 따라, 보다 저항력이 있는 형태로 천천히 변한다. 전자의 일차압밀에 의한 압축을 순시압축(瞬時壓縮), 후자의 이차압밀에 의한 압축을 지연압축(遲延壓縮)이라 한다. 여기서, 일차압밀이란 압밀압력 증가로 인해 발생한 과잉간극수압이 완전히 소산될 때까지의 압밀을 말하며, 이때 이론적으로 압밀이 완료되었다고 한다. 그러나 이 이후에도 일차압밀보다는 적지만 영구히 지속적으로 압밀이 진행되는데 이를 이차압밀이라고 한다. 이에 대해서는 7.4.2절에서 상술하기로 한다.

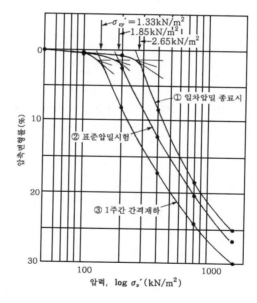

그림 7.12 압축곡선에 미치는 재하시간의 영향(특히 압밀항복응력의 변화)(Crawford, 1964)

그림 7.13의 정규압밀점토의 등시(等時; 동일 시간대)압축곡선군 중에 제일 우측 끝선은 순시압축만에 의한 것으로 본다. 정규압밀점토에 압축력을 가하면 일단 순시압축곡선에 따라서 AB로 압축되지만 어느 응력 σ_{v0}'를 지속하면 BC선을 따라서 지연압축이 진행된다. 그 진행속도는 시간이 경과함에 따라 작아지며, 예를 들어 10,000년을 경과하면 C점에 이른다. BC의 과정에서 점토의 골조구조는 재조정되고 점토는 강도가 증가하여 압축성이 감소한다. 이 상태의 점토

에 다시 압축력을 가하면 작은 압축변형률에서 순시압축곡선 상의 D점에 도달하고 그 후 급격히 압축변형률을 증가시켜 순시압축과정으로 이른다. 이 압축곡선의 굴곡점 D에서의 응력이 압밀 항복응력 $\sigma_{vy}{}'$이고 $\sigma_{v0}{}'$(선행압밀압력)와 $\sigma_{vy}{}'$(압밀항복응력)의 차는 경과시간이 길수록 크다. 다음에 E점까지 압축응력을 증가시킨 곳에서 제하하고 다시 재압축하면 E→F→G 과정으로 이른다. 이 재압축곡선의 항복응력은 선행압밀압력(E점의 응력)과 같으며, 이는 경시효과를 받지 않기 때문이다.

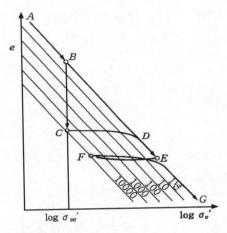

그림 7.13 점토의 압축과 경시효과(등시압축곡선들)

이상의 논의에서 지질학적으로 어린 정규압밀점토의 압밀항복응력은 선행압밀압력과 거의 동일한데 비하여 지질학적으로 오래된 정규압밀점토의 압밀항복응력은 선행압밀압력보다 크다 는 것을 알 수 있다. 그리고 지연압축의 시간과정은 압축응력에 관계없으므로 등시압축곡선군 은 서로 평행하게 된다.

(2) 과압밀비

정규압밀점토(normally consolidated clay)는 현재의 연직유효응력이 선행압밀압력과 동일한 응력상태에 있는 점토를 말하며, 과압밀점토(overconsolidated clay)는 현재의 연직유효응력이 선행압밀압력보다 작은 응력상태에 있는 점토를 말한다.

예를 들면, 오랜 세월에 걸쳐 퇴적된 지반 내의 점토는 정규압밀점토이며, 정규압밀점토가 굴착되거나 침식되어 제하(unloading)되면 과압밀점토가 된다. 빙하기에 있던 얼음이 녹아 지반하중이 감소되어 생긴 과압밀 점토도 많이 있다. 주의할 것은, 정규압밀점토지반의 지표에 자동차와 같은 하중이 순간적으로 지나갔다면 압밀이 진행되지 않아 점토층의 연직유효응력의 증가는 없으므로 이때는 과압밀점토가 아닌 정규압밀점토가 된다.

과압밀점토의 압축거동은 그림 7.6의 팽창곡선 상에 있게 되며, 팽창곡선 상의 응력은 재하, 제하 과정에 관계없이 일정하다. 처녀압축곡선상의 응력은 재하시는 처녀압축곡선 상을 움직이나 제하시는 그 제하점의 응력을 선행압밀압력으로 하는 팽창곡선 상을 움직이게 된다. 즉, 과압밀점토는 그 거동이 가역적이나 정규압밀점토는 비가역적이라고 할 수 있다. 팽창곡선의 과압밀 정도를 나타내는 정수에 식 (7.6)과 같이 정의되는 과압밀비(OCR ; overconsolidation ratio)가 사용된다. 정규압밀점토는 $OCR = 1$, 과압밀점토는 $OCR > 1$이다.

$$\text{과압밀비 } OCR = \frac{\text{선행압밀압력}}{\text{현재의 연직유효응력}} = \frac{\sigma_{vp}{}'}{\sigma_v{}'} \tag{7.6}$$

여기서, 첨자 v : vertical stress

$\qquad\quad\ p$: preconsolidation stress

홀츠 등(Holtz et al., 1981)은 OCR에 대해서, 정규압밀점토는 $OCR = 1$, 과압밀점토는 $OCR > 1$, 압밀이 진행중인(underconsolidated) 경우는 $OCR < 1$이라고 하였다. 학자에 따라서는 $OCR < 1$에 대해서 미압밀(未壓密)이라는 용어를 사용하는 경우도 있다. 그러나 대부분의 학자들은 $OCR < 1$이라는 표현을 사용하지 않는다. 저자도 $OCR < 1$이란 표현은 적절하지 않다고 본다. 왜냐하면, 식 (7.6)의 분모가 현재의 연직유효응력이므로 압밀이 진행 중인 경우라도 현재의 연직유효응력이 선행압밀압력과 같아져서 $OCR = 1$이 되기 때문이다. 따라서 $OCR = 1$(정규압밀)인 경우는 다음의 두 가지로 나누어서 생각해야 할 것이다. 다만, 이 방법은 저자의 주관적인 제안이므로 적용여부에 대해서는 독자들의 판단에 맡긴다. 현재까지 과압밀점토는, 팽창중인 경우는 생각하지 않고 팽창 완료된 상태만을 대상으로 하고 있으며, 본 책도 이 경우에 한한다.

① 현재의 연직유효응력($\sigma_v{}'$) = 최대연직유효응력(압밀 완료시의 연직유효응력, $\sigma_{vmax}{}'$)인 경우로서 $OCR = 1$로 나타냄

② $\sigma_v{}' < \sigma_{vmax}{}'$인 경우로서 압밀도 $(U) = \sigma_v{}'/\sigma_{vmax}{}'$로 나타냄

위에서 기술한 내용으로 압밀상태를 구분한 예를 들면 표 7.3 및 그림 7.14와 같다.

표 7.3 압밀상태에 따른 *OCR* 및 *U*(압밀도)의 표시 예

시료채취 깊이	압밀상태 구분	
	U(압밀도)	*OCR*
a	0.7	
b		1.0
c	0.8	
d		1.5

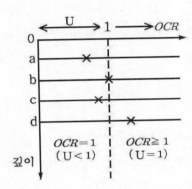

그림 7.14 표 7.3의 그래프 표기 방법 예

7.3.4 간극비~압력 관계에 영향을 미치는 기타 요인들

제4기(Quaternary period))는 지질연대 중 가장 새로운 시대로서 인류역사의 시작(약 200만년 전)에서 현재까지를 의미한다. 제4기는 경신세(更新世 ; Pleistocene) 또는 홍적세(洪積世 ; Diluvium, Diluvial age)와, 완신세(完新世 ; Holocene epoch) 또는 충적세(沖積世 ; Alluvium) 또는 현세(現世 ; Recent)로 2분된다. 제4기에 퇴적한 지층을 제4기층(Quaternary deposit)라고 부르는데, 홍적대지(洪積臺地)를 만드는 지층, 단구(段丘)퇴적물, 롬층, 충적평야를 만드는 지층 등은 그것에 포함된다. 홍적세에 퇴적한 지층을 홍적층(diluvial deposit), 충적세에 퇴적한 지층을 충적층(alluvial deposit)이라고 한다. 홍적층과 충적층의 영어표기 혼동을 피하기 위해 다음 과 같이 기억하면 좋을 것이다. 즉, 충적층은 오래되지 않은 어린 층이므로 알라('아기'의 경상도 사투리)이다(알라는 alluvial의 초기발음과 비슷).

충적층은 약 1만년 전~현재까지 퇴적된 흙으로, 연약하며 함수비와 압축성이 높다. 일본의

경우 대도시의 많은 부분의 지반이 충적층으로 되어 있다. 홍적층은 1만년 이전에 퇴적된 흙으로 견고하며 압축성이 낮고 경시효과(aging effect ; 지질학에서는 속성작용(續成作用 ; diagenesis)이라고 부름)에 의한 과압밀성을 갖고 있다. 경시효과는 때때로 연대효과나 시간효과 등으로 불리기도 한다.

압밀시험에서 구할 수 있는 압밀항복응력($\sigma_{vy}{}'$)은 퇴적연대가 비교적 최근인 충적점토(alluvial clay)에서는 선행압밀압력($\sigma_{vp}{}'$)과 같지만, 오래된 홍적점토(diluvial clay) 등에서는 지연압축(遲延壓縮 ; delayed compression)이나 시멘테이션(cementation) 등의 경시효과 때문에, 선행압밀압력보다 큰 값이 되는 일이 많다(의사과압밀). 압밀시험에서도 압밀시간을 길게 하면 지연압축(이차압밀) 때문에 동일 연직유효응력에 대해 간극비가 감소하여 $\sigma_{vy}{}'$도 감소하게 된다. 또, $\sigma_{vy}{}'$는 압밀압력증분비($\Delta\sigma_v{}'/\sigma_v{}'$)에 따라서도 달라지며, 시료채취(sampling) 시의 교란에 의해서 저하한다.

(1) 교란의 영향

정규압밀점토를 교란하면 그림 7.15와 같이 전기력을 상실하여 구조가 저위화(低位化 ; 높이가 낮아짐) 되므로 지금까지 골조가 부담하고 있는 응력의 일부를 간극수에 전가하여 압밀이 생긴다. 당연한 말이지만 교란되어 저위화된 점토는 투수성과 압축성이 감소되고 압축지수도 낮아진다. 얼핏 생각하면, 교란되면 더욱 압축되기 쉬울 것 같으나, 점토구조의 특성상 압축량이 감소하게 된다.

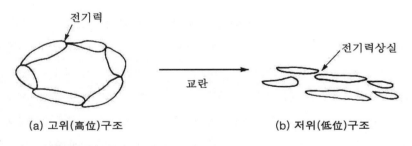

(a) 고위(高位)구조   (b) 저위(低位)구조

그림 7.15 점토의 교란으로 인한 전기력 상실과 저위화에 대한 개략도

이렇게 압축성이 낮아지면 전단강도가 증가되는 것처럼 오해할 수도 있지만 실제로는 전기력의 상실로 전단강도도 감소하게 된다. 그러나 교란된 후 시간이 경과함에 따라 전기력이 회복되

면서 입자구조가 고위구조로 복원되며 이때 전단강도도 어느 정도 회복되게 되는데 이 현상을 틱소트로피(thixotropy)라고 한다(이에 대해서는 9.3.7절 참조).

교란의 과정을 유효응력 이력으로 모식화한 것이 그림 7.16이다. 이 그림에서 a→b는 정규압밀과정, b→c는 교란에 의해서 간극비가 일정한 채로 구조가 저위화되고자 하지만 즉시 되지는 않아 간극수압이 발생하여 연직유효응력이 감소하는 과정, 그리고 c→d는 저위화 과정에서 발생한 간극수압이 소산하고, 이로 인해 발생하는 압밀과정이다. 이 때문에 골조구조의 교란은 점토의 압축곡선의 경사도를 완만하게 하여 압축성을 감소시킨다.

그림 7.17은 교란에 따른 압축곡선의 변화를 나타낸 것으로 ①은 불교란시료, ②~④는 중간 정도의 교란시료, ⑤는 완전교란(재성형)시료에 대한 압축곡선이다. 교란에 의해서 압밀항복응력 σ_{vy}' 나 압축지수 C_c 가 크게 변하고 동일 연직유효응력에서 간극비가 감소하는 것을 알 수 있다. 또, 압축압력이 증가함에 따라 각 압축곡선은 서서히 접근하게 되며, 이것은 당초 불교란 상태(고위구조)였던 시료도 압축변형이 크게 됨에 따라 서서히 교란(저위화)되고 완전교란(저위구조)시료와 동일한 상태로 되는 것을 나타내고 있다. 참고로, 식 (7.3), 식 (7.4)에서 알 수 있듯이, 스켐프톤이 사용한 점토시료의 경우, 최대로 교란될 경우(재성형 시)의 압축지수는 최하 불교란 시의 0.77배로 감소된다는 것을 첨언해 둔다.

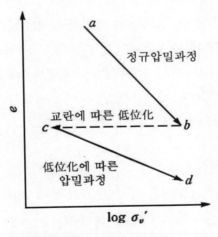

그림 7.16 교란에 따른 정규압밀점토의 압축

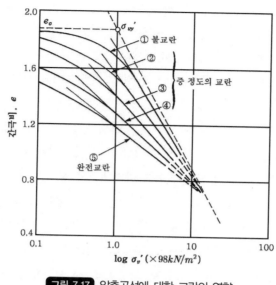

그림 7.17 압축곡선에 대한 교란의 영향

쉬메르트만(Schmertmann, 1953, 1955)은 그림 7.17의 교란도가 다른 여러 압축곡선이 $0.42e_0$ (e_0는 지중에서의 초기간극비)에서 거의 한 점에서 만난다는 것을 실험으로 증명했다. 보다 정확히는, 교란이 적은 경우에는 $(0.4 \sim 0.46)e_0$, 교란이 심한 경우까지 포함하면 $(0.36 \sim 0.6)e_0$ 로서 평균하면 $0.42e_0$가 되었다(e_0를 구하는 방법에 대해서는 7.4.3절 참조). 쉬메르트만은 압밀시험용 불교란시료라 할지라도 시료채취 및 시료성형 과정에서 발생하는 교란은 피할 수 없으므로 시험시의 불교란시료에 대한 압축곡선을 수정해서 현장지반 내에서의 완전불교란시료에대한 압축곡선을 그림 7.18과 같이 제안했다. 이 그림에서 정규압밀 및 과압밀 점토에 대한 작도과정을 간략히 기술하면 다음과 같다.

- 정규압밀점토의 경우(그림 7.18a)
① 물리시험으로 구한 초기간극비(e_0)와 카사그란데법에 의해 구한 선행압밀압력(σ_{vp}')의 관계점 1을 찾는다(e_0를 구하는 방법에 대해서는 7.4.3절에서 기술).
② 처녀압축곡선 L을 아래로 연장하여 $0.42e_0$ 위치의 점 2를 찾는다.
③ 점 1과 2를 연결하는 선을 긋는다. 이 선이 구하고자 하는 현장압축곡선 F이다.

- 과압밀점토의 경우(그림 7.18b)

① 물리시험으로 구한 초기간극비(e_0)와 유효토피압(σ_{ob}')의 관계점 1을 찾는다. 여기서, 유효토피압(effective overburden pressure)이란 흙의 유효자중으로 계산된 압력으로, 재하에 의한 압밀이 완료된 정규압밀점토나 제하에 의한 팽창이 완료된 과압밀점토에서는 「유효토피압 = 연직유효응력(유효압밀압력)」이지만, 압밀이 완료되지 않은 정규압밀점토는 「유효토피압〉연직유효응력」이고 팽창이 완료되지 않은 과압밀점토는 「유효토피압〈연직유효응력」이 된다. 그림 7.18(b)는 팽창이 완료된 경우만을 나타내며, 팽창중인 경우는 제시하지 않았다.

② 점 1에서 시험에서 구한 팽창곡선의 기울기 C_s와 동일한 기울기로 선을 그어 점 2를 찾는다. 점 2는 카사그란데법에 의해 구한 선행압밀압력(σ_{vp}')의 응력위치이다.

③ 처녀압축곡선 L을 아래로 연장하여 $0.42e_0$ 위치의 점 3을 찾는다.

④ 점 2와 점 3을 연결한다. 점 1, 점 2를 연결한 선이 현장압축곡선 중 팽창곡선, 점 2, 점 3을 연결한 선이 처녀압축곡선이 된다.

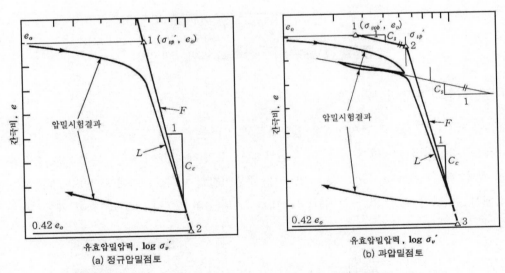

그림 7.18 쉬메르트만(Schmertmann, 1953, 1955)에 의한 현장압축곡선의 추정법

(2) 압밀압력증분비의 영향

압밀시험 시의 압밀압력증분비($\Delta \sigma_v'/\sigma_v'$)의 크기에 따라서도 그림 7.19와 같이 압축곡선의
형태와 기울기가 변한다. 참고로, 표준압밀시험에서는 $\Delta \sigma_v'/\sigma_v' = 1$이다. 압밀압력증분비는
하중증분비(Load Increment Ratio ; LIR)라고 불리기도 한다. 그림 7.19에서 LIR이 클수록 동일
연직유효압력에서의 간극비가 작다는 것을 알 수 있다. 따라서 특별한 연구목적을 제외하고는
표준압밀시험에서 LIR = 1로 시험하여야 한다.

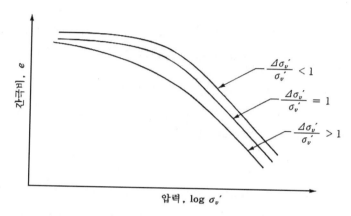

그림 7.19 압축곡선에 대한 압밀압력증분비의 영향

(3) 압밀시험기 주면마찰의 영향

표준압밀시험은 시료의 측방변형을 압밀시료상자인 금속링으로 구속하므로 링의 내벽과 시
료 사이에 마찰력이 발생하게 된다. 이 주면마찰력으로 인해 시료에 전달되는 압밀압력이 감소
하게 된다. 테일러(Tayler, 1942 ; 最上, 1969)는 주면마찰력이 시료단면에 균일하게 분포한다고
가정해서 주면마찰력에 의한 압밀압력(σ_v)의 감소량($\Delta \sigma_v$)을 식 (7.7)과 같이 제안하였다.

$$\frac{\Delta \sigma_v}{\sigma_v} = 1 - \exp\left(-\frac{2\mu H}{R}\right)$$

(7.7)

여기서, μ : 압밀시료상자 내벽과 시료의 마찰계수

$\quad\quad R$: 시료의 반지름

$\quad\quad H$: 시료의 두께

몬덴(門田)(Monden, 1969)에 의하면 그림 7.20과 같이 μ는 작은 σ_v에 대해서 매우 큰 값이 되지만 큰 σ_v에 대해서는 거의 일정한 값으로 되며, 보통 마찰에 의한 압밀압력의 감소량($\Delta\sigma_v$)은 가해진 압밀압력(σ_v)의 10~20% 정도로 추정되고 있다.

래너즈 등(Leonards et al., 1961)에 의하면 μ의 값은 벽면상태에 따라 다르다 해도 벽면의 테플론테이프(Teflon tape) 부착이나 그리스(grease)류의 도포에 의해서 마찰은 상당히 감소한다. 또, 아보시(網干)(最上, 1969)는 주면마찰의 압밀침하-시간 곡선은 이차압밀적이고 표준압밀시험 중 이차압밀침하의 상당한 부분이 주면마찰에 의한 영향이라고 하고 있다.

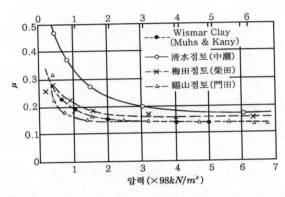

그림 7.20 압밀압력과 압밀시료상자 사이의 마찰계수(Monden, 1969)

7.4 압밀침하량 산정

압밀침하량은 일차압밀침하량과 이차압밀침하량의 합이다. 일차압밀(primary consolidation)이란 어떤 하중이 작용하여 압밀이 진행되면서 과잉간극수압(Δu)이 소산되어 0이 될 때까지의 압밀을 말한다. 이론상 과잉간극수압이 0이 되면 유효응력의 증가가 없으므로 압밀이 더 이상 진행되지 않아야 하지만 실제로는 아주 낮은 속도로 압밀이 진행되며, 이때의 압밀을 이차압밀(secondary consolidation) 또는 크리프(creep)라고 한다. 이차압밀에 대한 이유는 아직 명확히 밝혀지지는 않았지만 경험적으로 유기질이 많이 함유된 흙에서 많다.

7.4.1 일차압밀 침하량

체적변형률 $\epsilon_v = \dfrac{\Delta V}{V} = \dfrac{\Delta V_v}{V_s + V_{v0}} = \dfrac{\dfrac{\Delta V_v}{V_s}}{1 + \dfrac{V_{v0}}{V_s}} = \dfrac{\Delta e}{1 + e_0}$ 에서, 일차원압밀의 경우는

$\Delta V/V = \Delta H/H$이므로 압밀침하량(ΔH)은 식 (7.8)과 같이 나타낼 수 있으며, 이 식은 압밀상태(정규압밀, 과압밀)에 관계없이 사용된다. 여기서, V_{v0}는 압밀전 지반의 간극체적을 의미한다.

$$\Delta H = \frac{\Delta e}{1 + e_0} H \tag{7.8}$$

여기서, ΔH : 압밀침하량

$\quad\quad e_0$: 압밀전의 지반의 간극비

$\quad\quad \Delta e$: 압밀에 의한 간극비의 감소량

$\quad\quad H$: 압밀전의 압밀층의 두께

식 (7.8)에 의해서 압밀침하량을 구하기 위해서는 대상 점토층의 압밀에 의한 간극비 감소량 Δe를 알아야 한다. 압밀 전후의 연직유효응력을 계산해서 압축곡선($\log\sigma_v' \sim e$ 관계 그래프; 그림 7.6 참조) 상에서 Δe를 구할 수 있지만, 그래프에서 찾지 않고 계수만으로 계산하는 것이 편리하므로 아는 값을 사용해서 Δe를 치환하는 방법이 많이 사용된다. 또한, 다수의 시험결과 얻어진 압축곡선들을 사용해서 대표되는(평균적인) 하나의 선을 얻는 것도 쉽지 않다.

따라서 압밀 전후의 하중강도(압력)는 알 수 있으므로 이 하중강도를 이용하여 미지수인 Δe를 없애기 위해 압축지수를 나타내는 식 (7.9)를 사용하게 된다. 압축지수는 다수의 시험치가 있어도 평균치를 구하기는 쉽다. 물론 식 (7.9)는 정규압밀상태에 관한 것이다. 과압밀상태에 관한 식도 식 (7.9)와 동일하나 압축지수 대신에 팽창지수 C_s가 된다.

$$압축지수\,C_c = \frac{\Delta e}{\log(\sigma_{v_0}' + \Delta\sigma_v') - \log\sigma_{v0}'} = \frac{\Delta e}{\log\dfrac{\sigma_{v0}' + \Delta\sigma_v'}{\sigma_{v0}'}} \tag{7.9}$$

여기서, σ_{v0}' : 압밀 전의 초기 연직유효응력

$\quad\quad \Delta\sigma_v'$: 압밀 후 증가될 연직유효응력

식 (7.9)의 Δe를 식 (7.8)에 대입하면 정규압밀점토의 압밀침하량은 식 (7.10)과 같이 정의된다. 동일한 방법으로 과압밀점토의 압밀침하량은 식 (7.11), 식 (7.12)에서 구해진다. 식 (7.10)의 $C_c/(1+e_0)$는 수정압축지수(modified compression index)또는 압축비(compression ratio)라고 한다.

정규압밀점토의 압밀침하량 : $\Delta H = \dfrac{C_c}{1+e_0}\log\dfrac{\sigma_{v_0}{}' + \Delta\sigma_v{}'}{\sigma_{v_0}{}'} \cdot H$ \hfill (7.10)

과압밀점토의 압밀침하량(그림 7.21 참조) :

(ⅰ) $\sigma_{v0}{}' + \Delta\sigma_v{}' \leq \sigma_{vp}{}'$인 경우

$\Delta H = \dfrac{C_s}{1+e_0}\log\dfrac{\sigma_{v0}{}' + \Delta\sigma_v{}'}{\sigma_{v_0}{}'} \cdot H$ \hfill (7.11)

(ⅱ) $\sigma_{v0}{}' + \Delta\sigma_v{}' > \sigma_{vp}{}'$인 경우

$\Delta H = \dfrac{C_s}{1+e_0}\log\dfrac{\sigma_{vp}{}'}{\sigma_{v_0}{}'} \cdot H + \dfrac{C_c}{1+e_p}\log\dfrac{\sigma_{v0}{}' + \Delta\sigma_v{}'}{\sigma_{vp}{}'} \cdot (H - \Delta H_1)$ \hfill (7.12)

여기서, $\Delta H_1 = \dfrac{C_s}{1+e_0}\log\dfrac{\sigma_{vp}{}'}{\sigma_{v_0}{}'} \cdot H$

또는 $\Delta H = \dfrac{H}{1+e_0}\left(C_s \cdot \log\dfrac{\sigma_{vp}{}'}{\sigma_{v_0}{}'} + C_c \cdot \log\dfrac{\sigma_{v0}{}' + \Delta\sigma_v{}'}{\sigma_{vp}{}'}\right)$ \hfill (7.13)

식 (7.13)이 식 (7.12) 보다 편리하여 잘 사용되며, 그림 7.21을 이용하여 이 식을 증명하면 다음과 같다.

$\Delta H = \dfrac{\Delta e}{1+e_0}H, \quad \Delta e = \Delta e_1 + \Delta e_2$

$\Delta e_1 = C_s \cdot \log\dfrac{\sigma_{vp}{}'}{\sigma_{v0}{}'}, \quad \Delta e_2 = C_c \cdot \log\dfrac{\sigma_{v0}{}' + \Delta\sigma_v{}'}{\sigma_{vp}{}'}$

$$\therefore \Delta H = \frac{H}{1+e_0}\left(C_s \cdot \log\frac{\sigma_{vp}{}'}{\sigma_{v0}{}'} + C_c \cdot \log\frac{\sigma_{v0}{}' + \Delta\sigma_v{}'}{\sigma_{vp}{}'}\right)$$

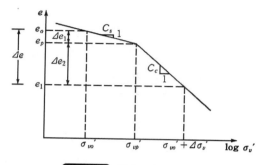

그림 7.21 식 (7.13)의 설명도

여기서, 압밀침하량을 계산하는 데 있어서 의문을 가질 수 있는 문제에 대해 한 가지 기술하기로 한다. 그림 7.22는 동일한 압축지수, 동일한 두께를 갖는 두 종류의 정규압밀지반에서 초기 연직유효응력($\sigma_{v0}{}'$)과 압밀을 발생시킬 증가된 연직유효응력($\sigma_{v1}{}'$)이 동일할 때, 즉, 압밀에 의해 감소되는 간극비(Δe)가 동일할 때를 나타내며, 이때 초기간극비가 큰 A지반과 초기간극비가 작은 B지반의 침하량은 어느 쪽이 크겠는가? 얼핏 생각하면 초기간극비가 큰 A지반의 침하량이 클 것 같은 느낌이 들지만 실제로는 식 (7.8)로 계산하면 그 반대라는 것을 쉽게 알 수 있다. 왜 우리가 이런 착각을 할 수 있는지 그 이유를 살펴보자. 그림 7.23은 동일한 두께의 지층에서 초기간극비가 큰 A지반과 초기간극비가 작은 B지반의 흙입자와 간극의 크기를 나타낸다. 이 그림에서 알 수 있듯이 초기간극비가 크면 흙입자의 분량(H_s)이 적으므로 Δe가 동일하게 되기 위해서는 $\Delta e = \Delta H_v / H_s$에서 ΔH_v, 즉 침하량이 적어야 한다.

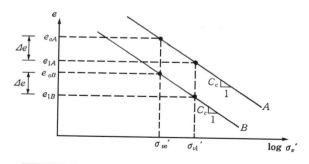

그림 7.22 압축지수가 동일한 두 지반의 압밀침하량 비교

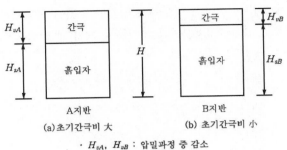

· H_{vA}, H_{vB} : 압밀과정 중 감소
· H_{sA}, H_{sB} : 압밀과정 중 불변

그림 7.23 동일한 층 두께를 갖는 두 지반의 간극과 흙입자의 구성

7.4.2 이차압밀침하량

이차압밀침하란 일차압밀이 완료된 후, 즉 과잉간극수압이 완전히 소산되어 유효응력의 변화가 없어진 이후에도 흙구조의 재조정에 의해 계속적으로 장기적으로 발생하는 약간의 침하를 말한다. 일차압밀이론은 테르자기(Terzaghi)에 의해 체계화되었으며 그에 의하면 그림 7.24와 같이 A점에서 침하량이 거의 수렴하지만 시간에 따라 대단히 낮은 속도로 진행되어 완전히 종료되지는 않는 양상을 나타낸다. 그러나 시간을 대수(log)로 취하여 다시 나타내면 그림 7.25와 같이 기울기가 급변하는 두 개의 직선이 생기기 때문에, 이 직선의 교차점인 B점에서 일차압밀이 끝나고 이때부터 순수한 이차압밀이 시작된다고 보는 것이 일반적이다. 따라서 일차압밀침하량(primary consolidation settlement)은 최종침하량이라는 개념이 있지만 이차압밀침하량(secondary consolidation settlement)은 영구히 지속되므로 최종침하량이란 개념을 둘 수 없어, 설계 시에는 목표시점을 두고 그 때까지의 이차압밀침하량을 최종일차압밀침하량에 더하여 총압밀침하량을 구하게 된다.

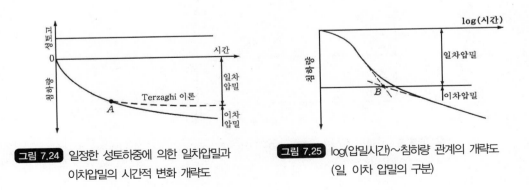

그림 7.24 일정한 성토하중에 의한 일차압밀과 이차압밀의 시간적 변화 개략도

그림 7.25 log(압밀시간)~침하량 관계의 개략도 (일, 이차 압밀의 구분)

사실, 시간에 따른 이차압밀침하량의 변화에 대해서는 이론이 확립되어 있지 않으며, 시험결과를 사용해서 현장에서의 이차압밀침하량을 계산하게 된다. 이차압밀은 크리프(creep)라고도 한다.

어떤 하중증가에서 일차압밀이 종료된 후 발생하는 이차압밀동안 $\log t$에 대한 침하(또는 간극비의 변화)는 그림 7.26과 같이 선형이다. 이 그림에서 이차압축지수는 식 (7.14)와 같이 정의되며 압밀시험에 의해서 구해진다.

$$C_{\alpha} = \frac{\Delta e}{\log t_2 - \log t_1} = \frac{\Delta e}{\log \dfrac{t_2}{t_1}} \tag{7.14}$$

여기서, C_{α} : 이차압축지수(secondary compression index)

Δe : t_1, t_2 시간 사이의 간극비의 변화

아까이 등(赤井 등, 1963 ; 稱田, 1981)은 포화점토의 일차원 압밀기구를 유효응력의 입장으로부터 연구해서, 일차압밀 중에는 상재하중이 일정하여도, 일차원적인 변형조건을 유지하므로 측압이 압밀에 따라 감소한다는 것을 명확히 하고 있다. 그래서 일차원압밀 중에 증대하는 주응력차에 의한 부(負)의 다이레이턴시에 부수해서 생기는 전단크리프가 이차압밀의 주요인이라고 하고, 장기적인 K_0시험을 행해서 통상의 해성(海成)충적점토에 대해서 이차압밀량은 일차압밀량의 10~15% 정도로 보면 된다고 했다.

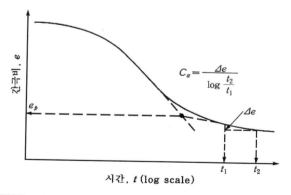

그림 7.26 이차압축지수의 정의와 주어진 하중증가 하의 $e - \log t$의 관계

현장에서의 이차압밀침하량은 식 (7.15)로 계산할 수 있다. 그러나 문제는 설계 시에는, 이 식을 적용하는데 필요한 현장에서의 일차압밀 완료시점(t_1)을 알기 어렵다는 점이다. 따라서 그림 7.25와 같이 정리된 압밀시험 결과에 현장의 배수조건이나 압밀층두께 등을 고려해서 일차압밀완료 시점을 추정한다든가, 일차압밀량의 10~15% 정도의 이차압밀량을 고려해 두고 시공 후 침하계측치를 활용하여 일차압밀의 완료시점을 추정하는 것도 하나의 방법이 될 수 있을 것이다.

$$\Delta H_s = \frac{C_\alpha}{1+e_p} \cdot \log\frac{t_2}{t_1} \cdot H = C_{\alpha\epsilon} \cdot \log\frac{t_2}{t_1} \cdot H \tag{7.15}$$

여기서, ΔH_s : 이차압밀침하량

e_p : 어떤 하중증분비에서 일차압밀 완료시점의 간극비

(그림 7.26 참조)

H : 일차압밀 완료시점의 점토층 두께

t_1 : 이차압밀침하 계산 시작 시간(재하 후 일차압밀 완료 시간)

t_2 : 이차압밀침하 계산 종료 시간

(언제를 목표로 잡느냐에 따라 달라짐)

$C_{\alpha\epsilon}$: 수정이차압축지수(modified secondary compression index)

$$= \frac{C_\alpha}{1+e_p}$$

여기서, 깊이 생각해야 할 점은, 일차압밀이 종료된 후에 이차압밀이 시작된다고 하여 설계 및 해석하는 것이 일반적이고 간편하지만, 일차압밀 중에도 이차압밀이 포함되어 진행된다고 보는 연구자들도 있다(白子 등, 2001 ; 寺田, 2001). 그러나 이런 개념을 사용한 정확한 설계법이 제안되어 있지 않고 제안되었더라도 상당히 복잡하여 실용적이지 못한 단점이 있다. 여기서는 일반적인 앞의 개념(일차압밀 종료 후 이차압밀 시작)에 대해 기술하기로 한다.

이차압밀침하량은 유기질흙과 고압축성의 무기질흙에서 많이 발생하므로 중요시되나, 과압밀 무기질점토에서는 이차압축지수가 대단히 작아 실제로는 무시할 수 있다. 이차압밀의 크기에 영향을 주는 요소는 많으나 아직까지는 명백하지는 않다(Mesri, 1973). 주어진 토층의 두께에 대한 일차압밀에 대한 이차압밀의 비율은 유효압력증가량($\Delta\sigma_v{}'$)과 초기유효압력($\sigma_{v0}{}'$)의 비에

따라서도 달라진다. 즉, $\Delta \sigma_v'/\sigma_{v0}'$의 값이 작을수록 일차압밀에 대한 이차압밀의 비는 감소한다. 참고로, 일차압밀침하량과 전(일차＋이차)압밀침하량의 비는 일차압밀비(primary consolidation ratio)라고 불린다.

현장에서, 특히 압밀층 두께가 두꺼운 경우에는 전압밀침하량에서 이차압밀침하량을 분리하기는 상당히 어렵다. 왜냐하면, 배수층 부근의 흙은 일차압밀이 신속히 완료되어 이차압밀로 진행되지만, 압밀층 중간에서는 일차압밀이 오랫동안 지속되기 때문이다. 이러한 여러 어려운 점이 있지만, 여기서는 공학적인 실무에 적용할 수 있는 범위 내에서 몇 가지 가정을 세워두도록 한다. 이 가정들은 Ladd(1971)에 의해 제시되었고, Raymond and Wahls(1976)에 의해 다음과 같이 요약되었다.

① C_α는 시간에 무관하게 일정하다.
② C_α는 토층의 두께에 무관하다.
③ C_α는 일차압밀 시의 LIR(Load Increment Ratio; 하중증분비 또는 압밀압력증분비)에 무관하다(LIR은 그림 7.19 참조).
④ C_α/C_c는 많은 정규압밀점토의 경우, 공학적인 보통의 응력범위에 걸쳐서 거의 일정하다.

위의 가정들은 정규압밀점토의 압밀시험 결과를 나타낸 그림 7.27에 의해 증명될 수 있다. 그림 7.27에서, 이차압축율(시간에 따른 이차압밀침하량의 변화율)은 시료의 두께뿐만 아니라 하중증가량에도 무관하다는 것을 알 수 있다. 그러나 Mesri et al.(1977)은, C_α는 최종 유효응력에 대한 의존성이 강하다고 지적했다.

위의 가정들은 이차압밀침하량을 구하는 근사법으로는 유용하지만, 현장지반의 장기적인 거동과는 차이가 있을 수도 있다. 예를 들면, 그림 7.27의 이차압축곡선은 실제적으로 평행하거나 동일한 기울기를 갖지 않을지도 모른다. C_α는 시간에 따라 변할 수도 있다는 것이 실내시험(Mesri et al., 1977)과 현장시험(Leonards, 1973)에 의해 제시되었다. 또한, 이차압밀침하의 시간과 크기는 일차압밀 종료시간(t_p)의 함수이며 압밀층의 두께가 두꺼울수록 t_p가 길어진다. 비록 얇은 층과 두꺼운 층에 대한 일차압밀 종료시점에서의 변형률은 그림 7.27(a)와 같이 거의 같을지라도, 경사가 평행하지 않거나, 토층의 두께가 증가함에 따라 C_α가 감소할지도 모른다는 연구(Aboshi, 1973)도 있다.

가정 ③, ④는 근사적으로 옳다. 가정 ③은 Leonards et al.(1961)과 Mesri et al.(1977)에 의해 증명되었으며, 이때의 조건은 하중증가는 선행압밀압력을 충분히 초과해야 한다는 것이다. 가정 ④는 넓은 범위의 자연흙에 대해 Mesri etal.(1977)에 의해 증명되었으며, 각 종 흙에 대한 C_α / C_c의 값은 표 7.4와 같이 제안되었다. 이 표에서, 평균 C_α / C_c는 약 0.05이고, 0.1을 초과하는 값은 없다. 무기질토에 대한 범위는 0.025~0.06이고, 유기질토와 이탄에 대한 범위는 약간 높다. 그들은 또한 이차압밀동안 C_α / C_c는 임의의 시간, 유효응력 및 간극비에서 성립한다는 것을 나타내었다. 유일한 예외는, Leonards et al.(1961)이 나타냈듯이, 하중증가가 선행압밀압력 $\sigma_{vp}{}'$를 포함하는 경우인 것 같다. 이 외에도 이차압밀에 대한 많은 의문들이 남아 있다.

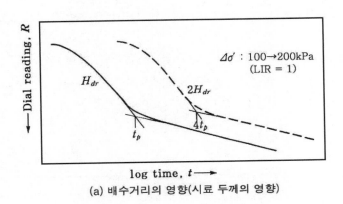

(a) 배수거리의 영향(시료 두께의 영향)

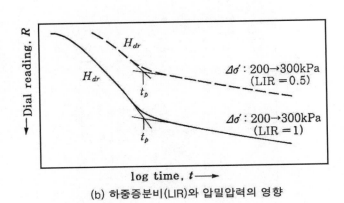

(b) 하중증분비(LIR)와 압밀압력의 영향

그림 7.27 압밀시험에 의한 정규압밀점토의 이차압밀거동 특성(Raymond and Wahls, 1976)

표 7.4 자연흙에 대한 C_α / C_c의 값(Mesri et al., 1977)

흙의 종류		C_α / C_c
한글	영어	
유기질 실트	Organic silts	0.035~0.06
비결정 섬유질 이탄	Amorphous and fibrous peat	0.035~0.085
캐나다 늪지	Canadian muskeg	0.09~0.10
레다 점토(캐나다)	Leda clay(Canada)	0.03~0.06
후빙기 스웨덴 점토	Post-glacial Swedish clay	0.05~0.07
연약 청색 점토(영국)	Soft blue clay(Victoria, B.C.)	0.026
유기질 점토 및 실트	Organic clays and silts	0.04~0.06
포틀랜드市 예민 점토	Sensitive clay, Portland, ME	0.025~0.055
샌프란시스코만 진흙	San Francisco Bay Mud	0.04~0.06
뉴리스커드(캐나다) 성층 점토	New Liskeard(Canada) varved clay	0.03~0.06
맥시코시 점토	Mexico City clay	0.03~0.035
허드슨강 실트	Hudson River silt	0.03~0.06
뉴해븐 유기질 점토 실트	New Haven organic clay silt	0.04~0.075

만약 어떤 이유로, 실내시험으로 C_α를 구할 수 없다면, 예비계산에서는 유사한 흙에 대한 표 7.4의 C_α / C_c나, 간단히 평균치인 0.05를 사용할 수 있다. 또, Mesri(1973)는 식 (7.15)의 수정이 차압축지수 $C_{\alpha\epsilon}$을 구하는 방법을 그림 7.28과 같이 제안했다. 여기서, $C_{\alpha\epsilon}$은 흙의 자연함수비와 관계 지워져 있다.

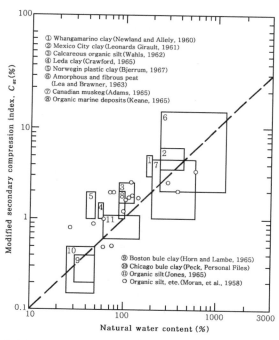

그림 7.28 자연함수비와 수정이차압축지수 $C_{\alpha\epsilon}$의 관계(Mesri, 1973)

7.4.3 초기간극비의 추정방법

압밀침하량 계산에서 대단히 중요한 것 중의 하나는 초기간극비 e_0(또는 이에 상응하는 σ_{v0}')의 추정이며, 이의 추정방법에는 다음의 세 가지가 있다. 이들 세 가지 e_0를 사용해서 계산된 침하량은 동일하지 않으나 현재의 경우 어느 e_0의 선택이 가장 합리적인가를 간단하게 결론지을 수 없다. 이 문제에 대해서는 타까다(高田, 1978)에 상세히 기술되어 있다.

① 시료의 초기함수비를 토대로 포화이며 교란(또는 하중 제거에 의한 팽창)되지 않았다고 생각해서 $S \cdot e = w \cdot G_s$의 관계를 이용하여 구한 e. 여기서, w, G_s는 물리시험에서 구해지고 $S = 100\%$로 가정함.
② 유효토피압(σ_{ob}')에 대한 실내압축곡선 상의 e값. 유효토피압의 정의는 7.3.4(1)항 참조.
③ 압밀항복응력 σ_{vy}'에 대한 처녀압축곡선(실내 압축곡선을 연장) 상의 e값

위의 세 가지 방법 중 가장 명확하고 간단하게 구해지는 ①방법이 일반적으로 사용되나, 어떤 방법을 선택하든 대상층의 압밀침하량을 계산할 때의 e_0값은 층의 중간깊이에서의 값을 사용하는 것이 대단히 중요하다. 즉, 여러 깊이에서 시험으로 구한 e_0값을 평균하는 것이 아니라 깊이 전체에 대해 e_0의 근사곡선을 그려서 중간깊이에서의 값을 취해야 하는 것이다. 압밀침하량을 계산 할 때는 e_0뿐만 아니라 σ_{v0}', $\Delta\sigma_v'$도 사용되며, σ_{v0}' 및 $\Delta\sigma_v'$의 평균치는 대상층 중앙깊이에서의 값이므로, e_0도 층중앙에서의 값을 사용하여야 한다.

7.5 일차원압밀이론

7.5.1 테르자기의 일차원압밀이론

테르자기(Terzaghi)의 일차원압밀이론은 일차압밀의 시간효과에 대한 이론으로서 다음과 같은 6가지 가정을 기초로 하고 있다.

① 흙은 균질이다(homogeneous).
② 흙은 완전 포화상태($S = 100\%$)에 있다.

③ 흙입자와 물의 압축량은 무시한다.

④ 흙속의 물은 일축적(한 방향)으로 배수되며 다시(Darcy)의 법칙($v = k \cdot i$)이 성립한다.

⑤ 흙의 성질은 흙이 받는 압력의 크기에 관계없이 일정하다. 사실 이 가정이 성립하기 위해서는 가능한 한 적용압력의 범위가 작아야 한다. 여기서의 압밀관련 흙의 성질은 압축성 (체적압축계수 m_v로 나타냄), 투수성(투수계수 k로 나타냄) 등을 의미한다.

⑥ 유효응력의 원리가 성립한다. 즉, 체적의 변화(일차원압밀시는 침하)는 유효응력의 변화에 의해서만 발생한다.

그림 7.29는 일차원압밀의 원리를 나타내며, 재하($\Delta \sigma_v{}'$) 후 어떤 미소시간 동안에 대해 요소 A에서의 「유출량－유입량＝체적변화량」의 관계식인 $\left(v_z + \dfrac{\partial v_z}{\partial z} dz \right) dx\, dy - v_z dx\, dy = \dfrac{\partial V}{\partial t}$ 에서 식 (7.16)이 성립한다. 참고로, 일차원침투 문제에서는 $\dfrac{\partial V}{\partial t} = 0$ 이 되나 압밀에서는 $\dfrac{\partial V}{\partial t} > 0$ 이 된다.

$$\frac{\partial v_z}{\partial z} dx\, dy\, dz = \frac{\partial V}{\partial t} \tag{7.16}$$

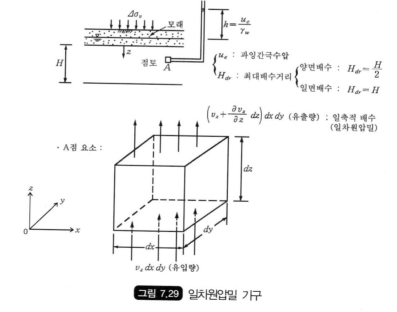

그림 7.29 일차원압밀 기구

식 (7.16)을 풀기 위해서는 $\dfrac{\partial v_z}{\partial z}$와 $\dfrac{\partial V}{\partial t}$를 깊이에 따른 과잉간극수압의 항으로 변환시켜 대입하여야 한다. 왜냐하면, 압밀은 과잉간극수압이 소산되면서 발생하므로 과잉간극수압의 항으로 압밀과정을 나타내는 것이 가장 적절하기 때문이다. 지금까지 과잉간극수압은 Δu로 나타내었으나 여기서는 수식표현을 쉽게 하기 위하여 u_e를 사용하기로 한다. 여기서, 첨자 e는 과잉간극수압(excess pore water pressure)이란 뜻이다.

(1) $\dfrac{\partial v_z}{\partial z}$를 u_e의 항으로 변환

가정 ④의 다시의 법칙으로부터 식 (7.17)이 성립하며, 이 식에서 식 (7.18)이 유도된다.

$$v_z = k \cdot i \ (i \text{는 } h \text{가 감소할 때 } +) = -k\frac{\partial h}{\partial z}(h \text{는 증가 시 } +)$$

$$= -\frac{k}{\gamma_w} \cdot \frac{\partial u_e}{\partial z} \ \left(h = \frac{u_e}{\gamma_w} \text{이므로}\right) \tag{7.17}$$

$$\text{따라서 } \frac{\partial v_z}{\partial z} = -\frac{k}{\gamma_w}\frac{\partial^2 u_e}{\partial z^2} \tag{7.18}$$

(2) $\dfrac{\partial V}{\partial t}$를 u_e의 항으로 변환

$$\frac{\partial V}{\partial t} = \frac{\partial(V_s + V_v)}{\partial t} = \frac{\partial(V_s + e \cdot V_s)}{\partial t} = \frac{\partial V_s}{\partial t} + V_s\frac{\partial e}{\partial t} + e\frac{\partial V_s}{\partial t}$$ 이다. 그리고 흙입자는 비

압축성이라고 가정(가정 ③)했으므로 $\dfrac{\partial V_s}{\partial t} = 0$이고, $V_s = \dfrac{V_0}{1+e_0} = \dfrac{dx\,dy\,dz}{1+e_0}$($V_0$는 초기체

적)이므로 $\dfrac{\partial V}{\partial t}$는 식 (7.19)와 같이 된다.

$$\frac{\partial V}{\partial t} = \frac{dx\,dy\,dz}{1+e_0}\frac{\partial e}{\partial t} \tag{7.19}$$

또, 간극비의 감소는 유효응력의 증가(즉, 과잉간극수압의 감소)에 기인하므로, 이 관계가

선형이라고 가정(가정 ⑤)하면 식 (7.20)이 성립하며, 이 식을 식 (7.19)에 대입하면 식 (7.21)이 된다.

$$\partial e = a_v \cdot \partial \sigma_v{'} = - a_v \cdot \partial u_e \tag{7.20}$$

$$\frac{\partial V}{\partial t} = - \frac{dx\,dy\,dz}{1+e_0} a_v \frac{\partial u_e}{\partial t} \tag{7.21}$$

식 (7.20)에서 a_v는 압축계수라고 불리며, 그림 7.30(a)와 같이 연직유효응력(유효압밀압력)과 간극비 관계곡선의 어떤 미소 범위 내에서의 직선기울기이다. 사실 $\sigma_v{'}$와 e의 관계는 그림 (a)에서 알 수 있듯이 작은 범위라 할지라도 곡선이 되지만 이론의 전개를 위하여 직선이라고 가정(가정 ⑤)하였다. 실제 압밀시험 결과를 정리하면 그림 7.6(b)에서 알 수 있듯이 그림 (b)와 같이 $\log \sigma_v{'}$와 e의 관계가 직선이지만 이 관계를 이용하면 이론식의 유도가 어려워 식 (7.20)을 사용한 것이다. 그림 (a)에서 미소응력 구간의 기울기는 압축계수(a_v)이고, 그림 (b)의 직선기울기는 압축지수(C_c)이다. 다시 한 번 언급하지만, 첨자가 c이면 ~지수, v이면 ~계수가 된다고 기억하면 좋을 것이다.

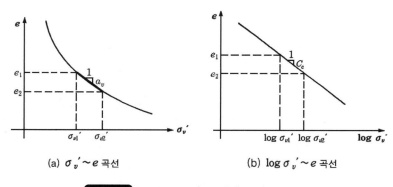

(a) $\sigma_v{'} \sim e$ 곡선   (b) $\log \sigma_v{'} \sim e$ 곡선

그림 7.30 연직유효응력(압밀압력)과 간극비 관계

(3) 일차원압밀의 기본방정식 유도

식 (7.18), 식 (7.21)을 식 (7.16)에 대입하여 정리하면 식 (7.22)가 유도되며, 이 식을 테르자기의 일차원압밀의 기본방정식이라고 한다.

$$\frac{\partial u_e}{\partial t} = c_v \frac{\partial^2 u_e}{\partial z^2} \; : \; \text{테르자기의 일차원압밀의 기본방정식} \tag{7.22}$$

여기서, $c_v = \dfrac{k}{m_v \cdot \gamma_w} \; (cm^2/s), \; m_v = \dfrac{a_v}{1+e_0}$

식 (7.22)에서 c_v(압밀계수), m_v(체적변화계수)는 압밀시험에 의해 구해지므로 $k = c_v \cdot m_v \cdot \gamma_w$ 관계식을 이용하여 불투수성점토의 투수계수(k)를 구하게 된다. 여기서, 불투수성 점토란 자연수두 차로서는 대단히 적은 침투가 발생하므로 정수위투수시험이나 변수위투수시험과 같이 수두차를 이용하는 시험으로는 투수계수를 구하기 어렵다. 따라서 압밀시험으로 시료를 참기름 짜듯이 물을 짜내서 투수계수를 구하게 되는 점토로서 투수계수가 $10^{-7} cm/s$ 이하인 점토가 이에 해당한다. 이 식에서 k와 m_v는 압력의 증가에 따라 비슷한 비율로 감소하므로, c_v는 압력에 따른 경향을 나타내지 않으며, 압력에 관계없이 거의 비슷하다는 실험결과도 있다. 따라서 식 (7.22)는 작은 압밀압력의 범위가 아닌 큰 압력의 범위에 대해서도 일반적으로 사용되며, 이때 c_v로는 작용 유효응력 범위에서의 평균값을 사용한다. 후술하지만, 시간에 따른 압밀침하량 산정 시 c_v는 지층의 평균값으로 지층 중앙에서의 값을 사용하는 것이 일반적이라는 것도 첨언해 둔다.

m_v는 체적변화계수(coefficient of volume change) 또는 체적압축계수(coefficient of volume compressibility)라고 불리며 식 (7.23)과 같이 정의된다. 7.4.1절에 일차압밀침하량 산정식이 기술되어 있으나 식 (7.23)의 m_v를 이용해도 식 (7.24)와 같이 일차압밀침하량(ΔH)이 구해진다. 그러나 m_v, a_v는 응력에 따라 달라져서 응력의 작은 범위 내에서 사용되어야 하므로 큰 범위의 압밀압력에 대한 침하량을 구하기 위해서는 압밀압력을 작은 단위로 분할해서 계산해야 한다. 최종적으로는 이렇게 분할해서 계산한 침하량을 합해야 하므로 계산이 번거롭고 분할 크기에 따라 결과가 달라진다. 따라서 보통 7.4.1절에서 기술한 바와 같이 전체 압밀압력 범위에서 직선성이 좋은 압축지수(C_c)를 사용하여 압밀침하량을 구하게 된다.

$$m_v = \frac{a_v}{1+e_0} = \frac{\Delta e}{1+e_0} \cdot \frac{1}{\Delta \sigma_v{'}} = \frac{\left(\dfrac{\Delta V}{V}\right)}{\Delta \sigma_v{'}} = \frac{\left(\dfrac{\Delta H}{H}\right)}{\Delta \sigma_v{'}} \tag{7.23}$$

$$\Delta H = m_v \Delta \sigma_v{'} H \tag{7.24}$$

식 (7.22)를 경계조건인 식 (7.25)를 이용해서 풀면, 재하직후인 초기과잉간극수압이 깊이에 따라 일정한 값(u_{e0})으로 발휘되는 경우에 한해서 재하 후 t시간 경과 후의 깊이 z인 곳에서의 과잉간극수압은 식 (7.26)과 같이 된다. 상세한 유도과정은 문헌(Taylor, 1948) 참조.

식 (7.22)의 경계조건 $\begin{cases} z = 0, 2H_{dr} \text{ 일 때 } u_e = 0 \\ t = 0 \text{ 일 때 } u_e = u_{e0} \end{cases}$ (7.25)

$$u_e(t,z) = \sum_{m=0}^{\infty} \frac{2u_{e0}}{M} \sin\left(\frac{Mz}{H_{dr}}\right) e^{-M^2 T_v}$$ (7.26)

여기서, $M = \dfrac{\pi}{2}(2m+1)$

$\qquad T_v = \dfrac{c_v t}{H_{dr}^2}$ (H_{dr}에 대해서는 그림 7.31 참조)

식 (7.26)의 $u_e(t,z)$를 이용하여 압밀시간 t일 때 깊이 z에서의 압밀도 $U(t,z)$를 정의하면 식 (7.27)과 같이 된다.

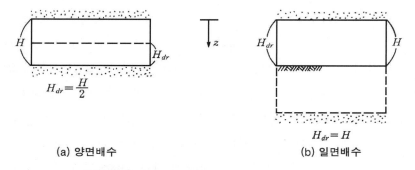

(a) 양면배수　　　　　　　　　　(b) 일면배수

그림 7.31 배수조건에 따른 최대배수거리(H_{dr})의 정의

$$U(t,z) = \frac{u_{e0} - u_e(t,z)}{u_{e0}} = 1 - \frac{u_e(t,z)}{u_{e0}} = \frac{\Delta \sigma_v{}'(t,z)}{\Delta \sigma_v(z)}$$ (7.27)

여기서, u_{e0} 　　　 : 재하 직후(압밀 직후, 즉 시간 $t = 0$일 때) 전 깊이에서 동일하게 발생하

는 과잉간극수압

$u_e(t,z)$: 재하 후 t시간 경과 후 깊이 z에서의 과잉간극수압

$\Delta\sigma_v{}'(t,z)$: 재하 후 t시간 경과 후 깊이 z에서의 유효응력의 증가량

$\Delta\sigma_v(z)$: 재하에 의해 증가된 전응력(또는, 압밀완료시의 유효응력의 증가량)

식 (7.26)에서 구한 u_{e0}와 $u_e(t,z)$를 식 (7.27)에 대입하되, 간략화하기 위해 t 대신 T_v의 함수로 표현하면 $U(t,z)$는 식 (7.28)과 같이 $U(T_v,z)$로 나타내어지며, 식 (7.28)을 계산해서 깊이비(z/H_{dr})에 따른 변화를 나타낸 곡선이 그림 7.32이며, 이 곡선들을 등시곡선(等時曲線 ; isochrone; 동일한 시간에서의 압밀도 곡선이란 뜻)이라고 한다. 이 곡선들을 이용하면 깊이 z에서 시간계수 T_v일 때의 압밀도를 쉽게 구할 수 있음은 물론, 식 (7.26)의 $T_v = c_{vt}/H_{dr}^2$ 관계식을 이용하면 t도 구해진다. 즉, 재하 후 시간 t, 깊이 z에서의 압밀도가 구해지는 것이다.

$$U(T_v,z) = 1 - \sum_{m=0}^{\infty} \frac{2}{M}\left(\sin\frac{Mz}{H}\right)e^{-M^2 T_v} \tag{7.28}$$

여기서, M, T_v는 식 (7.26)참조.

(4) 시간 t에서의 점토층 전체(높이 $2H_{dr}$)의 평균압밀도

식 (7.27)을 이용해서 압밀시간 t에서의 점토층 전체 두께에 대한 평균압밀도 $U_{av}(t)$를 구하면 식 (7.29)와 같이 된다. 이때 적분하는 깊이의 범위를 $2H_{dr}$로 하면 양면배수, 일면배수에 관계없이 동일한 평균치를 얻을 수 있다. 일면배수일 때는 시료두께가 H_{dr}이어서 H_{dr}에 대해 평균해도 되지만, 그렇게 하면 평균압밀도를 일면배수와 양면배수로 나누어서 정리해야 하므로 일면배수의 경우에도 그림 7.31(b)와 그림 7.32(a)에서 알 수 있는 바와 같이 두께가 $2H_{dr}$인 양면배수로 가정해서 $2H_{dr}$에 대해 평균하는 것이 일반적이다. 그렇게 하더라도 상하가 대칭이어서 동일한 결과가 나오므로 양면배수, 일면배수의 구분 없이 식 (7.29)와 같이 정의하는 것이 편리할 것이다.

$$U_{av}(t) = 1 - \frac{\dfrac{1}{2H_{dr}}\displaystyle\int_0^{2H_{dr}} u_e(t,z)\,dz}{\dfrac{1}{2H_{dr}}\displaystyle\int_0^{2H_{dr}} u_{e0}\,dz} \qquad (7.29)$$

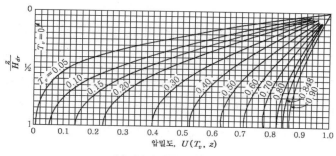

(a) 일면배수($H_{dr} = H$)일 때

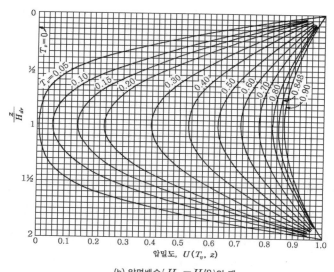

(b) 양면배수($H_{dr} = H/2$)일 때

그림 7.32 등시곡선(시간계수 T_v와 압밀도 $U(t,z)$의 관계)(H는 압밀층 두께)

식 (7.29)의 $u_e(t,z)$에 식 (7.26)을 대입하면 식 (7.30)이 얻어진다.

$$U_{av}(t) = 1 - \sum_{m=0}^{m=\infty} \frac{2}{M^2} e^{-M^2 T_v} \qquad (7.30)$$

여기서, M, T_v는 식 (7.26)참조.

식 (7.30)에서 평균압밀도와 시간계수의 관계를 정리하면 그림 7.33 또는 표 7.5와 같다. 또한, 이때의 식 (7.30) 또는 그림 7.33을 간략식으로 나타내면 식 (7.31)과 같다.

계산의 예를 들어보자. 총일차압밀침하량이 30cm인 점토층에서 평균압밀도 30% 즉, 압밀침하량 30cm × 0.3 = 9cm일 때까지의 시간은, 표 7.5에서 $T_v = 0.075$이므로 $T_v = c_v t / H_{dr}^2$ 에서 $t = 0.075 H_{dr}^2 / c_v$가 된다.

$$U_{av}(t) = 0 \sim 60\% \text{ 일 때 } : T_v = \frac{\pi}{4}\left[\frac{U_{av}(t)}{100}\right]^2$$

$$U_{av}(t) > 60\% \text{ 일 때 } : T_v = 1.781 - 0.933 \log[100 - U_{av}(t)]$$

$$(7.31)$$

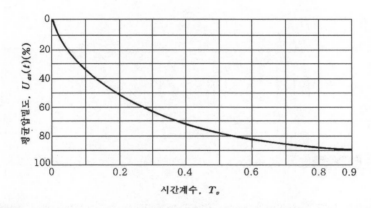

그림 7.33 평균압밀도와 시간계수의 관계(초기과잉간극수압 u_{e0}가 깊이에 따라 일정한 경우)

표 7.5 그림 7.33의 요약

압밀도, $U_{av}(t)\%$	시간계수, T_v	압밀도, $U_{av}(t)\%$	시간계수, T_v
0	0.000	60	0.287
10	0.008	70	0.403
20	0.031	80	0.567
30	0.071	90	0.848
40	0.126	99	1.781
50	0.197	100	∞

(5) 초기과잉간극수압의 깊이에 따른 분포가 일정하지 않을 경우의 평균압밀도

앞에서는 일반적으로 사용되는, 초기과잉간극수압 u_{e0}가 깊이에 따라 일정할 경우에 대해 기술했으나 여기서는 일정하지 않는 특별한 몇 가지 경우에 대해 기술하기로 한다. 그러나 이런 경우가 사용되는 예는 드물다. 이때는 평균압밀도가 식 (7.30)과 다르며 이에 대한 식의 유도는 테일러(Taylor, 1948)를 참조하기 바란다. 여기서는, 초기과잉간극수압의 깊이에 따른 분포가 그림 7.34와 같을 때, 즉 깊이에 따라 직선적으로 변화할 때의 평균압밀도와 시간계수의 관계는 표 7.6과 같다는 것을 소개하는 것으로 마치기로 한다.

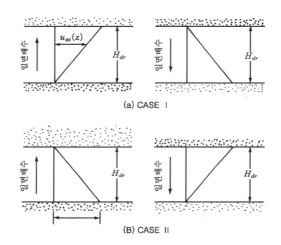

그림 7.34 초기과잉간극수압 u_{e0}가 깊이에 따라 직선적으로 변화하는 경우

표 7.6 u_{e0}가 깊이에 따라 직선적으로 변화하는 경우의 평균압밀도와 시간계수의 관계

압밀도, $U_{av}(t)$%	시간계수, T_v		압밀도, $U_{av}(t)$%	시간계수, T_v	
	Case I	Case II		Case I	Case II
0	0.000	0.000	60	0.160	0.383
10	0.003	0.047	70	0.271	0.500
20	0.009	0.100	80	0.440	0.665
30	0.024	0.158	90	0.720	0.940
40	0.048	0.221	100	∞	∞
50	0.092	0.294			

(6) 유효응력에 대한 압밀도

일반적으로 사용하고 있는 테르자기 이론의 압밀도는 압밀개시 후에 발생하는 유효응력의

증가량이나 과잉간극수압의 크기를 기준으로 정한 것으로 응력에 대한 압밀도(U_σ)라고 하며, 변형(침하)에 대한 압밀도(U_ϵ)와 선형관계에 있다고 가정하고 있다. 즉 $U_\epsilon = U_\sigma$라는 가정 하에서 압밀도에 따른 침하량을 계산해서 U_ϵ을 구하게 된다. 이렇게 가정하면 간극비(e)와 압밀압력($\sigma_v{}'$) 사이에도 선형관계가 성립하게 되는데, 실제 시험에서는 그림 7.6과 같이 간극비(e)와 압밀압력의 대수($\log\sigma_v{}'$) 사이에 선형관계가 성립하므로 이 실제 관계를 이용하여 보다 정확한 U_ϵ과 U_σ의 관계를 나타내면 식 (7.32)와 같이 된다(日本土質工学会, 1985 ; 류, 1995). 예를 들면, $\sigma_{vf}{}'/\sigma_{vo}{}'$ = 2, 4, 9, 16(압밀압력증분비 = 1, 3, 8, 15) 일 때, $U_\epsilon = 0.5$인 경우 U_σ의 값은 각각 0.414, 1/3, 1/4, 1/5로서 압밀압력증분비가 클수록 감소되어, $U_\epsilon = U_\sigma$ 가정을 사용하여 구한 U_ϵ [실제로는 식 (7.32)에서 U_σ]은 과소평가된다.

$$U_\sigma = \frac{(\sigma_{vf}{}'/\sigma_{v0}{}')^{U_\epsilon} - 1}{(\sigma_{vf}{}'/\sigma_{v0}{}') - 1} \tag{7.32}$$

여기서, $U_\sigma = \dfrac{\sigma_v{}' - \sigma_{v0}{}'}{\sigma_{vf}{}' - \sigma_{v0}}, \quad U_\epsilon = \dfrac{S}{S_f}$

$\sigma_{v0}{}'$: 연직유효압밀압력($\sigma_v{}'$)의 초기치

$\sigma_{vf}{}'$: 연직유효압밀압력($\sigma_v{}'$)의 최종치

S_f : 최종압밀침하량

7.5.2 압밀시험에 의한 압밀계수의 결정

일차원 압밀시험의 결과를 이용하여 압밀계수(c_v ; coefficient of consolidation)를 구하는 방법으로 $\log t$ 법과 $\sqrt{t}$ 법의 두 가지가 주로 사용되고 있으며, 보통 이들 방법에서 구한 압밀계수를 평균하여 설계에 사용하게 된다. 또한 압밀계수는 각 압밀압력 단계에서 하나씩 구해지는데 이것으로 유효압밀압력과 압밀계수의 관계곡선을 그려 현장에서의 압밀전후의 평균 유효압밀압력에 해당하는 압밀계수를 설계에 사용하게 된다. 여기서, 주의할 것은 각 압밀압력 단계에서의 유효압밀압력은 압밀 전후의 평균치가 된다는 것이다. 즉, 압밀 전에는 압밀압력에 의한 유효압밀압력은 0이고 압밀완료 후에는 압밀압력과 동일하게 되기 때문에 전체단계의 평균치로서 압밀 전후의 평균치를 사용하게 되는 것이다. 예를 들면, 압밀압력 $20\,\mathrm{kN/m^2}$ 단계에서 구해

진 압밀계수는, 앞단계의 압밀압력이 $10\,kN/m^2$로 압밀이 완료되었으므로 유효압밀압력은 $10\,kN/m^2$, 현 단계의 압밀완료 후의 유효압밀압력은 $20\,kN/m^2$이므로 압밀 전후의 평균 유효압밀압력은 $15\,kN/m^2$가 되어 이 $15\,kN/m^2$에 해당하는 압밀계수가 얻어지는 것이다. 또 압밀계수는 압밀압력의 크기에 따라 어떤 경향성을 가지고 변화하는 것이 아니라 압밀압력의 크기에 상관없이 비슷한 값을 갖는 것으로 알려져 있다.

(1) $\log t$ 법

$\log t$ 법에 의한 압밀계수는 그림 7.35에서 구해지는 t_{50}을 이용해서 식 (7.33)에 의해 계산된다. 이 그림에서 초기보정치 d_s를 구하기 위해서 t_1과 $4t_1$을 나타내는 C, D 점을 이용하는 원리를 그림 7.36에 나타낸다. 즉, C, D 점의 거리 Δd 만큼 위로 올려서 종축과 만나는 점이 d_s가 되는데 이는 그림 7.36에서처럼 침하곡선이 포물선이라고 가정한 것에 기인한다. 여기서, 그림 7.35와 그림 7.36의 C, D 점간의 곡선이 다른 것처럼 보이는 것은 횡축의 눈금이 다르기 때문이다. 초기보정치는 시료표면 부근의 이완이나 교란, 재하시의 충격 등에 대한 보정값을 의미한다.

압밀시험에서는 초기과잉간극수압이 시료의 전체두께에서 일정하므로 압밀도가 50%일 때의 시간계수(T_v)는 표 7.5에서 0.197이 된다. 따라서 그림 7.35에서 얻어진 t_{50}(압밀도 50%까지 걸리는 시간)과 식 (7.33)을 이용하여 압밀계수가 구해진다. 그래프 상에서 100% 압밀(일차압밀 완료)까지 걸리는 시간(t_{100})도 구해지므로 이를 이용하여 압밀계수를 구할 수도 있겠지만 압밀도 100%에 대한 시간계수가 정의되지 않으므로 부득이 50%에 대한 값을 사용하게 된다.

$$c_v = \frac{0.197 H_{dr}^2}{t_{50}} \qquad (7.33)$$

여기서, H_{dr}은 배수거리로서 압밀시험은 양면배수조건이고 시료두께가 2cm이므로 $H_{dr} = 1\,cm$가 된다.

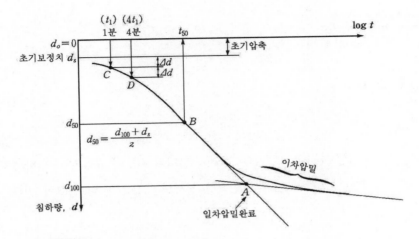

그림 7.35 $\log t$법에 의한 t_{50}의 결정방법(A→C→D→d_s→d_{50}→B→t_{50})

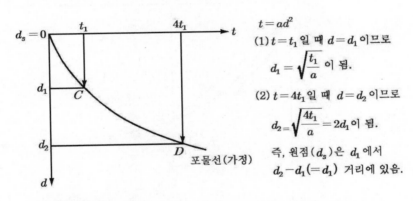

$t = ad^2$

(1) $t = t_1$ 일 때 $d = d_1$ 이므로

$$d_1 = \sqrt{\frac{t_1}{a}}$$ 이 됨.

(2) $t = 4t_1$ 일 때 $d = d_2$ 이므로

$$d_2 = \sqrt{\frac{4t_1}{a}} = 2d_1$$ 이 됨.

즉, 원점(d_s)은 d_1 에서

$d_2 - d_1 (= d_1)$ 거리에 있음.

그림 7.36 그림 7.35에서 C, D 점을 이용하여 d_s를 구하는 설명도

(2) $\sqrt{t}$ 법

횡축에 압밀시간의 제곱근인 $\sqrt{t}$, 종축에 침하량 d로서 그림 7.37과 같은 그래프를 그려서 초기직선부(기울기 α)가 종축과 만나는 점을 초기보정치 d_s 라 하고 이 점에서 기울기 1.15α 인 직선을 그어 시험곡선과 만나는 점 A를 구하면 이 점이 90% 압밀시까지의 시간(t_{90})이 된다.

압밀도 90%일 때의 시간계수는 표 7.5에서 0.848이므로 그림 7.37에서 구한 t_{90}을 이용하여 식 (7.34)에서 압밀계수가 구해진다. 때때로 $\log t$법과 $\sqrt{t}$ 법에서 어느 쪽이 압밀도 90%에 대한 값을 사용하는지가 혼동될 때가 있을 것이다. 그 때는 90%의 9의 제곱근은 3으로 정수가 되므로 이것이 $\sqrt{t}$ 법이라고 기억하면 될 것이다.

$$c_v = \frac{0.848 H_{dr}^2}{t_{90}}$$

(7.34)

여기서, $H_{dr} = 1cm$

그림 7.37에서 A점이 어째서 90% 압밀에 대한 점인지를 설명해보자. 그림 7.38(a)는 시간계수의 제곱근($\sqrt{T_v}$)과 압밀도(U)에 대한 관계 그래프를 나타내며 이 그림 내에 나타낸 식 (7.31)을 이용하면 90% 압밀점을 구하기 위해서는 직선 경사도를 1.15배 할 필요가 있다는 것을 알 수 있다.

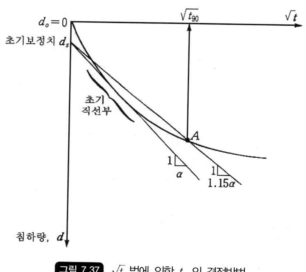

그림 7.37 $\sqrt{t}$ 법에 의한 t_{90}의 결정방법

그림 7.37의 좌표축은 그림 7.38(b)와 같으며, 이 그림은 그림 7.38(a)와 유사한 의미로 사용되므로 직선기울기의 1.15배에 대한 개념은 동일하게 된다. 즉, B점은 90% 압밀점이 되는 것이다. 여기서, 직선기울기만 위와 같은 방법으로 정의하면 꼭 90% 압밀점을 이용해야 되는 것은 아니지만 가능하면 큰 압밀도에 대한 값을 사용하는 것이 좋을 것이다.

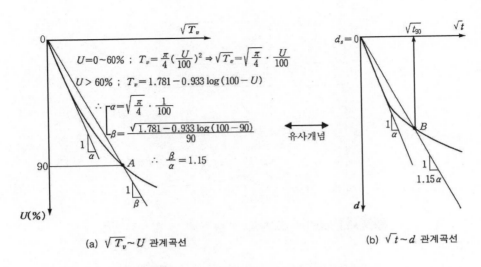

(a) $\sqrt{T_v} \sim U$ 관계곡선

(b) $\sqrt{t} \sim d$ 관계곡선

그림 7.38 그림 7.37에서 기울기 1.15에 대한 설명도

7.6 점증재하에 의한 압밀침하량 산정

앞에서 기술한 시간에 따른 압밀침하량 산정방법은 어떤 하중이 순간적으로 재하될 때(순간 재하)에 대한 것이다. 실제 현장에서는 순간적으로 재하되지 않고 어떤 기간동안에 재하되게 되므로 시간에 따른 침하량이 다소 차이가 난다. 시공 시에는 시공기간동안 일정한 속도로 재하되지는 않겠지만, 보통 근사적으로 일정한 속도로 재하, 즉 점차로 증가(점증)한다고 보고 계산하게 된다. 이런 경우에 대한 시간~침하량 관계곡선을 구하는 순서는 다음과 같다.

(1) 그림 7.39와 같이 전하중 p_l이 순간재하될 때의 시간~침하량 곡선을 그린다.

(2) 점증재하 완료시점(t_1 시간 후)의 침하량은 p_l의 순간재하 후 $\dfrac{t_1}{2}$ 시간 후의 침하량과 같다고 가정하고 A점을 구한다. 점증재하 t_1 이후의 그래프는 순간재하 $\dfrac{t_1}{2}$ 이후의 그래프를 평행이동하여 구한다.

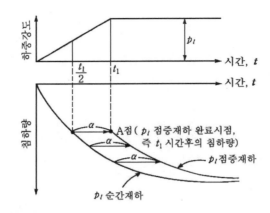

그림 7.39 점증재하 완료시점($t = t_1$)에서의 침하량 추정 방법

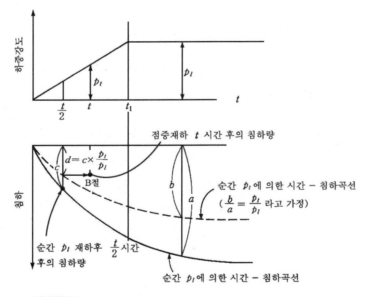

그림 7.40 점증재하에 의한 t_1시간 이전($t < t_1$)의 압밀침하량 추정법

(3) 점증재하 후 임의 시간 $t(<t_1)$ 후의 침하량= p_t의 순간재하 후 $\dfrac{t}{2}$ 후의 침하량이며, p_t 순간재하 시의 침하량은 「p_l 순간재하 시의 침하량$\times \dfrac{p_t}{p_l}$」라고 가정한다. 따라서 「p_t 순간재하 후 $\dfrac{t}{2}$ 후의 침하량」 = 「p_l 순간재하 후 $\dfrac{t}{2}$ 후의 침하량$\times \dfrac{p_t}{p_l}$」(그림 7.40 참조)가 된다.

그림 7.39에서 $t \geq t_1$, 그림 7.40에서 $t < t_1$에서의 그래프를 연결하여 완성하면 개략적으로 그림 7.41의 형태가 된다. 그림 7.41에서 t_1 이후의 곡선은, 그림 7.39의 시간 $t_1/2$ 이후의 곡선을 A점 거리 a만큼 평행이동하여 구한다.

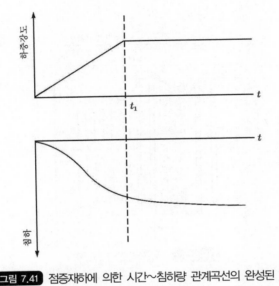

그림 7.41 점증재하에 의한 시간~침하량 관계곡선의 완성된 형태

7.7 연직배수공법

연직배수공법은 압밀촉진공법의 일종이며, 배수재의 종류에 따라 샌드드레인공법, 페이퍼드레인(플라스틱보드드레인)공법, 진공배수공법, 팩드레인공법, 화이버드레인공법 등이 있다. 연직배수공법의 원리는 다음과 같다.

연약점토질 지반 위에 연직배수재를 타입하고 개량할 지반 전역에 성토 등과 같은 하중을 가하여(선행재하공법 또는 preloading공법) 점토질 중의 수분을 연직배수재를 통하여 지표면에 탈출시켜 단기간에 지반을 압밀강화시키는 공법이다. 연직배수재가 설치되면 배수방향이 연직방향에서 수평방향으로 전환되어 배수거리가 대단히 짧아지게 된다. 압밀시간은 배수거리의 제곱에 비례하므로 연직배수공에 의해 압밀시간이 크게 감소한다는 것을 알 수 있다.

압밀에 요하는 시간은 주로 배수재의 직경과 간격에 따라 결정된다. 샌드드레인의 단면도는 그림 7.42와 같으며 배치와 지배영역은 그림 7.43과 같다.

그림 7.43에 나타낸 방사방향배수의 압밀해는 바론(Barron, 1948)과 타까기(高木, 1955) 등에 의해 발표되었다. 그림 7.43에서 한 개의 모래말뚝이 배수할 다각형과 같은 면적을 갖는 원을 유효원이라 하고 이 원의 직경(d_e)과 모래말뚝 간격(d)과의 관계를 바론은 식 (7.35)와 같이 나타내고 있다.

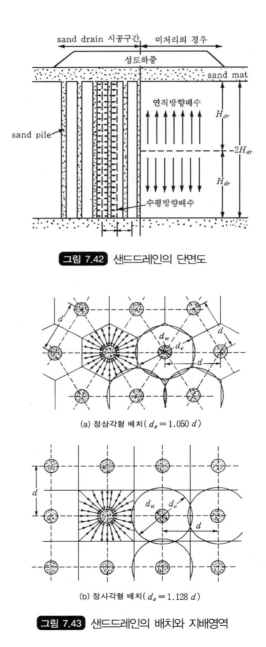

그림 7.42 샌드드레인의 단면도

(a) 정삼각형 배치($d_e = 1.050\,d$)

(b) 정사각형 배치($d_e = 1.128\,d$)

그림 7.43 샌드드레인의 배치와 지배영역

정삼각형 배치의 경우 : $d_e = 1.050d$

정사각형 배치의 경우 : $d_e = 1.128d$

(7.35)

압밀의 방정식은 테르자기의 압밀이론을 확장하여 원통좌표(r, z)에서 식 (7.36)과 같이 된다.

$$\frac{\partial u}{\partial t} = c_{vh}\left(\frac{1}{r} \cdot \frac{\partial u}{\partial r} + \frac{\partial^2 u}{\partial r^2}\right) + c_{vv}\left(\frac{\partial^2 u}{\partial z^2}\right)$$

(7.36)

여기서, c_{vh} : 수평방향의 압밀계수

c_{vv} : 연직방향의 압밀계수

실제로는 c_{vh}가 c_{vv}보다 크나 c_{vh}에 대한 시험치가 없을 때는 동일하다고 보고 c_{vh} 대신에 c_{vv}를 사용하기도 한다. 식 (7.36)에 경계조건, 초기조건을 적용하여 풀면 압밀도−시간계수의 관계는 식 (7.37) 및 그림 7.44와 같다.

$$U_h = 1 - \exp\left\{-\frac{8T_h}{F(n)}\right\}$$

(7.37)

여기서, $F(n) = \frac{n^2}{n^2 - 1}\log_e n - \frac{3n^2 - 1}{4n^2}$

$n = \frac{d_e}{d_w}$

모래말뚝의 간격에 비하여 압밀층의 두께가 대단히 클 경우에는 연직방향의 배수는 무시하여, 식 (7.38)과 같이 주로 수평방향의 배수로부터 압밀의 소요시간 t를 구한다.

$$t = \frac{T_h \cdot d_e^2}{c_{vh}}$$

(7.38)

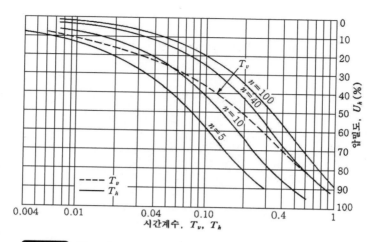

그림 7.44 샌드드레인에 대한 T_h와 U_h의 관계[식 (7.37)의 관계 그래프]

연직방향의 흐름을 무시하지 않는 경우에는, 식 (7.36)을 풀어야 하지만, 그 해 $u(r,z,t)$는, 연직방향 흐름만의 경우의 해 $u(z,t)$와 반경방향 흐름만의 해 $u(r,t)$를 식 (7.39)와 같이 조합해서 구할 수 있으며, 이것을 캐릴로의 방법(Carrillo, 1942; 吉国, 1979)이라고 한다. 또 표면침하에 대한 압밀도는 식 (7.40)과 같다.

$$\frac{u(r,z,t)}{u_0} = \frac{u(z,t)}{u_0} - \frac{u(r,t)}{u_0} \tag{7.39}$$

$$U_{vh} = 1 - (1 - U_v)(1 - U_h) \tag{7.40}$$

여기서, 연직배수공법에 대한 몇 가지 용어를 설명하기로 한다. 드레인을 타설하면 타설롯의 관입에 의해 주변점토가 교란되어 이 영역을 교란영역(smeared zone)이라고 하며 투수계수가 감소되어 압밀이 지연된다. 또, 배수재의 투수성이 낮거나 유로면적이 작거나 배수거리가 길어지면 배수재 내부의 과잉간극수압이 0이 아닌 양수가 되어 배수저항을 받게 되는데 이 현상을 통수저항(well resistance)이라고 한다. 사실 실제 현장에서는 배수재와 샌드매트 내부에서 어느 정도의 과잉간극수압이 발생하는 것이 일반적이다.

배수재가 배수기능을 장기간 수행하다 보면 점토입자가 드레인재의 표면을 감싸는 필터재에 붙어서 두꺼운 층을 형성하거나 드레인재 내부에 관입하여 배수통로가 막히는 현상이 발생하게 되는데 이 현상을 막힘(clogging)이라고 한다. 드레인재는 막힘이 가능한 한 적게 하기 위해서 투수간극이 작아야 하는 성질과 가능한 한 통수저항이 적게 하기 위해서 투수간극이 커야 하는 두 가지 반대되는 성질을 적절히 만족할 수 있도록 제작되어야 하므로 엄격한 품질관리와 제작 과정이 필요하게 된다.

7.8 연습 문제

7.1 아래 그림과 같이, 상재하중 $q = 15\,\mathrm{kN/m^2}$이 지표면에 작용할 때 이로 인한 A-A' 깊이에 서의, $t = 0$ 및 $t = \infty$ 시의 연직전응력의 증가량 $\Delta\sigma_v$, 연직유효응력의 증가량 $\Delta\sigma_v{'}$, 과잉간극수압 Δu를 각각 구하시오. 단, 그림 (b) 예제는 지중응력을 구할 때 탄성해를 사용한 경우와 간편법(2:1분포법)을 사용한 경우로 나누어서 계산하고 서로 비교하되, 탄성해를 사용한 경우는 위치에 따라 응력이 달라지므로 하중의 모서리부와 중앙부에서의 값을 구해서 비교할 것.

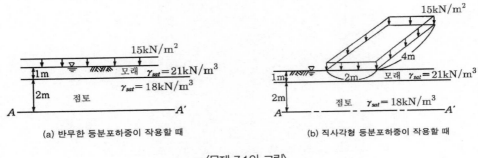

(a) 반무한 등분포하중이 작용할 때   (b) 직사각형 등분포하중이 작용할 때

〈문제 7.1의 그림〉

7.2 일차압밀침하량을 구하는 식인 $\Delta H = \dfrac{\Delta e}{1 + e_0} H$를 유도하시오.

7.3 정규압밀 및 과압밀점토에 대한 압밀침하량을 압축지수, 팽창지수를 이용하여 구하는 식을 유도하시오.

7.4 일차압밀침하량을 체적변화계수를 이용해서 구하는 식을 유도하고, 이 식을 이용할 때의 한계(주의점)에 대해 기술하시오.

7.5 압밀시료의 지중에서의 초기간극비를 구하는 방법을 설명하시오.

7.6 아래 그림 (a)에서, 3m 높이의 성토($\gamma_t = 20\,\mathrm{kN/m^3}$)가 광범위하게 1년간에 걸쳐서 시공되었다. 모래의 $\gamma_{sat} = 19\,\mathrm{kN/m^3}$, 점토의 $\gamma_{sat} = 20\,\mathrm{kN/m^3}$이고 지하수위 위의 모래의

$\gamma_t = 17\,\mathrm{kN/m^3}$이다. 점토의 연직유효응력과 간극비 관계식은 $e = 2.04 - 0.64\log\sigma_v{}'$ ($\sigma_v{}'$의 단위는 $\mathrm{kN/m^2}$)이며, 압밀계수 $c_v = 1.26\,\mathrm{m^2/yr}$이다.

(a) 재하에 의한 점토의 최종일차압밀침하량과 시작 시점부터 3년 후의 점토의 일차압밀 침하량을 계산하시오.

〈힌트〉 초기간극비는 간극비와 유효응력의 관계식을 이용하여 구함. 1년간의 점증재 하 후 2년 경과. 압밀도와 시간계수의 관계는 식 (1) 사용.

$$U_{av}(t) = 0 \sim 60\% \text{일 때} : \quad T_v = \frac{\pi}{4}\left[\frac{U_{av}(t)}{100}\right]^2 \tag{1}$$

$$U_{av}(t) > 60\% \text{일 때} : \quad T_v = 1.781 - 0.933\log[100 - U_{av}(t)]$$

(b) 만약, 그림 (b)와 같이 얇은 모래층이 점토층 바닥 위 1.5m 위치에 있다면, 최종압밀침 하량과 3년후의 침하량은 얼마인가?

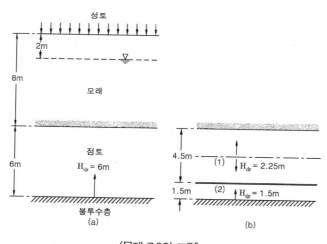

〈문제 7.6의 그림〉

7.7 $\log t$법과 $\sqrt{t}$법에 의해 압밀계수를 구하는 방법을 설명하시오.

7.8 표준압밀시험의 재하단계를 기술하고 하중단계를 그렇게 결정한 이유에 대해서도 간단 히 설명하시오.

7.9 각 압밀단계에서의 시료높이로써 간극비를 구하는 방법을 기술하시오.

7.10 카사그란데 방법에 의한 선행압밀압력 결정 방법에 대해 설명하시오.

7.11 정규압밀, 과압밀 및 과압밀비에 대해 설명하시오.

7.12 점토는 교란에 의해서 압축성이 변화한다. 쉬메르트만 방법에 의해 정규 및 과압밀점토의 교란의 영향을 보정한 압축지수를 구하는 방법을 설명하시오.

7.13 테르자기의 일차원압밀이론의 가장 기본적인 미분방정식은 미소요소에서의 유입량과 유출량의 관계를 이용하여 유도된다. 유도과정을 기술하시오.

7.14 순간재하시의 시간−침하곡선을 이용해서 점증재하시의 재하완료시점에서의 침하량을 추정하는 방법에 대해 설명하시오.

7.15 평균압밀도 개념을 이용하여 점토지반의 시간에 따른 침하량을 구하는 방법에 대해 설명하시오.

7.16 초기간극비와 하중에 의한 간극비감소량을 이용하여 일차압밀침하량을 구하는 식을 유도하고 이 식의 사용상의 한계(어려움)를 간단히 기술하시오.

7.17 압밀침하량 산정에 사용되는 초기간극비의 뜻을 설명하고 포화도를 100%라고 가정해서 초기간극비를 추정하는 방법을 설명하시오.

7.18 지표면에 그림과 같은 직사각형 재하를 할 때, 점토층의 최종일차압밀침하량과, 압밀도 50%일 때의 압밀침하량 및 압밀시간을 계산하시오. 단, 지중응력 분포는 간편법(2:1 분포법)을 적용하며, 그림에 나타낸 점토의 시험치들은 A점(층중앙)에서의 값들임.

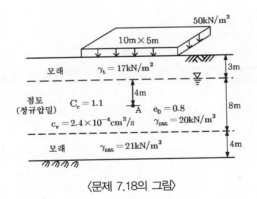

〈문제 7.18의 그림〉

7.19 다음 용어를 설명하시오.

    (a) 통수저항(well resistance)

    (b) 교란영역(smeared zone)

    (c) 막힘(clogging)

    (d) 샌드드레인의 유효원의 직경

7.20 불교란 점토에 대해 아래 표와 같은 압밀시험결과를 얻었다. 이 점토의 $w_L = 88\%$, $w_P = 43\%$, $\gamma_t = 27\,\text{kN/m}^3$, $w_n = 105.7\%$ 이다. 시료의 초기 높이는 2cm이고, 직경은 6cm이다. $e - \log\sigma_v'$ 곡선을 그리고 선행압밀압력과 압축지수 및 수정압축지수를 구하시오.

〈문제 7.20의 표〉

압력(kN/m²)	다이얼게이지 눈금(mm)	간극비
0	12,700	2,855
5	12,352	2,802
10	12,294	2,793
20	12,131	2,769
40	11,224	2,631
80	9,053	2,301
160	6,665	1,939
320	4,272	1,576
640	2,548	1,314
160	2,951	1,375
40	3,533	1,464
5	4,350	1,589

7.21 문제 7.20에서 압력증가 $40\,\text{kN/m}^2$에서 $80\,\text{kN/m}^2$ 단계에서 시간에 따른 압밀침하데이터는 아래 표와 같다(압력증가 단계는 현장에서 예상되는 압력증가량을 고려해서 결정). 재하 후 25년 후의 압밀침하량이 30cm라고 가정하고, 재하 후 25년에서 50년 사이의 이차압밀침하량을 계산하시오.

〈문제 7.21의 표〉

다이얼게이지 눈금(mm)	경과시간(min)	간극비
11,224	0	2,631
11,151	0,1	2,620
11,123	0,25	2,616
11,082	0,5	2,609
11,019	1,0	2,600
10,942	1,8	2,588
10,859	3,0	2,576
10,711	6	2,553
10,566	10	2,531
10,401	16	2,506
10,180	30	2,473
9,919	60	2,433
9,769	100	2,410
9,614	180	2,387
9,489	300	2,368
9,373	520	2,350
9,223	1350	2,327
9,172	1800	2,320
9,116	2850	2,311
9,053	4290	2,301

7.9 참고문헌

· 류기송(1995), "연약지반상 흙구조물의 안정," 대한토목학회지, Vol.43, No.7, pp.80-89.

· Aboshi, H.(1973), "An Experimental Investigation on the Similitude in the Consolidation of a Soft Clay, Including the Secondary Creep Settlement," Proceedings of the Eighth International Conference on Soil Mechanics and Foundation Engineering, Moscow, Vol.4.3, p.88.

· Barron, R.A.(1948), "Consolidation of Fine Grained Soils by Drain Wells," Trans. ASCE, Vol.113, pp.718-754.

· Bjerrum, L.(1967), "Engineering Geology of Norweigian Normally-consolidated Marine Clays as Related to Settlements of Buildings," Geotechnique, pp.17-83.

· Carrllo, N.(1942), "Simple Two and Three Dimensional Cases in the Theory of Consolidation of Soils," Journ. Math. Phys., 21-1.

· Casagrande, A.(1936), "Determination of the Preconsolidation Load and Its Practical Significance," Proceedings of 1st International Conference on Soil Mechanics and Foundation Engineering, Cambridge, Mass., Vol.3, pp.60-64.

· Crawford, C.B.(1964), Interpretation of Consolidation Test, Proc. ASCE, Vol.90, No.SM5, p.87.

· Holtz, R.D. and Kovacs, W.D.(1981), An Introduction to Geotechnical Engineering, Prentice-Hall, Inc., p.54, p.294, pp.410-423.

· Ladd, C.C.(1971), "Settlement Analyses for Cohesive Soils," Research Report R71-2, Soils Publication 272, Department of Civil Engineering, Massachusetts Institute of Technology, 107.

· Leonards, G.A. and Girault, P.(1961), "A Study of the One-Dimensional Consolidation Test," Proceedings of the Fifth International Conference on Soil Mechanics and Foundation Engineering, Paris, Vol. I, pp.116-130.

· Leonards, G.A.(1973), Discussion of "The Empress Hotel, Victoria, British Columbia : Sixty-five Years of Foundation Settlements," Canadian Geotechnical Journal, Vol.10, No.1, pp.120-122.

· Leonards, G.A. and Altschaeffl, A.G.(1964), "Compressibility of Clay," Journal of S.M. & F. Division, ASCE, 90, SM5, Proc. Paper 40419, pp.133-155.

· Mesri, G.(1973), "Coefficient of Secondary Compression," Journal of the Soil Mechanics and

Foundation Division, ASCE, Vol.99, No.SM1, pp.122-137.

· Mesri, G. and Godlewski, P.M.(1977), "Time - and Stress-Compressibility Interrelationship," Journal of the Geotechnical Engineering Division, ASCE, Vol.103, No.GT5, pp.417-430.

· Monden, H.(1969), "Characteristics of side friction in the one-dimensional consolidation," Soils and Foundations, Vol.9, No.1, p.11, 1967.

· Raymond, G.P. and Wahls, H.E.(1976), "Estimating One-Dimensional Consolidation, Including Secondary Compression of Clay Loaded from Overconsolidated to Normally Consolidated State," Special Report 163, Transportation Research Board, pp.17-23.

· Schmertmann(1953), "Estimation the True Consolidation Behavior of a Clay from Laboratory Test Results," Proc. Am. Soc. Civ. Engrs., pp.79-311.

· Schmertmann(1955), "The Undisturbed Consolidation Behavior of Clay," Transactions, ASCE, Vol.120, pp.1201-1233.

· Skempton, A.W.(1944), "Notes on the Compressibility of Clays," Quarterly Journal of the Geological Society of London, Vol. 100, pp.119-135.

· Taylor, D.W.(1942), Research on Consolidation of Clays, Pub. No.82, Dept. Civ. Engg. MIT.

· Taylor, D.W.(1948), Fundamentals of Soil Mechanics, John Wiley and Sons, New York, pp.224-238.

· 風間 秀彦, 石井 三朗, 黒崎 秀(1981), 土と基礎 Vol.29, No.3, pp.11-18.

· 日本土質工学会(1978), 地盤改良の調査・設計から施工まで, pp.1-3.

· 日本土質工学会(1979), 土質試験法 第2回 改訂版.

· 日本土質工学会(1990), 土質試験の方法と解説, pp.300-301.

· 日本土質工学会(1985), 土質工学用語辞典, pp.94-95.

· 最上 武雄(1969), 土質力学, 技報堂, p.452-453.

· 赤井, 足立(1963), "飽和粘土の一次元圧密における側圧変化と間ゲキ水圧の挙動について," 日本土木学会年次学術講演会.

· 称田 培穂(1981), 軟弱地盤における土質力学 ― 調査から設計・施工まで ―, 鹿島出版会, p.188.

· 白子 博明, 杉山 太宏, 前田 浩之助, 赤石 勝(2001), "二次圧密を含む一次元圧密解析における土質定数," 土と基礎, Vol.49, No.6, pp.14-16.

· 寺田 邦雄(2001), "二次圧密を考慮した一次元圧密沈下量の計算方法の適用," 土と基礎, Vol.49, No.6, pp.17-19.

· 高木　俊介(1955), "サンドパイル排水工のためのグラフとその使用例," 土と基礎, Vol.13, No.12, pp.8-14.
· 高田　直俊(1978), "臨海粘土の埋立," 日本土木学会関西地部 昭和53年度 講習会テキスト.
· 最上　武雄(1969), 土質力学, 技報堂出版株式會社, p.341.
· 吉国　洋(1979), バーチカルドレーン工法の設計と施工管理, p.40.

\# 주 예수를 믿으라 그리하면 너와 네 집이 구원을 받으리라.(성경, 사도행전 16장 31절)

제8장

다 짐

제8장 **다 짐**

8.1 다짐의 목적

　도로, 철도, 제방, 필댐, 택지, 뒷채움, 매립 등의 성토는, 천연의 흙이나 암석 등을 인공적으로 쌓아 올림으로서 건설된다. 각각의 성토구조물은, 소정의 다짐도로 다짐된 상태의 흙의 성질이 확보되는 것을 전제로 설계된다. 일반적인 흙은 다짐(compaction)에 의해 흙 속의 공기가 감소하고 조밀한 상태가 되어, 흙의 성질이 개량(투수성 저하, 지지력 증대, 전단강도 증가, 침투에 의한 흙의 연화·팽창 방지, 압축성 감소 등)된다. 따라서 장래 받을 외력이나 함수비 증가에 따른 유효자중 증가 등에 대한 저항력이 커져, 보다 안정적인 구조물이 된다.

　진동에 의해 기존지반이 침하하는 현상은 다짐현상 중의 하나이나, 이로 인한 침하량을 산정하는 방법은 아직 확립되어 있지 않다. 즉, 압밀이론은 정재하, 함수비 변화에 따른 유효자중의 증가 등에 의한 침하량을 구하는 이론이나, 다짐이론은 침하를 구하기 위한 이론이 아니고, 어떤 에너지(정하중, 함수비 변화에 따른 유효자중의 증가, 진동, 충격 등으로 설계 대상 지반구조물에 따라 크기나 종류가 다름)가 지반(주로 흐트러진 지반이 대상이지만, 원지반인 경우도 대상이 될 수 있다)에 주어질 때, 침하나 파괴에 대해 안정적인 구조를 조성하기 위해 필요한 이론이다. 다짐이론에 의하면 안정적인 지반구조는 간극비(또는 건조밀도)가 어떤 값이 될 때에 얻어진다는 것을 알 수 있게 되며, 다짐시험은 바로 이 간극비(또는 건조밀도)를 얻기 위한 시험인 것이다.

　이때, 다짐 대상지반에 동일한 다짐에너지가 주어지더라도 지반의 함수비에 따라 건조밀도가 달라지므로(즉, 다짐효과가 달라지므로), 가장 효과적인 다짐이 될 수 있는(즉, 어떤 에너지에 대해 가능한 한 최대의 지반 건조밀도가 만들어 질 수 있는) 함수비(최적함수비라고 함)를 구하는 것도 다짐시험의 중요한 목적이다.

다짐효과는 사질토에서 높으나, 점성토는 투수성이 낮아 짧은 충격으로는 잘 다져지지 않아 주로 장기적인 하중을 가해서 간극을 감소시키는 압밀이 적용된다. 또 점토는 구조상 고리환모양으로 되어 있어 다짐하중이 제거되면 다시 복원되고자 하는 성질을 가지고 있어 다짐효과가 크지 않다.

앞에서 기술한 내용을 요약하면, 다짐은 인위적인 작용에 의해 흙의 밀도를 높여서 간극을 줄임으로서 안정된 상태의 토괴를 조성하는 것을 목적으로 한다. 다짐된 흙의 성질은 다짐함수비에 따라 상당히 차이가 나지만, 일반적으로 다음과 같은 흙의 성질 개선 효과가 기대된다.

① 투수성의 저하   ② 전단강도의 증가   ③ 압축성의 감소
④ 지지력의 증대   ⑤ 투수에 의한 흙의 연화 및 팽창의 방지

8.2 다짐시험

다짐시험은 미국의 프록터(Proctor, 1933)가 흙댐(earth dam)의 시공관리에 관련하여서 다짐시험의 의의와 공사에 적용하는 방법을 제안한 후 사용되기 시작했고 우리나라에서도 이 시험을 근간으로 해서 KS F 2312(미국은 ASTM D 698, D 1557, 일본은 JSF T 711-1990)에 규정되어 있다.

8.2.1 다짐시험의 종류

KS F 2312에는 다짐시험을 표 8.1과 같이 다섯 종류로 분류(일본도 우리나라와 동일)하고 있으나, ASTM에서는 표준다짐시험(Standard Proctor Test)과 수정다짐시험(Modified Proctor Test)의 두 종류로 대별하고 또한, 각 시험을 네 종류씩으로 세분해서 총 8종류의 시험으로 나누고 있다. 다짐시험은 다짐에너지 등에 따라 분류되며, 설계에너지에 따라 다짐에너지를 달리하여 실시되어야 한다. 즉, 일반적인 도로의 다짐에는 A, B시험을 적용하나, 비행장 등 사용하중이 큰 지반을 다질 때에는 보다 큰 에너지를 가해서 시험하기 위해 C, D, E시험을 적용하며 C, D, E시험의 다짐에너지는 A, B시험의 다짐에너지의 약 4.5배(표 8.2 참조)에 달한다.

표 8.1 다짐시험의 종류(KS F 2312 : 2001)

다짐시험의 호칭명	래머질량 W (kg)	래머 낙하고 h (cm)	몰드내경 (cm)	다짐 층수 N_d	층당다짐회수 N_h	시료의 허용 최대입경(mm)
A	2.5	30	10	3	25	19.0
B			15	3	55	37.5
C	4.5	45	10	5	25	19.0
D			15	5	55	19.0
E			15	3	92	37.5

다짐시험에 사용되는 몰드(mould), 래머(rammer) 등은 그림 8.1과 같다. 또 식 (8.1)은 다짐에 너지를 계산하는 식이며 표 8.2는 이 식을 이용해서 구한 각 시험의 시료의 단위체적당의 다짐에 너지를 나타낸다. 이들 시험 중 A, B 시험은 에너지가 약 $550\text{kN} \cdot \text{m}/\text{m}^3$이고 C, D, E시험은 약 $2{,}475\text{kN} \cdot \text{m}/\text{m}^3$이며, 일반적으로 A, D시험이 이용되나 구득 가능한 시료의 최대입경이 클 경우에도 폭 넓게 적용이 가능하도록 A시험에 B시험을 추가하였고, D시험에 C, E시험을 추가하여 다섯 가지 시험으로 나누고 있다.

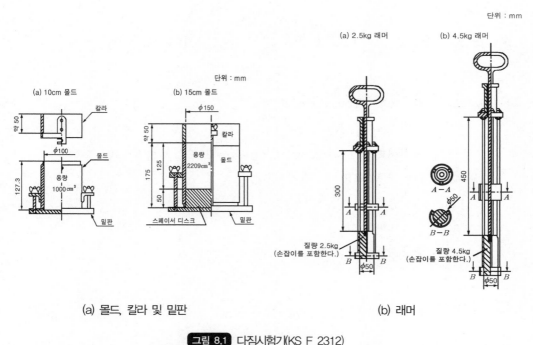

(a) 몰드, 칼라 및 밑판   (b) 래머

그림 8.1 다짐시험기(KS F 2312)

위의 다짐시험을 행하는 경우에, 몰드의 크기에 대해서 시료의 최대입경이 너무 크면 다짐흙의 성질에 차이가 나타나서 정확한 시험결과가 얻어지지 않게 될 우려가 있으므로 KS에 규정되어 있는 시험방법에서는 시료의 최대입경을 몰드 내경의 약 1/4 이하가 되도록 되어 있다. 그러나 D시험의 경우는 몰드내경이 15cm인데도 시료의 최대입경을 37.5mm가 아닌 19.0mm로 한 것은 C, D, E시험 중 가장 일반적으로 사용되는 D시험에서 다짐효과를 보다 확실히 하기 위한 배려인 것으로 생각된다.

표 8.2 다짐시험별 다짐에너지(식 8.1을 사용해서 계산)

다짐시험	A	B	C	D	E
다짐에너지(kN · m/m³)	551.25	549.00	2480.63	2470.52	2479.50
	약 550		약 2475		

$$E_c = \frac{W \cdot h \cdot N_d \cdot N_h}{V_m} \ \ \text{kN} \cdot \text{m/m}^3 \tag{8.1}$$

(A시험의 경우 :

$$E_c = \frac{2.5\text{kg} \times 9.8\text{m/s}^2 \times 10^{-3} \times 0.3\text{m} \times 3 \times 25}{10^{-3}\text{m}^3} = 551.25(\text{kN} \cdot \text{m/m}^3)$$

여기서, E_c : 다짐에너지(compacted effort)

　　　　W : 래머의 무게(kN)

　　　　　(A시험의 경우 : $2.5\text{kg} \times 9.8\text{m/s}^2 = 24.5\text{N} = 24.5 \times 10^{-3}\text{kN}$)

　　　　h : 래머의 낙하고(m)

　　　　N_d : 다짐층수

　　　　N_h : 층당 다짐회수

　　　　V_m : 몰드의 체적(m³)

8.2.2 다짐곡선

건조된 시료는 동일한 에너지라도 잘 다져지지 않으나 함수량을 증가시키면 물이 흙입자 사이에서 윤활유 같은 작용을 하기 때문에 동일한 에너지라도 잘 다져져서 다짐 후의 건조밀도는 함수량이 증가함에 따라 증가한다. 그러나 함수량이 너무 많으면 다짐 효과가 떨어져서 다짐 후의 건조밀도는 적절한 함수량에서 다진 경우보다 감소하게 되며, 이렇게 건조밀도가 변화되는 과정에서 건조밀도의 최대치(최대건조밀도)가 나타나게 된다. 시료의 함수비를 변화시키면서 수차례에 걸쳐 행해진 다짐시험의 결과로부터 얻어진 건조밀도(γ_d)~함수비(w) 관계를 나타낸 그림 8.2와 같은 그래프를 다짐곡선(compaction curve) 또는 프록터곡선(Proctor curve)이라고 한다. 이 그래프의 정점에서의 각각의 값을 최대건조밀도(γ_{dmax}), 최적함수비(w_{opt} 또는 OMC ; Optimum Moisture Content)라고 하며 현장다짐의 기준이 된다. 이 그림에서는 사질토와 점성토의 다짐곡선을 비교하여 나타내었으며, 최대건조밀도는 사질토가 크고 최적함수비는 점성토가 크다는 것을 알 수 있다. 이것은 일반적으로 점성토가 사질토보다 간극비(또는 함수비)가 크고 건조밀도가 작은 것과 유사한 경향이라는 것을 알 수 있다.

　일반적으로 다짐에너지가 증가하면 흙은 조밀해지지만, 소성이 있는 점성토에서는 함수량이 많은 상태에서 다짐에너지가 반복 작용하면 다짐상태가 오히려 나빠져서 강도가 저하되는데 이를 과도전압 또는 과전압(overcompaction)이라 한다. 과도전압은 함수비가 높은 점성토에서 보이는 현상으로서 특히 화강풍화토(decomposed granite)에서 많이 나타난다.

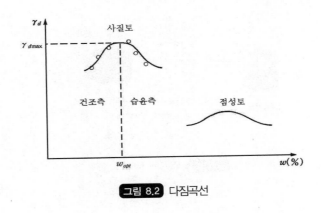

그림 8.2 다짐곡선

　다짐이 완료된 흙구조물에서, 강우 등에 의해 함수비가 최적함수비 부근에서 변화하게 되면 팽창(왜냐하면, 최적함수비에서 체적이 최소가 되므로)하는 것이 아닌가 하는 의문이 생긴다. 이 팽창량에 대한 연구는 거의 없지만 아마 대단히 작으므로 별 문제가 되지 않은 것이 아닌가 생각한다. 그러나 함수비가 증가함으로서 발생하는 흙유효자중의 증가에 따른 흙구조물 자체의 침하량과 하부지반의 침하량 등(이 값들은 압밀이론에 의해 구할 수 있음)에 대한 검토는 필요하지만 우리나라에서 아직 이들 값을 설계에 반영한 경우는 드물다.

8.2.3 영공극곡선과 다짐에너지에 따른 다짐곡선의 변화

    영공극곡선(零空隙曲線)은 영공기간극곡선(零空氣間隙曲線 ; zero-air void curve) 또는 포화곡선(saturation curve)이라고도 하며, 주어진 함수비에 대한 이론적 최대건조밀도곡선을 의미한다. 최대건조밀도곡선이란 그림 8.3과 같이 어떤 함수비 상태의 흙을 공기간극이 완전히 없어져서 포화도가 100% 될 때까지 가상적으로 다졌을 때의 함수비와 건조밀도의 관계를 나타낸 것이므로, 동일한 함수비일 때는 공기간극이 남아있는 상태의 다짐곡선보다 항상 위쪽에 위치한다(그림 8.4).

    그림 8.4의 다짐에너지에 따른 다짐곡선의 형태에서 알 수 있듯이, 다짐에너지가 클수록 최대건조밀도는 증가하고, 최적함수비는 감소한다.

    그림 8.3에서 알 수 있는 바와 같이 영공극상태의 간극비 $e = \dfrac{w\,G_s}{100}$ 이므로 이때의 건조밀도와 함수비의 관계는 식 (8.2)와 같이 나타내어지며, 이 식은 영공극곡선의 식이 된다. 이 곡선은 다짐곡선의 상계치라는 의미를 갖고 있어 다짐시험결과 얻어진 다짐곡선의 적정성을 판정하기 위한 중요한 지표로 사용된다.

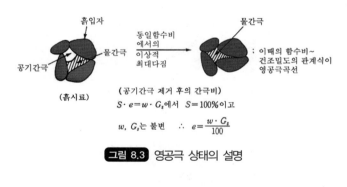

그림 8.3 영공극 상태의 설명

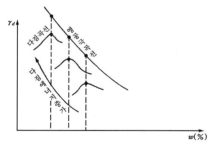

그림 8.4 다짐에너지의 크기에 따른 다짐곡선과 이때의 영공극곡선

영공극곡선의 식 : $\gamma_d = \dfrac{W_s}{V} = \dfrac{G_s}{1+e}\gamma_w = \dfrac{G_s}{1 + \dfrac{w\,G_s}{100}}\gamma_w$

$$= \dfrac{1}{\dfrac{1}{G_s} + \dfrac{w}{100}}\gamma_w$$

(8.2)

8.3 함수비 변화에 따른 흙 상태의 변화

다짐 시 함수비에 따라 흙의 상태는 각각 다르게 되는데, 호겐토글러(Hogentogler)는 이것을 그림 8.5와 같이 4단계로 나누고 있으며 각 단계에 대해 설명하면 다음과 같다.

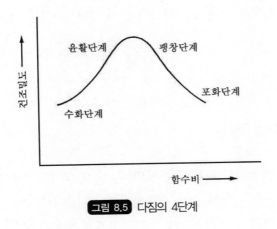

그림 8.5 다짐의 4단계

(1) 수화(水和)단계(반고체상 영역)

반고체상태로 흙이 존재하며 함수량이 부족하여 흙입자 사이에 접착이 일어나지 않고 큰 간극이 존재한다. 충격력이 주어지면 개개의 입자가 이동하게 되며 다짐효과는 별로 나타나지 않게 되고 밀도가 낮은 다짐흙을 얻는다.

(2) 윤활단계(탄성체적 영역)

함수비의 증가로 수화단계를 넘으면 수분의 일부는 자유수로 존재하여 흙입자의 이동을 돕는 윤활재 역할을 하게 되고 다지게 되면 흙입자 상호간에는 접착이 이루어지기 시작한다. 충격을 가하면 개개의 입자의 이동이 일어나지 않고 간극비가 줄어들어 안정된 상태로 되어간다. 함수비를 점차적으로 증대시키면 이 단계에서의 최대함수비 부근에서 최대건조밀도를 보이게 되고 이때 함수비는 최적함수비가 된다.

(3) 팽창단계(소성적 영역)

함수비가 더욱 증가하여 최적함수비를 넘게 되면 증가된 분량의 수분은 윤활재로서의 작용뿐만 아니라 보다 다져진 순간에 잔류공기를 압축시키는 작용을 더하게 된다. 이러한 결과로 다져진 흙은 다짐충격을 받아 압축되며 충격을 제거하면 팽창현상이 일어난다.

(4) 포화단계[반점성 유체적(半粘性 流體的) 영역]

더욱 함수비를 증대시키게 되면 팽창단계로부터 증가된 수분은 흙입자와 치환되며 실제적으로 포화된 결과가 된다. 건조밀도는 흙입자가 수분에 의해서 치환된 분량만큼 감소하게 된다.

8.4 다진 흙의 성질

8.4.1 다짐에 의한 구조 변화

흙을 다졌을 때, 함수비에 따라 다짐 정도가 변하는 것은 앞에서 기술했으며, 여기서는 다질 때 함수비에 따른 흙구조의 변화에 대해 설명하기로 한다. 사질토의 경우는 함수비에 따라 흙구조가 별로 변하지 않지만 점성토의 경우는 함수비에 따라 흙구조가 상당히 변한다. 점성토의 경우, 최적함수비보다 낮은 함수비로써 다지면 랜덤구조를 취하지만, 함수비의 증가에 따라 랜덤의 정도가 감소되어 최적함수비 이상에서는 불완전배향구조(분산구조)를 만든다.

또한, 다짐방법(정적, 동적 등)의 차에 의해서도 구조의 차이가 생긴다. 정적(靜的) 압력에 의한 다짐 시에는, 전층(全層)에 걸쳐서 불완전배향구조를 만들지만, 동적인 래머에 의한 다짐에서는 큰 전단변형률에 의한 배향구조를 국부적으로 가지며, 전층에 걸쳐서는 랜덤한 구조로 된다. 이것은 다짐방법에 의한 전단변형률의 발생방법의 차이에 기인하는 것으로, 응력-변형률 특성은 그림 8.6에 나타낸 바와 같이 서로 달라진다. 또, 최적함수비보다 습윤측에서 다져진 것은 다짐방법에 따라 응력과 변형률 관계가 크게 다른 것도 알 수 있다.

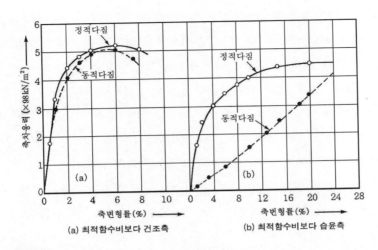

그림 8.6 점성토의 다짐방법에 따른 응력-변형률 관계의 차이(Seed et al., 1961)

8.4.2 함수비의 영향

지반의 건조밀도가 같고 함수비가 서로 다른 지반을 다진 경우에 최적함수비보다 큰 함수비로 다진 지반은 불안정하다. 왜냐하면, 지반의 함수비가 크면 다짐에너지를 가할 때에 과잉간극수압이 발생되어 다짐에 저항하므로 잘 다져지지 않으며, 이렇게 다져진 지반은 압축성이 크기 때문이다. 따라서 지반은 작은 함수비로 다질수록 잘 다져지고 다진 후의 지반의 압축성이 적어서 유리하지만 목표로 하는 최대건조밀도를 얻기 위해서는 다짐에 큰 에너지를 필요로 하여 비경제적이다.

다짐된 시료의 함수비를 증가시키거나 포화시키면, 함수비가 너무 작은 상태로 다짐된 시료는 압축변형이 커진다. 포화되면서 급격하게 압축변형이 일어나는 현상을 포화충격(saturation shock)이라고 하는데, 이 현상은 최적함수비로 다진 지반에서는 거의 일어나지 않고 최적함수비보다 큰 함수비로 다진 지반에서도 발생되지 않는다. 따라서 최적함수비보다 작은 함수비로 다질 때는 포화충격이 일어날 가능성이 있으므로, 다짐함수비가 최적함수비보다 너무 작지 않도록 주의해야 한다.

여기서 문제가 되는 것은 최적함수비 부근에서 다진 지반은 이후에 강우 등에 의해 함수비가 증가되어도 침하가 별로 발생하지 않는다고 하였다. 그런데, 이 최적함수비라는 것은 다짐에너지에 따라 달라지므로 현장에서 어떤 다짐에너지를 사용한 최적함수비를 사용했을 때에 대한 것인가 하는 문제가 중요하나 현재로서는 5종류로 나누어진 다짐시험에 의해 구하고 있다.

보다 정확한 다짐에너지에 의한 최적함수비 산정방법이 앞으로의 연구과제라고 할 것이다. 또한, 함수비 증가에 의해 지반의 자중이 증가함으로서 생기는 하중에 의한 다짐흙의 침하와 다짐흙의 하부기초지반의 침하에 대해서는 별도의 검토가 있어야 할 것이다.

다짐에 의해 흙입자 구조가 조밀화되면, 흙의 성질은 일반적으로는 개선되어, 예를 들면 전단강도는 증가하고, 투수성은 낮아진다. 그림 8.7은 다짐곡선에 대응한 강도 및 투수계수를 함수비와의 관계로서 개념적으로 나타낸 것이다. 통상의 흙에서는 강도의 최대치는 최적함수비보다 약간 건조측에서 나타난다. 한편, 투수계수는 건조밀도와 역의 관계에 있고, 최적함수비의 약간 습윤측에서 최소치가 나타난다. 다짐된 후에 지하수면 아래가 되는 부분의 흙에 대해서는, 수침 후의 강도가 문제가 된다. 최적함수비보다 건조측에서 다진 흙의 경우, 수침강도는 오히려 저하하므로, 수침강도의 최대치는 대략 최적함수비 부근, 즉 최대건조밀도 부근에서 나타난다.

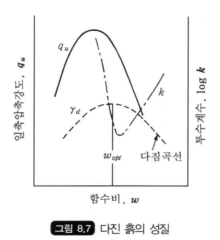

그림 8.7 다진 흙의 성질

8.5 들밀도시험

현장에서 지반의 밀도를 측정하는 시험을 들밀도시험이라고 하며, 들밀도시험에는 모래치환법, 고무주머니법(물치환법, 기름치환법), 방사선밀도측정기(또는 γ선 산란형 밀도계)에 의한 방법 등이 있다. 여기서는, 가장 일반적으로 사용되는 모래치환법과, 방사선밀도측정기 중에서 일본에서 개발되어 현장 적용이 증가하고 있는 표면형 RI 밀도계와 자동주사식 RI밀도계(SRID)에 의한 방법에 대해서만 간략하게 기술하기로 한다.

8.5.1 모래치환법

모래치환법은 KS F 2311에 규정되어 있으며 시험 개요는 그림 8.8과 같다. 시험하고자 하는 지반에 구덩이를 파서 파낸 흙의 질량을 재고, 모래를 그 구덩이에 넣어 구덩이의 체적을 구함으로서 지반의 밀도를 계산하는 방법이다. 사용되는 모래는 2mm체를 통과하고 0.075mm체에 남는 모래를 물로 씻어서 잘 건조한 것이어야 한다고 규정하고 있는데, 우리 나라에서는 보통 주문진표준사를 사용한다. 주문진표준사는 토질공학적인 연구에 많이 사용되고 있으나, 실제로는 토질공학에서의 표준사가 아니고 콘크리트 시험용 공시체에 사용되는 표준사란 것을 첨언해 둔다.

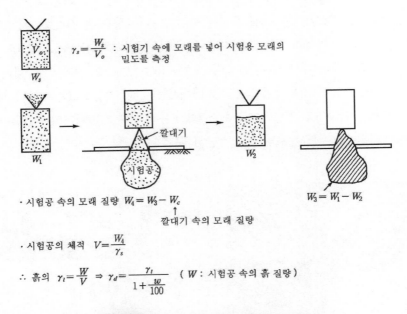

· 시험공 속의 모래 질량 $W_4 = W_3 - W_c$
↑
깔대기 속의 모래 질량

· 시험공의 체적 $V = \dfrac{W_4}{\gamma_s}$

∴ 흙의 $\gamma_t = \dfrac{W}{V}$ ⇒ $\gamma_d = \dfrac{\gamma_t}{1 + \dfrac{w}{100}}$ (W : 시험공 속의 흙 질량)

그림 8.8 들밀도시험 중 모래치환법의 설명도

8.5.2 밀도계에 의한 방법

시추공(보링공, boring hole)의 자연방사능 또는 인공방사선원(源)에 의한 방사능을 측정함으로서 토질을 조사하는 방법을 방사능검층(radioactivity log) 또는 RI측정법(Radio Isotope)라고 한다. 케이싱을 삽입한 공에서도 조사할 수 있는 장점을 갖고 있다.

근래에 새로운 형태의 RI밀도계가 개발되어 필댐의 성토시험 등에 적용되고 있다. 이들을 이용한 최근의 시험사례를 보면, 지금까지 보이지 않았던 상세한 다짐데이터가 비교적 간단히 얻어지게 되어 현장전압의 다짐효과가 정확히 평가되고 있다(豊田 等, 1999). 그 중에서도 자동 주사식(走査式)의 표면형 RI밀도계(SRID)(豊田 等, 1997)는, RI법이 갖는 간편성과 신속성에다 코아재료의 치환법보다도 수배 큰 측정용적을 갖도록 되어 조립재료에 대한 밀도데이터의 신뢰 성을 크게 향상시키고 있다. 한편, 예를 들면 필댐의 코아성토나 도로성토 등에서 보이듯이, 1층당의 다짐두께를 크게 하는 등의 시공의 합리화가 진행 중이며, 시공품질(다짐밀도)의 관리 가 점점 중요하게 되고 있다.

그림 8.9, 그림 8.10(豊田 等, 2000)에서 알 수 있는 바와 같이, 종래형의 RI계가 접지고정식인 데 반해(藤井, 1990), 자동주사식(走査式)은 측정기를 지표면에서 약 5cm 띄우고, 또한 360° 회전시켜서 측정할 수 있도록 되어 있다. 또, SRID는 RI주사와 백그라운드(BG)주사를 각각 1회씩 행해서, 1측점의 밀도와 함수비를 동시에 측정하며, 주사시간은 각각 1분이다. 부상(浮上) 주사식이므로, 종래의 표면형 RI밀도계와 같이 측정면을 평탄하게 할 필요는 없다. 또 SRID는 종래의 표면형 RI밀도계에 비해 10배 이상의 측정용적이 있다. 또, 치환법에 의한 밀도시험, 예를 들면 전압두께 30cm의 경우의 측정용적에 비해서 3~4배 크다. SRID는 한쪽으로는 습윤밀 도, 다른 한쪽으로는 함수비를 측정함으로서 건조밀도를 계산하는 방식이며 기계를 회전하면서 측정하면 360° 범위에서 평균건조밀도를 간단히 구할 수 있다.

그림 8.9 자동주사식 RI밀도계(SRID)에 의한 다짐밀도 측정(豊田 等, 2000)

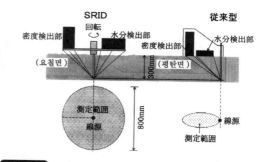

그림 8.10 SRID와 종래의 표면형 밀도계와의 측정영역의 비교(豊田 等, 2000)

8.6 현장다짐방법

8.6.1 다짐기계

다짐기계는 표 8.3, 그림 8.11, 그림 8.12와 같이 많은 종류가 있다. 이들은 다짐에너지를 주는 수단에 따라 정적(靜的)하중에 의한 것과 동적(動的)하중(진동 또는 충격)에 의한 것의 두 가지 형으로 나누어진다.

표 8.3 다짐기계의 종류

다짐기계명		적용 지반	개요
대분류	소분류		
정적하중에 의한 다짐기계	로드롤러 (road roller) — 머캐덤롤러 (Macadam roller)	쇄석층	표면이 매끄러운 원통형 철바퀴를 차륜으로 하는 자주식 다짐기계. 철바퀴의 배치에 따라 3륜식의 머캐덤형과 2륜식 및 3륜식의 탠덤형이 있다. 머캐덤은 세글자. 탠덤은 둥글자로서 바퀴가 세 개, 두 개라고 기억하면 좋을 것이다. 주로 포장기계로서 노반이나 아스팔트 포장의 다짐에 사용된다. 머캐덤은 발명가의 이름이며, 탠덤은 "세로로 나란히 있는"의 뜻이다.
	로드롤러 (road roller) — 탠덤롤러 (Tandem roller)		
	타이어롤러 (tire roller)	보통, 점성토지반 및 아스콘표층	공기 주입 타이어의 특성을 이용해서 다짐을 행하는 기계. 타이어의 접지압은 타이어 하중과 공기압과의 관계로서 변화하고, 일반적으로 공기압을 올리면 다짐효과는 크게 되고, 낮추면 지지력이 낮은 지반에도 적용될 수 있도록 된다. 자주식과 피견인식이 있으며, 바라스터의 부가도 가능하다.
	탬핑롤러 (tamping roller) — sheep's foot roller / grid roller / taper foot roller / turn foot roller	연약 점성토지반	롤러 표면에 돌기를 붙인 것으로, 그 형상에 따라 여러 가지로 나누어진다. 이들은 돌기의 선단에 하중을 집중할 수 있으므로 다른 롤러에 비해서 깊은 곳까지 다짐효과가 미친다. 자주식과 피견인식이 있으며, 바라스터의 부가도 가능하다. 탬핑이란 "틀어막음, 충전 충전재" 등의 의미를 가지며, 일본식 발음으로 "땜빵"이라고 잘못 발음 하는 사람도 있다.
동적하중에 의한 다짐기계 — 진동	진동롤러 (vibration roller)	사질토지반	롤러에 진동기를 붙여서 진동에 의해 흙의 변형저항을 작게 해서 작은 하중에서 큰 다짐효과를 얻는 것. 종류로서는 탠덤형이 많고, 철바퀴와 타이어의 컴바인더형에는 타이어 구동형과 타이어 결합형이 있다. 자주식과 피견인식이 있다.
동적하중에 의한 다짐기계 — 진동	진동컴팩터 (vibration compactor)		평판 위에 진동기를 직접 붙여서 이 진동에 의해 다짐과 자주를 동시에 행하는 것으로, 조작은 핸드가이드형이다.
동적하중에 의한 다짐기계 — 충격	탬퍼 (tamper)		기계의 회전력을 크랭크에 의해 상하운동으로 바꾸어 스프링 등의 탄성체를 매개로 다짐판에 전달하는 것으로 타격과 진동의 두 가지 기능을 갖고 있다.

토질에 따른 일반적인 적응성에 대해서는, 비점착성 사질토에는 진동롤러, 진동컴팩터, 탬퍼 등이, 비소성의 실트 등에는 타이어롤러가, 소성이 있는 점성토에는 탬핑롤러가 유효하다. 로드롤러는 토공기계로서 보다는 포장기계로서 노반이나 아스팔트포장의 다짐에 사용되는 일이 많다. 또, 점성토 등에서 다짐기계가 유효하게 사용될 수 없을 때는, 불도저로써 대용시키는 일도 있다.

〈Tandem roller〉

〈Macadam roller〉

〈Tire roller〉

〈Tamping roller〉

〈진동롤러〉

그림 8.11 대형 다짐기의 종류

진동 플레이트 컴팩터(Sakai 중공업)

진동 플레이트(Self-propelled Vibro-plate; Wacker Corporation)

수동식 램머(Manually operated rammer; Wacker Corporation)

핸드가이드 로울러(코마쯔)

그림 8.12 소형 다짐기의 종류

8.6.2 다짐 순서

성토재료는, 고 함수비의 점성토에서부터 파쇄된 경암에 이르기까지 여러 가지의 종류가 있고, 또 흙을 다짐하는 다짐기계도 많은 종류가 있기 때문에, 대상이 되는 성토재료의 다짐특성을 가장 효과적으로 발휘하게 할 수 있는 다짐기계의 선정이 중요하다. 또한, 다짐은 같은 토질이라도 함수비의 상태, 한 층의 두께, 다짐회수에 따라서도 현저하게 변하기 때문에, 효과적인 다짐을 행하기 위해서는 토질, 다짐기계, 시공함수비, 한 층의 두께 및 다짐 회수 등에 관해서 종합적인 검토를 행하는 것이 중요하다. 현장 다짐 순서는 다음과 같다.

(1) 고르기

완성된 성토의 품질을 균등하게 하기 위해서는, 균질한 성토재료를 일정한 두께로, 평평하게 고르는 것이 중요하다. 고르기 할 때, 재료분리가 생기면 균질한 성토가 되지 않는다. 또, 다짐에 의한 한 층의 두께가 크게 되면, 그림 8.13과 같이, 전압면으로부터의 깊이의 증가와 함께 흙의 밀도가 감소되고, 다짐기계에 의한 전압효과가 낮아지기 때문에, 소정의 밀도가 되도록 하는 두께에서의 고르기를 행하는 것이 중요하다. 우리나라에서는 보통 다짐 전의 1층 성토고를 30cm로 하고 다짐 후에는 어떤 두께(예를 들면, 20cm)가 되도록 하는 대략적인 시공기준을 마련하기도 한다. 고르기 후에는 강우 등에 의한 함수비의 증가를 방지하기 위해 계속적으로 빠르게 다짐을 완료하지 않으면 안 된다.

그림 8.13으로부터, 깊이에 따라 건조밀도가 상당히 다르다는 사실을 알 수 있으므로, 다짐 후의 건조밀도가 기준에 맞는지를 확인하기 위해 건조밀도를 측정할 때는 가장 불리한 위치(1층 다짐에서 가장 깊은 곳) 부근에서의 값을 사용하여야 할 것이다.

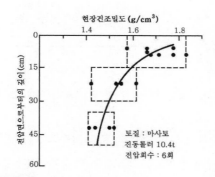

그림 8.13 깊이에 따른 다짐 효과(日本土質工學会, 1990)

(2) 다짐

고르기된 흙을 타이어롤러나 진동롤러 등의 다짐기계에 의해 소정의 상태까지 전압할 때, 성토재료와 다짐기계의 적절한 조합이 중요하다. 토질조건과 성토의 구성부분에 따른 다짐기계의 조합은 과거의 경험과 실적에서 상당한 정도까지 파악되어 있다. 그러나 토질이나 다짐기계의 각각의 조건이 약간 달라도 다짐 효과가 크게 변하는 수가 있기 때문에 현장에서는 그때마다 검토를 행하고 토질과 다짐기계의 최적 조합을 행하도록 하는 것이 중요하다.

그림 8.14는 점토질 모래(통일분류 기호 : SC, 최대 입경 4.75mm)에 대해서 콘크리트제 토조(길이 24m, 폭 3.5m, 깊이 1m) 내에서 현장에서 사용되는 다짐기계를 이용하였을 때의 다짐곡선과 일본의 JIS A 1210「타격에 의한 흙의 다짐 시험방법」에 의한 다짐곡선을 나타낸 것이다. 토조시험에서의 다짐기계의 차이, 또 실내시험에서의 몰드 내의 체적이나 래머에 의한 타격방법의 차이에 따라, 다짐에너지가 각각 다르기 때문에, 다짐곡선이 다르고, 최대건조밀도 및 최적함수비도 다르다. 이와 같이, 동일한 흙을 다짐한 경우도, 다짐기계나 래머의 종류 등에 따라, 다짐곡선이 크게 변하는 것에 주의하지 않으면 안된다.

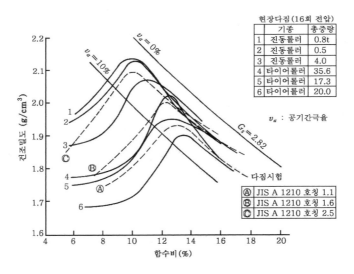

그림 8.14 다짐기종별 다짐곡선(石井 等, 1987; 日本土質工學会, 1990)

그림 8.15는 토조시험에서의 타이어롤러의 전압회수와 건조밀도의 관계를 나타낸 것이다. 최적함수비보다 건조측의 상태인 때는, 전압회수의 증가와 함께, 건조밀도는 약간 증가하고 있다. 그러나 최적함수비보다 습윤측의 상태인 때는, 다짐에너지를 증가시켜도 건조밀도는 대

부분 변하지 않는다. 이것은, 흙의 간극에 점하는 물의 양이 많아, 전압회수를 증가시켜도 공기 간극률이 감소되지 않기 때문이다. 더욱 높은 함수비로 다지면 다짐에 의해 흙이 짓이겨져서 다짐상태가 오히려 나빠지는 과도전압(overcompaction) 상태가 된다.

여기서, 주의할 것은 최적함수비는 다짐에너지(다짐시험방법 또는 현장 롤러 전압회수 등)에 따라 달라지므로, 최적함수비는 다짐에너지에 맞는 다짐시험에 의해서 구해져야 한다는 것이다. 그림 8.15를 보더라도 이 사실은 알 수 있다. 이 그림은 현장시험에 의해 전압회수 16회에 대한 최적함수비를 12.1%로 정의하고 있고, 그래프는 여러 전압회수를 사용해서 각 함수비에서 의 건조밀도를 나타내고 있다. 즉, 전압회수(또는 다짐에너지)가 적어지면 최적함수비가 증가하 므로, 예를 들면 전압회수가 2회일 때는 함수비가 14.4%일 때가 전압회수 16회일 때의 최적함수 비 부근의 함수비(12.0%)보다 다짐 후의 건조밀도가 높다. 또한, 이 그림에서 함수비가 14.4%일 때는 전압회수가 높아질수록 건조밀도가 작아지는 과도전압이 발생하게 된다는 것도 알 수 있다. 따라서 전압회수에 맞는 최적함수비를 정하는 것이 무엇보다 중요하다 하겠다. 어쨌든 최적함수비보다 약간 낮은 건조측에서 다짐하는 것이 습윤측에서 다짐하는 것보다 전압회수에 의한 다짐효과를 증가시키는 데는 유리하다. 그러나 8.4.2절에서 기술한 바와 같이, 함수비가 최적함수비보다 너무 낮으면 포화충격이 발생하므로 주의해야 한다.

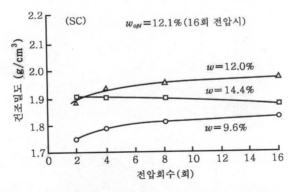

그림 8.15 전압회수와 건조밀도의 관계(그림 8.14의 기계번호 4의 경우)(石井 等; 1987)

(3) 함수비 조절

흙을 다짐할 때, 토질 및 다짐의 조건에 의해 정해지는 최적함수비의 상태에서 시공하는 것이 바람직하지만, 성토재료의 시공 시의 함수비가 이보다 현저하게 달라져 있는 경우도 있고, 이 경우 살수(물을 뿌림)나 건조를 행하여 함수비를 조절하는 수가 있다. 최적함수비보다 낮은 함수비의 경우에는 살수나 전압회수를 늘이는 등의 방법으로 최대건조밀도를 얻을 수 있으나, 최적함수비보다 높은 함수비의 경우는, 건조에 의해 저하 가능한 함수비에는 한계가 있고, 여름철의 조건이 좋은 때에도 하루에 수 퍼센트 정도이므로, 현장의 흙이 습윤측으로 건조에 많은 시간이 걸린다. 따라서 설계 전압회수(또는 다짐에너지)에서의 최적함수비보다 높은 함수비 상태에서 다질 수밖에 없을 경우에는, 그림 8.13에서 알 수 있는 바와 같이, 전압을 위한 1회 성토량을 줄여서 1층의 평균적인 다짐효과를 높이고, 현장시험에 의해 이때의 평균건조밀도를 확인시험하는 것도 한 방법일 것이다. 그러나 이때 높은 함수비에 의한 과도전압의 발생을 막기 위해 전압회수를 조절하도록(줄이도록) 해야 할 것이며, 전압회수는 현장 전압시험에 의해 결정되어야 할 것이다. 또, 성토체에 PET 매트 등의 보강섬유를 부설하고 다짐으로서 과잉간극 수압에 의해 발생하는 과도전압을 줄이고 다짐효과를 높이는 방법도 강구해 볼 수 있으나 이에 대해서는 연구나 시공실적이 거의 없어 앞으로 이에 대한 연구가 필요할 것이다.

때때로 성토재료 채취장소에서 트렌치 등에 의해 함수비 저하를 꾀하는 것도 행해진다. 또, 성토재료의 시공 시의 함수비에 걸맞는 다짐기계를 선택하는 것도 중요하게 된다. 성토재료의 함수비가 높아 건조시켜야 할 경우, 일반적으로 그림 8.16과 같은 장비를 사용하여 파 일구는 것을 반복하지만, 이런 방법은 겨울에는 별 효과가 없다. 특히 화산회질 점성토와 같이 이런 방법으로는 잘 건조되지 않는 흙의 경우에는 드물게 그림 8.17과 같은 열풍건조기를 사용하기도 한다.

(a) 레이크 도저   (b) 헤로우   (c) 로드믹서

그림 8.16 노상의 건조 방법(日本道路協会, 1986)

그림 8.17 열풍건조기에 의한 화산회질 점성토의 함수비 조절(서, 1993)

8.6.3 다짐품질관리

흙의 다짐품질관리는, 성토 시공 중에 다짐된 흙이 설계 시에 예상한 상태까지 다짐되어 있는지 어떤지를 확인하기 위해 실시된다. 이것에 의해 시공 중의 성토가 각 단계에서, 소정의 다짐 규정치를 만족하고 있는지 어떤지가 판정 가능하고, 또 시공 중에 생기는 문제점도 조기에 발견할 수 있다.

성토의 다짐관리는, 그림 8.18에서와 같이 품질을 규정하는 방식과 공법을 규정하는 방식으로 대별된다.

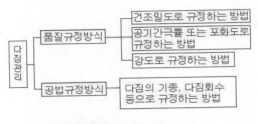

그림 8.18 다짐품질관리의 방법

품질규정방식은, 일반적인 성토재료에 적용되며, 건조밀도로 규정하는 방법, 공기간극률 또는 포화도로 규정하는 방법 및 강도로 규정하는 방법 등이 있다. 일반적으로 건조밀도로 규정하는 것이 기본이지만, 입경이 큰 자갈을 포함하는 흙 등 기준이 되는 최대건조밀도를 구하기 어려운 흙이나 점성토에 대해서는 공기간극률 또는 포화도로서 규정하는 방법이 적용되고 있다.

어떤 에너지가 주어질 때에 대한 지반의 최대건조밀도를 만들기 위해서는 최적함수비 부근에서 다지는 것이 이상적이다. 그러나 현장에서 함수비를 이렇게 정확히 맞추어서 다짐하는 것은 대단히 어려우므로 현장흙의 함수비가 최적함수비와 다소 다르더라도, 다짐회수나 다짐중량을 늘이는 등의 방법으로 다짐에너지를 증가시키면 설계에너지에서의 최대건조밀도가 얻어질 수 있으므로, 현장에서는 주로 최대건조밀도를 기준으로 다짐정도를 확인하게 된다. 건조밀도로 규정하는 방법은, 시공된 성토의 건조밀도와 기준이 되는 다짐시험에서의 최대건조밀도의 비(다짐도)가 규정치[예를 들면, 도로의 경우, 노체와 하부노상은 90%, 상부노상은 95% ; 건설교통부, 1996)] 이상이 되도록 관리하는 방법이다. 공기간극률 또는 포화도(식 8.3, 식 8.4 참조)로 규정하는 방법은, 시공된 성토의 공기간극률 또는 포화도가 규정된 범위 내에 들어 가도록 시공하는 방법이고, 세립토를 많이 포함하는 흙에 대해서 적용되는 수가 많다. 또, 강도로 규정하는 방법은, 시공된 성토의 강도·변형특성을 콘 등의 관입저항, 현장CBR, 지반반력계수(K치) 등의 값에 의해 규정하는 방법이다.

$$S = \frac{w}{\dfrac{\gamma_w}{\gamma_d} - \dfrac{1}{G_s}} \ (\%) \tag{8.3}$$

$$n_a = 100 - \frac{\gamma_d}{\gamma_w}\left(\frac{100}{G_s} + w\right)(\%) \tag{8.4}$$

여기서, S : 포화도(보통 85~95%로 함)

$\quad\quad\quad w$: 흙의 함수비(%)

$\quad\quad\quad \gamma_w$: 물의 단위중량

$\quad\quad\quad \gamma_d$: 흙의 건조밀도

$\quad\quad\quad G_s$: 흙의 비중

$\quad\quad\quad n_a$: 공기간극률(보통 2~10%로 함)

한편, 공법규정방식은 사용하는 다짐기계, 다짐회수 등의 공법 그 자체를 규정하고, 성토 시공 중은 다짐기계, 다짐회수 등의 확인을 행하는 것으로 관리하는 방법이다. 이 방법은 암괴재료에 의한 성토와 같이 함수비, 현장밀도, 강도 등의 측정이 어려운 재료인 경우에 이용되고, 현장에서는 필요에 따라서 본 시공 전에 시험시공을 실시하고, 다짐기계나 다짐회수 등을 결정한다.

어떤 관리방법을 채용할지는 토질, 공사의 성격·규모 등의 조건에 따라 결정된다. 우리나라 도로의 품질관리시험 종목 및 빈도는 표 8.4와 같으며, 각 기관에서의 규정치와 다짐관리방법은 표 8.5, 표 8.6과 같다. 표 8.6에서 노상은 포장하부 1m의 지반을 말하며 상부노상은 위에서 0.5m, 하부노상은 상부노상의 하부 0.5m가 된다. 즉, 도로의 경우는 일반적으로 A시험(또는 B시험)의 에너지로서 다짐시험을 하게 되나 차량하중이 직접 전달되는 상부노상의 경우는 보다 엄격한 D시험(또는 C, E시험)을 택하게 된다. 표 8.5에서 제시하고 있는 시공층 두께 30cm가 일반적으로 적용되고 있으며 다짐 전에 30cm인 두께가 다짐 후에 몇 cm가 되면 다짐기준이 만족되는지 하는 것을 기준으로 현장다짐을 할 수도 있다. 표 8.7~표 8.10은 도로설계편람의 규정으로, 도로의 품질관리기준을 보다 상세하게 기술하고 있다.

표 8.4 도로의 품질관리시험 종목 및 빈도(김, 1994)

종별	시험 종목	시험 방법	시험 빈도
노체, 노상	함수비	KS F2306	200m마다, 필요에 따라
	다짐	KS F2312	5,000m³마다
	현장밀도	KS F2311	200m마다
보조기층	함수비	KS F2306	10a마다, 필요에 따라
	입도	KS F2302	10a마다, 1회 이상
기층 (혼합골재)	액성한계	KS F2303	필요시마다
	소성한계	KS F2304	
	다짐	KS F2312	2,500m³마다
	두께	—	10a마다, 1회 이상
	현장밀도	KS F2311	10a마다, 250m³마다

표 8.5 건설교통부의 성토재료 및 다짐 관리방법의 규정(건설교통부, 1996)

구분	공종	노체	노상 하부	노상 상부	비고
다짐두께(cm)		30 이하	20 이하	20 이하	
최대입경(mm)		300 이하	150 이하	100 이하	
다짐도(%)		90 이상	90 이상	95 이상	KS F 2311 KS F 2312
CBR		2.5 이상	5 이상	10 이상	KS F 2320
계획고오차(cm)		+5	—	+3	
#4체통과분(%)		—	—	25 − 100	
#200체통과분(%)		—	—	0 − 25	KS F 2309
#4체 통과분 중 #200체 통과분(%)		—	50 이하	—	KS F 2304
소성지수(PI)		—	30 이하	10 이하	KS F 2303 KS F 2304
프루프 로링시 변형(mm)		—	—	5 이하	
3m직선자에 의한 요철(mm)		—	—	10 이하	
평판재하시험 (kg/cm³)	C.P[1]	K_{30} 15 이상	K_{30} 15 이상	K_{30} 15 이상	KS F 2310 재하판 규격 30cm
	A.P[2]	K_{30} 20 이상	K_{30} 20 이상	K_{30} 20 이상	
다짐시험 방법		A, B시험	C, D, E시험		
사용금지 조건		1. 유기성 점토, 이토 함유한 점토 2. 액성한계 50% 이상되는 재료 3. 소성한계 25% 초과되는 재료 4. 건조밀도 1.5t/m³ 이하인 재료 5. 간극률 42% 이상인 재료 6. 유해물(나무토막, 뿌리)를 함유한 재료			

[1] C.P : Cement concrete Pavement(시멘트콘크리트 포장)

[2] A.P : Asphalt concrete Pavement(아스팔트 포장)

표 8.6 제체 재료의 품질 및 다짐기준(부산지방국토관리청, 2002)

항목 / 공종		토사	시험법
	입도분포	GM, GC, SM, SC, ML, CL	통일분류법
	최대치수	150mm 이하	
	수정CBR	2.5 이상	KS F 2320
	다짐도	90% 이상*	KS F 2312 A, B, C, D
	시공함수비	다짐시험방법에 의한 최적함수비 부근과 다짐곡선의 90% 밀도에 대응하는 습윤측 함수비 사이	
	시공층 두께	30cm 이하 (다짐 후)	
간극률 (V_a)	#200체 통과량 20~50%	15% 이하	
	#200체 통과량 50% 이상	10% 이하	

* 폭 4m 미만의 축제, 축보공사의 다짐도는 시공성을 고려, 85% 이상으로 한다.

표 8.7 노체재료의 품질 및 다짐(건설교통부, 2001)

항목 / 구분	토사 [1]	암버력 [2]	시험법
기본사항	초목, 그루터기, 덤불, 뿌리, 쓰레기, 유기질토 등의 유해물질이 함유되지 않아야 한다.	노체 완성면 60cm 이하에만 적용할 수 있다.	
다짐도	90% 이상	시험시공에 의해 결정	KS F 2312 A,B 방법
수침 CBR	2.5 이상	–	
시공시의 함수비	다짐시험방법에 의한 최적함수비 부근과 다짐곡선의 90% 밀도에 대응하는 습윤측 함수비 사이	자연함수비	
다짐후의 건조밀도	1.5t/m³ 이상	1.5t/m³ 이상	
최대치수	30cm 이하	시험시공에 의해 결정	한층당 마무리 두께

주1) 토사란 암버력에 해당하지 않는 일반적인 흙쌓기 재료를 말함.
주2) 암버력이란 단단한 암석으로 된 지반을 깎기 또는 터널굴착을 했을 때 발생하는 암석조각을 말한다.
주3) 풍화암, 이암, 셰일, 실트질암, 천매암, 편암 등 암석의 역학적 특성에 의하여 쉽게 부서지거나 수침반복시 연약해지는 암버력의 최대치수는 30cm 이하로 한다.
주4) 수침 CBR이 2.5이하인 토사의 경우라도 안정처리대책을 강구하여 사용할 수 있다.
주5) 폐콘크리트 등 건설부산물은 최대입경 100mm이하로 파쇄하여 사용한다.

표 8.8 노상 재료의 품질기준(건설교통부, 2001)

구분	상부노상		하부노상		시험법
최대치수[1]	100mm 이하		150mm 이하		
4.75mm체 통과량	25~100%		−		
0.075mm체 통과량	0~25%		50% 이하		
0.425mm 체 통과분에 대한 소성지수(PI, %)	10 이하		20 이하		
다짐도 (%)	95% 이상		90% 이상		KS F 2312
시공시의 함수비 (%)	다짐도 및 수정 CBR 10 이상을 얻을 수 있는 함수비, 최적함수비 ±2%		다짐도 및 수정 CBR 5 이상을 얻을 수 있는 함수비		KS F 2306 KS F 2312
시공층 두께	20cm 이하		20cm 이하		한층당 마무리 두께
수침 CBR[2]	일반 노상	안정처리 노상[3]	일반 노상	안정처리 노상[3]	
	10 이상	20 이상	5 이상	10 이상	

주1) 시험시공을 통하여 노상의 최종 마무리 조건(마무리면의 평탄성, 처짐이 허용치 내에 있고 공사용 차량의 주행에 대해서 표면의 유동이 생기지 않을 것)을 만족하는 것이 확인되면 최대치수 규정을 완화할 수 있다.
주2) CBR 시험의 공시체 함수비는 자연함수비 w_n이 최적함수비 w_{opt} 이상의 경우, w_n이 w_{opt} 미만의 경우에는 w_{opt}로 한다. w_n(자연함수비)은 계절, 기상조건 등에 따라 항상 변화하지만 우기, 동결융해기 등을 제외하면 지표로부터 50cm 아래의 시료로 측정한 함수비로 한다.
주3) 안정처리노상의 수침 CBR은 공기중 양생후 수침한 공시체에 대하여 결정된 CBR로 한다.

표 8.9 평판재하시험을 실시한 경우 노상의 지지력계수(K_{30}) 기준(건설교통부, 2001)

구분	시멘트 콘크리트 포장	아스팔트 콘크리트 포장
침하량 (cm)	0.125	0.25
지지력계수(K_{30}, kg/cm³)	15 이상	20 이상

표 8.10 노상의 다짐 조건(건설교통부, 2001)

구분		상부노상	하부노상	비고
시공 조건	시공층 두께[1]	20cm 이하		한층당 마무리 두께
	함수비	다짐도 및 수정 CBR 10 이상을 얻을 수 있는 함수비, 최적함수비 ±2%	다짐도 및 수정 CBR 5 이상을 얻을 수 있는 함수비	
다짐 후의 조건[4]	다짐도[2]	95% 이상	90% 이상	각층마다 흙의 다짐시험(KS F 2312) C, D 또는 E 방법에 의하여 정해진 최대건조밀도에 대한 다짐도
	지지력계수 (K_{30}, kg/cm³)	표 8.10의 기준		평판재하시험을 실시한 경우
	허용 처짐량[3]	5mm 이하	−	타이어 롤러의 복륜하중 5톤 이상, 타이어 접지압 5.6kg/cm²에 의한 프루프로올링 (proof rolling)
	마무리면의 규격	'405.7 노상의 품질관리' 참조		

주1) 한 층당 마무리 두께는 다짐 효과 및 시공성 등의 시공경험에 의거하여 결정된 값으로, 노상 혼합방식에 의한 안정처리면 노상의 경우에는 시험시공을 통하여 한층내 모든 위치에서 소정의 다짐도를 얻을 수 있음이 확인되면 한 층당 마무리 두께를 완화할 수 있다.

주2) 다짐도 규정은 사용 재료를 효과적으로 활용하여 균일하고 양호한 노상을 시공하기 위한 과거의 경험이 반영된 것이다. 따라서 규정 다짐도를 얻기 힘든 경우에는, 시험시공 구간에 대한 평판재하시험을 수행하여 얻은 지지력계수와 프루프 로울링에 의한 처짐량이 허용범위 이내에 들어오는 것을 확인하고 다짐도 규정을 완화할 수 있다. 이러한 경우에는 본 시공에서 평판재하시험을 반드시 수행한다.

주3) 변형량은 벤켈만빔에 의한 변형량 시험법을 이용하며, 노상 마무리면에서 3회 이상 실시하고 땅깎기부 노상 상면에서도 동일한 기준을 만족하여야 한다.

주4) 노상 마무리면에 대한 최종 점검 후, 보조기층을 깔기 전에 비가 온 경우에는 마무리 다짐 및 점검을 재실시한다.

8.6.4 현장 다짐시험

현장의 대표적인 성토재료를 사용하여 폭 3m 이상, 길이 5m 이상, 두께 15~50cm, 다짐기계 1기종에 대하여 펴놓기 두께를 3종류 이상, 다짐회수는 예를 들면 1, 2, 3, 5, 10, 15회 마다의 성토의 밀도 및 함수비를 측정한다. 필요에 따라 표면의 침하량, 내부침하량, K치, CBR치, 콘지수, 샘플링에 의한 강도·투수계수 등을 측정한다.

될 수 있으면 살수(撒水), 건조 등을 하여 함수비를 바꾸는 조건에서 이상의 시험을 하여 살수량이나 건조량, 다짐회수 등을 정한다.

8.7 특수 다짐공법

8.7.1 물다짐

흙에 물을 뿌려서 겉보기점착력(제 9장 참조)을 잃거나, 투과하는 물에 의한 침투수압을 이용해서 다지는 것을 말한다. 모래나 흙을 깐 땅에 물을 부어 스며들게 하여 그 침투수압을 이용해서 다지는 것으로 모래질에 유용하며 실트가 많아짐에 따라 효과가 저하된다. 현재까지 입경과 물다짐효과의 관계라든가 물다짐후의 건조밀도 등에 대한 연구는 적어 앞으로 이에 대한 연구와 시공관리방법의 개발이 필요하다.

토사와 물과의 혼합물을 연속적으로 운반해서 흙의 입경에 의한 침강 속도의 차이를 이용해서 재료를 크고 작은 입경으로 분리해서, 침전시키고, 퇴적된 토사의 하중과 자연배수를 이용함으로서 다짐하는 물다짐댐(hydraulic fill dam)과, 토사의 운반력과 퇴적작용을 이용하는 물다짐성토(hydraulic fill) 등의 공법이 있다.

8.7.2 기타

지반의 간극을 감소시켜서 안정시키는 방법으로서, 앞에서 기술한 성토에 대한 다짐과 원지 반의 다짐이나 압밀로 나눌 수 있다. 원지반에 대한 공법으로는 바이브로 플로테이션공법 (vibro-floatation method), 동압밀공법(dynamic consolidation method), 폭파다짐공법, 선행재 하공법(preloading method), 지하수위 저하공법(dewatering method) 등이 있으나, 여기서는 성토에 대한 다짐에 한정하기로 하고 설명은 생략한다.

8.8 연습 문제

8.1 다짐시험방법은 다섯 종류가 있으나 일반적으로 A, D시험이 사용된다. 두 시험 방법의 차이와 적용성에 있어서의 차이를 기술하시오.

8.2 현장함수비 20%, 간극비 0.7, 비중 2.7인 흙의 영공극곡선의 식을 구하고, 그래프에 나타 내시오.

8.3 다짐에너지의 크기에 따른 다짐곡선의 경향과 토질에 따른 다짐곡선의 경향을 개략적으 로 설명하시오.

8.4 모래치환법에 의해 들밀도를 구하는 방법을 설명하시오.

8.5 건설교통부(1996년)의 다짐규정은 다음 표와 같다. 다짐도와 다짐시험방법을 이렇게 정 한 이유에 대해 간단히 설명하시오.

	노체	노상	
		하부	상부
다짐도(%)	90 이상	90 이상	95 이상
다짐시험방법	A, B 시험	C, D, E 시험	

8.9 참고문헌

· 건설교통부(1996), 도로공사 설계서 표준안, p.80.
· 김형수(1994), 토목시공학, 보문당, p.154.
· 건설교통부(2001), 도로설계편람(II), pp.404-3~405-5.

- 부산지방국토관리청(2002.4), 하천공사 설계적용기준, p.19.
- 서효원 역(1993), 실무자를 위한 시공 노하우, 탐구문화사, pp.104-105.
- Proctor, R.R.(1933), "Fundamental principles of soil compaction," Engineering News Record, Vol.111, No.9.
- Seed, H.B. and Chan, C.K.(1961), Structure and strength characteristics of compacted clays, Trans., ASCE, Vol.126, pp.1343-1407.
- 藤井(1990), "密度以外の方法による現場締固め評価(特論4)," 粗立材料の現場締固め, 土質工学会, pp.241-253.
- 豊田 光雄, 延山 政之(1999), "フィル材料の現場締固め密度を評価する新しいRI法," 土と基礎, Vol.47, No.3, pp.9-12.
- 豊田 光雄, 吉田 等, 延山 政之(1997), "自動走査式RI密度計(SRID)の開発とフィルダム への適用," ダム工学, Vol.7, No.2, pp.98-113.
- 豊田 光雄, 延山 政之(2000), "現場締固め特性に着目した統計的品質管理の方法," 土と 基礎, Vol.48, No.4, pp.5-8.
- 石井 恒口, 三嶋 信雄, 高利 健一(1987), 締固め施工機械による締固め特性, 第22回土質工学研究発表講演集, pp.1683-1684.
- 日本道路協会(1986), 道路土工ー のり面工・斜面安定工指針, 丸善, p.123.
- 日本道路公団(1983), 設計要領第一集.
- 日本土質工学会(1979), 盛土の調査・設計から施工まで, 現場技術者のための土と基礎シリーズ4.
- 日本土質工學會(1990), 土工入門, pp.164-165.

수고하고 무거운 짐 진 자들아 다 내게로 오라 내가 너희를 쉬게 하리라.(성경, 마태복음 11장 28절)

제9장

전단

제9장 전 단

어떤 물체의 변형은 길이의 변화와 각도의 변화(찌그러짐)로 나누어지며, 한 요소에서 대부분 이들이 동시에 발생하게 된다. 길이가 변하는 것을 압축(또는 인장), 각도가 변하는 것을 전단이라 하며, 각각의 변형에 의해 발생하는 변형률을 수직변형률, 전단변형률이라고 한다. 각 변형률을 일으키는 응력은 수직응력, 전단응력이다. 지반파괴란 큰 전단변형률이 발달하여 발생하므로 전단 파괴를 의미한다.

그림 9.1은 사면에서 발생한 파괴면(failure plane; rupture plane) 위의 지반요소에 발생하는 수직응력(σ)과 전단응력(τ)을 나타낸다. 파괴면은 전단면(剪斷面; shear plane)또는 활동면(活動面; sliding plane)이라고도 한다. 전단응력은 외력(전단력)의 크기만큼 발생하므로 단위면적당의 외력과 동일하다. 외력이 점점 커져서 지반이 파괴에 이를 때 이 파괴면 위의 전단응력은 최대값이 되며, 이 값을 전단강도라고 한다. 이러한 값들의 관계는 식 (9.1)과 같이 나타내어진다.

전단응력(shear stress) : τ(타우)

전단강도(shear strength) : s

$s = \tau_f$ (첨자 $_f$는 failure를 의미)

$$(9.1)$$

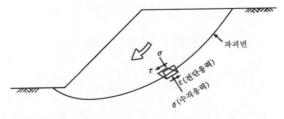

그림 9.1 파괴면 위의 지반요소에서의 전단응력의 정의

9.1 파괴규준

파괴규준(破壞規準; failure criterion)이란 지반내의 어떤 면에서 파괴가 발생할 때의 수직응력과 전단응력의 관계, 즉 수직응력과 전단강도의 관계를 의미하며, 흙의 경우 모아-쿨롱의 파괴규준이 가장 많이 사용되므로 여기서는 이것에 대해서만 기술하기로 한다. 즉, 수직응력이 어떤 값일 때 전단응력이 얼마가 되면 파괴가 발생하는가를 정의한 식이 파괴규준이 되며, 이때의 전단응력은 전단강도가 된다. 당연히, 전단강도는 수직응력의 크기에 따라 달라진다. 모아-쿨롱의 파괴규준은 쿨롱의 파괴규준과 모아의 파괴규준을 복합하여 만든 것이므로 이들 각각에 대해서도 간단히 기술하기로 한다. 파괴규준은 파괴기준(破壞基準)이라고 불리기도 한다.

9.1.1 쿨롱의 파괴규준

쿨롱의 파괴규준은 쿨롱(Coulomb)이 1776년에 발표한 것으로 그림 9.2와 같이 파괴규준선(파괴포락선이라고도 함)이 직선, 즉 τ_f 가 σ의 일차식으로 나타내어진다고 하였다. 이 그림의 c, ϕ는 강도정수라고 불리며 각각 점착력, 내부마찰각(또는, 전단저항각)이라고 한다. 즉, 전단강도(S)는 $c + \sigma\tan\phi$로 표현되며, 전단응력이 전단강도와 같아질 때 파괴되므로 파괴시의 전단응력(τ_f)의 값이 전단강도($c + \sigma\tan\phi$)의 크기와 같아진다. 요약하면 전단응력(τ)이 전단강도와 같아질 때 파괴되며 전단강도는 $c + \sigma\tan\phi$로 나타내어진다는 것이 쿨롱의 파괴규준이다.

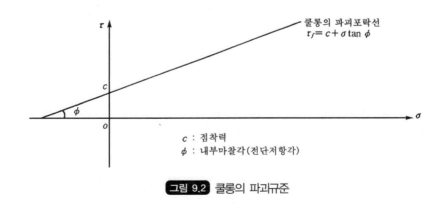

그림 9.2 쿨롱의 파괴규준

쿨롱에 의한 전단강도식($S = c + \sigma\tan\phi$)에서 전단강도(S)는 수직응력(σ)에 비례하게 되므로, 시험에서 구해지는 값인 강도정수(c, ϕ)는 일정하나 전단강도는 전단면에 작용하는 수직응력에 따라 달라진다는 점을 새겨둘 필요가 있다.

그림 9.2에서 쿨롱의 파괴포락선을 $\sigma \sim \tau$ 좌표 상에 표시할 때는 $\tau = c + \sigma \tan \phi$가 되나 이때의 τ는 파괴시의 값이므로 이런 의미를 부여해서 $\tau_f = c + \sigma \tan \phi$ 로 나타내는 것이 보통이다.

9.1.2 모아의 파괴규준

모아(Mohr)는 1900년에 그림 9.3과 같이 파괴시의 응력원들의 접선이 파괴포락선이라고 했으며 이 선의 형태(직선인지 곡선인지)에 대해서는 명확히 하지 않았다. 응력원의 접선이 파괴포락선이 될 수밖에 없는 이유는 다음과 같다. 즉, 어떤 응력원에서는 파괴면에서의 수직응력(σ)과 전단응력(τ)을 나타내는 점이 한 개 존재하며, 매우 가까이 인접한 원에서도 이 점은 한 개 존재하므로 이 두 개의 점은 거의 동일한 위치에 있어야 한다. 따라서 여러 응력원의 접선이어야 이런 조건을 만족할 수 있게 된다.

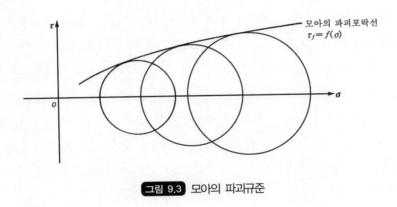

그림 9.3 모아의 파괴규준

9.1.3 모아-쿨롱의 파괴규준

모아-쿨롱의 파괴규준은 가장 널리 사용되고 있으며, 모아의 파괴규준과 쿨롱의 파괴규준을 합쳐서 그림 9.4와 같이 모아의 응력원에 접하며 직선인 선을 파괴포락선으로 규정하고 있다. 실제로 모아원에 접하는 파괴포락선은 넓은 응력범위에서는 약간 곡선이지만 실용상 사용되는 응력범위 내에서는 직선이라고 보아도 별 오차는 없으므로 쿨롱의 파괴규준을 그대로 적용하여 간단한 직선으로 가정하게 된 것이다. 본 책에서도 특별한 설명이 없으면 이 규준이 적용된다.

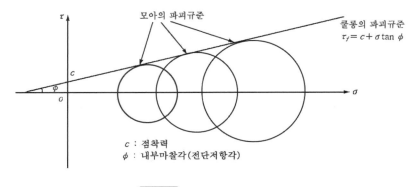

그림 9.4 모아-쿨롱의 파괴규준

9.2 파괴면과 최대주응력면이 이루는 각도

그림 9.5(a)는 σ_3가 일정하고 σ_1이 증가하여 파괴에 이르게 된 때의 모아원을 나타낸다. 이 그림에서 A점은 그림 9.5(b) 흙요소의 파괴면에서의 응력을 나타내며 이 A점의 응력을 갖는 면은 최대주응력면과 θ_f를 이룬다. 그림 9.5(a)에서 θ_f는 식 (9.2)와 같이 구해진다. 따라서 그림 9.5(a)에서 알 수 있듯이 모아원의 σ_3점에서 $\theta_f = 45° + \phi/2$를 이루는 선이 모아원과 만나는 점이 파괴면에서의 수직응력(σ), 전단응력(τ_f)이다. 그림 9.5(c)는 평면변형률 압축시험에서의 실제파괴면(격자가 변형된 부분 ; 후술할 삼축압축시험의 파괴면과 동일)을 나타내며 이론적인 파괴면의 경사와 유사함을 알 수 있다(여기서, 최대주응력면은 수평면이다). 이 그림 (c)에서 그림 (b)와 방향이 반대이지만 양쪽 방향 모두 동일한 의미를 가지고 있으므로 동일한 파괴면이라고 할 수 있다.

$$\text{그림 } 9.5(a)\text{에서 } 2\theta_f = 90° + \phi \quad => \quad \theta_f = 45° + \frac{\phi}{2} \tag{9.2}$$

여기서, 한 가지 정확하게 개념을 정리해야 할 것이 있다. 파괴 시, 파괴면에서는 최대전단응력이 발생하게 된다고 앞에서 기술하였다. 그런데, 그림 9.5(b) 요소가 파괴될 때, 요소 내에서의 최대전단응력[$= (\sigma_1 - \sigma_3)/2$]은 그림 9.5(a)에서 알 수 있는 바와 같이 $\theta = 45°$인 면에서 발생하고, 파괴면인 $\theta_f = 45° + \phi/2$인 면에서의 전단 응력보다 크다. 즉, 파괴면에서의 최대전단응력이란 그 면에서 발생하는 전단응력 중 최대라는 의미이고 모든 방향의 면을 포함해서 최대라는 것은 아니다.

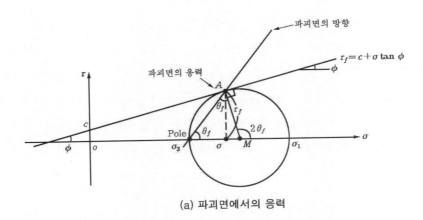

파괴면의 방향

파괴면의 응력

$\tau_f = c + \sigma \tan \phi$

(a) 파괴면에서의 응력

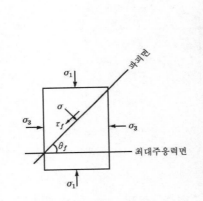

(b) 흙 요소에서의 파괴면의 방향

(c) 평면변형률 압축시험에서의 파괴면

그림 9.5 최대주응력면과 파괴면이 이루는 각 θ_f의 정의

　그렇다면 여러 가지 면 중에서 전단응력이 최대가 되는 면($\theta = 45°$)에서 왜 파괴가 발생하지 않는가? 그것은 이 면에서는 수직응력이 커서 전단강도가 높으므로 그림 9.5(a)에서 알 수 있듯이 전단응력이 전단강도(파괴포락선)에 도달하지 못하기 때문이며, $\theta = 45°$ 면에서의 전단응력이 파괴포락선에 이르지 못하는 것으로도 설명이 된다.

　여기서, 최대주응력면이 수평이 아닌 요소의 경우도 모아원의 σ_3점에서 $\theta_f = 45° + \phi/2$ 각도를 이루는 선을 그으면 이 선의 방향이 파괴면의 방향과 일치하고 또, 이 선이 모아원과 만나는 점(그림 9.6의 A점)이 파괴면에서의 응력을 나타낼까 하는 의문을 가질 수 있다. 답은 '당연히 그렇다'이다. 그 이유를 설명한 그림이 그림 9.6이다. 이 그림에서 극에서 σ_1점으로 연결한 선이 최대주응력면의 방향(또는 최소주응력의 방향)이고 이 방향과 파괴면의 방향은

θ_f를 이루게 된다. A 점이 파괴점에서의 응력을 나타내므로 A 점을 구하기 위해서는 극에서 θ_f의 각도로 선을 그어 이 선이 모아원과 만나는 점을 찾으면 되지만, 결국 σ_3 점에서 θ_f 각도로 그어서 모아원과 만나는 점도 A 점이 되므로 이 방법을 사용해서 파괴면에서의 응력을 구해도 되는 것이다. 결론적으로 말해서, 파괴면과 최대주응력면이 이루는 각도는 지반요소가 어떤 방향으로 경사져 있다고 하더라도 동일하게 $\theta_f = 45° + \phi/2$이며, 모아원의 σ_3 점에서 θ_f 각도로 직선을 그어서 모아원과 만나는 점이 파괴면의 응력을 나타내게 된다.

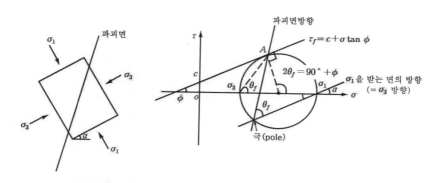

그림 9.6 요소가 수평면과 경사각 α를 이룰 때의 파괴면의 방향

9.3 실내전단시험에 의한 흙의 강도정수 결정

시험실에서 실시되는 흙의 전단시험은 크게 직접전단시험과 간접전단시험으로 나누어진다. 직접전단시험에서는 전단면(파괴면)을 정해놓고 전단하면서 그 면에서의 수직응력, 전단응력을 직접 측정해서 파괴포락선과 강도정수를 구하지만, 간접전단시험에서는 파괴면이 아닌 곳에서의 응력을 측정해서 계산에 의해 파괴면에서의 수직응력, 전단응력을 구해서 파괴포락선과 강도정수를 구하게 된다. 각각에 대해서 표 9.1과 같은 전단시험들이 있다.

전단시험에서의 전단제어는 변형제어와 응력제어로 나누어진다. 변형제어(strain-controlled)는 일정한 변위속도로 전단하므로 편리하고 간단하지만 실제 현장에서의 상황과 차이가 난다. 응력제어(stress-controlled)는 일정한 응력속도로(즉, 응력이 일정속도로 증가 또는 감소하도록) 전단하므로 실제 상황과 비슷하게 제어할 수 있다는 장점이 있지만 시험이 까다롭다. 전단강도 정수는 제어방식에 따라 별로 차이가 나지 않으므로 제어가 쉬운 변형제어가 일반적으로 사용되고 있다.

표 9.1	흙의 전단시험의 종류
대분류	소분류
직접전단시험	직접전단시험(direct shear test)
	단순전단시험(simple shear test)
	링전단시험(ring shear test)
간접전단시험	삼축압축시험(triaxial compression test)
	일축압축시험(unconfined compression test)
	평면변형률압축시험(plane strain compression test)
	비틂전단시험(torsional shear test)

또, 전단시의 시료내부의 배수허용 여부에 따라 배수시험(drained test ; 또는 완속시험)과 비배수시험(undrained test ; 또는 급속시험)으로 나누어진다. 각 전단시험에 대해 기술하면 다음과 같다. 여기서는, 링전단시험, 평면변형률압축시험, 비틂전단시험에 대해서는 설명을 생략한다.

9.3.1 직접전단시험

(1) 강도정수의 결정

직접전단시험(direct shear test)은 파괴면에서의 수직응력(σ)을 일정하게 유지하면서 전단응력(τ)을 증가시켜서 파괴될 때의 전단응력(τ_f)을 측정하고, 또 수직응력의 크기를 달리하면서 수 회 동일한 시험을 해서 여러 개의 (σ, τ_f)의 관계를 구하고 그림 9.7과 같이 쿨롱파괴규준을 이용해서 강도정수를 구하는 시험방법이다. 그림 9.7의 근사직선은 최소자승법(Least Square Method)에 의해서 구하는 것이 가장 이상적이다.

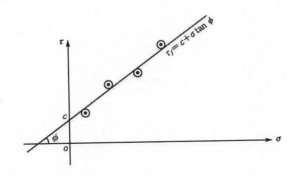

그림 9.7 직접전단시험에 의한 강도정수의 결정 방법(최소자승법을 이용하여 직선을 구함)

〈참고〉 최소자승법

최소자승법(LSM)은 최소제곱법이라고도 하며, 여러 데이터에 대해 가장 오차가 적은 식(직선 또는 곡선)을 구하는 방법이다. 얻어진 데이터와 가정한 선 사이의 y방향 거리(절대치)의 합이 가장 작아지도록 선의 식에 사용되는 계수를 정하는 방법이다. 절대치의 합을 사용하면 계산이 번잡하므로 절대치 대신 자승(제곱)을 사용하게 되는데 여기서 최소자승법이란 명칭이 붙게 되었다. 직접전단시험 결과를 이용하여 점착력과 내부마찰각을 구하기 위해 사용되는 최소자승법을 다음에 소개한다.

① 점착력＝0인 흙의 경우 ; $y = ax$ 형태의 식을 사용

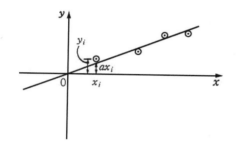

$$\Delta_i = y_i - ax_i , \ \Delta_i^2 = (y_i - ax_i)^2$$

$$\sum \Delta_i^2 = \sum_{i=1}^n (y_i - ax_i)^2$$

$$= \sum (y_i^2 - 2ax_i y_i + a^2 x_i^2) \Rightarrow \sum \Delta_i^2 \text{이 최소값을 갖도록 } a \text{결정}$$

$$(n \text{은 시료 개수; 그림의 경우는 } 4)$$

$$\therefore \ \frac{\partial \sum \Delta_i^2}{\partial a} = \sum (-2x_i y_i + 2ax_i^2) = 0$$

$$\therefore \ a = \frac{\sum x_i y_i}{\sum x_i^2}$$

※ $x = \sigma, \ y = \tau$ 일 때는 $a = \tan \phi(c = 0$인 경우)

② 점착력〉0인 흙의 경우 ; $y = a + bx$ 형태의 식을 사용

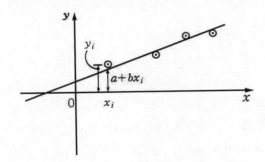

$$\Delta_i = y_i - (a + bx_i), \ \Delta_i^2 = \{y_i - (a + bx_i)\}^2$$

$$\sum\Delta_i^2 = \sum_{i=1}^{n} \{y_i - (a + bx_i)\}^2 \ (n\text{은 시료 개수; 그림의 경우는 4})$$

$$= \sum\{y_i^2 - 2y_i(a + bx_i) + (a + bx_i)^2\} \Rightarrow \sum\Delta_i^2 \text{이 최소값을 갖도록 } a, b \text{ 결정}$$

$$\frac{\partial\sum\Delta_i^2}{\partial a} = 0, \ \frac{\partial\sum\Delta_i^2}{\partial b} = 0 \text{에서}$$

$$\left[\begin{array}{l} \sum y_i - \sum a - \sum bx_i = 0 \\ \sum x_i y_i - \sum ax_i - \sum bx_i^2 = 0 \end{array}\right.$$

$$\therefore \left[\begin{array}{l} an + b\sum x_i = \sum y_i \\ a\sum x_i + b\sum x_i^2 = \sum x_i y_i \end{array}\right.$$

$$D = \left| \begin{array}{cc} n & \sum x_i \\ \sum x_i & \sum x_i^2 \end{array} \right|$$

$$\therefore \left[\begin{array}{l} a = \dfrac{1}{D} \left| \begin{array}{cc} \sum y_i & \sum x_i \\ \sum x_i y_i & \sum x_i^2 \end{array} \right| \\[6mm] b = \dfrac{1}{D} \left| \begin{array}{cc} n & \sum y_i \\ \sum x_i & \sum x_i y_i \end{array} \right| \end{array}\right.$$

$$※ \ x = \sigma, \ y = \tau \ 일 \ 때는 \quad \begin{bmatrix} a = c \\ b = \tan\phi \end{bmatrix} \quad (c > 0 인 \ 경우)$$

(2) 시험기의 개요

시험기의 핵심인 전단상자의 개요도는 그림 9.8과 같다. 이 그림에서 시료에 가해지는 수직력 (N)과 전단력(S)를 시료단면적으로 나누면 각각 수직응력(σ), 전단응력(τ)이 구해진다. 수직력을 일정하게 유지하면서 전단력을 증가시켜서 파괴시키는데 이때 하부전단상자를 고정시키고 상부전단상자를 가동시키는 방법을 상부가동형, 그 반대를 하부가동형이라고 하며 대부분 상부가동형이 사용되고 있다. 시료는 직경 6cm, 높이 2cm인 원주형을 사용하는데 사각형단면을 사용하지 않고 원형단면을 주로 사용하는 이유는 사각형단면 모서리에서 응력이 정확하게 전달되기 어렵기 때문이다.

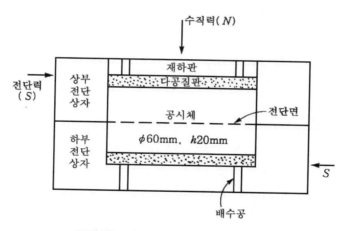

그림 9.8 직접전단시험기의 전단상자 구조

(3) 시험 방법의 종류

그림 9.8은 전단면(파괴면)이 하나인 경우로 일면전단시험이라고 하며, 전단면을 두 개로 해서 공시체의 가운데를 전단하는 시험을 양면전단시험이라고 하나 거의 대부분 일면전단시험이 행해지고 있고 양면전단시험은 연구목적에 그치고 있다.

전단속도에 따라서도 시험방법이 나누어지며 사질토는 전단속도에 영향이 거의 없으나 점성토는 투수성이 낮아 전단속도에 따라 전단 중의 시료 내부에서의 배수 여부가 달라지므로 시험

결과 및 강도정수는 현저히 달라진다. 따라서 현장상황에 맞는 시험방법을 결정하는 것이 대단히 중요하다. 전단속도를 빨리 하는 시험을 급속시험(Q시험 ; Quick test), 천천히 하는 시험을 완속시험(S시험 ; Slow test)이라고 하며, 사질토에서는 전단 중 신속히 배수되어 Q시험과 S시험의 결과의 차이가 없으나 점성토에서는 급속시험은 배수가 되지 않는 상태로 전단되어 과잉간극수압이 발생하는 비배수시험, 완속시험은 배수가 되므로 과잉간극수압이 발생하지 않는 배수시험이 된다.

(4) 시험 결과

배수시험의 경우, 그림 9.9는 전단변위에 대한 전단응력의 변화의 개략적인 형태를 나타내고, 그림 9.10은 전단변위에 대한 체적의 변화(시료높이의 변화로 표현)를 나타낸다. 비배수시험의 경우는 체적의 변화가 발생하지 않으므로 그림 9.10은 그려지지 않으며, 전단변위에 대한 전단응력의 변화 경향은 그림 9.9의 배수시험의 경우와 비슷하나 크기는 다르다. 그림 9.9와 그림 9.10의 경향이 생기는 이유에 대해서는 9.3.3절에서 상세히 기술하기로 한다.

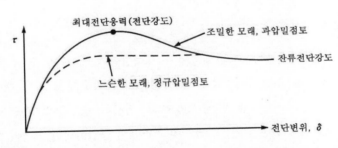

그림 9.9 직접전단시험 중 배수시험의 전단변위에 따른 전단응력의 변화 개략도

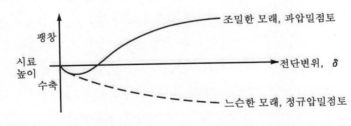

그림 9.10 직접전단시험 중 배수시험의 전단변위에 따른 시료체적의 변화 개략도

배수시험에 대한 강도정수는 대략 식 (9.3)과 같으며 비배수시험의 경우는 식 (9.4)와 같다. 이 식에서 첨자 d는 drained(배수), u는 undrained(비배수)의 의미로 강도정수에 첨부하여 의미가 명확히 전달되도록 하는 것이 일반적이다. 식 (9.3)에서 점토가 과압밀되면 약간의 점착력이 발생하게 되나 그다지 크지는 않으며, 모래가 습윤(불포화)상태로 있으면 입자간 표면장력에 의해 점착력이 발생하게 되는데 포화나 건조가 되면 없어지므로 가짜라는 의미로 겉보기점착력 (apparent cohesion)이라고 한다. 실제 현장에서 채취된 시료를 현장상태의 함수비에서 배수시험을 하면 겉보기점착력이 생기지만 강우 시에는 없어지므로 안전측의 강도정수를 구하기 위해 수침(물 속에 담구어 둠)시켜서 포화에 가깝게 한 후 시험하는 것이 일반적이므로 겉보기점착력은 실제로 발생하지 않거나 무시되는 것이 보통이다.

$$
\text{배수시험 :} \begin{cases} \text{포화된 정규압밀점토, 포화 또는 건조된 모래 :} \ c_d = 0, \ \phi_d > 0 \\ \text{포화된 과압밀점토, 불포화된 모래} \qquad\quad : c_d > 0, \ \phi_d > 0 \end{cases} \tag{9.3}
$$

$$
\text{비배수시험 : 포화된 정규압밀점토 및 과압밀점토 :} \ c_u > 0, \ \phi_u = 0 \tag{9.4}
$$

(5) 직접전단시험의 문제점

직접전단시험은 시험이 간단하고 경제적이며 시료성형에 어려움이 적어 편리하나 다음과 같은 문제점이 있어 정도(精度)가 의심될 때가 많으므로 사용에 주의를 요한다.
- 전단상자의 전후면에 응력이 먼저 집중하고 서서히 중앙부로 전달되는 진행성파괴 (progressive failure)의 양상이 발생하므로 파괴면에서 균일한 전단응력이 발생하지 않는다.
- 전단시에 전단면 상하의 시료에 변형이 발생하여 전단면에서의 정확한 응력을 구하기 어렵다. 그림 9.11은 투명한 전단상자의 측벽에 그리이스를 도포하고 라텍스 멤브레인을 부착하여 전단시의 시료의 거동을 관찰한 결과를 나타낸다. 이 그림에서 전단거동이 전단면에 집중되지 않고 중앙부의 전단면 상하부에 상당한 범위까지 변형이 발생하고 있음을 알 수 있다.
- 전단이 진행되면서 원형인 전단면(剪斷面)의 면적이 점차로 감소하나 수직하중은 전단면 (全斷面)에 걸쳐 작용하므로 응력전달 상의 오차가 포함된다.
- 전단상자 상하면의 마찰이 전단응력에 포함되어 오차의 원인이 된다.
- 전단면에 자갈이나 패각 등의 이물질이 있을 때에는 정확한 전단강도를 구하기 어렵다.
- 배수와 비배수의 정확하고 신뢰성 있는 조절이 되지 않아 시험결과 얻어진 강도정수가

배수강도정수인지 비배수강도정수인지를 알 수 없는 경우가 많다.

- 수치해석 등의 변형해석을 하기 위해서는 시료의 응력~변형률관계를 알아야 하는데, 직접 전단시험의 결과로는 이를 알 수 없다. 즉, 전단변위와 전단응력의 관계는 알 수 있으나 전단변위 대신 전단변형률을 알아야 하는데 이를 알 수 없다.

- 상부가동형 전단시험기의 경우는 전단 시 시료상자가 상향으로 들려지는 회전이 발생하여 오차가 생길 수 있다.

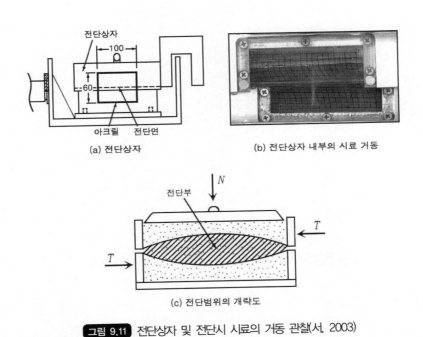

(a) 전단상자

(b) 전단상자 내부의 시료 거동

(c) 전단범위의 개략도

그림 9.11 전단상자 및 전단시 시료의 거동 관찰(서, 2003)

9.3.2 단순전단시험

단순전단시험(Simple Shear Test)은 원통 또는 직방형공시체를 사용해서, 그림 9.12(a)와 같이 직접전단시험 시 파괴면에 집중되는 거동이 아니라, 전체 시료가 균일한 전단거동을 할 수 있도록 개발된 시험방법이다. 종이면에 직각방향의 변형이 구속된 평면변형률 상태에서 그림 9.12(b)에 나타낸 바와 같이 공시체의 상면 ab에 수직력과 전단력을 가하고, 그림의 변형조건(길이 ab와 cd는 불변, ac, bd는 가변, $ab//cd$) 하에, 공시체에 균일한 전단변형률을 발생시키고자 하는 시험이고, 시험 시의 전단방향에 대한 전단응력과 전단변형률의 관계나 전단강도 등이 직접적으로 구해진다.

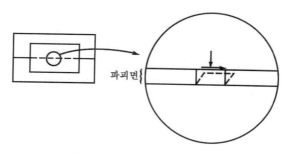

(a) 직접전단시험 시의 시료의 전단거동

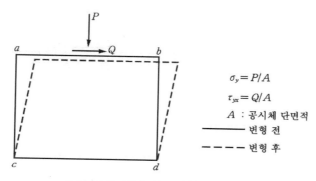

$\sigma_y = P/A$

$\tau_{yx} = Q/A$

A : 공시체 단면적

—— 변형 전

- - - 변형 후

(b) 단순전단시험 시의 시료의 전단거동

그림 9.12 직접전단시험과 단순전단시험 시의 변형 형태

이 시험에서는 공시체 측면 ac, bd에 전단력을 직접적으로 작용시킬 수 없기 때문에 그 분포는 불명하고, 또 위에 기술한 변형조건, 즉 흙의 다이레이턴시에 따른 y방향의 변위는 허용되지만 변 ab, cd는 불변하고, 더욱이 $ab//cd$가 되도록 기계적으로 변형을 구속하고 있어 공시체 내부의 응력분포는 반드시 단순하지는 않다. 따라서 시험장치의 정확성을 기하기 어렵고 또한 시험결과에 대한 신뢰성을 높이기 어려우며, 시험결과를 활용하여 강도정수를 구하기도 곤란한 등 여러 가지 어려운 점이 있어 실무에는 거의 사용되지 않는다. 그러나 변형양상이 이론적인 전단거동과 유사하도록 하는 이점이 있어 연구목적으로는 사용되어 왔으나 최근에는 링전단시험(Ring Shear Test)이나 비틂전단시험(Torsional Simple Shear Test) 등, 보다 개선된 방법으로 그 적용이 옮겨가고 있다. 이들에 대한 실무적용은 아직 활발하지 않으므로 이에 대한 설명은 생략한다.

<참고>
① 시료와 공시체의 차이

시료(試料 ; sample)는 시험을 위해 준비된 재료이고 공시체(供試体 ; specimen)는 시험목적과 장치에 맞게 제작 및 성형된 시료를 말한다.

② 시험과 실험의 차이

시험(試驗 ; test)은 정형화된 방법에 의해 시료의 정수나 어떤 값을 구하는 것이고 실험(實驗 ; experiment)은 어떤 모르는 현상을 알아내기 위해 행하는 것을 말한다. 예를 들면, 비중시험은 시험결과가 어떻게 될지 몰라서 알아내기 위해 하는 것이 아니고 비중값을 알기 위한 것이므로 시험이 되고, 아직 현상을 알 수 없는 특정한 형태의 터널이나 흙구조물에 의한 지반거동이 어떻게 되는지를 아는 것이 목적이라면 모형실험이나 현장실험이 된다.

9.3.3 삼축압축시험

(1) 삼축압축시험의 종류

삼축압축시험(Triaxial Compression Test)은 표 9.1에 기술된 바와 같이 간접전단시험으로 전단면 위의 수직응력, 전단응력을 직접 측정해서 강도정수를 구하지 않고 최대 및 최소주응력을 시료에 가해서 얻어진 파괴시의 모아원을 모아-클롱의 파괴규준에 적용하여 강도정수를 간접적으로 구하는 방법이다. 삼축압축시험은 지중의 응력상태를 비교적 잘 근사시킬 수 있고, 또 배수조건이 확실하고 공시체의 응력~변형률관계도 명확히 알 수 있는 등 많은 장점이 있어 중요한 시험에는 이를 적용한다. 그러나 시료의 성형에 어려움이 있어 점성토가 아닌 흙의 경우는 시험이 어렵고 시험시간과 노력이 많이 소요되는 단점이 있다.

삼축압축시험에는 압밀조건(압밀, 비압밀)과 전단 시의 배수조건(배수, 비배수)에 따라 표 9.2와 같은 종류가 있다. 압밀조건 중 압밀은 시험기에 장착되어 시료채취에 의해 원지반의 응력이 제거(除荷 ; unloading)된 공시체를 다시 원지반응력이나 추가재하에 의해 증가될 응력 특히 구속압(측압)을 근사시키는 역할을 하며 전단시의 배수조건은 설계목적에 따라 배수와 비배수로 나뉘게 된다. 압밀조건 중 비압밀 시험의 용도에 대해서는 각 시험항에서 설명하기로 한다.

표 9.2	삼축압축시험의 종류	
시험 종류		**영어명**
압밀배수시험(CD시험)		Consolidated Drained test
비압밀비배수시험(UU시험)		Unconsolidated Undrained test
압밀비배수시험(CU시험)		Consolidated Undrained test

(2) 압축 및 전단거동의 형태

그림 9.13과 같이 물체의 변형은 압축과 전단으로 분해된다. 압축변형이란 변형의 전후에 그 기하학적 형상이 상사(相似)로서 크기만 작아지는 변형을 말한다. 전단변형이란 크기가 변하지 않고, 형상(각도)만 변하는(상사가 아님) 변형을 의미한다. 일반적으로 흙이 변형(여기서는 미소변형에 한정함)하면 크기만이 아니라 모양도 변하므로 압축변형과 전단변형이 동시에 발생하게 되며, 입상체의 특성상 전단 시에도 체적(크기)이 변하게 된다. 물론 압축 시에도 주응력면을 제외한 다른 면에서는 방향에 따라 전단응력이 발생하게 되므로 이로 인한 체적변화도 생기게 되어 흙의 거동을 수학적으로 표현하기는 매우 복잡하다.

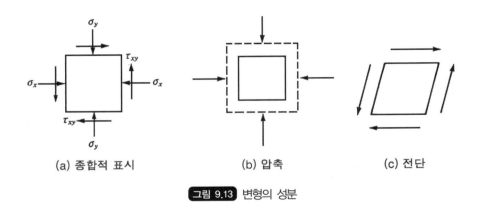

(a) 종합적 표시   (b) 압축   (c) 전단

그림 9.13 변형의 성분

모래는 그림 9.14와 같이 단립구조(單粒構造 ; single grained structure)로서 입자간이 서로 접촉되어 있어 압축응력에 의한 압축량 즉, 체적변화는 적다. 그러나 전단응력이 작용하면 조밀한 모래는 입자가 인접 입자를 타고 올라가서 느슨해지고, 느슨한 모래는 입자가 간극 속으로 끼어들어가서 조밀해지므로 전단에 의해 체적이 팽창(조밀한 모래)하거나 수축(느슨한 모래)하게 된다. 흙이 전단에 의해 체적이 팽창 또는 수축하는 현상을 다이레이턴시[dilatancy ; dilate(팽창하다)에서 유래]라고 하며 정(正 ; +)의 다이레이턴시(팽창), 부(負 ; -)의 다이레이턴시(수축)

로 부른다. 어떤 초기간극비 상태에 있는 모래는 전단 시 체적의 변화가 없게 되는데 이때의 간극비를 한계간극비(critical void ratio)라고 한다.

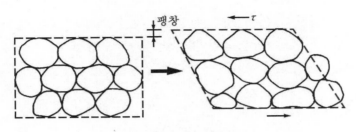

(a) 정(正)의 다이레이턴시

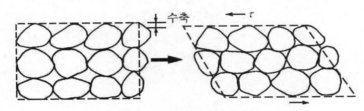

(b) 부(負)의 다이레이턴시

그림 9.14 모래의 배수전단에 의한 다이레이턴시(체적의 팽창 또는 수축)

정규압밀점토와 같은 연약한 점토가 배수되는 상태 하에서 압축변형이나 전단변형을 받으면 그 입자구조가 어떻게 변화할까. 그림 9.15는 푸쉬(Pusch, 1970)가 나타낸 점토의 입자구조의 개념도를 이용해서 입자구조의 변화를 상상(Otta et al., 1973 ; 日本土質工學會, 1992)한 것이다. 실제의 입자구조는 더 조밀하고 복잡하겠지만 이 그림에서 설명하고 싶은 것은 다음의 세 가지 이다.

① 점토의 입자구조는 그림 (a)와 같이, 입자가 모인 단체상(團體狀)의 부분과 그것을 연결하는 가는 주상(柱狀)의 연결부로 되어 있다. 이것은 푸쉬가 제시한 것이다(그림 4.6참조).

② 점토에 압축응력이 작용하면 그림 (b)와 같이, 연결부인 가는 기둥이 좌굴해서 간극이 감소한다. 이것이 압축변형의 주된 기구(機構)이다.

③ 점토에 전단응력이 작용하면 그림 (c)와 같이, 연결부인 가는 기둥이 조금씩 부서져서 짧고 두껍게 됨과 동시에 성냥상자형으로 찌그러지는 형태가 되어 간극이 감소하게 된다. 이렇게 정규압밀점토는 전단 시 부(負)의 다이레이턴시가 발생한다.

과압밀된 점토는 일단 압축되어 찌그러져 있는(간극이 감소되어 있는) 형태가 전단을 일으키면서 오히려 원래의 압축되지 않은 형태로 복원되려는 성질을 갖게 된다. 따라서 과압밀점토는 전단 시 체적이 증가하는 정(正)의 다이레이턴시를 발생시키게 된다. 물론 과압밀비가 상당히 작으면 즉, 약간 과압밀되었으면(lightly overconsolidated) 정규압밀점토와 비슷한 거동으로 부(負)의 다이레이턴시가 발생하지만, 과압밀비가 점점 커지면(heavily overconsolidated) 정(正)의 다이레이턴시로 바뀌게 된다.

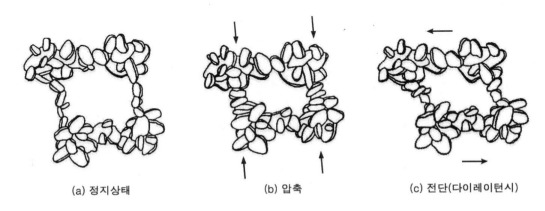

(a) 정지상태	(b) 압축	(c) 전단(다이레이턴시)

그림 9.15 배수 압축 및 전단시의 정규압밀점토 입자 구조의 변화 상상도(Otta et al., 1973 ; 日本土質工學會, 1992)

(3) 압밀배수시험(CD test)

이 시험은 지반이 재하중에 의해 압밀되어 강도가 증가한 후에 지반 내에 과잉간극수압이 생기지 않는 조건으로 배수되면서 전단되는 경우의 강도정수를 구하기 위해 행해진다. 현장조건(특히 현장 측방구속압)에 맞도록 하기 위해서 먼저, 등방응력으로 압밀을 행하고, 그 후 배수조건으로 공시체 내에 과잉간극수압이 발생하지 않는 일정 변형률속도로서 축방향으로 압축을 행한다. 이때의 흙의 배수강도정수 및 응력~변형률 관계를 구하는 것이 본 시험의 목적이다.

실제의 흙의 문제로 말하면, CD시험이란 투수성이 높은 사질토의 안정해석이나, 투수성이 낮은 점성토의 완속성토 등과 같이 재하가 천천히 행해지는 경우의 안정해석을 위한 강도정수 (c_d, ϕ_d)를 구하는 방법이다.

점토와 같이 대단히 투수성이 낮은 흙에서도 이 시험으로부터 구한 강도정수를 적용해야 하는 경우도 있다. 즉, 장기안정해석에 해당되며 점토지반을 굴착한 경우이다. 이 경우는 장기간 경과 후 지중의 간극수압이 정상상태(定常狀態 ; steady state)로 되었을 때, 즉 과잉간극수압이 모두 소산되었을 때 가장 위험하게 되므로 전단 시 과잉간극수압이 발생하지 않도록 장기적으로 배수시키면서 압축하여 구한 강도정수 즉, 배수강도정수가 사용된다. 장단기안정에 대해서는 12.5절에서 기술한다.

CD시험 장치의 개요는 그림 9.16과 같다. 그림의 점선으로 표시된 배압용 regulator, 배압압력계 및 이중관 뷰렛은 배압을 사용하는 경우만 필요하다.

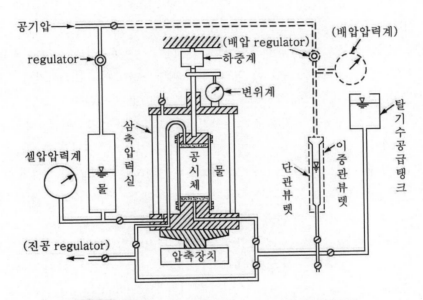

그림 9.16 삼축압축시험(CD시험) 장치 개요도(점선은 배압장치)

배압(背壓 ; back pressure; BP)이란 아래와 같은 목적으로 시료 내부에 가하는 (+) 간극수압을 말한다. 여기서, 주의할 것은 배압을 부압과 혼동하지 않아야 한다는 것이다. 비배수시험(다음의 압밀비배수시험에서 설명)의 경우, 느슨한(loose) 모래와 정규압밀점토에서는 전단변형에 따라 간극수압이 증가하나, 조밀한(dense) 모래와 과압밀점토에서는 간극수압이 초기의 전단변형시에는 증가하고, 그 후에는 감소하여 (−) 간극수압이 되는데 이것을 부압(負壓 ; negative pressure)이라고 한다. 배압의 목적은 다음과 같다.

(i) 가압에 의해 간극 속에 남아있는 공기를 제거(물에 녹임)하여 보다 확실히 포화시키기 위해 사용되며, 현장의 간극수압보다 큰 압력을 사용하면 된다. 당연히, 시료의 포화

시나 배압 시 사용되는 물은 탈기수이어야야 한다.

① 약 $30lb/in^2(≒207kN/m^2)$ 필요

② 측압 $-BP ≒ 19.6kN/m^2$으로 해서 포화시킴(이때의 체적 변화는 무시).

   * 참고 : 투수성이 높은 시료는 먼저 간극 내를 탄산가스로 채움

(ii) membrane과 시료 사이의 공기 제거 (물에 녹임).

(iii) 전단 시 다이레이턴시에 의해 물이 출입할 때, 거품 발생에 의한 방해가 없도록 함.

(iv) 간극수압 시스템(응답시간의 향상, 즉각적인 양호한 반응)과 BP시스템(배수시의 방해 방지) 내에 남아있는 기포를 제거하기 위함.

(v) 불포화시료가 BP에 의해서 포화될 때 신뢰성 있는 투수성의 측정이 가능.

(vi) 투수성이 낮은 흙을 가능한 한 빨리($v = ki$에서 i를 크게) 포화시키기 위함.

(vii) 전단 시 다이레이턴시에 의한 $(-)$간극수압을 $(+)$로 측정하기 위함.

(viii) 낮은 측압으로 실험할 때의 계측기의 안정된 계측을 위함(특히, 센서를 사용한 자동계측의 경우).

(ix) 로우 등(Rowe and Johnson, 1960 ; 김, 1982)은 현장시료 시험 시의 배압의 효과에 대해 다음과 같이 기술하고 있다. 지하수위 아래에 있는 흙은 정수압과 같은 간극수압을 받고 있으나, 시료를 채취하면 간극수압은 대기압과 같아진다. 따라서 높은 수압을 받아 물 속에 용해되어 있던 산소는 그 수압이 없어짐으로 말미암아 체적이 커져서 기포를 형성하므로 포화도는 100%보다 훨씬 떨어진다. 이와 같은 흙으로 시험하면 본래의 포화토를 불포화토로 만들어 시험한 결과가 된다. 발생된 기포를 원상태로 용해시키기 위해서는 공시체가 원상태의 수압을 받도록 압력을 가해 주어야 하는데, 이 압력을 말한다.

CD시험의 결과 얻어지는 그래프는 그림 9.17과 같다. 그림 9.17(b)의 $\sigma_1 - \sigma_3$는 σ_d로 표기되기도 하며 축차응력(deviator stress) 또는 주응력차라고 불리며 모아원의 직경을 나타낸다. σ_3가 일정하도록 하고 σ_1을 증가시켜서 파괴시키므로 파괴 시의 모아원은 σ_d가 최대인 경우에 해당된다. 따라서 σ_d의 최대치를 이용해서 그림 9.18과 같이 모아원을 그려서 강도정수를 구하게 된다. 여기서, 그림 9.17(b)의 종축을 σ_d 대신 σ_1'/σ_3'(주응력비; principal stress ratio)를 사용하기도 하며, σ_1'/σ_3'가 최대값이 될 때의 σ_1, σ_3를 이용하여 모아원을 그려도 결과는 동일하다. CD시험에서는 모든 응력을 유효응력(σ_1', σ_3')으로 표현해야 하며, 전응력과 유효응력이 시료 내의 포화에 의한 간극수압(u_0)만큼 달라지나 u_0값이 대단히 작으므로 일반적으로 무시하여

σ_1 및 σ_3 값과 동일한 값을 σ_1', σ_3'값으로 사용한다.

그런데, 축차응력의 경우, 전응력 표기는 $\sigma_1 - \sigma_3$가 되고, 유효응력 표기는 $\sigma_1' - \sigma_3'$가 되나, 배수시험은 물론이고 과잉간극수압이 발생하는 비배수시험의 경우라 할지라도 $\sigma_1' - \sigma_3' = \{\sigma_1 - (u_0 + \Delta u)\} - \{\sigma_3 - (u_0 + \Delta u)\} = \sigma_1 - \sigma_3$가 되므로 유효응력 표기 시에도 일반적으로 $\sigma_1 - \sigma_3$ 또는 σ_d로 나타내게 된다. 그러나 배수시험 결과를 정리할 때 σ_d 대신 σ_1'/σ_3'를 사용할 때는 반드시 유효응력(')으로 나타내어야 한다. 물론 어떤 방법을 사용하든 파괴시의 모아원은 σ_1', σ_3'를 이용하여 그려야한다. 전단시의 다이레이턴시는 그림 9.17(c)와 같이 나타내어지며, 그림 9.14, 그림 9.15의 성질을 CD시험 과정에 사용되는 좌표축으로 표현하였다. 여기서, 압축시험에서는 압축을 하여 파괴시키지만 체적변화는 압축에 의한 것보다 최대주응력면과 $45° + \phi/2$각도를 이루는 파괴면에서의 전단에 의한 것이 두드러지게 나타난다.

시험 시의 구속압(최소주응력; σ_3')으로는 원위치 흙구조물에 전단이 발생할 때 받을 수 있는 구속압과 이보다 약간 큰 2~3개의 압력을 사용하게 된다. 만약 굴착 시의 안정성을 검토하기 위한 강도정수를 구하기 위해 CD시험을 한다면, 현재의 유효구속압보다 작은 유효구속압을 적용해서 과압밀상태에 대한 강도정수를 구해야 한다.

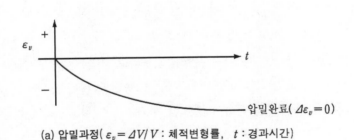

(a) 압밀과정($\varepsilon_v = \Delta V/V$: 체적변형률, t : 경과시간)

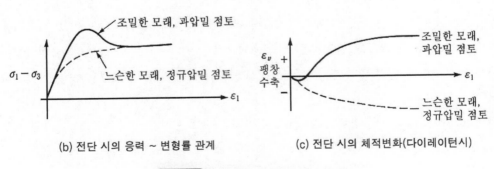

(b) 전단 시의 응력 ~ 변형률 관계　　(c) 전단 시의 체적변화(다이레이턴시)

그림 9.17 삼축압축(CD)시험 결과의 정리

그림 9.18에서 포화된 정규압밀점토는 배수점착력(c_d)이 0이며, 과압밀이 되면 파괴포락선의 절편이 생겨 $c_d > 0$이 된다. 점토는 정규압밀상태라도 불포화 시에 c_d가 발생하나, 이에 대한 경우는 역학적으로 거의 취급하지 않으므로 여기서도 생략한다.

건조 또는 포화된 모래는 c_d가 0이고 습윤(불포화)상태가 되면 파괴포락선의 절편이 생겨 $c_d > 0$이 되지만 그 값은 크지 않고, 또 강우 시 포화되면 사라지므로 가짜란 뜻에서 겉보기점착력(apparent cohesion)이라고 하며 실제 설계계산 시 포함하지 않는 것이 안전하다. 또, 포화된 모래라도 과압밀에 의해 점착력이 발생하지만 그 양이 적어서 무시하는 것이 일반적이다.

과압밀점토의 경우는 점착력이 발생한다고 표현하였지만, 사실 정규압밀영역과 과압밀영역에서의 파괴포락선은 그 의미가 다르다. 정규압밀영역에서는 OCR = 1인 파괴포락선이지만, 과압밀영역에서는 파괴포락선 상의 모든 점에서 OCR이 다르다(원점에 가까울수록 OCR이 큼). 즉, 과압밀영역에서는 다른 여러 OCR 상태에 대한 파괴점을 연결한 선이라고 표현하는 것이 정확할 것이다. 그러나 이러한 개념을 사용하면 OCR에 따른 전단강도나 강도정수를 정의해야 하므로 전단강도를 구해서 설계에 적용하기가 상당히 번거롭다. 따라서 여러 OCR에 대한 파괴응력점을 연결하여 만든 직선을 파괴포락선이라고 하고, 이 파괴포락선에 현재의 유효응력을 대입하여 전단강도를 구하는 방법을 택하는 것이 훨씬 쉬울 것이다. 이러한 관점에서 정의된 파괴포락선이 그림 9.18(a)의 과압밀점토의 파괴포락선이다. 참고로, 과압밀영역에서 c_d는 생기지만 ϕ_d는 감소한다는 것도 기억해야 할 것이다.

점토와 모래의 중간적인 성질을 갖는 흙을 중간토라고 하며 중간토는 점토와 모래의 전단거동이 혼합되어 발생하므로 명확한 표본적인 거동을 표현하기 어려우므로 설명이 생략되었다. 설계시 현장 시료를 채취해서 해석에 필요한 시험을 수행하고, 그 결과 얻어진 전단거동과 강도정수를 적용하면 될 것이다.

그림 9.18에서 수직응력은 σ'로서 유효응력으로 표현되어 있지만 전단응력(τ)은 유효응력 표시가 없다. 이 이유는 어떤 면에서의 전단응력은 $\tau_\theta = \{(\sigma_1 - \sigma_3)\sin2\theta\}/2$로서 축차응력 $(\sigma_1 - \sigma_3)$이 유효응력으로 표현되지 않고 전응력으로 표현되는 이유와 동일하다. 전단응력은 간극수압의 영향을 받지 않는다는 사실로도 전응력, 유효응력의 구분 없이 동일할 것이라는 것을 알 수 있다.

그림 9.18에서 $c_d > 0$인 경우의 강도정수와 응력의 관계는 식 (9.5)와 같고, $c_d = 0$인 경우는 식 (9.6)과 같다.

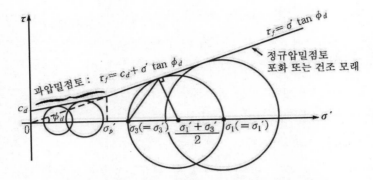

(a) 과압밀점토, 정규압밀점토 및 포화 또는 건조 모래의 경우

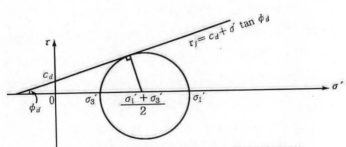

(b) 불포화 모래의 경우(c_d 는 겉보기점착력)

그림 9.18 삼축압축(CD)시험 결과 얻어진 모아원과 파괴포락선

① $c_d > 0$인 경우

$$\sin\phi_d = \frac{\dfrac{\sigma_1' - \sigma_3'}{2}}{\dfrac{c_d}{\tan\phi_d} + \dfrac{\sigma_1' + \sigma_3'}{2}} \text{ 이므로}$$

$$\sigma_3' = \frac{1 - \sin\phi_d}{1 + \sin\phi_d}\sigma_1' - 2c_d\frac{\cos\phi_d}{1 + \sin\phi_d}$$

$$= \tan^2\left(45° - \frac{\phi_d}{2}\right)\sigma_1' - 2c_d\tan\left(45° - \frac{\phi_d}{2}\right)$$

(9.5)

② $c_d = 0$인 경우

$$\sin\phi_d = \frac{\sigma_1' - \sigma_3'}{\sigma_1' + \sigma_3'} \text{ 또는, } \sigma_3' = \frac{1 - \sin\phi_d}{1 + \sin\phi_d}\sigma_1' = \tan^2\left(45° - \frac{\phi_d}{2}\right)\sigma_1'$$

(9.6)

그림 9.17에서, 조밀한 모래나 과압밀점토의 최대축차응력(σ_{dmax})은 쉽게 알 수 있으나 느슨한 모래나 정규압밀점토의 σ_{dmax}는 조금씩 증가하는 추세가 지속되는 경우가 많아 애매하다. 이 경우의 σ_{dmax}에 대한 여러 가지 정의가 있으나 뚜렷한 방법은 없어 보통 곡률이 최대가 되는 점 부근을 사용하게 된다. 모든 흙에서 ϵ_1이 대단히 큰 위치에서의 σ_d는 거의 변화하지 않으며, 이때의 σ_1', σ_3'를 사용하여 모아원으로 구한 c_d, ϕ_d를 잔류점착력(c_{res}), 잔류내부마찰각(ϕ_{res})이라고 한다. 이때의 첨자는 잔류(residual)란 뜻이다.

그림 9.19와 같이 모래의 배수내부마찰각 ϕ_d는 유효구속압(effective confining pressure ; σ_3')에 따라 달라지는데 이것을 내부마찰각의 구속압의존성(confining pressure dependency)이라고 한다. 이 그림에서 구속압이 상당히 크면 내부마찰각이 감소되는데 이 이유는 큰 압력에 의해 전단 시 입자가 파쇄 되기 때문이다. 일반적인 압력의 범위에서의 흙의 전단은 입자의 파괴를 의미하는 것이 아니고 입자의 위치가 서로 어긋나는 것을 뜻하므로 내부마찰각은 입자간의 마찰각과 위치의 어긋남(이맞춤 ; interlocking)에 의한 저항마찰각의 합이 된다.

자갈은 둥근 입자가 전단저항력이 크지만 흙의 경우는 길고 모난 입자가 전단저항력이 크다. 그 이유는 자갈의 전단은 입자의 파괴를 의미하지만 흙의 경우는 입자의 위치가 서로 어긋남을 의미하기 때문이다.

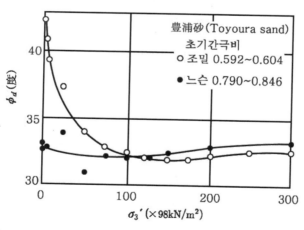

그림 9.19 모래의 배수 내부마찰각(ϕ_d)의 구속압(σ_3')에 따른 변화(日本土木學會, 1979)

참고로, 흙의 경우는 과압밀 상태에 의한 점착력 또는 불포화에 의한 겉보기점착력 등 특별한 상태에 있을 때 점착력이 발생하게 되나 암반의 경우는 입자사이의 고결력에 의해 상태에 관계없이 항상 존재하는 일정한 크기의 점착력이 있다. 이것이 암반과 흙의 중요한 차이점 중의 하나이다. 따라서 풍화암인지 풍화토인지를 개략 구별하는 가장 간단한 방법은 시료를 물에 넣어서(수침시켜) 고결력에 의해 덩어리 상태로 형상이 유지되는지 여부를 관찰하는 것이다(2.5절 참조).

(4) 비압밀비배수시험(UU test)

이 시험은 비교적 투수성이 낮은 지반에 적용되는 것으로, 배수가 생기지 않을 정도로 급속한 재하속도로서 하중이 작용할 때의 원지반의 전단강도를 구하거나, 점토지반 위에 놓인 성토체의 안정검토와 같은 단기안정문제에서의 원지반의 전단강도를 구하기 위해서 행한다. 12.5절에서 기술하겠지만 점토지반 위에 성토하면 성토 직후가 가장 위험하게 되며 시간이 지남에 따라 점토지반이 압밀되어 강도가 증가함으로써 안전율이 증가하기 때문에 성토 직후에 대한 안정검토를 하게 되므로 단기안정문제라고 한다. 따라서 재하 후 배수되지 않은 시점에 대한 강도정수를 구해야 한다.

단기안정해석을 위해서 유효응력에 의한 전단강도식($S = c' + \sigma' \tan \phi'$)을 사용하여 전단강도를 구하는 것이 당연하나 현장에서 비배수상태에서의 과잉간극수압(Δu)을 알 수 없어 σ'를 계산할 수 없으므로 유효응력 강도정수를 사용해도 각 위치에서의 전단강도를 구할 수 없다. 따라서 강도정수를 사용하지 않고 직접 각 위치에서의 전단강도를 구하고자 하는 노력이 강구되었는데 이것이 UU시험이다.

시험은 이와 같은 현장조건에 맞추어서 공시체로부터의 물의 출입이 없도록 공시체 내부와 연결된 밸브를 잠근 상태로 구속압을 작용시킴으로서 압밀을 행하지 않고 비배수조건 하에서 축방향으로 압축을 행해서 흙의 전단강도 및 응력~변형률 관계곡선을 구한다.

어떤 깊이에서의 시료를 채취하여 UU시험을 시행한 결과 얻어지는 전응력원과 유효응력원은 그림 9.20과 같다. 이 그림에서 비배수상태에서 구속압을 변화시켜 그린 모아원들의 크기는 동일하며 이 원들은 동일한 하나의 유효응력원을 갖게 된다. 즉, 시험 시 과잉간극수압의 크기를 측정하여 유효응력원을 그린다면 그림 9.20과 같이 구해질 것이며 A값이 채취된 시료의 원위치에서의 전단강도를 나타내게 된다. 그러나 사실 UU시험은 압밀이 행해지지 않아 응력해방에 의해 어느 정도의 유효응력이 해제되었는지 정확히 알 수 없으므로 시험시의 과잉간극수압을 측정하여 유효응력원을 구한다 하더라도 정확성 여부는 의문이 생긴다.

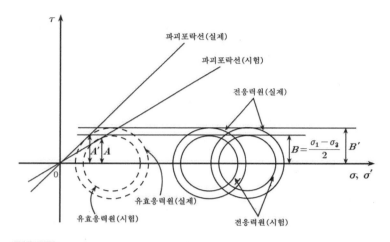

그림 9.20 UU시험 결과 얻어지는 전응력원과 유효응력원(정규압밀점토의 경우)

시험결과의 정리 시 시료채취 깊이에서의 전단강도는 그림 9.20의 B라고 하게 되는데, 이 값은 실제값(A값)보다 약간 크다. 그러나 시료채취 후 시험 시 압밀을 행하지 않으므로 약간 팽창되어 유효구속압이 감소된 상태로 시험이 시행되게 되어 전응력원의 크기가 약간 감소하게 되므로 유효응력원의 크기도 동일하게 감소하게 된다. 따라서 실제의 $(\sigma_1 - \sigma_3)/2$(B'로 칭함)는 그림 9.20의 B보다 약간 크므로 B'를 이용하여 구한 유효응력원의 전단강도(파괴포락선의 접점)는 B값과 비슷하게 되어 근사치로서 B를 시료채취깊이에서의 실제전단강도(A')로 사용하게 되는 것이다.

파괴면과 최대주응력이 이루는 각도는 전응력원에서 구한 45°가 아니라 유효응력원에서 구해진 $45° + \phi'/2$이므로, UU시험 결과로는 ϕ'(유효응력 내부마찰각)를 알 수 없고, 파괴면의 방향도 정확히 알 수 없다. ϕ'는 유효응력원을 이용해서 구한 파괴포락선의 경사각으로서 정확한 의미에 대해서는 다음의 CU시험 항을 참조 바란다.

그림 9.20의 B값을 비배수전단강도(S_u)라고 하며, 식 (9.7)과 같이 정의한다. 이 식에서 c_u는 비배수점착력이라고 하며 그림 9.20의 전응력파괴포락선의 기울기 $\phi_u = 0$이므로 비배수전단강도의 값과 같아진다. 따라서 때때로 c_u를 비배수전단강도라고 부르기도 하지만 값이 같다는 것이지 정확한 명칭은 비배수점착력인 것이다.

$$S_u = c_u\left(= \frac{\sigma_1 - \sigma_3}{2}\right) \tag{9.7}$$

요약하면, 포화된 점토의 UU시험으로 얻어진 파괴포락선은 그림 9.21과 같이 비배수내부마찰각(ϕ_u)이 0으로 수평이 된다. 이 이유는 비배수상태에서 구속압이 증가되어도 시료 내부의 유효응력의 변화는 없으므로 동일한 크기의 모아원이 얻어지기 때문이다. 따라서 전단강도는 수직응력과 무관하게 비배수점착력(c_u)만으로 결정되고 파괴포락선은 $\tau_f = c_u\{= (\sigma_1 - \sigma_3)/2\}$가 되며 이 값은 시료채취 지점에서의 비배수전단강도를 의미한다.

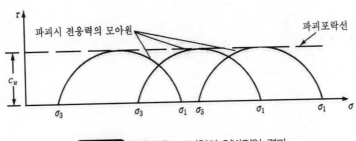

그림 9.21 삼축압축 UU시험의 일반적인 결과

UU시험을 할 때 주의할 점은, 투수성이 낮은 원지반에서 시료를 채취하여 하중이 제거(제하)된 후 짧은 시간 내에서는 팽창이 급속히 진행되지 않아 시료의 유효구속압이 그다지 변하지 않으므로 이때 비배수전단을 하면 원지반 시료의 비배수전단강도가 비교적 정도 높게 구해지나, 시료채취 후 오랜 시간이 경과되면 팽창되어 과압밀화 되고 유효구속압이 감소되어 지중에서의 전단강도를 과소평가하게 된다는 점이다. 그러므로 시료채취 후 되도록 빠른 시간 내에 시험을 수행해야 한다. UU시험에서 구속압을 가하지 않고 시험해도 $\sigma_3 = 0$인 동일한 직경의 모아원이 구해지며 이 시험을 일축압축시험(9.3.4에서 기술)이라고 한다. 일축압축시험은 시료를 삼축시험기에 장착하지 않고 쉽게 시험이 행해지므로 편리하나 아무리 주의해도 시료 표면 주위의 팽창이나 교란의 영향은 없애기 어렵기 때문에 약간의 시험 상의 번거로움이 있어도 구속압에 의해 이런 단점이 어느 정도 보완될 수 있는 삼축압축 UU시험을 많이 사용하게 된다.

(5) 압밀비배수시험(CU test)

이 시험의 첫째 목적은 지반이 재하중에 의해 압밀되어 강도를 증가시킨 후에 배수가 발생하지 않을 정도로 급속한 재하가 행해질 때의 전단강도를 구하기 위해서 행해진다. 이 시험의 결과는 어떤 응력 하에서 현재의 지반이 완전히 압밀되어 그 후 비배수조건으로 응력의 변화를 받는 경우에 지반의 비배수전단강도를 알기 위해 적용된다. 그림 9.22는 이 시험에 대응하는 현장 문제의 전형적인 예를 나타낸 것이다. (a)는 제1단계의 성토에 의한 압밀이 완료된 후에 제2단계의 성토가 급속히 재하되는 경우를, 또 (b)는 정상(定常)상태에 있던 필댐의 수위가 급속히 저하한 경우(①→②)를 나타내고 있다. (a)의 경우, 제1단계 재하 이전에 시험을 하여 안정해석을 할 경우에 위와 같은 시험을 하게 되지만 제1단계 재하 후 장기간 경과 후 압밀이 완료되었을 때 시료를 채취하여 제2단계 재하에 대한 안정해석을 한다면 UU시험을 해서 비배수 전단강도를 구하는 것이 나을 것이다. 왜냐하면 아무래도 제1단계 하중에 의한 압밀압력은 시료채취 깊이에 대한 계산값이므로 실제값과 차이가 날 수 있어, 현장상태를 그대로 사용하여 비배수전단강도를 구하는 UU시험이 편리하고 오히려 정확도도 높을 수 있기 때문이다.

이 시험의 다른 하나의 목적은 투수성이 낮은 지반의 배수강도정수(c_d, ϕ_d)를 구하는 것이다. 이때 배수강도정수는 유효응력의 모아원을 이용하여 구하게 되는데 유효응력을 계산하기 위해 과잉간극수압을 측정하게 되며, 특히 이런 목적의 시험을 CU 시험과 구별해서 $\overline{CU}$(CU bar)시험 이라고도 한다. CU시험은 이 목적으로 주로 사용되고 있다.

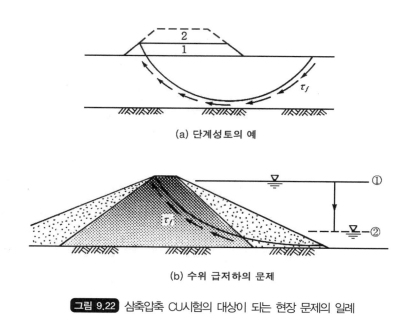

(a) 단계성토의 예

(b) 수위 급저하의 문제

그림 9.22 삼축압축 CU시험의 대상이 되는 현장 문제의 일례

CU시험은 그림 9.23과 같이 행해지며 시험결과는 그림 9.24와 같이 정리된다. 이 그림에서 $\sigma_1 - \sigma_3$는 축차응력(deviator stress)이라고 불리며 σ_d로 나타내기도 한다. 약간 과압밀된(lightly overconsolidated) 점토는 압축에 의한 체적수축과 (+)다이레이턴시에 의한 소량의 체적팽창을

합해도 전체적으로는 체적수축이 발생하고자 하는 성질을 가지고 있으므로(비배수전단이므로 체적변화는 없음), 정규압밀점토와 비슷한 거동을 하게 되나, 이 그림에 나타낸 점토는 심하게 과압밀된(heavily overconsolidated) 점토로서 전단에 의한 체적팽창 성향이 압축에 의한 체적수축 성향을 초과하여 전체적으로는 체적팽창 성향이 발생하게 된다. 그러나 실제로는 비배수전단이므로 체적변화는 없고 체적변화 성향으로 인한 과잉간극수압(Δu)이 발생하게 되는 것이다. 조밀한 모래나 과압밀점토의 경우는 비배수전단 과정에서 체적팽창의 성향이 있으나 물의 출입이 허용되지 않는 비배수전단이므로 체적팽창이 일어날 수 없어 ($-$)과잉간극수압이 발생하게 된다. 과잉간극수압의 양부는 이렇게 생각하면 쉽게 이해할 수 있다. 팽창성향의 흙이 팽창하고자 하나 시료에 연결된 배수밸브가 잠겨 있어 물의 출입이 될 수 없으므로 팽창하지는 못하게 된다. 팽창하고자 하고 있을 때 배수밸브를 연다면 어떤 현상이 발생하겠는가? 당연히 물이 시료 내부로 들어가게 될 것이다. 이것은 시료내부가 ($-$)압력이 있다는 증거가 된다. 반대로 느슨한 모래나 정규압밀점토의 경우는 (+)과잉간극수압이 발생하게 된다.

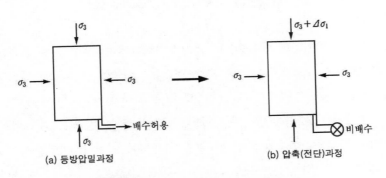

그림 9.23 CU(또는 $\overline{CU}$)시험 과정의 모식도

CU시험이, 압밀 후 급속전단에 의한 비배수강도를 구하는데 목적이 있는 경우는 과잉간극수압의 용도는 없다. 그러나 배수강도정수를 구하는데 목적이 있는 경우인 $\overline{CU}$시험에서는 시료에 가해지는 σ_1, σ_3에서 과잉간극수압을 빼서 유효응력을 구해야 한다. 이때 $\sigma_1{}' = \sigma_1 - \Delta u$(시료 내부의 포화에 의한 소량의 초기간극수압은 보통 무시), $\sigma_3{}' = \sigma_3 - \Delta u$로서, (+)과잉간극수압이 발생하는 경우는 유효응력이 전응력보다 작아지나 ($-$)과잉간극수압이 발생하는 경우는 유효응력이 전응력보다 커진다.

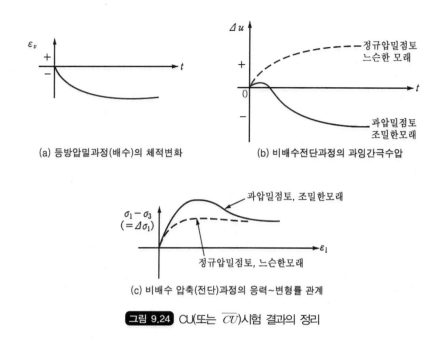

(a) 등방압밀과정(배수)의 체적변화

(b) 비배수전단과정의 과잉간극수압

(c) 비배수 압축(전단)과정의 응력~변형률 관계

그림 9.24 CU(또는 $\overline{CU}$)시험 결과의 정리

투수성이 높은 사질토의 배수강도정수를 구하기 위해서는 $\overline{CU}$시험보다 CD시험을 하는 것이 편리하므로 $\overline{CU}$시험은 행해지지 않는다. 투수성이 낮은 점토의 장기안정문제를 해석하기 위해 사용되는 배수강도정수를 구하기 위해서도 CD시험을 해야 하지만, 전단과정에서 정확한 배수가 행해지는, 즉 과잉간극수압이 발생하지 않는 압축속도를 알 수 없고 또 대단히 낮은 속도로 압축한다 하더라도 과잉간극수압의 발생여부를 확인하기 어렵다. 과잉간극수압이 발생하지 않도록 하기 위해서 대단히 낮은 속도로 시험을 한다고 하더라도 시험시간이 대단히 많이 소요되는 등의 단점이 있으므로 이런 경우에 $\overline{CU}$시험을 시행하며 시험결과의 정도(精度)도 높고 시험시간도 크게 절약된다. $\overline{CU}$시험에서 그림 9.25와 같이 정리하여 얻어지는 강도정수인 c', ϕ'는 연구 결과, CD시험에 의한 c_d, ϕ_d와 거의 동일하므로 c_d, ϕ_d의 대용으로 c', ϕ'를 사용할 수 있게 된다.

그림 9.25에서 표시된 c_{cu}, ϕ_{cu}는 앞에서 기술한 제1단계 성토 후 장기간 경과 시의 제2단계 안정성 검토 시와 같은 예에서 사용되는 강도정수로서 현장에서 이런 예를 찾기는 어려우므로 많이 사용되지는 않고 있다. 이때의 비배수전단강도는 식 (9.8)과 같이 표현된다. 엄밀히 말하면 식 (9.8)에 의한 전단강도도 정확한 파괴면에서의 값이라고 할 수는 없지만 근사적으로는 별 문제는 없을 것으로 보는 것이다. 즉 그림 9.25에서의 파괴포락선과 모아원의 접점이 파괴면에서의 응력을 정확히 나타내는 것은 아니라는 의미이다. 왜냐하면, 파괴면과 최대주응력면이

이루는 각은, 유효응력에 의한 내부마찰각 ϕ'(또는 배수내부마찰각 ϕ_d)를 사용하여 정의된 $45° + \phi'/2$(또는 $45° + \phi_d/2$)이기 때문이다.

$$\tau_f = c_{cu} + \sigma_{cu}' \tan\phi_{cu} \tag{9.8}$$

여기서, σ_{cu}'는 초기유효수직응력(σ_0')에 제1단계 성토에 의한 유효수직응력증가량($\Delta\sigma_{s1}'$)을 합한 값에다 제2단계 성토에 의한 전수직응력증가량($\Delta\sigma_{s2}$)을 더한 값($\sigma_{cu}' = \sigma_0' + \Delta\sigma_{s1}' + \Delta\sigma_{s2}$)으로, 압축(전단) 시의 과잉간극수압과는 무관하다는 점에 주의를 요한다.

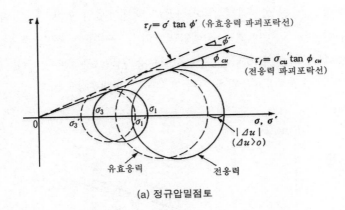

(a) 정규압밀점토

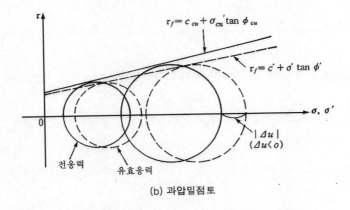

(b) 과압밀점토

그림 9.25 CU시험 결과 얻어진 모아원과 파괴포락선

그림 9.25의 유효응력 파괴포락선을 정규압밀영역과 과압밀영역을 함께 작도하면 그림 9.26과 같이 선행압밀압력(σ_p')에서 기울기가 변하게 된다. 이 그림에서 과압밀영역에서는 점착력은 생기지만 내부마찰각은 감소하게 되나 동일 수직응력 하에서의 전단강도(그림 9.26의 점선)는 정규압밀상태의 경우보다 높다는 것을 알 수 있다. 그림 9.18의 압밀배수시험의 경우에 대해서도 설명했듯이 정규압밀영역의 OCR은 모두 1로서 동일한 시료라고 할 수 있지만, 과압밀영역에서는 σ'의 크기에 따라 OCR이 다르므로 사실 과압밀영역에 있는 시료들이 동일한 것을 의미하지는 않아 강도정수의 의미가 모호할 수 있다. 다만 모든 과압밀영역을 포함하는 직선을 정의해서 어떤 σ'에서의 전단강도를 구하고자 하는 것이 목적이므로 이 직선의 절편과 경사각을 각각 점착력, 내부마찰각이란 강도정수의 용어를 정규압밀영역에서처럼 사용했다고 생각하면 될 것이다. 또, 여기서의 σ_p'는 선행압밀압력이지만, 파괴면에서의 수직 선행압밀압력이지, 일차원 압밀시험에서 구해지는 것처럼 연직 선행압밀압력은 아니라는 점도 주의를 요한다.

CU시험의 중요한 목적 중 또 하나는 지반의 강도증가율을 구하는 것이다. 강도증가율(rate of strength increase)이란, 연직유효응력에 따라 변화하는 비배수강도를

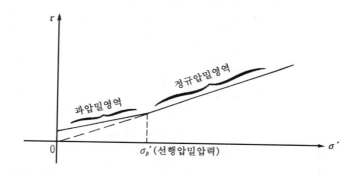

그림 9.26 CU시험 결과 얻어진 유효응력 파괴포락선의 정규 및 과압밀 영역

「비배수강도/연직유효응력」으로서 나타낸 지수로서 식 (9.9)와 같이 정의된다. 어떤 연구자들은 강도증가율에서의 연직유효응력을 p로 나타내어서 c_u/p로 표현하기도 하지만 p는 평균주응력$[=(\sigma_1+\sigma_2+\sigma_3)/3]$의 의미로 사용되는 것이 일반적이므로 여기서는 혼동을 피하기 위하여 σ_v'를 사용하기로 한다.

$$강도증가율 = \frac{c_u}{\sigma_v'} \tag{9.9}$$

여기서, c_u : 비배수전단강도

$\sigma_v{}'$: 연직유효응력

강도증가율은 대상지반의 깊이(또는 유효상재압)에 따른 비배수전단강도나 프리로딩 등에 의한 압밀에 따른 지반의 비배수전단강도 증가량을 구해서 안정해석을 하는데 유용하게 사용된다. 깊이에 따른 비배수전단강도는 UU시험에 의해서도 구할 수 있지만, 각 깊이마다 시료를 채취하여 시험해야 하므로 상당히 많은 노력이 든다. 그러나 강도증가율을 사용하면 계산에 의해 깊이에 따른 비배수전단강도를 비교적 쉽게 구할 수 있다. 그림 9.27은 정규압밀영역과 과압밀영역에 대한 강도증가율을 나타낸다. 여기서, $\sigma_3{}'$는 등방압밀과정을 나타내며 σ_1은 등방압밀 후의 비배수 상태에서의 최대주응력을 나타낸다. 이 그래프에서는 $\sigma_3{}'$를 유효응력으로 나타내었지만 파괴시의 모아원에서는 과잉간극수압을 제해야 유효응력이 구해진다. 그러나 이 그림에서 유효응력으로 나타낸 이유는 $\sigma_3{}'$가 압밀이 완료된 상태에서의 유효압밀압력을 의미하기 때문이다. 즉, 이 유효압밀압력이 작용하고 난 후의 비배수전단강도(c_u)를 나타낸 것이 그림 9.27의 A, C선이다. 여기서 주의할 것은 A, C선은 어떤 $\sigma_3{}'$에서의 c_u값을 플롯한 것인데, 여기서의 $\sigma_3{}'$는 시험 시의 구속압(측압)을 의미하는 것처럼 보이지만 실제로는 연직유효응력($\sigma_v{}'$)을 의미하는 것으로 단지 시험조건이 등방압밀상태이므로 $\sigma_v{}' = \sigma_3{}'$이기 때문에 $\sigma_3{}'$값을 그대로 사용하였다는 점이다. K_o압밀(일차원압밀)과 같이 비등방(이방)압밀인 경우는 연직방향의 압밀압력과 수평방향의 압밀압력이 다르므로 플롯할 때는 연직방향의 압밀압력과 이 압력하에서 비배수전단했을 때의 비배수전단강도와의 관계를 나타내어야 한다. 실제 지반은 등방압밀상태가 아니고 K_o상태이므로 K_o압밀 후 비배수전단을 해야 하지만 시험이 까다롭기 때문에 약간의 오차가 포함되어도 등방압밀 시의 강도증가율을 그대로 사용하거나 이 값을 0~20% 정도 감소시킨 값(柴田, 1975 ; 日本土質工學會, 1979)을 K_o압밀 시의 값으로 사용하기도 한다.

그림 9.27에서 A선은 정규압밀상태에 대한 강도증가율선을 나타내고, B선은 과압밀상태에 대한 강도증가율선을 나타낸다. 즉, 과압밀영역에서의 강도증가율선은 원점에서 C선 위의 각 점들을 연결한 선을 의미하며 이 선의 기울기는 각 과압밀비(OCR)에 대한 강도증가율을 나타낸다. 여기서 주의할 점은 과압밀상태의 강도증가율이 C선의 기울기를 의미하지는 않는다는 것이다. 현재까지의 연구결과로 보면 과압밀상태의 강도증가율도 상수인데, C선은 기울기뿐만 아니라 절편도 있기 때문에 $c_u/\sigma_v{}'$가 상수로 되지는 않는다는 것을 보아서도 C선의 기울기는 의미가 없다는 것을 알 수 있다.

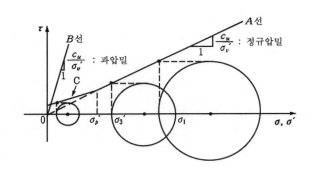

그림 9.27 CU시험에 의한 강도증가율의 산정

등방압밀의 경우, 정규압밀과 과압밀로 나누어서 강도증가율을 정리하면 다음과 같다.

① 정규압밀점토

- 요시쿠니(吉國, 1996) : $0.25 \leq c_u/\sigma_v' \leq 0.35$ (9.10)
- 스캠프톤(Skempton, 1957) : $c_u/\sigma_v' = 0.11 + 0.0037 I_P$ (9.11)

$$c_u/\sigma_v' = \frac{[K_o + (1-K_o)A_f]\sin\phi'}{1 + (2A_f - 1)\sin\phi'} \tag{9.12}$$

여기서, I_P : 소성지수

K_o : 정지토압계수

A_f : 파괴시의 간극수압계수

ϕ' : 유효내부마찰각(삼축압축시험)

② 과압밀점토

- 라드 등(Ladd et al, 1977 ; Das, 1994) : $(c_u/\sigma_v')_{OC} = (c_u/\sigma_v')_{NC} \cdot OCR^{0.8}$ (9.13)

여기서, $(c_u/\sigma_v')_{OC}$: 과압밀 시의 강도증가율

$(c_u/\sigma_v')_{NC}$: 정규압밀 시의 강도증가율

OCR : 연직응력에 대한 과압밀비

(6) 동일한 구성으로 된 모래와 점토의 유효구속압에 따른 강도정수의 변화

① 모래의 경우

모래는 밀도가 증가하면 ϕ_d가 증가하게 되나, CD 시험 시 유효구속압(압밀압)에 의해 밀도가 별로 변하지 않아 ϕ_d가 거의 동일하게 되므로 그림 9.28과 같이 여러 압밀압력을 이용하여 강도정수를 구하게 되며 이때 여러 모아원은 동일한 재료에 대한 응력에 따른 다른 표현으로 보게 된다. 다만, 그림 9.19에서와 같이 구속압이 대단히 크면 입자파쇄에 의해 ϕ_d가 감소된다. 겉보기점착력인 c_d는 압밀압력에 따라 변하지 않아 별 문제시 삼을 것이 없다.

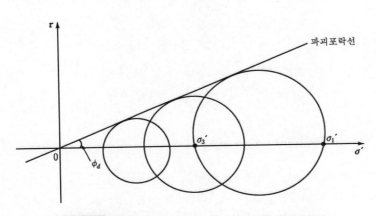

그림 9.28 포화모래의 유효구속압(σ_3')에 따른 파괴포락선

② 점토의 경우

점토는 유효구속압(압밀압력)이 증가하면 그에 따라 밀도(또는 함수비)가 감소하여 조밀하게 된다. 강도증가율의 개념을 보면 정규압밀포화점토의 경우는 유효연직응력(연직압밀압력)이 증가함에 따라 전단강도(비배수전단강도)가 비례적으로 증가하게 되므로 압밀이 되어 증가되는 전단강도는 유효응력의 증가에 의한 것이라는 것을 알 수 있다. 즉, 압밀이 되어도 ϕ'의 변화는 발생하지 않는다는 것에 유의해야 할 것이다. 과압밀점토의 경우는 $c' > 0$이 되어 σ'와 정비례하지는 않지만 σ'가 증가하면 전단강도도 선형적으로 증가하게 되어 ϕ'는 변화하지 않는다. 그렇다면 이러한 의문이 들 수 있다. 동일한 종류로 된 점토는 압밀이 되어 조밀하게 되거나 깊은 곳에 있어도 ϕ'가 증가하지 않는다는 말인가? 현재로서는 그렇다. 점토의 경우 입자간의 마찰이 밀도에 따라 별로 변화될 수 없는 고리모양구조로 되어 있기 때문으로 추정되며, 토질역학에 대한 한계상태이론에서도 압밀압력이 크기에 관계없이 ϕ'가 동일한 것으로 주장하고 있다.

(7) 전응력법과 유효응력법

전단강도(또는 파괴포락선)를 구하는 방법은 식 (9.14)와 같이 전응력법과 유효응력법으로 나누어진다. 이 두 방법에서 구해지는 전단강도는 거의 비슷하나 엄밀히는 약간의 차이가 발생하게 된다. 이 차이는 실용상 별 문제가 없다고 보고 있으나 사실 유효응력법이 유효응력의 원리에 입각한 토질역학의 기본에 충실하며 정확한 방법이다. 그런데 급속전단이 발생하는 현장을 해석하는 경우에 배수(또는 유효)강도정수를 구해서 유효응력법을 적용하고자 하더라도 현장에서의 유효응력(σ')을 알기 위해서는 전단 시의 과잉간극수압을 알아야 하나 실제로는 알 수 없으므로 적용하기 어렵게 되어 근사법으로 전응력법을 적용하게 되는 것이다(앞의 (4) UU시험항 참조).

전응력법 　: $\tau_f = c_u$ (UU시험을 실시할 경우만 적용 ; $\phi_u = 0$)

유효응력법 : $\tau_f = c' + \sigma' \tan \phi'$ ($\overline{CU}$시험을 실시할 경우) 　　　　　(9.14)

$\tau_f = c_d + \sigma' \tan \phi_d$ (CD 시험을 실시할 경우)

(8) 비배수 전단시의 과잉간극수압

스켐프톤(Skempton, 1954)은 비배수전단시의 과잉간극수압에 대해 식 (9.15)를 제안했다. 이 식을 이용하면 현장에서의 급속전단에 의한 과잉간극수압을 추정할 수 있어 전응력법을 사용하지 않고 유효응력법을 적용할 수 있게 된다. 그러나, 현장에서 간극수압계수라고 불리는 A, B의 정확한 값을 알 수 없으므로 유효응력법을 적용하기 어려워 대신 전응력법을 적용하고 있다. 앞으로 이 문제가 해결되면 전응력법을 사용할 필요가 없겠지만 이를 위해서는 상당한 연구가 진행되어야 할 것이다. 포화시료의 CU시험의 경우는 등방압밀 단계에서는 배수상태이므로 식 (9.15)에서 $\Delta \sigma_3 = 0$가 되어 $\Delta u = A(\Delta \sigma_1 - \Delta \sigma_3)$가 된다.

$$\Delta u = B\{\Delta \sigma_3 + A(\Delta \sigma_1 - \Delta \sigma_3)\} \qquad\qquad (9.15)$$

여기서, B 　　　　　 : 포화도에 따라 정해지는 간극수압계수

　　　　　　　　　　　 (포화시 $B = 1$, 불포화시 $B < 1$)

　　　　 A 　　　　　 : 다이레이턴시의 성질에 따라 정해지는 간극수압계수

　　　　 $\Delta \sigma_3$ 　　　 : 비배수상태에서 추가된 등방압밀압력

　　　　 $\Delta \sigma_1 - \Delta \sigma_3$: 비배수상태에서 추가된 축차응력

식 (9.15)에서 포화 비배수 등방압밀압력($\Delta\sigma_3$)은 그 크기 그대로 과잉간극수압이 된다는 것을 알 수 있다. 포화된 시료가 비배수상태에서 모든 방향으로 동일한 크기의 압력을 받는다면 이 압력이 바로 과잉간극수압이 된다는 것은 쉽게 이해할 수 있을 것이다. 비배수상태에서 축차응력이 발생하면 이로 인해 과잉간극수압도 발생한다는 것을 이 식에서 알 수 있는데 그 이유는 다음과 같다. 축차응력이 발생할 때 최대주응력면과 θ각도를 이루는 면에서의 전단응력 은 $\tau_\theta = \dfrac{\sigma_1 - \sigma_3}{2} sin(2\theta)$이므로 축차응력에 의해 시료 내의 임의의 면에서 전단응력이 발생하며, 이 전단응력에 의해 전단변형이 발생하고 이로 인해 체적이 변화(배수시)하거나 과잉간극수압이 발생(비배수시)하게 된다.

B계수는 삼축압축시험의 압밀단계에서 포화여부를 확인할 때 사용된다. 즉 $B = \Delta u / \Delta\sigma_3$에서 등방압밀압력 $\Delta\sigma_3 (= \sigma_3)$를 가했을 때 측정된 과잉간극수압($\Delta u$)과 $\Delta\sigma_3$의 비(B계수)가 1에 가까워지는지를 확인하게 된다.

스켐프톤은 포화 시 즉 $B = 1$일 때의 비배수 압축 및 전단에 의한 과잉간극수압을 식 (9.16)과 같이 제안했으며, 이 식을 정리하면 식 (9.17)과 같이 된다.

$$\Delta u = \frac{\sigma_1 + 2\lambda\sigma_3}{1 + 2\lambda} \text{서}, \ \lambda = \frac{(1 - 2\nu_s)E}{(1 - 2\nu)E_s} \tag{9.16}$$

여기서, ν, ν_s : 각각 토괴와 흙입자의 포아송비

$\quad\quad\quad E$, E_s : 각각 토괴와 흙입자의 탄성계수

$$\Delta u = \sigma_3 + \frac{1}{1 + 2\lambda}(\sigma_1 - \sigma_3) \tag{9.17}$$

식 (9.16)에서 선형탄성체의 경우 $\nu = \nu_s$, $E = E_s$가 되어 $\lambda = 1$이 되므로 $A = \dfrac{1}{1 + 2\lambda} = \dfrac{1}{3}$이 된다. 정(正)의 다이레이턴시가 발생할 경우(조밀한 모래, 과압밀점토)는 파괴시의 A가 1/3보다 작고 부(負)의 다이레이턴시의 경우(느슨한 모래, 정규압밀점토)는 1/3보다 크다. 파괴시의 $A(= A_f)$에 대한 개략적인 값은 표 9.3과 같다.

표 9.3 포화토의 대략적인 A_f (파괴 시의 A)

흙의 종류		A_f	비고
가는 모래(대단히 느슨한 것)		2.0~5.0	
점토	대단히 예민	1.5~3.0	
	정규압밀	0.7~1.3	약 1.0
	과압밀	0.3~0.7	
	대단히 과압밀	−0.5~0.0	조밀한 모래도 비슷
실트		0.0~0.5	

여기서, 비배수 일차원(K_0) 압축 시의 과잉간극수압과 응력의 관계는 어떠한지 알아보자. 포화시의 구속압의 증가량($\Delta \sigma_3$)에 의한 비배수상태(또는 점토의 압밀재하 순간)에서의 과잉간극수압은 다음과 같다.

일차원 압축의 경우는 등방 압축과 전단이 동시에 발생하며 비배수상태에서는 체적의 변화가 없다. 따라서 다음 식이 성립한다.

$$\Delta \epsilon_v = \Delta \epsilon_1 + \Delta \epsilon_2 + \Delta \epsilon_3 = 0$$
$$E \cdot \Delta \epsilon_1 = \Delta \sigma_1' - \nu(\Delta \sigma_2' + \Delta \sigma_3')$$
$$E \cdot \Delta \epsilon_2 = \Delta \sigma_2' - \nu(\Delta \sigma_1' + \Delta \sigma_3')$$
$$E \cdot \Delta \epsilon_3 = \Delta \sigma_3' - \nu(\Delta \sigma_1' + \Delta \sigma_2')$$
$$\therefore \ E \cdot \Delta \epsilon_v = (1 - 2\nu)(\Delta \sigma_1' + \Delta \sigma_2' + \Delta \sigma_3') = 0$$

이 식에서 $\Delta \epsilon_v = 0$가 되기 위해서는 $\nu = 0.5$ 또는 $\Delta \sigma_1' + \Delta \sigma_2' + \Delta \sigma_3' = 0$가 되는데, ν는 응력에 따라 변할 수 있으므로 $\Delta \epsilon_v = 0$가 항상 성립하기 위해서는 $\Delta \sigma_1' + \Delta \sigma_2' + \Delta \sigma_3' = 0$가 되어야 한다.

즉, $(\Delta \sigma_1 + \Delta \sigma_2 + \Delta \sigma_3) - 3\Delta u = 0$
$$\therefore \ \Delta u = (\Delta \sigma_1 + \Delta \sigma_2 + \Delta \sigma_3)/3 \ (= \Delta p)$$

일차원 압밀의 경우는 $\Delta \epsilon_2 = \Delta \epsilon_3 = 0$, 또 재하 직후는 $\Delta \epsilon_v = 0$이므로 $\Delta \epsilon_1 = 0$가 되어 다음 식이 성립한다.

$$\Delta\sigma_1' - \nu(\Delta\sigma_2' + \Delta\sigma_3') = 0$$

$$\Delta\sigma_2' - \nu(\Delta\sigma_1' + \Delta\sigma_3') = 0$$

$$\Delta\sigma_3' - \nu(\Delta\sigma_1' + \Delta\sigma_2') = 0$$

$$\therefore \Delta\sigma_1' = \Delta\sigma_2' = \Delta\sigma_3' = 0, \ \text{즉} \ \Delta\sigma_1 = \Delta\sigma_2 = \Delta\sigma_3$$

$\therefore \Delta u = (\Delta\sigma_1 + \Delta\sigma_2 + \Delta\sigma_3)/3 = 3\Delta\sigma_1/3 = \Delta\sigma_1$이 되어 제7장의 일차원압밀의 초기단계 (재하 경과시간＝0)에서 연직전응력의 크기가 과잉간극수압의 크기와 동일하게 되는 것과 일치한다. 물론 이러한 관계는 선형탄성이론을 적용할 때 성립하며 테르자기는 일차원압밀이론에 선형탄성이론을 접목했다는 것을 알 수 있다.

(9) 삼축압축시험에 의한 강도정수의 결정방법(최소자승법)

삼축압축시험 결과 얻어진 파괴시의 σ_3와 $(\sigma_1 - \sigma_3)$의 관계를 이용하여 최소자승법으로 강도 정수를 구하는 방법으로 다음의 두 가지가 주로 사용된다.

① 그림 9.29와 같이 $\sigma_3 \sim (\sigma_1 - \sigma_3)$의 관계로부터 최소자승법으로 선을 그어서 구해진 기울 기와 절편을 이용하여 구하는 방법

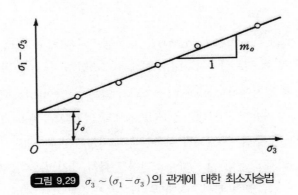

그림 9.29 $\sigma_3 \sim (\sigma_1 - \sigma_3)$의 관계에 대한 최소자승법

그림 9.29에서 강도정수는 식 (9.18)과 같이 된다.

$$\sin\phi = \frac{m_0}{2 + m_0}, \quad c = \frac{f_0}{2\sqrt{1 + m_0}} \tag{9.18}$$

② $\left(\dfrac{\sigma_1 + \sigma_3}{2}\right) \sim \left(\dfrac{\sigma_1 - \sigma_3}{2}\right)$의 관계로부터 구하는 방법(그림 9.30)

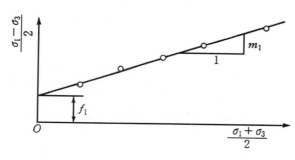

그림 9.30 $\left(\dfrac{\sigma_1 + \sigma_3}{2}\right) \sim \left(\dfrac{\sigma_1 - \sigma_3}{2}\right)$의 관계에 대한 최소자승법

그림 9.30에서 강도정수는 식 (9.19)와 같이 된다.

$$\sin\phi = m_1, \quad c = \frac{f_1}{\sqrt{1 - m_1^2}} \tag{9.19}$$

9.3.4 일축압축시험

일축압축시험(unconfined compression test)은 포화점토의 비배수전단강도(또는 비배수점착력)를 구하기 위한 간이시험으로 삼축압축UU시험에서 구속압 $\sigma_3 = 0$인 경우에 해당된다. 그래서 일축압축시험의 영어 명칭에 unconfined (구속되지 않은)가 들어 있는 것이다. 일축압축시험은 구속압을 가하지 않기 때문에 멤브레인을 씌울 필요도 없고 삼축셀 속에 넣을 필요도 없으므로 쉽게 비배수전단강도를 구할 수 있지만 삼축압축UU시험에 비해 표면 부근의 팽창의 영향으로 강도의 정확도가 떨어지고 전단 시 비배수조건이 정확히 유지되는지를 확인할 수 없는 단점이 있다. 이 시험에서도 삼축압축UU시험의 경우와 마찬가지로 시료 채취 지점에서의 유효응력이 변화되기 전, 즉 시료를 씬월튜브(제 13장 참조)에서 꺼내서 즉시(팽창되기 전에) 급속압축해야 한다는 점을 명심해야 한다. 만약 시료를 꺼내서 상당 시간이 지난 후에 시험하게 되면 팽창되어 지중의 유효응력이 저하된 시료를 시험하는 것이 되므로 강도가 저하되게 된다. 그림 9.31은 일축압축시험시의 응력상태와 시험결과 얻어지는 모아원과 파괴포락선 및 비배수점착력(또는 비배수전단강도) c_u를 나타낸다.

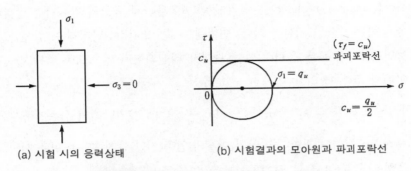

(a) 시험 시의 응력상태   (b) 시험결과의 모아원과 파괴포락선

그림 9.31 일축압축시험 시의 응력상태와 시험결과

일축압축시험결과 얻어지는 일축압축강도(그림 9.31의 q_u)를 이용하여 식 (9.20)과 같은 예민비를 구할 수 있다. 예민비는 교란에 의해 감소되는 강도의 예민성을 나타내는 지표이며 자연상태의 불교란 시료의 일축압축강도와 완전히 교란하여 재성형(되비빔)한 시료의 일축압축강도의 비로서 나타낸다. 재성형하면 전기적으로 결합된 점토입자간의 결합력이 떨어져서 입자구조가 파괴되기 때문에 강도가 감소하게 되며, 예민비가 크면 진동이나 교란 등에 민감하여 강도가 크게 저하하므로 불안정하다는 뜻이 된다. 일반적인 점토는 보통 예민비가 1~8 정도이나 해성 퇴적점토 중 대단히 예민비가 높은 것은 10~80도 있다. 특히, 북아메리카와 스칸디나비아반도의 1차 빙하지역에는 교란시 액화(액체화)되어 흘러버리는 점토가 있는데 이것을 퀵클레이 (quick clay)라고 한다. 퀵클레이가 있는 산지는 작은 진동에 의해서도 강도가 크게 감소하여 지진 시 대규모 산사태가 발생하게 된다.

테르자기-팩은 S_t = 4~8을 예민점토, S_t = 8 이상을 초예민점토로 분류했다.

$$S_t = \frac{q_u}{q_{ur}} \tag{9.20}$$

여기서, S_t : 예민비(sensitivity ratio ; degree of sensitivity)

q_u : 자연상태(불교란상태)의 시료의 일축압축강도

q_{ur} : 재성형(되비빔 ; remolded)한 시료의 일축압축강도

9.3.5 변형계수

변형계수(deformation mudulus)는 흙의 응력-변형률관계 곡선의 기울기를 말하며, 이 값은 흙의 변형을 구하는 중요한 역할을 한다. 변형계수에는 초기접선탄성계수, 접선탄성계수, 할선탄성계수 등이 있으며, 흙은 응력-변형률 관계가 직선적이지 않으므로 보통 할선탄성계수를 사용하여 아래와 같이 정의한다.

선형탄성이론에 의한 식 $\epsilon_1 = \dfrac{1}{E}\{\sigma_1 - \nu(\sigma_2 + \sigma_3)\}$ 에서 일반적인 삼축압축시험의 경우는 축대칭($\sigma_2 = \sigma_3$) 조건이며 또한 등방압밀 이후의 압축(전단)단계부터 변형을 시작하므로 모든 변형률과 응력은 증분(Δ)으로 표기하여야 한다.

즉, $\Delta\epsilon_1 = \dfrac{1}{E}\{\Delta\sigma_1 - \nu(\Delta\sigma_2 + \Delta\sigma_3)\}$로서 σ_3가 일정하게 유지되므로 $\Delta\sigma_3 = 0$ (및 $\Delta\sigma_2 = 0$)가 되어 탄성계수 E는 식 (9.21)과 같이 된다. 이 식에서 시험 시 압축(전단)은 등방압밀 후부터 시행되므로 압축에 의한 $\Delta\epsilon_1$은 ϵ_1으로 표기될 수 있다.

$$E = \frac{\Delta\sigma_1 - 2\nu\Delta\sigma_3}{\Delta\epsilon_1} = \frac{\Delta\sigma_1}{\Delta\epsilon_1} = \frac{\sigma_1 - \sigma_3}{\epsilon_1} \tag{9.21}$$

흙은 응력-변형률이 직선적이지 않으므로 일반적으로 그림 9.32, 식 (9.22)와 같이 정의되는 변형계수를 할선탄성계수 대용으로 사용하게 된다. 일축압축시험의 경우는 식 (9.23)과 같이 정의되며 직접전단시험에 의해서는 변형계수를 구할 수 없다.

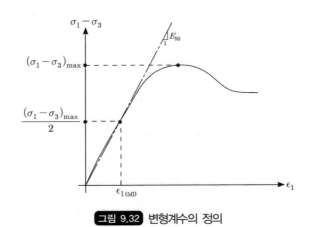

그림 9.32 변형계수의 정의

$$E_{50} = \frac{(\sigma_1 - \sigma_3)_{\max}/2}{\epsilon_{1(50)}} \tag{9.22}$$

$$E_{50} = \frac{q_u/2}{\epsilon_{1(50)}} \tag{9.23}$$

9.3.6 응력경로

응력경로(stress path)는 시험 중의 연속적인 응력상태를 나타내며 전응력경로(total stress path)와 유효응력경로(effective stress path)로 나누어진다. 응력경로를 나타내는 표시법에는 여러 가지가 있으나 여기서는 가장 많이 사용되고 있고 식 (9.24)와 같이 정의되는 $p \sim q$ 표시법 및 $p' \sim q'$ 표시법에 대해 기술하기로 한다. 이 값들은 그림 9.33에서 알 수 있듯이 모아원의 꼭지점을 의미하며, 응력경로를 이용하면 시험 중의 응력 변화를 쉽게 나타내고 이해할 수 있어 점토의 역학적 거동을 연구하는 사람들에게 널리 활용되고 있다. 유효응력경로의 경우 q' 대신에 q를 사용하기도 하는데 이는 식 (9.25)에서 증명할 수 있는 바와 같이 두 값이 동일하기 때문이다.

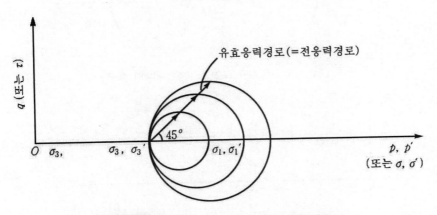

그림 9.33 CD시험 시의 전응력경로 및 유효응력경로

전응력경로의 경우 : $p = \dfrac{\sigma_1 + \sigma_3}{2}, \quad q = \dfrac{\sigma_1 - \sigma_3}{2}$ \hfill (9.24)

유효응력경로의 경우 : $p' = \dfrac{\sigma_1' + \sigma_3'}{2}$, $q = \dfrac{\sigma_1 - \sigma_3}{2}$

$$q' = \frac{\sigma_1' - \sigma_3'}{2} = \frac{(\sigma_1 - u) - (\sigma_3 - u)}{2} = \frac{\sigma_1 - \sigma_3}{2} = q$$

(9.25)

그림 9.33은 CD시험의 $p \sim q$응력경로(전응력경로) 및 $p' \sim q'$응력경로(유효응력경로)를 나타낸다. 초기간극수압(보통 정수압)이 동일하다면 두 응력경로는 같은 선으로 표시된다. 또 그림 9.34는 초기간극수압이 동일한 경우의 CU시험에 대한 전응력 및 유효응력경로를 나타낸다. 초기간극수압이 다르면 p 및 p'축상의 출발점이 초기간극수압만큼 이격되어 있는 것 외에는 동일하다. 과압밀점토의 경우는 초기 압축의 영향으로 과잉간극수압이 양수로 되었다가 전단변형이 증가하면 양의 다이레이턴시가 두드러져 과잉간극수압이 음수로 된다.

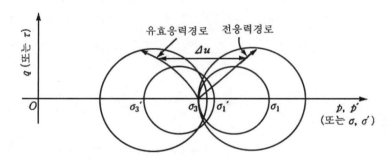

(a) 정규압밀점토 또는 느슨한 모래의 경우

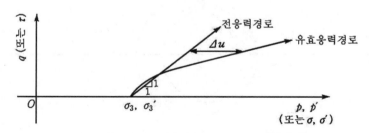

(b) 과압밀점토 또는 조밀한 모래의 경우

그림 9.34 CU시험 시의 전응력 및 유효응력경로

9.3.7 틱소트로피

점토는 교란되면 전기적 결합력이 감소되어 전단강도가 저하된다. 이렇게 교란된 시료를 함수비를 변화시키지 않고 정지상태에서 방치해 두면 시간이 경과하면서 점차로 결합력이 회복되어 강도가 어느 정도 회복되는데 이 현상을 틱소트로피(thixotropy) 또는 강도회복현상이라고 한다. 점토는 교란되면 압축성이 낮아지고(7.3.4절 참조), 동시에 강도도 저하된다. 압축성이 낮아지면 강도가 증가될 것처럼 생각하기 쉬우나 압밀이 되어 압축성이 낮아지는 것이 아니라 입자가 전기적 결합력이 낮아져서 입자가 허물어지는듯한 모양이므로 강도가 감소되게 된다. 점토지반에 관입된 말뚝의 경우 항타진동에 의해 말뚝주면 지반이 교란되어 강도가 감소하므로 보다 정확한 지지력을 평가하기 위해서 항타 후 2주 이상 경과한 시점에서 지지력시험을 하도록 규정(日本土質工学会, 1988)하는 것도 점토의 틱소트로피를 활용한 예이다. 참고로, 사질토지반의 경우는 5일 이상 방치하는 것을 원칙으로 한다.

9.4 베인전단시험

현장에서 지반의 성질을 조사하기 위한 원위치(현장)시험에는 여러 가지 있으나, 이 중 특히 저항체를 롯(rod)에 연결하여 지반 내에 삽입해서, 관입, 회전, 인발 등의 저항으로부터 지반의 역학적 성질을 조사하는 원위치시험을 사운딩(sounding)이라고 한다. 사운딩의 종류는 표 9.4와 같다.

사운딩은 표 9.4와 같이 정적인 하중을 가하는 정적사운딩과 충격하중을 가하는 동적사운딩으로 나뉘며 각각 여러 가지 종류가 있으나 여기서는 포화점토지반의 비배수전단강도(또는 비배수점착력 c_u ; 이 때, $\phi_u = 0$)를 구하는 대표적인 시험법인 베인전단시험(vane shear test)에 대해서 기술하기로 한다. 기타의 사운딩은 강도정수를 직접 구할 수 있는 방법이 아니므로 여기서는 생략하고 제13장에서 기술하기로 한다.

표 9.4 사운딩의 종류

분류	시험 종류
정적사운딩 (static sounding)	정적원추관입시험, 베인전단시험, 토베인전단시험, 포켓페니트로미터시험 등
동적사운딩 (dynamic sounding)	표준관입시험, 동적원추관입시험 등

베인시험은 연약~중간 정도의 강도를 가진 점토(특히, 연약 점토)에 적합한 시험방법이며, 지반 내에 압입한 베인(vane)의 회전저항을 측정해서, 포화 점토지반의 원위치에서의 비배수전 단강도를 구하는 시험이다.

시험법에 대해서는 KS F 2342에 규정되어 있으며, 이 규정에는 '베인'을 '벤'으로 적고 있으나 일반적으로 '베인'이란 용어가 사용되고 있으므로 여기서도 '베인'이라 하기로 한다.

시험은 보링 공저(孔底)의 지반에서 하며, 특별한 한계깊이는 없지만 통상 15~30m정도의 범위에서 행해지는 일이 많다.

9.4.1 시험장치

베인은 4매의 날개로 되어 있고 대표적인 시험장치는 그림 9.35와 같으며 그림 9.36은 지반에 설치된 베인시험장치를 나타낸다. KS F 2342에서 규정하고 있는 베인의 치수는 표 9.5와 같으며, 높이와 지름의 비는 2:1이다.

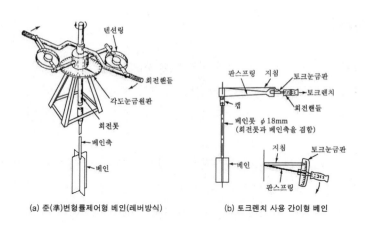

(a) 준(準)변형률제어형 베인(레버방식)   (b) 토크렌치 사용 간이형 베인

(c) 핸드베인 시험기(Pilcon Engineering Ltd.)

그림 9.35 여러 가지 베인시험기

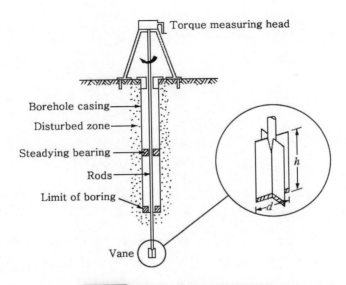

그림 9.36 지반에 설치된 베인시험 장치

표 9.5 현장용 베인의 추천 치수(KS F 2342)

케이싱 크기	지름(mm)	높이(mm)	날의 두께(mm)	롯의 지름(mm)
AX	38.1	76.2	1.6	12.7
BX	50.8	101.6	1.6	12.7
NX	63.5	127.0	3.2	12.7
101.6mm	92.1	184.1	3.2	12.7

9.4.2 시험방법의 분류

(1) 측정방법에 따른 분류

측정방법에 따라 변형률제어형(strain-control type)과 응력제어형(stress-control type)으로 나누어진다.

① 변형률제어형
회전각속도를 일정하게 유지하고 전단시켜서 이에 대응하는 저항력을 측정하는 방식이다. 현재 사용하고 있는 대부분의 장치는 이 형식에 속하며 기어권취식, 수동레버식, 토크렌치를 이용한 간이형 등이 있다.

② 응력제어형

단계적으로 일정한 회전력을 베인에 가하고 이에 대응하는 회전각을 측정하는 방식이다. 분동재하식이 주가된다.

(2) 압입방식에 따른 분류

베인시험은 먼저 보링을 실시하고 보링공 내에서 베인을 압입하여 시험하거나 지표에서 베인에 압력을 가해서 지반에 직접 관입하여 시험하는 방법으로 구분한다.

① 보링공을 이용하는 방식

먼저 보링하고 케이싱을 박고 보링공 바닥을 청소한 후에 롯(단관구조)의 선단에 장치한 베인을 내려 교란되지 않은 보링공 바닥의 흙 속에 압입하여 시험한다. 따라서 소요깊이까지 보링(시료채취)과 병행하면서 측정하게 되면 지층의 형상과 공학적 특성자료가 동시에 얻어진다는 이점이 있다.

② 직접 관입하는 방식

이중관구조로 된 롯을 가지고 외관롯 선단의 보호 슈(shoe) 속에 베인을 넣은 채 지표면으로부터 직접 소요깊이까지 관입시킨다. 보링하지 않고 측정할 때에만 베인을 슈로부터 지반 내에 압입하며, 그 후에 회수되어 다음 측정깊이까지 관입시킬 수 있기 때문에 능률적인 측정이 가능하다. 한편 견고한 토층에서는 관입이 불가능하며, 또한 토층의 판별 등을 할 수 없는 단점도 있다.

9.4.3 시험방법

(1) 소정의 깊이까지 보링해서 공저에 베인을 넣는다($H + 5D$ 정도). 이중관식롯의 경우는 보링하지 않고 넣을 경우도 있다.

(2) 변형률제어형의 경우는, 회전각속도 $0.1°/s$ (또는 $6°/min$)를 표준으로 해서 베인을 회전시켜 최대토크(회전모멘트)를 기록하며, 회전각속도가 빠를수록 c_u 는 낮아진다.

응력제어형의 경우는, 단계적으로 일정한 회전력을 베인에 가하고 이에 대응하는 회전각을 측정한다. 주로 변형률제어형이 사용된다.

9.4.4 시험결과의 정리

그림 9.37에서와 같이 베인전단시험에서 얻은 최대회전모멘트를 이용하여 식 (9.26)～식 (9.28)에 의해서 포화점토의 비배수점착력 c_u를 구하게 된다. 이때 비배수내부마찰각 $\phi_u = 0$이므로 c_u는 비배수전단강도 S_u와 동일한 값이 되어 c_u를 비배수전단강도라고도 하지만 엄밀한 의미에서는 c_u는 비배수점착력이라고 표현하는 것이 정확하다. 그림 9.38은 식 (9.26)에 포함되어 있는 파괴원통 상하면의 저항모멘트 항에 대한 설명도이다. 식 (9.26)에서 c_u를 구하면 식 (9.27)과 같이 된다.

$$M_{\max} = \text{파괴원통주면의 저항모멘트} + \text{파괴원통 상하면의 저항모멘트}$$

$$= \pi \cdot D \cdot H \cdot c_u \cdot \frac{D}{2} + 2\int_0^{D/2} 2\pi \cdot r \cdot dr \cdot c_u \cdot r \tag{9.26}$$

$$= \frac{\pi c_u D^2 H}{2} + \frac{\pi c_u D^3}{6}$$

$$c_u = \frac{M_{\max}}{\pi D^2\left(\dfrac{H}{2} + \dfrac{D}{6}\right)} \tag{9.27}$$

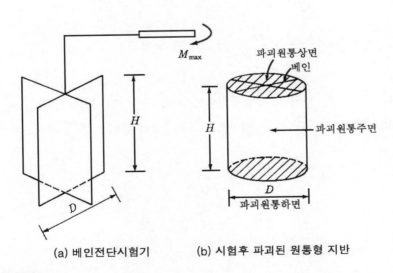

(a) 베인전단시험기　　　(b) 시험후 파괴된 원통형 지반

그림 9.37 베인전단시험 시 측정되는 최대회전모멘트 $M_{\max}$와 지반내의 파괴원통의 설명

식 (9.27)에서 특히 KS F 2342 규정에서와 같이 $H = 2D$일 때는 식 (9.28)이 성립한다.

$$c_u = \frac{6}{7} \frac{M_{\max}}{\pi D^3} \tag{9.28}$$

식 (9.26)과 그림 9.38에서 정의된 지반 파괴원통 상하면의 저항모멘트는 그림 9.39와 식 (9.29)에 의해서도 구해진다.

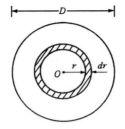 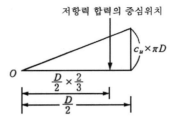

그림 9.38 지반 파괴원통 상하면의 모양 저항력   **그림 9.39** 지반 파괴원통 상하면의 분포 및 합력의 중심 위치

$$\text{원통 상하면의 저항모멘트} = 2c_u \times \frac{\pi D^2}{4} \times \frac{D}{2} \times \frac{2}{3} = \frac{\pi c_u D^3}{6} \tag{9.29}$$

$$(\text{또는} = 2c_u \times \pi D \times \frac{D}{2} \times \frac{1}{2} \times \frac{D}{2} \times \frac{2}{3} \, ; \, \text{그림 9.39 참조})$$

베럼(Bjerrum, 1974)은 흙의 소성이 증가함에 따라 베인전단시험에서 얻은 c_u가 기초설계 시 불안전측의 결과를 나타낸다는 것을 알고 식 (9.30)과 같이 c_u를 수정하도록 제안하였다.

$$c_{u(design)} = \lambda c_{u(vane\,shear\,test)} \tag{9.30}$$

여기서, λ는 수정계수로서, $\lambda = 1.7 - 0.54 \log I_P$이다.

I_P는 소성지수.

9.5 연습 문제

9.1 시료 1, 시료 2에 대한 직접전단시험 결과는 각각 다음과 같으며, 직접전단시험용 공시체의 크기는 직경 6cm, 두께 2cm이다.

(1) 시료 1

시험회수	1	2	3	4
수직하중(kN)	0.20	0.30	0.40	0.50
전단력(kN)	0.07	0.13	0.16	0.18

최소자승법(LSM)을 이용하여 이 시료의 내부마찰각을 구하라
(단, 이 시료는 점착력이 0인 건조모래이다).

(2) 시료 2

시험회수	1	2	3	4
수직하중(kN)	0.20	0.30	0.40	0.50
전단력(kN)	0.23	0.28	0.32	0.35

LSM을 이용하여 이 시료의 점착력과 내부마찰각을 구하라.

(3) $y = ax$, $y = a + bx$에 대한 LSM의 입출력 프로그램을 작성하여 위의 두 시료에 대한 강도정수를 구하라.

9.2 다음 그림과 같이 포화점토시료의 전단시험 시 발생하는 과잉간극수압은 얼마인가? 단, 간극수압계수 $A = 0.9$이다.

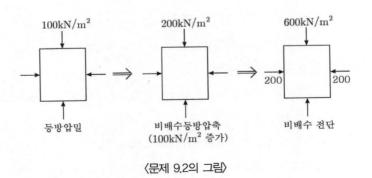

〈문제 9.2의 그림〉

9.3 어떤 포화점토지반에서 깊이 4 m 위치에 베인전단시험을 실시하여 최대 회전모멘트 $M_{max} = 2 \times 10^{-2} kN \cdot m$를 얻었다. 이 흙의 설계 비배수점착력($c_{u(design)}$)을 구하라. 단, 이 점토의 소성지수는 60이며, 베인의 직경은 5cm, 높이는 10cm이다.

9.4 모아-쿨롱의 파괴규준에 대해 설명하시오.

9.5 조밀한 모래의 삼축압축(CD)시험에서 전단(압축) 시의 응력~변형률관계와 체적변화에 대해 그림으로 설명하시오.

9.6 정규압밀점토 및 과압밀점토의 삼축압축(CD)시험 결과 얻어지는 모아원과 파괴포락선의 개략적인 형태를 그리시오.

9.7 점토의 UU시험의 목적과 강도정수를 구하는 방법에 대해 기술하시오.

9.8 강도증가율의 목적과 구하는 방법에 대해 기술하시오.

9.9 포화점토의 CU시험에서 등방압밀압력 $100\,kN/m^2$으로 압밀을 완료한 후, σ_1을 증가시킨 결과, $250\,kN/m^2$에서 파괴되었다. 시험 과정에서 발생하는 과잉간극수압을 Skempton식을 이용하여 계산하시오(단, 파괴 시의 간극수압계수 A = 0.85).

9.10 삼축압축시험과 일축압축시험의 각각의 변형계수의 정의를 설명하시오.

9.11 삼축압축시험에서 파괴면과 최대주응력면이 이루는 각도를 극점법을 이용하여 구하시오.

9.12 직접전단시험은 간단하다는 장점이 있다. 단점 3가지만 기술하시오.

9.13 CU시험에서 정규압밀, 과압밀의 전체적인 영역에서의 유효점착력(c'), 유효내부마찰각(ϕ')을 구하는 과정을 모아원과 파괴포락선, 과잉간극수압 등을 이용하여 그림으로 설명하시오.

9.6 참고문헌

· 김상규(1982), 토질시험, 동명사, p.123, 120.

· 서주영(2003), 모래다짐말뚝(SCP)의 치환율과 혼합율에 따른 전단강도 특성의 비교 연구, 부산대학교 토목공학과 공학석사학위논문.

· Bjerrum, L.(1974), "Problems of Soil Mechanics and Construction on Soft Clays," Norwegian Geotechnical Institute, Publications No.110, Oslo.

· Das, B.J.(1994), Principles of geotechnical engineering, 3rd ed., p.361.

· Ladd C.C., Foote, R., Ishihara, K., Schlosser, F. and Poulos, H.G.(1977), "Stress deformation and strength characteristics," Proceedings, 9th International Conference on Soil Mechanics and Foundation Engineering, Tokyo, Vol.2, pp.421-494.

· Ohta, H. and Shibata, T.(1973), "An idealized model of soil structure," Proc. Int. Symp. on Soil structure, Geotechnique, pp.123-130.

· Pusch, R.(1970), "Microstructural changes in soft quick clay at failure," Can. Geotech. Journal, 7-1, p.1-7.

· Rowe, J. and Johnson, T.C.,(1960), "Use of back pressure to increase degree of saturation of triaxial test specimens," Proceedings of ASCE Research Conf. on Shear Strength of Cohesive Soils, University of Colorado, Boulder, Colorado, pp.819-836.

· Skempton, A.W.(1954), "The pore water coefficients A and B," Geotechnique, Vol.4, pp.143-147.

· Skempton, A.W.(1957), "Discussion : The planning and design of new Hong Kong Airport," Proc. Inst. Civil Eng., Vol.7, pp.305-307.

· 日本土質工學會(1988), クイの鉛直載荷試驗基準・同解説, p.22.

· 日本土質工學會(1992), 土質基礎工學ライブラリー37, 軟弱地盤の理論と實際, pp.73-75.

· 日本土木學會(1979), 新体系土木工學 18 土の力學(III), p.77.

· 日本土木學會(1988), 設計における強度定數-c, ϕ, N値-, 土質工學ライブラリー32, pp.1-46.

· 柴田　徹(1975), "飽和土の强度增加率c_u/pについて," 土の三軸壓縮試驗法規格案解説, 第20回 土質工學シンポジウム (一軸壓縮試驗法とその応用) 發表論文集, pp.129-137.

· 吉國　洋(1996), バチカルドレーン工法, 基礎工 1996.7, p.12.

\# 즐거워하는 자들과 함께 즐거워하고 우는 자들과 함께 울라.(성경, 로마서 12장 15절)

제10장

토 압

제10장 **토 압**

토압(earth pressure)이란 지중의 어떤 점에 발생하는 압력 중, 옹벽이나 지하벽체 등 흙막이 구조물의 전도나 활동(미끄러짐)을 일으키는 횡방향 토압을 가리키는 경우가 많으며, 이런 의미에서 횡토압(lateral earth pressure)이라고 부르기도 한다. 이하 특별한 언급 없이 사용되는 토압이란 용어는 횡토압을 의미한다.

옹벽(retaining wall)의 경우, 외측으로 약간의 변위(회전 또는 활동)를 허용하면 토압이 상당히 감소하므로 상부에 특별히 중요한 구조물이 없는 한 경제적인 설계를 위해 이런 토압의 크기(주동토압이라고 함)로 설계를 하게 된다. 즉, 옹벽에 약간의 외측변위가 발생하는 것은 당연한 설계개념이라고 할 수 있으나 허용범위 이상의 변위는 옹벽의 붕괴를 일으키므로 옹벽의 변위에 대한 정확한 관리개념의 정립이 필요하다. 그러나 건물 지하실벽체와 같이 변위가 발생해서는 안 되는 구조물의 경우는 부득이 큰 토압(정지토압이라고 함)으로 벽체 설계를 하게된다. 벽체가 외측으로 변위되면 정지토압에서 주동토압으로 토압이 감소하지만, 반대로 벽체가 내측(옹벽배면측)으로 변위를 일으키면 토압이 크게 증가하게 되는데 이때의 토압을 수동토압이라고 한다. 옹벽 내측(배면), 외측(전면)의 의미와 옹벽의 변위에 따른 토압의 개념도는 그림 10.1과 같다. 주동토압, 정지토압, 수동토압의 개념을 권투시합의 경우의 예를 들어 설명하면 그림 10.2와 같다. 즉, 후퇴하면서 얼굴에 펀치를 맞으면 충격이 상당히 감소(주동토압)하고, 전진하면서 맞으면 KO될 정도로 큰 충격(수동토압)을 받게 된다. 얼굴을 움직이지 않고 맞으면 중간정도의 충격(정지토압)을 받게 될 것이다.

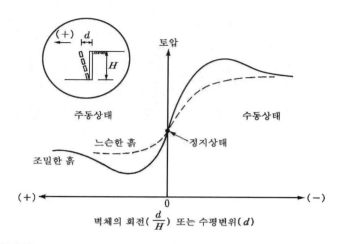

그림 10.1 옹벽에 작용하는 토압의 종류 및 옹벽변위에 따른 토압의 크기 변화

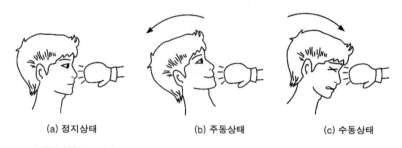

(a) 정지상태   (b) 주동상태   (c) 수동상태

그림 10.2 권투선수가 펀치를 맞을 때의 충격으로 비유된 토압상태의 종류

10.1 정지토압

10.1.1 정지토압계수

정지토압(earth pressure at rest)은 탄성평형상태의 토압을 의미하며 벽체가 움직이지 않고 안정적인 평형상태에 있을 때의 토압을 말한다. 그림 10.3과 같이 수평지반에서 연직유효응력에 의해 발생하는 수평토압이 정지토압에 해당하며 지하실 벽체와 같이 토압에 의해 벽체의 변위가 발생해서는 안 되는 구조물의 설계에 사용된다. 이 그림에서 $K_0 (= \sigma_0 / \sigma'_v)$는 정지토압계수라고 하며 K 제로(zero) 또는 K 노트(naught)라고 발음한다. 여기서 naught는 zero의 의미로 요즈음은 K 노오트 쪽으로 부르는 경향이 많다.

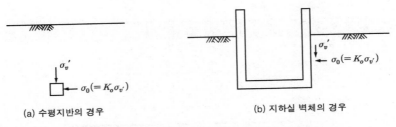

(a) 수평지반의 경우   (b) 지하실 벽체의 경우

그림 10.3 정지토압이 적용되는 경우(모든 응력은 유효응력)

정지토압계수 K_0는 지반의 강도가 증가할수록 감소하게 되는데 표 10.1과 같은 연구결과들이 있다. 이 표에서 가장 널리 사용되고 있는 식은 사질토에 대한 야키(Jaky, 1944)의 식이며, 브루커 등(Brooker & Ireland, 1955)의 연구에 의하면 정규압밀점토의 경우도 비슷한 결과가 얻어지므로 간단하면서도 정도도 높은 야키의 식이 사질토와 정규압밀점토에 범용적으로 널리 사용되고 있다. 그런데, 이들 정지토압이론은 수평지반이나 배면지반이 수평인 벽체에만 적용이 가능하며 경사지반 등에는 적용할 수 없는 단점이 있다. 또, 이들 식에서 점착력은 정지토압계수와 무관하며, ϕ_d는 삼축압축CD시험에 의한 배수내부마찰각이며 점토의 경우 일반적으로 유효내부마찰각인 ϕ'로 대용하고 있다는 점도 첨언해 둔다.

표 10.1 여러 연구자에 의한 각종 정지토압계수

대상 지반	제안식	제안자
사질토	$K_0 = 1 - \sin\phi_d$	야키(Jaky, 1944)
정규압밀점토	$K_0 = 0.95 - \sin\phi_d$	브룩크 등(Brooker & Ireland, 1955)
	$K_0 = 0.19 + 0.233 \log_{10} I_P$	알펜(Alpan, 1967)
	$K_0 = 0.44 + 0.42 \dfrac{I_P}{100}$	마사슈(Massarsch, 1979)
과압밀점토	$K_{0(OC)} = K_{0(NC)} \sqrt{OCR}$	메인 등(Mayne et al., 1982)
	$K_{0(OC)} = (1 - \sin\phi')(OCR)^{\sin\phi'}$	

정지토압 상태는 탄성평형상태로서 $\varepsilon_2 = \varepsilon_3 = 0$ 및 $\sigma_2 = \sigma_3$인 상태이므로, 지반을 선형탄성체로 가정하면, $\varepsilon_3 = \dfrac{1}{E}\{\sigma_3 - \nu(\sigma_1 + \sigma_2)\} = \dfrac{1}{E}\{\sigma_3 - \nu(\sigma_1 + \sigma_3)\} = 0$에서 K_o는 식 10.1)과 같이 유도된다. 여기서, ν는 포아송비이다. 또한, 개략적인 K_o의 범위는 표 10.2와 같다.

$$K_o\left(= \frac{\sigma_3}{\sigma_1}\right) = \frac{\nu}{1 - \nu} \tag{10.1}$$

표 10.2 K_o의 개략적 범위(Whitlow, 1995)

흙의 종류	K_0
느슨한 모래(loose sand)	0.45 ~ 0.6
조밀한 모래(dence sand)	0.3 ~ 0.5
정규압밀 점토(NC clay)	0.5 ~ 0.7
과압밀점토(OC clay)	1.0 ~ 4.0
다진 점토(compacted clay)	0.7 ~ 2.0

10.1.2 지하수가 없이 1층(균일) 지반인 경우의 정지토압

그림 10.4는 벽체에 작용하는 정지토압의 깊이별 분포와 합력 및 작용점 위치 등을 나타낸다. 이 그림에서 토압의 단위는 kN/m²과 같이 단위면적당 작용하는 힘으로 나타내며 합력은 kN/m와 같이 벽체 단위길이 당의 힘으로 나타낸다. 깊이 z에서의 토압의 크기는 식 (10.2)와 같고, 토압의 합력(또는 총토압이라고 함)은 그림 10.5, 식 (10.3)과 같이 미소구간 dz에 작용하는 토압의 합력을 깊이 방향으로 적분하여 구하게 되며, 이 값은 그림 10.5, 식 (10.4)와 같이 각 깊이에서의 토압의 크기(방향과는 무관)를 나타내는 삼각형의 면적과 동일하게 된다. 당연히 합력의 작용점 위치는 토압삼각형의 중심위치인 저면에서 $H/3$ 지점이 된다.

깊이 z에서의 토압 $\sigma_0(z) = K_0 \gamma z$ (10.2)

토압의 합력 $P_0 = \int_0^H K_0 \gamma z dz = \dfrac{1}{2} K_0 \gamma H^2$ (10.3)

또는, $P_0 = K_0 \gamma H \times H \times \dfrac{1}{2} = \dfrac{1}{2} K_0 \gamma H^2$ (10.4)

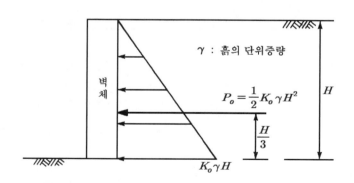

그림 10.4 균일지반인 경우의 정지토압과 합력의 작용점 위치

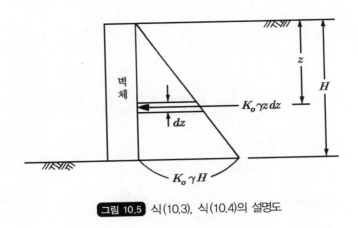

그림 10.5 식(10.3), 식(10.4)의 설명도

10.1.3 등분포하중에 의한 정지토압의 증가량

지표면에 반무한 등분포하중이 작용할 때 증가되는 정지토압의 분포는 그림 10.6과 같이 깊이에 무관하게 일정하다. 당연히 반무한 등분포하중은 깊이에 관계없이 동일하게 작용하게 되기 때문이다. 토압의 크기와 합력은 각각 식 (10.5), 식 (10.6)과 같다. 합력의 작용점 위치는 저면에서 $H/2$ 지점이 된다.

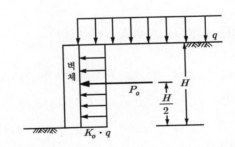

그림 10.6 반무한 등분포하중에 의해 증가된 토압의 분포

$$\sigma_0(z) = K_0 q \tag{10.5}$$

$$P_0 = K_0 q H \tag{10.6}$$

벽체 뒤채움 지반의 토압과 등분포하중에 의한 토압을 합하여 나타내면 그림 10.7과 같다. 토압의 합력은 식 (10.7)이 되고 합력의 위치는 식 (10.8)과 같이 구해진다.

$$P_0 = \frac{1}{2} K_0 \gamma H^2 + K_0 q H \tag{10.7}$$

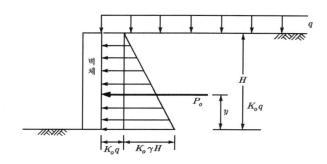

그림 10.7 반무한 등분포하중이 있는 경우의 토압의 분포

그림 10.7에서 합력의 작용점 위치를 구하기 위해서 벽체 저면에서의 모멘트를 취하면 식 (10.8)과 같이 되고 이 식에서 토압의 합력의 작용점 위치 y가 구해진다.

$$P_0 \times y = \frac{1}{2} K_0 \gamma H^2 \times \frac{H}{3} + K_0 q H \times \frac{H}{2} \tag{10.8}$$

10.1.4 지하수가 없이 2층 지반인 경우의 정지토압

그림 10.8은 벽체 배면의 뒤채움흙이, 각각의 단위중량과 정지토압계수가 다른 두 개의 층으로 되어 있는 경우의 정지토압을 나타내고 있다. 1층의 경우의 토압분포는 앞에서 계산한 방법과 동일하나 2층의 토압분포를 어떻게 구하는가 하는 문제만 해결하면 될 것이다. 한 마디로 말해서 2층 내의 토압은 표면에서 지표상재압과 1층의 연직응력의 합이 반무한 등분포하중으로 2층 표면에 작용한다고 보고 계산하면 된다. 이렇게 계산한 결과는 그림 10.8과 같이 된다는 것을 알 수 있을 것이다. 이 그림에서 토압의 합력(총토압) P_0는 식 (10.9)와 같이 된다. 합력의 작용점 위치 y는 벽체저면을 중심으로 한 각 토압의 모멘트 평형을 이용하여 구하게 되며 식 (10.10)에서 구해진다. 그림 10.4의 1층 지반의 경우도 임의의 깊이에서 분할해서 2층 지반으로 보고, 여기서 설명한 바와 같이 토압을 구해도 그림 10.4와 동일한 값이 된다는 것도 쉽게 알 수 있을 것이다.

$$P_0 = \left(K_{01}\,qH_1 + \frac{1}{2}\,K_{01}\,\gamma_1\,H_1^2\right) + \left(K_{02}\,qH_2 + K_{02}\,\gamma_1\,H_1\,H_2 + \frac{1}{2}\,K_{02}\,\gamma_2\,H_2^2\right) \tag{10.9}$$

$$P_0 \times y = K_{01}\,qH_1 \times \left(H_2 + \frac{H_1}{2}\right) + \frac{1}{2}\,K_{01}\,\gamma_1\,H_1^2 \times \left(H_2 + \frac{H_1}{3}\right)$$
$$+ K_{02}\,qH_2 \times \frac{H_2}{2} + K_{02}\,\gamma_1\,H_1\,H_2 \times \frac{H_2}{2} + \frac{1}{2}\,K_{02}\,\gamma_2\,H_2^2 \times \frac{H_2}{3} \tag{10.10}$$

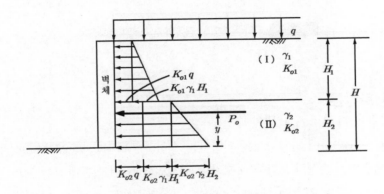

그림 10.8 2층지반인 경우의 정지토압 분포

10.1.5 지하수가 있는 경우의 정지토압

그림 10.9는 지하수가 있는 경우의 정지토압의 분포도이다. 이 그림에서 알 수 있듯이 토압은 유효응력에 의해 계산되고 지하수위 아래의 물은 정수압으로 계산되며, 보통 정지토압이라고 하면 유효응력에 의한 항과 수압에 의한 항을 합한 것을 의미한다. 토압의 합력(수압이 포함됨) P_0와 작용점 위치 y는 식 (10.11), 식 (10.12)에 의해 구한다.

$$P_0 = \left(\frac{1}{2}\,K_0\,\gamma\,H_1^2\right) + \left(K_0\,\gamma\,H_1\,H_2 + \frac{1}{2}\,K_0\,\gamma_{sub}\,H_2^2\right) + \left(\frac{1}{2}\,\gamma_w\,H_2^2\right) \tag{10.11}$$

$$P_0 \times y = \frac{1}{2}\,K_0\,\gamma\,H_1^2 \times \left(H_2 + \frac{H_1}{3}\right) + K_0\,\gamma\,H_1\,H_2 \times \frac{H_2}{2}$$
$$+ \frac{1}{2}\,K_0\,\gamma_{sub}\,H_2^2 \times \frac{H_2}{3} + \frac{1}{2}\,\gamma_w\,H_2^2 \times \frac{H_2}{3} \tag{10.12}$$

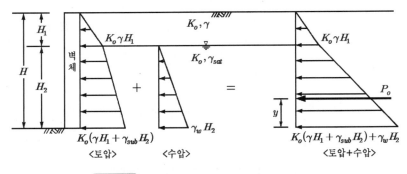

그림 10.9 지하수가 있는 경우의 정지토압 분포도

10.2 랜킨의 토압론

랜킨(Rankine)은 1857년에 파괴상태를 의미하는 소성평형(plastic equilibrium)상태, 즉, 지반이 최대강도를 발휘하는 순간의 토압에 대한 이론을 정립했다. 이 이론에 의한 토압은 주동토압, 수동토압으로 나누어지며 각각에 대해 기술하면 다음과 같다.

10.2.1 랜킨의 주동토압

주동토압(active earth pressure)은 그림 10.1에서 기술한 바와 같이 벽체가 외측으로 이동할 때의 최소토압을 의미한다. 이 토압으로 설계 및 시공된 옹벽은 지반상태가 좋은 평상시는 거의 정지되어 있다가 강우시 등과 같이 토압이 증가하는 조건(설계조건과 비슷)이 되면 약간 외측으로 밀리거나 회전하면서 토압이 감소하여 주동토압에 이르게 되므로 주동토압을 이용하여 설계된 옹벽은 경제성은 높으나 설계와 비슷한 지반 조건이 되면 외측으로 약간의 이동을 허용하게 된다. 예를 들어, 산에 설치되는 옹벽은 약간 이동하여 배면지반에 변형이 조금 발생하더라도 그다지 문제시 되지 않으므로 주동토압을 적용하여 경제성을 높인다. 그러나 전혀 이동을 허용하지 않는 지중벽이나 특별한 경우의 옹벽을 설계할 때는 정지토압을 적용해야 할 것이다. 옹벽의 설계 시는 나쁜 지반조건을 가정해서 하지만 실제 시공 시는 이런 조건보다 좋은 경우가 일반적이므로 옹벽 시공을 위해 절취한 상태로도 지반이 자립하게 되는데 이는 토압이 전혀 발생하지 않는다는 것을 의미한다. 그러나 옹벽을 설치한 후에 강우나 지진 등 악조건이 발생할 경우에는 설계 시의 토압이 작용하게 되며 이를 대비하여 설계하게 되는 것이다.

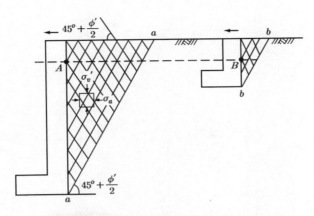

그림 10.10 소성평형상태 중 주동상태의 개념

 옹벽배면의 지반이 소성평형상태에 있다는 의미는 그림 10.10과 같이 최대파괴면인 $a-a$면 내부에 있는 지반이 모두 파괴상태에 있다는 것을 뜻하며 그림에서와 같은 파괴면이 무수히 존재하게 된다. 이때의 최대주응력면은 수평면이 된다. 그림에 나타낸 흙요소의 응력의 모아원은 그림 10.11과 같으며 σ_0는 정지토압, σ_a는 주동토압을 의미한다. 즉, 벽체가 정지상태에서 주동상태로 움직이면 토압은 화살표 방향으로 이동한다. 이 그림에서 주동토압은 식 (10.13), (10.14)와 같이 되며 유도과정은 식 (9.5), (9.6)을 참조하기 바란다. 이들 식에서의 σ_1'가 연직응력(σ_v'), σ_3'가 주동토압(σ_a)이 되며, 점착력은 지반이 파괴되지 못하도록 잡고 있는 역할을 하므로 (−)항으로 작용한다.

 그림 10.10에서 크기가 다른 두 옹벽에서 최대파괴면은 각각 $a-a$면과 $b-b$면이 되어 A점과 B점에서의 파괴면 내부의 배면토의 크기가 달라서 토압이 다를 것 같아 보이지만, 배면지반이 모두 파괴상태라고 가정하고 파괴포락선을 이용해서 주동토압이 구해지므로 동일한 연직응력에 대한 주동토압은 같아진다.

① $c' > 0$인 경우

$$\sigma_a = K_a\sigma_v' - 2c'\sqrt{K_a} \tag{10.13}$$

 여기서, K_a : $c' = 0$인 경우의 주동토압계수(식 (10.14) 참조)

② $c' = 0$인 경우

$$\sigma_a = K_a \sigma_v' \qquad\qquad (10.14)$$

여기서, $K_a \left(= \dfrac{\sigma_a}{\sigma_v'}\right) = \dfrac{1 - \sin\phi'}{1 + \sin\phi'} \left[= \tan^2\left(45° - \dfrac{\phi'}{2}\right)\right]$: 주동토압계수

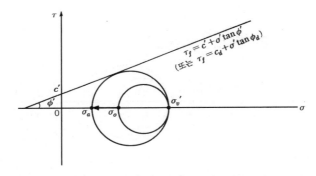

그림 10.11 정지토압(σ_0)과 주동토압(σ_a)의 모아원(화살표는 정지상태에서부터 주동상태까지의 토압경로)

배면지반이 균질한 경우의 주동토압의 분포를 식 (10.13)을 이용해서 나타내면 그림 10.12와 같다. 이 그림에서 주동토압 = 0인 지점까지의 깊이를 점착고(z_c), 총주동토압(주동토압의 합력)= 0인 지점까지의 깊이를 한계고(H_c ; critical height)라고 하며 각각 식 (10.15), (10.16)과 같이 나타내어진다. 이 식에서 알 수 있듯이 점착력이 없는 흙에서는 $z_c = 0$, $H_c = 0$가 된다.

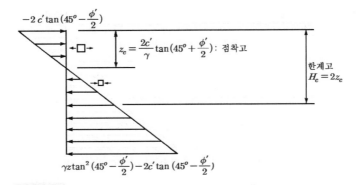

그림 10.12 배면지반이 균질하고 점착력이 있을 경우의 주동토압 분포

$$\sigma_a = \tan^2\left(45° - \frac{\phi'}{2}\right)\gamma z_c - 2c'\tan\left(45° - \frac{\phi'}{2}\right) = 0 \text{에서}$$

$$z_c = \frac{2c'}{\gamma}\tan\left(45° + \frac{\phi'}{2}\right) \tag{10.15}$$

$$H_c = 2z_c = \frac{4c'}{\gamma}\tan\left(45° + \frac{\phi'}{2}\right) \tag{10.16}$$

여기서 점착고와 한계고의 의미를 살펴보자. 점착고는 σ_a가 음수로 되는 깊이의 최대치, 즉 $\sigma_a = 0$가 되는 깊이를 의미하며 이 깊이 내에서의 배면지반은 인장응력을 받게 된다. 그러면 배면지반이 존재하는데 어떻게 토압이 음수 즉 옹벽을 밀지 않고 오히려 당기는 토압이 존재할 수 있을까 하는 의문이 든다. 바로 이것의 해답은 주동토압이기 때문이라는데 있다. 지반 내에 점착력의 의미로 껌이 들어있다고 하자. 이때 옹벽이 외측으로 이동하여 주동상태로 되고자 한다면 이 껌은 오히려 옹벽이 못가도록 방해하게 될 것이다. 즉, 토압이 음수가 되어 지반은 인장응력을 받게 되며 이로 인해 인장균열이 발생하게 된다. 이것이 점착고가 인장균열의 한계 깊이(critical depth of tension crack)라고 정의되기도 하는 이유이다. 결과적으로는 지표에서 점착고 깊이까지 인장균열이 발생하므로 음수의 토압도 제대로 발휘하지 못하게 되며 보통의 토압계산에서는 이를 무시하고 점착고 이하의 깊이에 대한 양(+)의 주동토압만이 작용하는 것으로 보게 된다. 일반적으로 토사에서 점착력이 생길 때는 과압밀되었거나 불포화에 의한 겉보기점착력이 발휘할 때이다. 이러한 점착력은 크지 않고 경우에 따라 없어질 수도 있는 값이므로 일반적인 계산에서는 점착력을 무시하고 식 (10.14)를 이용해서 주동토압을 구하는 경우가 대부분이다. 참고로, 정지토압의 경우는 벽체 변위가 없으므로 배면지반에 인장응력이 발생할 수 없다. 지표면에 등분포하중이 있으면 토압분포가 달라지므로 점착고와 한계고도 달라진다는 점도 첨언해둔다.

한계고는 주동토압의 합력이 0인 깊이로서 상부지반의 음의 토압과 하부지반의 양의 토압이 서로 간섭하고 상쇄되므로 연직으로 굴착해도 붕괴되지 않는 자립깊이를 의미하게 된다. 한계 고는 점착력이 없으면 발생하지 않으므로 점착력이 없는 건조모래나 포화모래에서 연직으로 굴착해서 자립할 수 없다. 그러나 약간의 습윤상태가 되면 입자간의 표면장력에 의한 겉보기점 착력이 발생하므로 한계고만큼 자립할 수 있게 된다. 이것이 순수한 모래에서도 연직 굴착이 가능한 이유이다.

점토의 경우는 어떠한가? 점토는 단기적으로 지반의 주동파괴가 발생하면 과잉간극수압으로 인해 유효응력을 정확히 알 수 없다. 즉, 유효응력을 사용하는 일반적인 토압계산이 곤란하므로 부득이 근사법인 전응력법을 적용하여 토압을 계산할 수밖에 없다. 그러나 주동상태(벽체의 변위가 발생한 상태)가 장기간 지속되어 과잉간극수압이 소산된 상태의 유효응력은 계산할 수 있고, 당연히 토압계산도 가능하다. 예를 들어, 높이 H인 옹벽 배면지반이 γ_{sat}, $c_u > 0$, $\phi_u = 0$ (γ_{sub}, $c_d = 0$, $\phi_d > 0$)인 포화점토라면, 단기 및 장기 주동토압은 식 (10.17) 및 그림 10.13과 같이 된다. 이 그림에서 알 수 있는 바와 같이 단기적으로는 비배수거동에 의해 비배수점착력>0 (즉, 한계고>0)가 되어 자립이 가능하나, 장기적으로는 배수점착력 = 0(즉, 한계고 = 0)가 되므로 자립할 수 없어 붕괴된다. 여기서, 식 (10.17)의 단기주동토압에서 $\tan^2(45° + \phi_u/2) = 1$이므로 토압계수가 1이라고 하면 안 된다는 점에 주의해야 한다. 토압계수(측압계수) = 1인 물체는 물 밖에 없다. 토압계수는 σ_a/σ_v의 개념이므로 이 값이 1이 되지는 않는다. 과압밀점토의 경우는 약간의 배수점착력이 발휘되므로 한계고만큼 자립할 수 있다.

$$\text{단기} : \sigma_a = \gamma_{sat}z - 2c_u$$

$$\text{장기} : \sigma_a = \gamma_{sub}z \tan^2\left(45° - \frac{\phi_d}{2}\right) + \gamma_w z \tag{10.17}$$

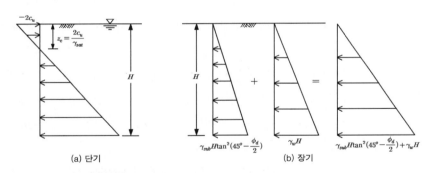

(a) 단기

(b) 장기

그림 10.13 점토지반의 단기(비배수) 및 장기(배수) 주동토압

랜킨은 주동토압이나 다음에 기술할 수동토압의 이론을 세울 때 연직응력을 주응력으로 정의 하였으므로 다음과 같은 가정(조건)이 포함되어 있고, 이때 토압은 주응력이므로 수평방향이 된다.

① 벽면은 연직이며 마찰각 = 0이다. 이 두 조건이 없으면 연직응력은 주응력이 될 수 없다.

② 옹벽 배면지반의 지표면은 수평면이다. 이것 역시 연직응력이 주응력이 되기 위한 필수조
   건이다.

  토압의 합력의 작용점 위치, 수압, 등분포하중에 의한 토압 등의 계산방법은 10.1절의 정지토
압의 경우와 동일하므로 생략한다. 주의할 점은, 반무한 등분포하중에 의한 증가토압은 모든
깊이에서 동일하며 점착력과 무관하게 qK_a가 된다는 것이다. 이것은 그림 10.14와 식 (10.18)에
서 증명된다.

  그림 10.14에서 $\sigma_a + \Delta\sigma_a = (\sigma_v' + q)K_a - 2c\sqrt{K_a}$ 이므로 q에 의한 증가토압 $\Delta\sigma_a$는 식
(10.18)과 같이 된다. 당연히, $\Delta\sigma_a$는 q의 등분포하중이 작용한 후 과잉간극수압이 완전히 소산
되어 압밀이 완료되었을 때, 즉 q가 모두 유효지중응력으로 전달되었을 때의 증가토압이다.

$$\Delta\sigma_a = qK_a \tag{10.18}$$

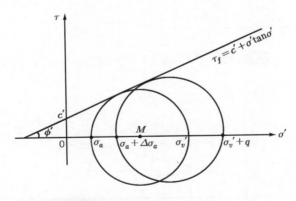

그림 10.14 등분포하중(q)이 작용할 때의 모아원

10.2.2 랜킨의 수동토압

  수동토압(passive earth pressure)은 그림 10.1에서 기술한 바와 같이 벽체가 내측으로 이동해서
지반을 측방으로 눌러서 상향으로 들어 올려 파괴시킬 때의 최대토압을 말한다. 이 토압도 소성평
형상태 즉 파괴상태의 토압을 의미하며 배면에서의 지반에는 그림 10.15와 같이 무수한 파괴면이
존재한다. 이 그림에서 수평토압을 수동토압이라고 하며 이것이 최대주응력이 되며 연직응력은
최소주응력이 된다. 이것을 모아원으로 나타내면 그림 10.16과 같으며, 그림 10.11과 그림 10.16

을 이용하여 동일한 깊이에서의 정지, 주동, 수동토압 경로를 종합하면 그림 10.17과 같다. 수동토압(σ_p)을 유도하면 식 (10.19)와 같이 된다. 이 식은 모아원의 $\sigma_1' = \sigma_3' \tan^2\left(45° + \dfrac{\phi'}{2}\right) + 2c' \tan\left(45° + \dfrac{\phi'}{2}\right)$에서 얻어졌으며, 이때 점착력은 파괴시의 저항력이 증가되도록 하는 역할을 하므로 (+)항으로 작용한다.

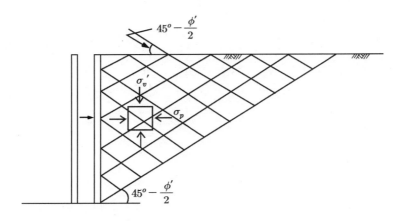

그림 10.15 수동상태에서의 배면지반의 파괴면 형상

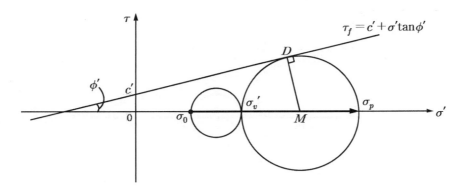

그림 10.16 정지토압(σ_o)과 수동토압(σ_p)의 모아원(화살표는 정지상태에서부터 수동상태까지의 토압경로)

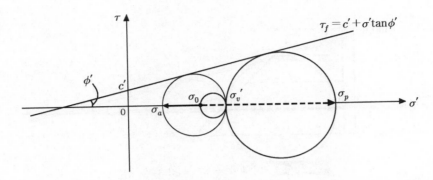

그림 10.17 동일한 깊이에서의 정지상태에서 주동(실선 화살표) 및 수동상태(점선 화살표)까지의 토압경로

$c' > 0$일 때 :

$$\sigma_p = \sigma_v' \tan^2\left(45° + \frac{\phi'}{2}\right) + 2c' \tan\left(45° + \frac{\phi'}{2}\right) \qquad (10.19)$$
$$= \sigma_v' K_p + 2c' \sqrt{K_p}$$

여기서, K_p : $c' = 0$일 때의 수동토압계수(식 (10.20) 참조)

$c' = 0$일 때 :

$$\sigma_p = \sigma_v' \tan^2\left(45° + \frac{\phi'}{2}\right) = \sigma_v' K_p \qquad (10.20)$$

여기서, $K_p\left(= \dfrac{\sigma_p}{\sigma_v'}\right) = \dfrac{1 + \sin\phi'}{1 - \sin\phi'} = \tan^2\left(45° + \dfrac{\phi'}{2}\right)$: 수동토압계수

식 (10.19)를 이용해서 벽면에 작용하는 수동토압의 분포를 나타내면 그림 10.18과 같다. 수압은 여기서 구한 토압에 추가되는 것은 정지, 주동의 경우와 동일하다. 수동토압의 합력(총수동토압)이나 작용점 등을 구하는 방법은 정지토압의 경우와 동일하므로 생략한다.

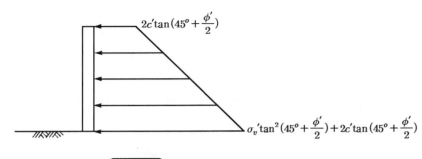

$$2c'\tan\left(45^o+\frac{\phi'}{2}\right)$$

$$\sigma_v'\tan^2\left(45^o+\frac{\phi'}{2}\right)+2c'\tan\left(45^o+\frac{\phi'}{2}\right)$$

그림 10.18 벽면에 작용하는 수동토압의 분포

점토지반의 수동토압은 주동토압의 경우와 마찬가지로 단기(비배수)토압과 장기(배수)토압으로 나누어진다. 설명은 주동토압의 경우를 참조하기 바라고 수동토압의 크기는 식 (10.21)과 같다.

단기(비배수) : $c_u > 0$, $\phi_u = 0$ $\therefore \sigma_p = \sigma_v(전응력) + 2c_u$

장기(배수) : $c_d = 0$, $\sigma_d > 0$ $\therefore$ $\sigma_p = \sigma_v'\tan^2\left(45° + \frac{\phi_d}{2}\right) + 수압$

(10.21)

– 과압밀시는 $c_d > 0$이므로

$$\sigma_p = \sigma_v'\tan^2\left(45° + \frac{\phi_d}{2}\right) + 2c_d\tan\left(45° + \frac{\phi_d}{2}\right) + 수압$$

여기서, 수동토압이 적용되는 경우에 대해 알아보자. 수동토압이 적용되는 경우는 상당히 적으며, 그림 10.19와 같이 선착장의 벽을 지지하는 저항벽체로 콘크리트블록을 사용하는 경우 이 저항벽체에 작용하는 저항토압이 바로 수동토압이 된다. 또, 가장 많이 사용되는 경우는 그림 10.20과 같은 옹벽의 수평저항을 계산할 때이다. 옹벽전면의 수동토압은 배면의 주동토압에 저항하게 되는데 보통 옹벽 설계 시에는 이 수동토압은 무시한다. 그 이유는 옹벽시공 후 토사를 되메우는 과정에서 배면의 주동토압이 작용할 때 아직 수동영역은 되메우지 않은 경우도 있기 때문이다. 그러나 기존옹벽의 안정검토를 재시행할 경우에는 수동토압에 의한 저항력이 포함된다.

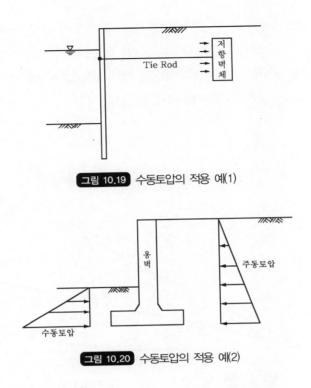

그림 10.19 수동토압의 적용 예(1)

그림 10.20 수동토압의 적용 예(2)

10.2.3 지표면이 경사져 있을 때의 랜킨토압($c' = 0$인 경우)

그림 10.21과 같이 지표면이 α만큼 경사져 있고, $\alpha < \phi'$로서 단위 폭을 가진 요소를 생각해보자. 지반이 $c' = 0$인 경우에 한해서 주동 및 수동토압계수가 다음과 같이 유도된다. 여러 지층으로 되어 있거나 등분포하중이 있는 경우에도 유사한 방법으로 토압이 계산될 수 있으며 이에 대해서는 생략한다.

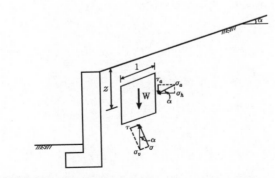

그림 10.21 뒤채움 지표면과 평행한 흙요소의 평형상태에서의 응력

그림 10.21에서 아는 응력은 $\sigma_v = \gamma z$ (균질일 경우)뿐이며 이 값과 모아원 및 파괴포락선을 이용하여 토압계수(또는 토압)를 구하게 된다(그림 10.22).

그림 10.22에 나타낸 응력값은 현재 단계에서는 아무 것도 알 수 없으며 AE가 원점을 지나고 기울기 α인 직선이라는 것만 식 (10.22)에서 알 수 있다.

$$\arctan\left(\frac{\tau}{\sigma}\right) = \arctan\left(\frac{\tau_\alpha}{\sigma_h}\right) = \alpha \tag{10.22}$$

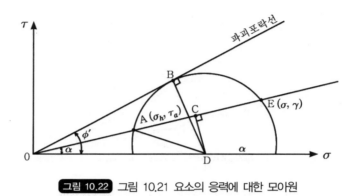

그림 10.22 그림 10.21 요소의 응력에 대한 모아원

그림 10.22에서 식 (10.23)이 성립하며, 식 (10.24)가 유도된다.

$$DA = DB = OD \sin\phi'$$
$$DC = OD \sin\alpha \tag{10.23}$$

따라서 $AC = \sqrt{AD^2 - DC^2} = OD\sqrt{\sin^2\phi' - \sin^2\alpha} \tag{10.24}$

또, $OC = OD\cos\alpha$

$$OA = OC - AC = OD\left(\cos\alpha - \sqrt{\sin^2\phi' - \sin^2\alpha}\right)$$
$$OE = OC + CE = OC + AC = OD\left(\cos\alpha + \sqrt{\sin^2\phi' - \sin^2\alpha}\right) \tag{10.25}$$

그림 10.22의 기하학적 조건에서 식 (10.26)이 성립한다.

$$\sigma_\alpha = OA, \quad \frac{\sigma}{\cos\alpha} = OE \tag{10.26}$$

여기서,

$$\sigma = W\cos\alpha = \sigma_v\cos^2\alpha$$

$W = (깊이\ z\ 상부의\ 사다리꼴\ 흙무게)$ \qquad (10.27)

$$= \sigma_v \times 1 \times \cos\alpha = \sigma_v\cos\alpha$$

$(균질일\ 경우는\ \sigma_v = \gamma z)$

식 (10.27)의 σ와 식 (10.25)를 식 (10.26)에 대입하면 식 (10.28)이 얻어진다.

$$\sigma_v = \frac{OD}{\cos\alpha}\left(\cos\alpha + \sqrt{\sin^2\phi' - \sin^2\alpha}\right) \tag{10.28}$$

식 (10.25), 식 (10.26), 식 (10.28)에서 주동토압계수는 식 (10.29)와 같이 유도된다.

$$\begin{aligned}
K_a &= \frac{\sigma_a}{\sigma_v} \\
&= \frac{OD\left(\cos\alpha - \sqrt{\sin^2\phi' - \sin^2\alpha}\right)}{\dfrac{OD}{\cos\alpha}\left(\cos\alpha + \sqrt{\sin^2\phi' - \sin^2\alpha}\right)} \\
&= \cos\alpha\frac{\cos\alpha - \sqrt{\sin^2\phi' - \sin^2\alpha}}{\cos\alpha + \sqrt{\sin^2\phi' - \sin^2\alpha}} \\
&= \cos\alpha\frac{\cos\alpha - \sqrt{\cos^2\alpha - \cos^2\phi'}}{\cos\alpha + \sqrt{\cos^2\alpha - \cos^2\phi'}}
\end{aligned} \tag{10.29}$$

유사한 방법으로 수동토압계수를 유도하면 식 (10.30)과 같아진다. 당연하지만 수평지표면 ($\alpha = 0$)의 경우에는 K_a, K_p는 식 (10.14), 식 (10.20)과 같아진다.

$$K_p = \frac{\sigma_p}{\sigma_v} = \cos\alpha\frac{\cos\alpha + \sqrt{\cos^2\alpha - \cos^2\phi'}}{\cos\alpha - \sqrt{\cos^2\alpha - \cos^2\phi'}} \tag{10.30}$$

10.3 쿨롱의 토압론

쿨롱(Coulomb)은 1776년에 흙쐐기이론이라고 불리는 토압론을 제안했다. 이 토압론에 의하면 옹벽이 외측으로 이동하면서 배면에 흙쐐기 모양의 파괴토괴가 생겨서 이 토괴의 힘의 평형조건을 이용하여 옹벽에 작용하는 주동 및 수동토압을 구하게 된다. 이런 의미에서 쿨롱의 토압론을 흙쐐기이론이라고도 한다. 이 이론은 여러 가지 가정이나 제약조건이 있으므로 적용에 어려움이 있으나, 마찰이 없는 연직벽면이라야 되는 제약조건이 있는 랭킨토압론에 비해 마찰이 있는 임의의 경사 벽면에도 적용이 가능한 장점이 있어, 경우에 따라 랭킨토압론과 쿨롱토압론을 선택해서 사용하게 된다. 특히, 배면지반이 경사면인 경우, 랭킨토압론에 의한 토압방향은 배면지표면과 나란하나, 쿨롱토압론은 벽면마찰각에 의해 토압방향이 결정되고 주동, 수동의 방향이 다르다.

쿨롱토압론의 특징을 열거하면 다음과 같다.

① 파괴면은 평면이라고 가정
② 벽면마찰이 고려됨(랭킨토압론에서는 벽면마찰각 = 0이라고 가정)
③ 균질한 배면(뒤채움)흙에 대해서만 적용 가능(랭킨토압론에서는 여러 지층에 대해서도 적용가능)
④ 배면 지반의 점착력 = 0인 경우에 대해서만 적용 가능(랭킨토압론에서는 점착력 > 0 인 경우도 가능)
⑤ 토압의 합력은 알 수 있으나 깊이에 따른 분포와 합력의 작용점 위치를 알 수 없음(랭킨토압론에서는 모두 알 수 있음)

10.3.1 쿨롱의 주동토압

쿨롱은 옹벽의 배면이 점착력이 없고 균질한 지반으로 되어 있는 경우의 주동토압을 구하기 위해서 그림 10.23과 같이 옹벽의 외측으로의 이동이나 회전에 의해 하향으로 내려가려고 하는 흙쐐기 ABC가 AB 및 BC면에서 최대저항력이 발휘될 때의 힘의 평형을 이용했다. 저항력이 최대가 되므로 벽면에 작용하는 토압은 최소(주동상태)가 된다.

그림 10.23(a)에서 가상파괴면을 선정해서 이 파괴면과 옹벽면과의 사이의 흙쐐기의 힘의 평형을 이용해서 이 파괴면에 대한 토압을 구하고 또 여러 파괴면들에 대한 토압을 구해서

이들 중 최대토압이 되는 파괴면이 실제 파괴면이 되고 이때의 토압이 주동토압이 되는 것이다. 이렇게 여러 파괴면을 그어서 시산법으로 최대치를 구함으로써 주동토압을 구하는 방법도 가능하지만 쿨롱은 그림 10.23(a)의 흙쐐기에서 발생하는 토압을 구해서 파괴면의 경사각 β로서 미분하여 최대토압이 얻어지는 β값과 이때의 토압을 주동토압으로 구하는 해석적 방법을 사용했다. 앞의 ④조건에서 c>0이면 미분이 안 되므로 c=0 조건이 필요한 것이다. 이 그림에서 흙쐐기 ABC의 무게(작용력)에 대해 AB면과 BC면이 반력면(반작용력)이 되어 지탱하게 된다(그림 10.24의 개념도 참조). 이 그림에서 가상주동토압의 합력(그림에서는 반력으로 표시) P_{aiR}의 방향이 δ만큼 상향(하향이 아님)하지만 벽면의 작용력인 토압(P_{ai})은 동일한 크기로 반대방향이 되어 하향하게 된다는 점에 주의해야 한다. 이 이유는 옹벽이 외측으로 이동할 때 흙쐐기가 하향으로 움직이며, 이때 벽면에서는 상향의 마찰저항력과 수직력이 반력으로 발생하기 때문이다. 즉, 두 반력의 합력의 방향이 상향하게 된다. 따라서 실제 벽면의 작용력으로서의 주동토압 P_{ai}는 하향하게 되며 벽면의 법선과 δ 각도만큼 위로 기울어져 있다. 동일한 원리로 BC면에 작용하는 반력 F도 법선과 파괴면에서의 마찰각만큼 위로 향하게 되며 이때의 마찰각은 흙과 흙 사이에 발생하므로 내부마찰각 ϕ'이 된다. 벽면 AB에 작용하는 마찰각인 δ는 콘크리트면의 경우 보통 식 (10.31)의 범위가 사용된다.

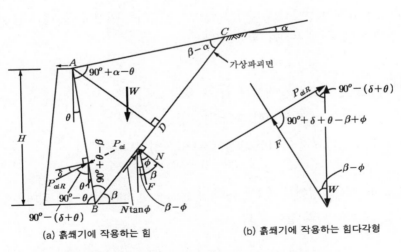

(a) 흙쐐기에 작용하는 힘   (b) 흙쐐기에 작용하는 힘다각형

그림 10.23 옹벽배면의 임의의 가상주동파괴면에 대한 흙쐐기 이론

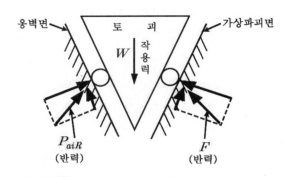

웅벽면 토 괴 가상파괴면
작용력
W

P_{aiR}
(반력)

F
(반력)

그림 10.24 그림 10.23(a)의 작용력 및 반력 개념도

$$\frac{1}{2}\phi' \leq \delta \leq \frac{2}{3}\phi' \tag{10.31}$$

그림 10.23(a)의 흙쐐기의 면에서 발생하는 힘 중에서 아는 힘은 흙쐐기의 중량 W이며 이 값을 이용한 힘다각형 그림 10.23(b)에서 방향만 아는 힘인 P_{aiR}과 F의 방향을 그리면 이들 사이에서 P_{aiR}이 구해진다. 그 결과, 크기는 같고 방향이 반대인 가상주동토압 P_{ai}가 얻어진다. 여기서 한 가지 언급해 둘 것은 흙쐐기가 평형상태가 되기 위해서는 식 (10.32)와 같은 힘의 평형과 모멘트의 평형 조건이 성립되어야 하지만 여기서는 완전하지는 않지만 해를 구하기 위해 힘의 평형조건만을 적용하게 된 것이다.

힘의 평형조건 : $\sum H = 0$(수평력의 합력= 0),
$\qquad\qquad\qquad \sum V = 0$(연직력의 합력= 0) $\tag{10.32}$
모멘트의 평형조건 : $M = 0$(어떤 점을 중심으로 한 모멘트= 0)

그림 10.23(b)의 힘다각형에서 식 (10.33)과 같은 sine 법칙이 성립하게 되며 이를 이용해서 P_{aiR}을 구하면 식 (10.34)와 같이 된다.

$$\frac{W}{\sin(90° + \theta + \delta - \beta + \phi)} = \frac{P_{aiR}}{\sin(\beta - \phi)} \tag{10.33}$$

$$P_{aiR} = \frac{\sin(\beta - \phi)}{\sin(90° + \delta + \theta - \beta + \phi)} W \tag{10.34}$$

흙쐐기의 무게 $W = \frac{1}{2}\gamma H^2 \dfrac{\cos(\theta-\beta)\cos(\theta-\alpha)}{\cos^2\theta\,\sin(\beta-\alpha)}$ 를 식 (10.34)에 대입하면 식 (10.35)가 되어 결과적으로 P_{ai}가 구해지는 것이다.

$$P_{aiR} = \frac{1}{2}\gamma H^2 \frac{\cos(\theta-\beta)\cos(\theta-\alpha)\sin(\beta-\phi)}{\cos^2\theta\,\sin(\beta-\alpha)\sin(90°+\delta+\theta-\beta+\phi)}(=P_{ai}) \tag{10.35}$$

식 (10.35)에서 P_{ai}가 최대가 되는 β를 대입하면 주동토압과 이때의 흙쐐기가 구해진다. 즉, $\dfrac{dP_{ai}}{d\beta}=0$를 풀어서 β를 구하고 이 값을 식 (10.35)에 대입하면 식 (10.36)과 같은 총주동토압이 구해진다. 앞에서 기술한 쿨롱토압론의 특징 ④에서 $c'=0$인 경우에만 적용된다고 한 것은 $c'>0$이면 $\dfrac{dP_{ai}}{d\beta}=0$를 풀 수 없기 때문이다.

쿨롱의 토압론에 의하면 총주동토압(주동토압의 합력)이 구해지고 이 총토압은 벽면마찰의 영향으로 마찰각 δ만큼 기울어지게 되어 벽면마찰의 영향이 포함될 수 있다고 하겠다. 랜킨토압론은 벽면마찰이 없는 경우라야 성립하므로 토압의 방향은 옹벽배면 지표면과 동일하게 된다.

$$P_a = \frac{1}{2}C_a\gamma H^2 \tag{10.36}$$

여기서, $C_a = \dfrac{\cos^2(\phi'-\theta)}{\cos^2\theta\cos(\delta+\theta)\left[1+\sqrt{\dfrac{\sin(\delta+\phi')\sin(\phi'-\alpha)}{\cos(\delta+\theta)\cos(\theta-\alpha)}}\right]^2}$

: 쿨롱의 주동토압계수

식 (10.36)에서 알 수 있는 바와 같이 옹벽배면 지표면의 경사각 α가 지반의 내부마찰각 ϕ'보다 커지면 즉, $\alpha > \phi'$이면 C_a의 제곱근 내부가 음수가 되어 토압산정이 되지 않는다. 따라서 쿨롱토압론을 적용하기 위한 조건 중 하나에 $\alpha \le \phi'$이어야 하는 조건이 포함되게 된다. 또, 지표면에 작용하는 등분포하중에 의한 증가토압은 식 (10.36)에 의해서는 계산할 수 없는 단점도 있다. 결국 등분포하중이 작용할 때는 그림 10.23(b)의 W에 흙쐐기 내부의 지표면에 작용하는 등분포하중에 의한 외력 Q를 더해서 $W+Q$가 힘다각형에 그려져서 가상주동토압 (P_{ai})이 구해지게 되지만 이것은 가상파괴면에 대한 가상주동토압이므로 파괴면의 각도를 변화시키면서 반복 계산해서 P_{ai}의 최대값 즉, 주동토압 P_a를 구할 수 있다. 그러나 쿨롱이 이론적으로 구하는 방법은 제시하지 못했다. 이렇게 반복 계산하는 방법은 컴퓨터 프로그램을 이용해서 어렵지 않게 수행할 수 있다. 이 방법을 이용하면 $c' = 0$이어야 하는 조건이 필요 없게 된다.

여기서, 벽면이 연직이며 마찰각이 0이고, 배면지반의 지표면이 수평이면, 즉 $\alpha = \delta = \theta = 0$이면 $C_a = \dfrac{1 - \sin\phi'}{1 + \sin\phi'}\left[= \tan^2\left(45° - \dfrac{\phi'}{2}\right)\right]$가 되어 랜킨의 주동토압계수와 같아진다.

10.3.2 쿨롱의 수동토압

쿨롱의 수동토압은 그림 10.25(a)와 같이 벽체가 내측으로 이동이나 회전할 때의 최대토압을 의미하며, BC와 같은 가상파괴면에 대한 수동토압 P_{pi}를 구해서 각도 β에 대해 미분하여 최대치를 구하면 그것이 수동토압 P_p가 된다. 벽체가 내측으로 이동하면 흙쐐기 ABC는 상향으로 움직이게 되고, 이때 AB면과 BC면에서 전단저항력이 발생하게 된다. 즉, 작용력 P_{piR}과 F에 대해 반력 W(흙쐐기 중량)가 발생하는 개념(그림 10.26 참조)이며, 흙쐐기가 상향으로 움직이므로 AB면과 BC면은 하향전단반력이 작용하게 된다. 또한, 각 면에서의 합력은 법선에서 각각 δ, ϕ'만큼 상향으로 기울어지게 된다. 그림 10.25(b)에서 아는 힘인 흙쐐기 중량(연직방향의 힘) W와 방향만을 아는 힘 P_{piR} 및 F를 이용한 힘다각형에서 P_{piR}이 구해지고, 이 값은 P_{piR}과 크기는 같고 방향이 반대인 가상수동토압 P_{pi}와 동일하다. 주동토압의 경우와 마찬가지로 P_{pi}를 파괴면의 경사각 β로써 미분하여 최소치를 구하면 총수동토압(수동토압의 합력) P_p가 구해지며 그 결과는 식 (10.37)과 같다.

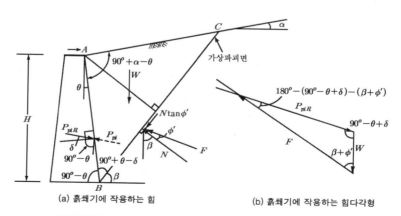

(a) 흙쐐기에 작용하는 힘 (b) 흙쐐기에 작용하는 힘다각형

그림 10.25 옹벽배면의 임의의 수동파괴면에 대한 흙쐐기 이론

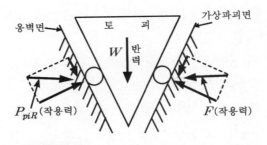

그림 10.26 그림 10.25(a)의 작용력 및 반력 개념도

$$P_p = \frac{1}{2}\,C_p \gamma H^2 \tag{10.37}$$

여기서, $C_p = \dfrac{\cos^2(\phi' + \theta)}{\cos^2\theta\cos(\delta - \theta)\left[1 - \sqrt{\dfrac{\sin(\phi' - \delta)\sin(\phi' + \alpha)}{\cos(\delta - \theta)\cos(\alpha - \theta)}}\,\right]^2}$

: 쿨롱의 수동토압계수

여기서, 벽면이 연직이며 마찰각이 0이고, 배면지반의 지표면이 수평이면, 즉 $\alpha = \delta = \theta = 0$ 이면 $C_p = \dfrac{1 + \sin\phi'}{1 - \sin\phi'}\left[= \tan^2\left(45° + \dfrac{\phi'}{2}\right)\right]$ 가 되어 랜킨의 수동토압계수와 같아진다.

10.4 쿨롱의 토압론을 응용한 기타 해법

쿨만(Culmann, 1875)은 쿨롱의 토압론을 응용하여 도해적으로 구할 수 있는 방법을 고안했다. 이 방법에 의하면 옹벽배면 지표면이 직선이 아니고 불규칙적인 선형일 경우와 상재하중(집중하중, 분포하중 등)이 있는 경우 등에 널리 적용할 수 있는 장점이 있다. 쿨만도해법은 점착력이 없는 지반에만 적용이 가능한 도해법이지만 이를 응용하여 점착력이 있는 지반에도 해석이 가능한 도해법이 개발되어 시행쐐기법(trial wedge method)이라고 불린다. 현재 시행쐐기법에 대한 컴퓨터 프로그램이 개발되어 널리 사용되고 있으며, 위에 기술한 바와 같이 여러 가지 조건하에서도 토압이 구해지는 장점이 있다. 그러나 총토압의 크기와 방향은 알 수 있지만 깊이에 따른 토압분포를 알 수 없고, 또 지반이 균질한 경우에만 적용이 가능한 등의 단점도 있어 실제 설계 시에는 랜킨, 쿨롱, 시행쐐기법 등이 현장조건에 따라 적절히 선택되고 있다. 시행쐐기법에 대해 설명하면 다음과 같다.

10.2.1절에서 기술한 바와 같이 점착력이 있는 흙은 시간이 경과하면 점착고 깊이만큼 인장균열이 발생하게 된다. 이 인장균열로 인하여 점착고 깊이만큼은 결국 제대로 저항력을 발휘하지 못하므로 이 깊이까지의 음(−)의 토압은 무시하고 이 이하의 깊이에 대한 양(+)의 토압만으로 옹벽을 설계하게 된다. 일반적으로 인장균열의 영향을 고려하여 점착고 깊이만큼의 저항력은 무시하므로 여기서도 이 경우에 대해 설명하기로 한다. 인장균열의 영향을 무시하지 않는 경우는 더욱 간단하므로 설명을 생략한다.

10.2.1절에서 기술한 점착고는 연직벽체이고 배면 지표면이 수평인 경우에 대하여 유도된 것이다. 그림 10.27과 같이 벽체와 지표면이 경사진 경우에는 정확한 이론적 점착고가 구해지지 않으므로 오차가 포함되더라도 벽체가 연직이고 지표면이 수평인 경우의 점착고인 식 (10.38)로서 대용하게 되며, 인장균열은 연직방향으로 발생하는 것으로 한다.

$$z_c = \frac{2c}{\gamma} \tan\left(45° + \frac{\phi'}{2}\right) \tag{10.38}$$

그림 10.27(a)에서 토괴 $ABDD''$의 중량이 연직방향 힘으로 작용할 때 B_1B면과 BD면 위에서 발생하는 반력의 평형조건을 그림 10.27(b)의 힘다각형에 적용시켜서

가상주동토압 반력 P_{aiR}의 크기와 방향을 구하게 되며, 이 값은 벽면에 작용하는 가상주동토압 P_{ai}와 크기가 같고 방향이 반대가 된다. 가상파괴면의 각도 β를 변화시켜서 반복해서 P_{ai}를 구해서 그 중 최대값을 찾으면 이 값이 구하고자 하는 주동토압 P_a가 된다. 시행쐐기법에서는 최대값을 찾는 방법을 도해법으로도 제안했으나 근래에는 주로 컴퓨터 프로그램을 이용해서 찾게 되므로 여기서는 도해법으로 최대값을 찾는 방법에 대해서는 생략하기로 하고 어떤 가상파괴면에 대한 주동토압 P_{ai}를 구하는 방법에 대해서만 기술하기로 한다.

그림 10.27에서 P_{aiR}과 F의 방향에 대해서는 10.3절에서 설명했으므로 BB_1면과 BD면에 작용하는 점착력의 영향을 포함시키는 방법에 대해 기술한다. AB_1면과 DD'면에 작용하는 점착저항력은 인장균열의 영향으로 무시되므로 BB_1면과 BD면에 작용하는 점착저항력 C_a와 C를 구하면 식 (10.39)와 같다.

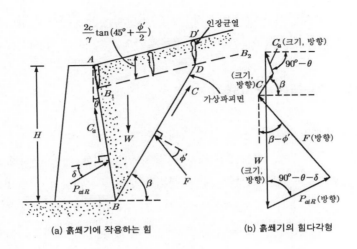

(a) 흙쐐기에 작용하는 힘   (b) 흙쐐기의 힘다각형

그림 10.27 점착력이 있는 흙의 시행쐐기법 설명도

$$C_a = c'_a \times \overline{BB_1}, \ \ C = c' \times \overline{BD} \tag{10.39}$$

여기서, c_a' : 벽면에 작용하는 흙의 점착력[보통 $c_a = \left(\dfrac{1}{2} \sim \dfrac{2}{3} \right) c'$ 를 적용]

c' : 배면흙(뒤채움흙)의 점착력

그림 10.27(a)에서 방향과 크기를 아는 힘 W, C_a, C와 방향만 아는 힘 F, P_{aiR}을 이용하여 그림 10.27(b)와 같은 힘다각형을 그리면 P_{aiR}, 즉 P_{ai}가 구해진다. 가상파괴면의 각도 β를 변화시키면서 반복 계산하면 P_{ai}의 최대값 P_a가 구해지며 이 값이 구하고자 하는 총주동토압이 된다. 지표면에 등분포하중이나 집중하중 등의 하중이 주어지면 이 하중을 토괴 중량 W에 더해서 동일한 방법으로 계산하면 지표면 하중을 포함한 총주동토압을 구할 수 있게 된다. 수동토압의 경우도 비슷하므로 설명은 생략한다. 다만, 수동토압의 경우는 인장균열이 발생하지 않으므로 이를 고려할 필요는 없다.

10.5 주동토압의 근사해석

앞에서 기술한 여러 가지 토압론에 대해서는 각각의 적용상 어려움이 있어, 어느 정도는 이를 보완할 수 있는 근사법이 제안되어 있다. 각 토압론에 대한 근사해석 방법은 다음과 같다. 여기서는 주동토압에 대한 설명에 한하지만 수동토압의 경우도 동일하다.

10.5.1 랜킨토압론에 대한 근사해석

랜킨토압론을 이용하기 위해서는 벽면이 연직이어야 한다. 그러나 옹벽은 벽체가 경사진 경우나 저판이 돌출된 역 T형, L형 등의 경우가 많이 있어 이에 대한 근사해석 방법이 그림 10.28 및 그림 10.29와 같이 연직 가상벽체를 가정해서 토압을 산정하고, 가상벽체와 옹벽 사이의 토괴의 중량의 영향에 대해서는 옹벽의 안정검토 시 고려하는 방법이 적용될 수 있다. 이때 가상벽체는 지반내부에 있는 것으로 되어 있지만 마찰은 없는 것으로 가정되어야 한다는 것은 물론이다.

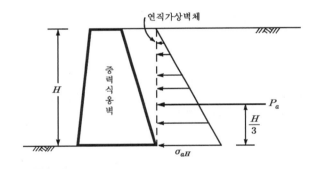

그림 10.28 배면지표면이 수평인 중력식 옹벽의 경우의 가상벽체

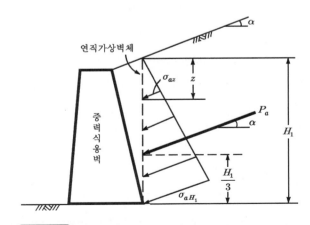

그림 10.29 배면 지표면이 경사진 경우의 가상벽체와 토압분포

그림 10.29에서 총토압 P_a를 알 때 깊이에 따라 선형적으로 변하는 토압의 크기를 알기 위해 σ_{aH_1}을 유도하면 식 (10.40)과 같다.

$$P_a = \int_0^{H_1} \sigma_{az}dz = \int_0^{H_1} K_a\gamma z dz = \frac{1}{2}K_a\gamma H_1^2 = \frac{1}{2}(K_a\gamma H_1)H_1 = \frac{1}{2}\sigma_{aH_1}H_1$$

$$\tag{10.40}$$

이므로, $\sigma_{aH_1} = \dfrac{2P_a}{H_1}$

적분을 이용하지 않고 토압면적을 이용하여 σ_{aH_1}을 유도하면 다음과 같다. 그림 10.30은 그림 10.29 옹벽의 가상벽체에서 발생하는 토압의 크기를 깊이에 따라 벽체와 직각되는 좌표축에 나타낸 그림이다. 이 그림에서 「총토압 = 토압면적」의 관계를 이용해도 식 (10.41)에 의해서 σ_{aH_1}이 구해지며 이 값을 이용해서 삼각형 토압의 크기가 구해진다.

$$P_a = \frac{1}{2}\sigma_{aH_1} \times H_1 \text{에서 } \sigma_{aH_1} = \frac{2P_a}{H_1} \tag{10.41}$$

그림 10.31은 역 T형 옹벽의 가상벽체를 나타낸다. 지표면이 경사진 경우도 그림 10.29와 같은 방법으로 연직가상벽체에 작용하는 토압을 구하게 된다.

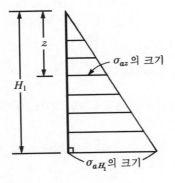

그림 10.30 그림 10.29 옹벽의 주동토압 크기 분포

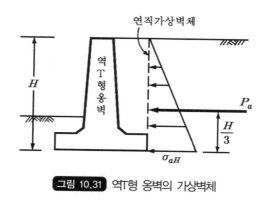

그림 10.31 역T형 옹벽의 가상벽체

10.5.2 쿨롱토압론, 쿨만도해법, 시행쐐기법에 대한 근사해석

쿨롱토압론, 쿨만도해법, 시행쐐기법 등을 적용하면 총주동토압의 크기와 방향은 구해지지만 깊이에 따른 토압분포와 작용점 위치는 알 수 없다. 그러나 그림 10.32와 같이 프로그램 수행 결과 주동파괴면 BC가 구해지면, 이를 이용하여 토괴 ABC의 무게중심(도심) O를 구하고, 이 점에서 BC면에 평행한 선을 그어 옹벽과 만나는 점 O'를 구해 이 점을 개략적인 작용점 위치로 보는 근사해법도 사용되고 있다.

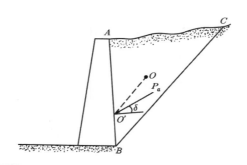

그림 10.32 총주동토압(전주동토압)의 작용점 위치를 구하는 근사법

쿨롱토압론에 의해서도 총토압은 구해지지만 깊이에 따른 토압분포를 알 수 없다. 그러나 옹벽부재의 설계 시 토압분포가 사용되므로 반드시 알아야 한다. 따라서 그림 10.33이나 그림 10.35의 경우와 같이 지표면이 직선경사진 단순한 경우에 대해서는 그림 10.32의 방법으로 구해진 총토압의 작용점 위치($H/3$)와 그림 10.34에서 얻어진 식 (10.42)로서 토압의 분포를 추정해서 적용할 수 있다.

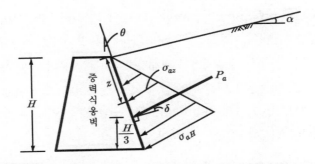

그림 10.33 총토압(쿨롱토압론)의 작용점 위치와 토압분포를 구하는 근사법

$$P_a = \frac{1}{2}\sigma_{aH} \times \frac{H}{\cos\theta} \text{에서 } \sigma_{aH} = 2P_a\frac{\cos\theta}{H} \qquad (10.42)$$

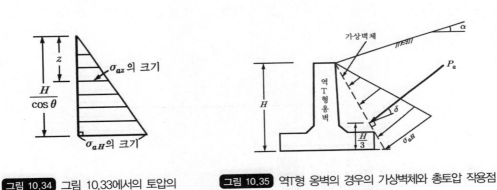

그림 10.34 그림 10.33에서의 토압의 크기 분포

그림 10.35 역T형 옹벽의 경우의 가상벽체와 총토압 작용점 위치 및 토압분포 근사법

10.6 상재하중에 의한 증가 토압

옹벽 배면의 지표면에 상재하중이 작용할 때 이로 인해 증가되는 주동 및 수동토압은 소성평형상태에서의 이론으로 구해야 하지만 현재 이러한 이론이 정립되어 있지 않으므로 일반적으로 부시네스크(Boussinesq)에 의한 탄성론이 적용된다. 즉, 정지토압을 구하는 상태인 탄성평형상태에서 옹벽에 작용하는 수평토압을 구하게 되는 것이다. 따라서 사실은 두 개의 서로 다른 이론이 접목되어 있어 지반에 의해 발생하는 주동 및 수동토압과 상재하중에 의해 증가되는 토압의 총토압은 모순이 포함된다. 그러나 현재 정확한 이론이 정립되어 있지 않아 이 방법이

적용되고 있다. 지표면에 등분포하중이 작용하는 경우에 대해서는 랜킨토압론이나 시행쐐기법 등으로 동일한 소성평형상태의 이론으로 적용이 가능하나 집중하중, 부분적인 분포하중 또는 파이프라인과 같은 선하중 등의 경우에는 시행쐐기법에서는 적용이 가능하나 다른 토압론에서는 적용할 수 없으므로 탄성론에 의존할 수밖에 없는 실정이다. 탄성론에 대해서는 제6장에 소개되어 있으므로 여기서는 간단히 기술하기로 한다. 주의할 점은, 아래에서 구해지는 수식들은 모두 배면 지표면이 반무한 수평인 경우라는 점이다.

10.6.1 집중하중에 의한 증가토압

그림 10.36과 같이 옹벽의 표면에 작용하는 집중하중(point load)에 의해 균질탄성등방성 지반 내에 발생하는 수평토압을 탄성론을 이용하여 구하면 식 (10.43)과 같이 된다. 이 식의 σ_x는 식 (6.13)의 σ_r을 가리키며, $\nu = 0.5$로 가정하고 r 대신 x로 대체한 것이다.

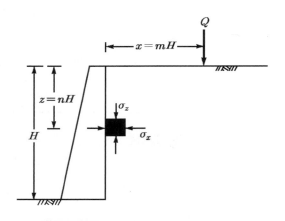

그림 10.36 집중하중에 의한 수평토압(σ_x)

$$\sigma_x = \frac{3Q}{2\pi H^2} \frac{m^2 n}{(m^2 + n^2)^{5/2}} \tag{10.43}$$

여기서, m, n은 그림 10.36 참조.

식 (10.43)은 Gerber(1929)와 Spangler(1938)의 연구에 의해 옹벽의 구속효과를 고려하여, 식 (10.44), 식 (10.45)와 같이 수정되었다.

$$m > 0.4\text{인 경우} : \sigma_x = \frac{1.77Q}{H^2}\frac{m^2 n^2}{(m^2 + n^2)^3} \tag{10.44}$$

$$m \leq 0.4\text{인 경우} : \sigma_x = \frac{0.28Q}{H^2}\frac{n^2}{(0.16 + n^2)^3} \tag{10.45}$$

10.6.2 선하중에 의한 증가토압

그림 10.37과 같이 선하중(line load)이 작용할 때의 수평토압의 증가량을 구하기 위해 집중하중에 의한 수평토압을 길이 방향으로 적분하면 된다. 또한, 이 식에 식 (10.44), 식 (10.45)와 같은 방법으로 약간의 수정을 가하면 식 (10.46), 식 (10.47)과 같은 식이 유도된다.

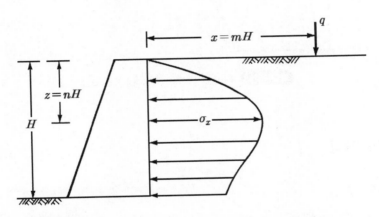

그림 10.37 선하중에 의해 증가하는 수평토압(q : 단위길이당의 상재하중)

$$m > 0.4\text{인 경우} : \sigma_x = \frac{4q}{\pi H}\frac{m^2 n}{(m^2 + n^2)^2} \tag{10.46}$$

$$m \leq 0.4\text{인 경우} : \sigma_x = \frac{0.203q}{H}\frac{n}{(0.16 + n^2)^2} \tag{10.47}$$

10.6.3 띠하중에 의한 증가토압

띠하중(strip load)에 의한 증가토압은 선하중에 의한 증가토압을 적분해서 구할 수 있다. 그림 10.38의 옹벽에 작용하는 띠하중에 의한 수평토압의 증가량은 식 (10.48)에서 구해진다.

$$\sigma_x = \frac{2q}{\pi}(\beta - \sin\beta\cos2\alpha)$$

(10.48)

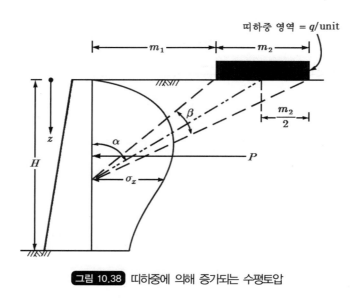

그림 10.38 띠하중에 의해 증가되는 수평토압

10.7 옹벽의 안정

10.7.1 옹벽의 종류

옹벽의 구조형식에 따른 종류는 돌쌓기·콘크리트블록쌓기 옹벽, 중력식 옹벽, 반중력식 옹벽, 경사식 옹벽, 역T형(L형, 역L형) 옹벽, 부벽식 옹벽, 지지벽식 옹벽, 특수 옹벽 등이 있으며 각각의 특징은 다음과 같다(편집부, 1991).

(1) 돌쌓기·콘크리트블록쌓기 옹벽 (그림 10.39(a))

돌쌓기 옹벽, 콘크리트블록쌓기 옹벽은, 사면경사가 1:1 이상의 급경사 비탈면에 사용되며, 옹벽으로 토압에 저항하는 한편 비탈면의 풍화 및 침식을 방지한다. 돌쌓기는 흙막이용, 비탈면 보호용으로 예전부터 사용되어 왔는데, 최근에는 석재(石材) 및 석공(石工)의 부족으로 큰크리트제의 프리캐스트 블록쌓기가 일반적이며, 돌쌓기는 성토부 등의 곡률이 큰 곡선부에 사용되는 정도이다. 구조에는 메쌓기, 몰탈쌓기(찰쌓기), 몰탈쌓기+뒤채움 콘크리트의 3종류가 있다.

이는 비탈면 경사의 높이에 따라 구분되며, 일반적으로 높이는 7m 정도까지 사용된다.

(2) 경사식 옹벽(기대기식 옹벽) (그림 10.39(a))

경사식 옹벽은 주로 절토부에 사용되는 자립이 안 되는 중력식 옹벽이며, 돌쌓기·콘크리트 블록쌓기 옹벽의 블록부분과 뒤채움 콘크리트를 무근콘크리트로 축조시킨 것이라고 생각하면 된다. 원지반 또는 뒤채움 흙에 지지되면서 자중에 의해 토압에 저항하는 형식이며, 기초지반은 암반 등 견고한 것이 바람직하다. 편보강층 시공의 경우, 기타 형식의 옹벽 저판시공이 곤란한 경우나, 저판설치가 현저하게 불경제가 되는 경우에 사용된다.

(3) 중력식 옹벽 (그림 10.39(b))

중력식 옹벽은 자중에 의해 토압에 저항하는 무근콘크리트 구조의 옹벽이며, 벽체내에 콘크리트 저항력 이상의 인장력이 생기지 않는다. 따라서 옹벽 높이가 낮고, 기초지반이 양호한 경우에 사용되는 것이 보통이다. 무근 콘크리트 구조이므로, 콘크리트 옹벽 중에서는 시공이 가장 용이하다. 특히 기초지반의 지지력 부족에 의한 부등침하에는 유의해야 하며, 전도 등 전체 안정에 유의해야 한다.

(4) 반중력식 옹벽 (그림 10.39(c))

반중력식 옹벽은 중력식 옹벽과 철근콘크리트 옹벽의 중간적인 구조이며, 자중에 의해 토압에 저항해서 안정을 유지시키는데, 벽체내에 생긴 인장력에 대해서는 철근으로 보강하며, 콘크리트량을 절약한 형식이다.

(5) 역 T형(L형, 역L형) 옹벽 (그림 10.39(d))

세로벽과 저판으로 되며, 세로벽 위치에 의해 역T형, L형, 역L형이라고 한다. 이 형식은 벽체의 자중과 저판상의 뒤채움 토사중량에 의해 토압에 저항하는 것이다. 일반적으로 철근콘크리트 구조이며, 중력식이나 반중력식 옹벽에 비해 콘크리트량이 적어진다. 구조적으로는 세로벽과 저판이 강결되에 제각기 외팔보로 설계되기 때문에 외팔보식 옹벽이라고도 한다.

이러한 형식의 옹벽의 적용범위는 넓고, 경제적 높이는 3~10m 정도이며, 또 시공이 부벽식 (다음 항에 기술) 옹벽보다 간단하다. 역L형 옹벽은 배면이 용지경계에 접하거나 구조물이 있어, 저판 부분이 충분하지 않은 경우에 사용된다. 이 형식은 저판 상부에 뒤채움 흙이 없으므로 활동에 대한 안정을 위한 근입을 깊게, 저판길이를 크게 해야 하므로, 역T형 옹벽, L형 옹벽에 비해 일반적으로 비경제적인 형식이다.

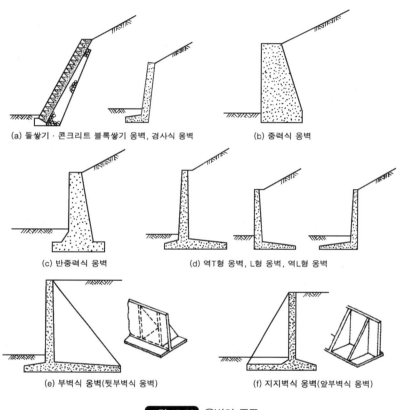

(a) 돌쌓기·콘크리트 블록쌓기 옹벽, 경사식 옹벽   (b) 중력식 옹벽

(c) 반중력식 옹벽   (d) 역T형 옹벽, L형 옹벽, 역L형 옹벽

(e) 부벽식 옹벽(뒷부벽식 옹벽)   (f) 지지벽식 옹벽(앞부벽식 옹벽)

그림 10.39 옹벽의 종류

(6) 부벽식 옹벽 (그림 10.39(e))

부벽식 옹벽은 역T형 옹벽의 세로벽, 저판간의 강성을 부벽으로 유지하며 부벽이 토압의 작용측에 있는 것이다. 옹벽이 높아지면 역T형 옹벽은 세로벽의 두께가 커지는데, 이 형식은 벽두께가 얇아도 되며, 콘크리트량은 상당히 절약된다. 일반적으로 옹벽높이 8m 정도 이상인 경우에 사용된다. 구조적으로는 세로벽 및 저판은 부벽으로 지지된 연속판으로 설계되며, 부벽은 저판에 고정된 보(빔, beam)의 높이가 변화하는 T형 단면 외팔보의 복부로 계산된다. 시공적으로는 다른 형식보다 어렵고, 배면에 부벽이 돌출되므로 되채움 흙의 다짐이 불량이 될 우려가

있으므로 시공 상의 주의가 필요하다.

(7) 지지벽식 옹벽 (그림 10.39(f))

지지벽식 옹벽은 부벽식 옹벽의 부벽 대신에 지지벽이 벽 앞면에서 세로벽을 지지하는 형식이다. 지지벽의 설계는 부벽식의 T형 단면이 직사각형 단면으로 변화할 뿐이다. 이 형식은 저판 앞에 지지벽이 자중이 작용하므로 부벽식 옹벽에 비해 안정상 불리하며, 미관상으로도 좋지 못해 최근에는 거의 사용되지 않는다.

(8) 특수옹벽

이 밖에 여러 가지 특수한 형식이 있으며, 대표적인 것은 다음과 같다.

① 상자형 옹벽, 라멘식 옹벽, 선반식 옹벽, 선반이 달린 부벽 옹벽, U형 옹벽(그림 10.40(a)~(e))
  상자형 옹벽은 앞벽과 배면(뒷면) 벽, 그 사이에 격벽(隔壁)을 설치해서 상자 구조로 된 것이다. 이 형식은 옹벽 높이가 12m 이상으로 크며, 부벽식 옹벽에서는 부벽 주철근의 배근이 곤란한 경우, 기초말뚝이 필요하며, 지진 시 수평력을 줄이기 위해 저판의 속을 비게 하는 편이 유리한 경우에 사용된다. 이 형식의 설계계산은 부벽식 옹벽의 방식을 확장하면 된다.
  라멘식 옹벽은 용지경계에서 앞길이나 보도를 옹벽 안에 포함해야 하는 등 저판 위를 중공으로 해야 할 경우에 유리한 예가 있다. 이 형식은 상자형 옹벽과 달리 격벽이 없어, 설계계산은 상자라멘으로 취급된다.
  선반식 옹벽은 배면에 철근콘크리트판으로 선반을 만들어 토압의 경감을 도모함과 동시에 선반 위에 뒤채움 흙의 중량에 의해 전도를 방지한다. 선반식 부벽옹벽은 다시 이에 부벽을 설치하고 부재두께를 적게 하여 경제성을 높인 형식이다.
  이러한 옹벽들은 일반적으로 높이가 높은 경우에 적합하지만, 어쨌든 설계시공은 그 나름대로 복잡하고 어려워, 적용에 있어서는 경제성뿐만 아니라 제각기 설계자료, 실사례 등을 참고로 검토가 필요하다. 특히 선반식 또는 선반이 달린 부벽식 옹벽은, 토압성상, 시공성 등 문제점이 많으므로 현실에는 거의 이용되지 않는다.
  또, U형 옹벽은 L형 옹벽을 조합하여 저판을 일체로 한 구조로, 도로를 반지하구조로 하는 경우에 적용하며, 최근 사용례가 많다.

② 골조 옹벽(그림 10.40(f))

골조(틀, 거푸집, 패널) 옹벽은 프리캐스트 콘크리트 부재를 우물자형 골조로, 이 안에 깬조약돌, 왕자갈, 쇄석을 충전해서 구축하는 옹벽이다. 이 형식은 투수성(透水性)이 좋고, 또한 굴곡성(휨)이 크며, 이른바 유연한 중력식 옹벽이다. 부재가 가벼워 취급이 간단하고, 또한 골조의 연장도 용이하며, 기초의 근입이 적어도 되는 것 등이 특징이다.

③ 지반앵커 옹벽(그림 10.40(g))

이는 콘크리크옹벽을 병용해서 지반앵커(ground anchor)를 사용하는 형식이며, 강선을 지중의 양질지반에 그라우트로써 정착하여, 높은 옹벽을 벽과 같은 구조로 할 수 있도록 된 것이다.

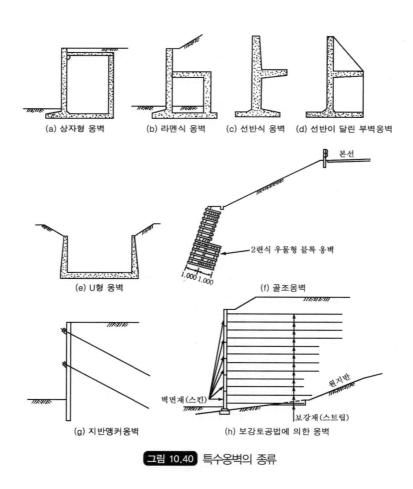

(a) 상자형 옹벽 (b) 라멘식 옹벽 (c) 선반식 옹벽 (d) 선반이 달린 부벽옹벽

본선

2련식 우물형 블록 옹벽

1.000 1.000

(e) U형 옹벽

(f) 골조옹벽

원지반

벽면재 (스킨)

보강재 (스트립)

(g) 지반앵커옹벽

(h) 보강토공법에 의한 옹벽

그림 10.40 특수옹벽의 종류

④ 보강토공법에 의한 옹벽(그림 10.40(h))

보강토공법은 프랑스에서 개발된 공법이다. 이 공법은 성토 중에 매설된 인장강도가 큰 보강재와 흙 사이에 마찰력을 개입시켜 일체로 거동시킴으로써, 외력에 대해 현격하게 강화된 성토체를 구축하려는 것이다. 또한 보강재에 연결된 벽면재(스킨이라고 한다)를 사용함으로써 연직에 가까운 비탈면을 형성한다. 따라서 외관상 종래의 콘크리트 옹벽과 비슷하지만, 구조적으로는 전혀 다르며, 성토재와 성토재 속의 보강재와 일체화되어 비로소 안정을 유지하게 된다. 그래서 성토 재료 및 다짐 정도, 보강재 배치의 적합여부에 따라 안정성이 달라지므로 유의해서 시공해야 한다. 이 공법의 특징은 연직에 가까운 성토가 가능하므로, 시공저면적을 줄일 수 있으며, 시공이 간단해서 빠르고, 견고하지 못한 기초 지반에도 축조가 가능한 유연성 구조로 되어 있는 등이다. 최근에는 식생이 가능한 벽체가 개발되고 있어 친환경적인 시공도 가능하다.

10.7.2 옹벽의 변위에 따른 토압의 변화

(1) 옹벽 배면지반이 소성평형상태가 될 때의 옹벽 변위량

옹벽에 작용하는 토압은 그림 10.1에서 나타낸 바와 같이 벽체의 수평변위 또는 옹벽바닥면을 기준으로 한 회전변위에 따라 주동토압, 정지토압, 수동토압으로 나누어진다. 옹벽이 외측으로 이동(회전)하면 주동토압, 내측(배면측)으로 이동(회전)하면 수동토압, 정지상태이면 정지토압 등으로 정의된다. 여기서, 옹벽의 수평변위와 회전변위는 동일한 토압형태를 나타내며, 이때 회전변위는 「옹벽최상부의 수평변위/옹벽높이」로 정의된다. 주동 및 수동토압이 발생할 때의 개략적인 옹벽변위량을 정리하면 표 10.3~표 10.5와 같다.

표 10.3 소성평형상태에 대한 벽체의 회전변위(Das, 1998)

흙의 종류	회전변위(옹벽 최상부의 수평변위/벽체높이)	
	주동	수동
느슨한 모래(loose sand)	0.001~0.002	0.01
조밀한 모래(dense sand)	0.0005~0.001	0.005
연약한 점토(soft clay)	0.02	0.04
견고한 점토(stiff clay)	0.01	0.02

표 10.4 소성평형상태에 대한 벽체의 회전변위(Canadian Geotechnical Society, 1985)

흙의 종류	회전변위(옹벽 최상부의 수평변위/벽체높이)	
	주동	수동
느슨한 모래(loose sand)	0.004	0.06
조밀한 모래(dense sand)	0.001	0.02
연약한 점토(soft clay)	0.020	0.04
견고한 점토(stiff clay)	0.010	0.02

표 10.5 소성평형상태에 대한 벽체의 수평변위 및 회전변위(Geotechnical Control Office, 1983)

흙의 종류	응력 상태	변위 형태	요구되는 변위(H : 옹벽높이)
모래	주동	수평이동	0.001H
		회전	0.001
	수동	수평이동	0.05H
		회전	0.10
점토	주동	수평이동	0.004H
		회전	0.004

(2) 기존옹벽의 변위에 따른 안정성 판정기법

기존옹벽에서 변위가 발생할 때 안전점검에 의해 안정성 여부를 판정하기 위한 정성적 및 정량적 판정기법을 제안하면 다음과 같다. 본 내용은 저자의 주관적인 판단에 의한 것이므로 적용여부는 독자에게 맡긴다.

그림 10.41은 옹벽 상부면의 평면도이며 이 그림에서 신축이음 간의 각 세그먼트 중 어떤 부위가 그림의 점선과 같이 변위를 일으키고 있다면 외측의 변위를 일으키지 않는 세그먼트 상부에 × 표시를 하고 이 점을 직선으로 연결해 둔다(그림의 A-B 측선). 시간이 흐르면서 발생하는 옹벽변위(d)를 측정해서 그림 10.42와 같은 그래프에 기입하여 변화를 관찰한다. 그림 10.42를 이용하면 먼저 정성적인 판단으로 발산, 수렴을 확인하고, 또한 옹벽변위의 크기(d)에 따라 정량적 판단을 할 수 있다. 이 그림에서 위험해지는, 즉 토압이 증가하는 변위의 크기를 2/1000H (여기서, H는 옹벽높이)로 하였고, 1/000H~2/1000H의 변위가 발생하면 대책을 준비해야 할 것이다. 이 기준은 지반에 따라 차이가 있으나 여기서는 엄격한 기준을 제시하였다.

그림 10.42와 같은 측점과 측선을 기존옹벽뿐만 아니라 신설옹벽에도 설치해 두면 정기점검 시 안정성에 대한 비교적 신뢰성 높은 판단을 할 수 있을 것이다.

그림 10.41 옹벽 상부의 이동을 나타내는 평면도

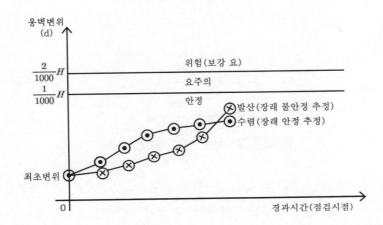

그림 10.42 경과시간에 따른 옹벽의 변위관찰에 의한 안정성 판정 방법(H: 옹벽높이)

10.7.3 옹벽의 안정검토 방법

옹벽의 파괴는 옹벽자체의 파괴와 옹벽을 포함한 전체 지반의 파괴로 나누어진다. 여기서는 옹벽자체의 파괴에 대한 안정검토 방법에 대해 기술하기로 하며, 활동에 대한 안정, 전도에 대한 안정, 지반지지력에 대한 안정이 포함된다. 아래에서 제시된 기준안전율들은 구조물 기초 설계기준(한국지반공학회, 2009)에 의한 값들이다.

(1) 활동에 대한 안정

그림 10.43에서 옹벽의 활동(滑動 ; sliding)에 대한 안전율은 식 (10.49)와 같다.

$$F_s = \frac{H_r}{\sum H} \geq 1.5 \tag{10.49}$$

여기서, H_r : 활동에 대한 마찰저항력

(옹벽 앞굽판의 수동토압을 포함할 때는 $F_s \geq 2.0$을 적용)

$\sum H$: 활동력(수평력)의 합력($= P_a \cos\alpha$)

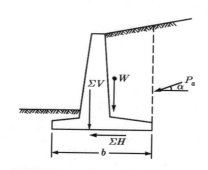

그림 10.43 옹벽의 활동에 대한 안정 검토

─ 앞굽판의 수동토압을 고려할 때의 H_r(그림 10.44) : $H_r = P_p +$ 마찰저항력.

전단키(shear key)가 있을 경우는 그림 10.45와 같이 전단키를 포함한 깊이의 P_p가 적용됨.

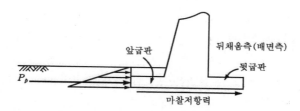

그림 10.44 앞굽판에서의 수동토압을 고려할 경우의 H_r

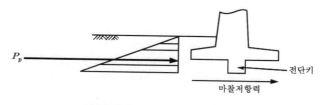

그림 10.45 전단키가 있는 경우의 H_r

－ 마찰저항력＝$\sum V f$ (표 10.6 참조) 또는

마찰저항력＝$\sum V \tan\delta \left(\text{여기서}, \ \frac{1}{2}\phi' \le \delta \le \frac{2}{3}\phi' \right)$

표 10.6 콘크리트 표면에 대한 개략적인 f(마찰계수) 값

토질	f	토질	f
습한 점토	0.2	건조한 모래	0.50
젖은 모래	0.2~0.33	건조한 모래	0.50
습한 흙	0.33	작은 조약돌	0.60
다져진 흙	0.50	자갈	0.60
조약돌	0.50	콘크리트	0.65

(2) 전도에 대한 안정

그림 10.46에서 A점을 중심으로 한 전도(顚倒 ; overturning)에 대한 안전율은 식 (10.50)과 같다. 이 식에서 W는 옹벽의 중량과 옹벽~가상벽체 사이의 지반중량의 합이며 x는 W의 작용점 위치이다. 여기서는, 식의 편리상 W와 x를 하나로 표현했지만 실제 계산 시는 작용점 위치를 알기 쉽도록 옹벽과 지반을 여러 부분으로 나누게 된다.

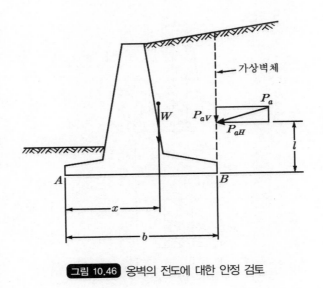

그림 10.46 옹벽의 전도에 대한 안정 검토

$$F_s = \frac{M_r}{M_0} = \frac{W\,x + P_{aV}\,b}{P_{aH}\,l} \geq 2.0 \tag{10.50}$$

여기서, M_0 : 활동모멘트

M_r : 저항모멘트

전도에 대한 안정을 확보하기 위해서는 식 (10.50)의 조건 외에 외력의 기초저면에서의 합력 (R)이 기초저면의 중앙 1/3(middle third), 즉 단면의 핵(core) 내에 들어가도록 해야 하는 조건이 추가된다. 즉, 그림 10.47에서 식 (10.51)이 만족해야 한다.

$$a \geq \frac{1}{3}d \quad \text{즉}, \; e \leq \frac{d}{6} \tag{10.51}$$

여기서, $a = \dfrac{M_r - M_0}{\sum V}$

　　　　(그림 10.47, 식 (10.50) 참조)

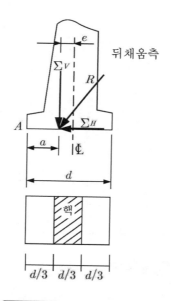

그림 10.47 전도에 대한 안정 조건

여기서, 첨언해 두고 싶은 것이 있다. 옹벽의 전도와 활동에 대한 안전율이 너무 높아도 오히려 토압면에서 불리하다는 것이다. 옹벽에 토압이 증가하면 약간의 변위(전도나 활동)를 일으켜서 토압을 주동토압 상태로 감소시킴으로서 부재의 안전율을 유지하게 되지만 변위에 대한 안전율이 너무 높아 어지간한 토압 증가에도 전혀 움직임이 없다면 부재에 주어진 안전율 만으로는 높은 토압을 이겨내기 어렵기 때문이다.

(3) 지반지지력에 대한 안정

지반지지력에 대한 안정성은 식 (10.52)로 판단하며 이 식에서의 최대지반반력($\sigma_{\max}$)은 그림 10.48 및 식 (10.53)에 의해 구해진다.

$$\sigma_{\max} \leq q_a \tag{10.52}$$

여기서, $\sigma_{\max}$: 최대지반반력(식 (10.53)에서 구함)

$\quad\quad\quad q_a$: 지반의 허용지지력(제11장에서 기술)

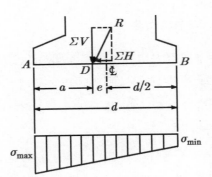

그림 10.48 옹벽 저판에 작용하는 최대 및 최소 지반반력

$$\sigma_{(\max,\min)} = \frac{\sum V}{A} + \frac{M}{I}y = \frac{\sum V}{d}\left(1 \pm \frac{6e}{d}\right) \tag{10.53}$$

여기서, A : 옹벽의 단위길이당 저면적($= d \times 1$)

$\quad\quad\quad M$: 편심에 의한 모멘트($= \sum Ve$)

e : 편심거리(그림 10.47, 그림 10.48에서 $e = d/2 - a$)

I : 저판의 단위길이당의 단면2차모멘트(그림 10.49 참조)

$$\left(= \frac{bh^3}{12} \text{에서 } b = 1, h = d \right)$$

y : 저면의 중심에서부터의 최대압축응력 발생 거리$\left(= \pm \frac{d}{2} \right)$

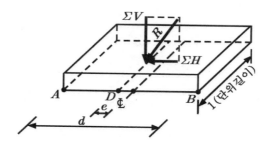

그림 10.49 옹벽저판에 작용하는 편심하중(R)에 의한 단면2차 모멘트 설명도

10.7.4 기타

(1) 근접구조물이 있는 경우의 옹벽토압

옹벽배면에 근접하여 구조물이 있으면 옹벽에 작용하는 토압이 감소하게 된다. 이에 대해 핸디(Handy, 1985)는 옹벽면과 근접구조물의 벽면의 마찰에 의한 아치효과를 감안하여 산정하였다. 임종철 등(2002)은 핸디에 의한 토압은 저부에서 실험치와 잘 일치하지 않아 다음과 같은 산정방법을 제안하였다.

그림 10.50(a)는 배면지표면이 수평이고 벽면이 연직인 옹벽의 모형실험에 의해 관찰된 주동파괴면이 옹벽 저면과 지하구조물의 지표점과의 연결선이라는 것을 나타내고, 이것을 이용해서 작도된 토압다각형은 그림 10.50(b)와 같다. 이 토압다각형에 의해 유도된 총주동토압은 식 (10.54)와 같이 된다.

$$P_a = \frac{1}{D} W \cos\theta \tag{10.54}$$

여기서, $D = \cos\delta \sin\theta + \cos\theta \sin\delta$

$$W = \frac{1}{2}\gamma bH$$

$$\theta = 90° + \alpha - \beta$$

$$\beta = \tan^{-1}\left(\frac{H}{b}\right)$$

α : 그림 10.51에서 구함. 여기서, ϕ_{ZE}는 무신축면위의 전단저항각으로서 ϕ_{ds}(직접 전단시험에 의한 내부마찰각)와 동일함

δ : 벽면이 대단히 거친 경우에는 $\delta = \phi_{ZE}$이나 콘크리트면에서는 거친 정도에 따라 $\left(\frac{1}{2} \sim \frac{2}{3}\right)\phi_{ZE}$를 사용함

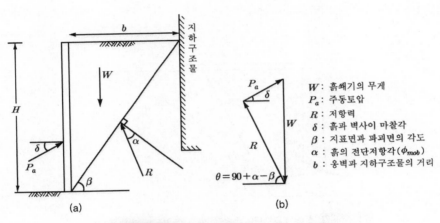

그림 10.50 옹벽 배면지반의 주동파괴면 위치

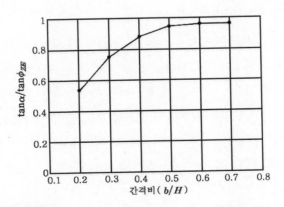

그림 10.51 간격비에 따른 전단저항각 α를 구하기 위한 도표

(2) 옹벽 배면토(뒤채움흙)의 강도정수

옹벽에 작용하는 토압을 구하기 위해서는 옹벽 배면지반의 강도정수를 구하는 것이 대단히 중요하다. 그런데, 옹벽 시공을 위해 그림 10.52와 같이 지반을 굴착해서 옹벽시공 후 되메우게 되면 주동파괴면은 되메움흙 내부에 있게 되어 필요한 강도정수는 원지반의 값이 아니라 되메움흙의 값인 경우가 많다. 따라서 정성껏 원지반의 강도정수를 구했다고 하더라도 설계에는 전혀 도움이 되지 않는 경우가 있으므로 설계 시 이에 대한 확인과 시공시의 법면위치에 대한 언급이 필요할 것이다. 또한, 표준적인 옹벽설계에 많이 적용되는 토질상수는 $\gamma_t = 18kN/m^3$, $c' = 0$, $\phi' = 30°$ 인 것은 포화에 가깝게 될 때의 개략적인 양질 뒤채움흙의 값이라고 생각해도 좋을 것이다.

설계시 적용하는 벽면마찰각의 경우, 실제로는 뒤채움흙과 벽면과의 마찰각이 아닌, 배수를 위하여 채운 자갈(그림 10.52)과 벽면과의 마찰각이 되는 경우가 많은 것도 생각해서 설계해야 할 것이다.

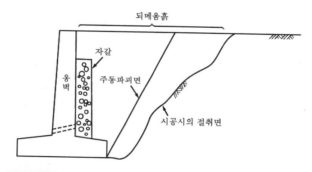

그림 10.52 옹벽 시공 시의 절취면과 뒤채움흙 내부의 주동파괴면

(3) 옹벽의 배수공 시공시의 유의사항

옹벽은 배면의 배수가 원활하게 되어 지반이 포화되지 않으면 붕괴의 위험이 낮아진다. 설계는 안전측으로 배면에 지하수가 가득찬다고 보고 하는 것이 좋으나, 그렇게 되면 옹벽단면이 너무 커져서 대단히 비경제적이 되므로 설계 시에는 강도정수는 점착력을 0으로 두어 포화에 가깝게 된 상태를 이용하고 수압은 작용하지 않도록 하는 기법이 사용된다. 따라서 옹벽안전을 위해 배면배수에 특별한 주의가 필요하며, 이를 위해 배면에 자갈로 된 배수층을 두고 옹벽에는 배수공(排水孔)을 설치하게 된다. 이때 지표면에서 최소 1m까지는 투수성이 낮은 재료로 되메움해야 한다는 점에 유의해야 한다. 배수층을 너무 강조한 나머지 지표면까지 자갈로 채워 지표수가 옹벽배면으로 흘러 들어감으로서 위험을 자초하는 우를 범하지 말아야 한다는 것이다.

10.8 흙막이구조물의 해석

10.8.1 흙막이구조물의 구조 및 종류

흙막이구조물(토류구조물 ; earth retaining structure)이란 주로 굴착 시의 토압을 지지해주는 가설구조물이며 흙막이벽체와 이 벽체를 지지하는 지보재로 나누어진다. 흙막이구조물의 개략적인 구조도는 그림 10.53과 같으며 이 그림에는 차수나 지반변형 억제 등의 목적에 따라 선택하는 여러 종류의 벽체를 소개하고 있으며 이들 벽체의 특징은 표 10.7과 같다. 지보재(버팀)로서는 주로 버팀대(strut)와 지반앵커(ground anchor)가 사용되고 있으며, 지반앵커는 프리스트레스력을 가함으로써 주변지반의 변형을 최소화하는 장점이 있으나 인접지를 점유하는 단점이 있다. 가장 많이 사용되는 버팀대는 거치된 부재가 굴착시공의 장해요인이 되고, 지반변형이 지반앵커보다는 억제되지 않는 단점이 있지만 역학적 기구가 비교적 명확하고 시공이 간단하여 가장 많이 사용되고 있다. 최근에는 지반앵커보다는 확실하지는 않지만 프리스트레스력을 가할 수 있는 버팀대가 개발되어 주변지반의 변형억제 효과를 어느 정도 얻고 있다. 지보재의 종류를 개략 나타내면 그림 10.54와 같다.

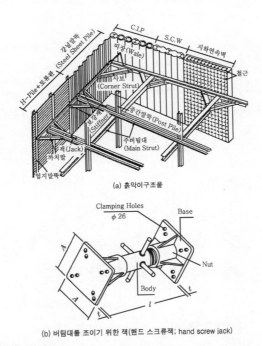

(a) 흙막이구조물

(b) 버팀대를 조이기 위한 잭(핸드 스크류잭; hand screw jack)

그림 10.53 흙막이구조물의 구조도(지보재로서 버팀대를 사용한 경우)

종류 \ 구분	공법 개요	장점	단점
H-pile + 토류판 공법	먼저 천공을 한 후 H-pile(엄지말뚝이라고 함)을 관입하여 굴토 중 목재 토류판을 엄지말뚝 사이에 끼워서 토사의 붕괴를 막으며 아래로 굴착해 가는 공법	-공사비 저렴 -강재 재사용 가능 -굴토 중 취약부는 토류판 두께로 보강 가능 -개수성 공법으로 수압이 작용하지 않음	-배면부 토사의 이완으로 인접 구조물의 피해 우려 -차수성이 없음 -투수성이 큰 지반에서는 별도의 차수공법이 요구됨 -보일링 및 히빙현상이 생기기 쉬움
강널말뚝공법 (steel sheet pile method)	널말뚝을 직접 타입하거나 천공 후 관입하는 방법을 취함. 인접말뚝과 서로 연결되게 되어 있음	-차수성이 높음. -연속 시공되어 강성이 높은 편임	-지반이 불균질할 때 시공이 어려움 -비교적 고가임 -암석이 있을 때는 관입 곤란
주열식 말뚝 공법 — C.I.P. 공법[*1]	로타리 보링기로 천공하여 안정액으로써 공벽을 보호하고 철근망을 근입하고 콘크리트를 타설하여 토류벽체를 형성한 후 굴착하는 방법	-지반의 종류에 무관 -협소한 장소에도 장비 투입이 가능 -강성이 커서 배면토의 수평변위 억제가 가능 -저진동·저소음	-비교적 고가 -공과공 사이의 이음부 취약 -암반 천공 난이 -차수공 시설이 요구됨
주열식 말뚝 공법 — S.C.W. 공법[*2]	삼축 오거 크레인에 의한 천공으로 지중토에 시멘트 밀크를 혼합 교반하여 연속벽체를 형성 후, 굴착하는 방법	-대형장비로 대규모 공사시에 공사비 저렴 -중첩 시공으로 차수성 양호 -슬라임 최소화 -강성조절이 가능함	-좁은 장소에서 시공이 어려움 -실트, 점토 등 불량 지반인 경우 품질 저하 -경질지반에서 시공이 어려움 -대형 장비에 따른 진동, 소음
주열식 말뚝 공법 — 지하 연속벽 공법[*3]	패널 천공기로 좁고, 길게 굴착하고 슬러리 안정액을 투입하여 공벽을 보호하고, 철근망 건입 후 콘크리트를 타설하여 지중에 연속 벽체를 형성후, 굴착하는 공법.	-강성이 커서 주변 위해 최소화 -벽체를 본체 구조물로 사용 가능 -벽의 강성을 자유롭게 조절이 가능 -차수성이 크고 심도조절이 쉬움	-고가의 공법 -고난도의 기술을 요함 -시공회사의 한정됨 -철저한 품질관리가 요구됨

주*1) Cast In Place method
*2) Soil Cement Wall method
*3) 지중연속벽이라고도 하며, 영어로는 slurry wall(무근), diaphragm wall(철근삽입)로 구분된다.

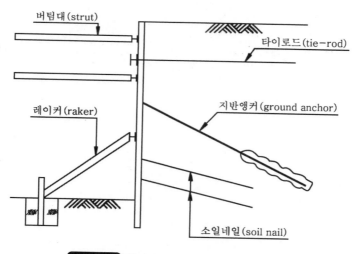

그림 10.54 흙막이구조물의 지보재(버팀) 종류

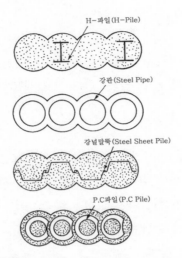

그림 10.55 주열식(柱列式) 말뚝(주열식 벽체) 공법의 예

그림 10.56 SCW 시공 예

그림 10.57 강널말뚝(steel sheet pile) 시공 예

10.8.2 흙막이벽의 안정해석

흙막이벽의 해석에는 안정해석과 구조해석이 포함된다. 여기서는 안정해석에 대해 기술하고 10.8.3절에서는 구조해석에 대해 기술하기로 한다. 안정성을 확보하기 위하여는 다음과 같은 항들이 만족되어야 한다.

① 흙막이벽에 작용하는 주동측(배면측)의 측압과 수동측(굴착측)의 측압과의 힘의 평형에 대해서 안전하다. 즉, 평형이 유지되도록 근입깊이를 정한다.
② 히빙 및 보일링 등 굴착저면의 안정을 확보할 수 있는 충분한 길이이다.
③ 흙막이벽의 지지력에 대해서 안전하다.
④ 지하수를 차수할 수 있는 충분한 길이이다.

앞에 기술한 각각에 대해 구체적으로 설명하면 다음과 같다.

(1) 근입깊이 검토

흙막이벽체의 배면측 주동토압과 굴착측 근입깊이에 의한 수동토압의 평형조건을 이용하여 근입깊이를 구하게 된다. 랜킨토압론을 이용하여 흙막이벽체의 배면지반은 수평이고 벽면마찰 각은 무시하고 흙막이벽체의 최하단 버팀을 중심으로 하여 그림 10.58과 같은 평형조건을 만족하여야 한다. 즉, 식 (10.55)에서 안전율을 구하며 이 안전율이 만족되도록 근입깊이를 결정하게 된다. 버팀이 없는 자립식 흙막이인 경우는 흙막이벽의 최하단을 중심으로한 토압의 모멘트에 대한 안전율이 1.2를 넘도록 하는 근입깊이를 구하게 된다. 널말뚝의 경우나 차수벽이 있는 경우 수압이 작용하게 되면 토압에 이를 더해야 하는 것은 당연하다. 모든 계산은 벽체의 단위길이당으로 환산해서 실시하는 것이 일반적이다.

$$F_s = \frac{M_p}{M_a} = \frac{P_p \cdot b}{P_a \cdot a} \geq 1.2 \tag{10.55}$$

여기서, F_s : 안전율
M_a : 총주동토압에 의한 모멘트($kN \cdot m$)
M_p : 총수동토압에 의한 모멘트($kN \cdot m$)

P_a : 총주동토압(kN) ; 엄지말뚝토류판의 경우는, 지표면으로부터 근입저면까지
는 엄지말뚝의 간격폭, 근입부에서는 말뚝폭에 상당하는 토압으로 한다.

P_p : 총수동토압(kN); 엄지말뚝토류판의 경우는, 말뚝 폭의 2배에 상당하는 토압
으로 한다.

a : 버팀 위치로부터 총주동토압의 작용점까지의 거리(m)

b : 버팀 위치로부터 총수동토압의 작용점까지의 거리(m)

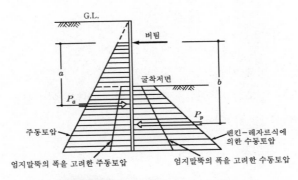

그림 10.58 흙막이벽의 근입깊이 검토

그림 10.59와 같은 널말뚝 안벽(岸壁)의 경우에는 버팀으로, 콘크리트 앵커블록(anchor block)
을 타이롯(tie rod)으로 연결한 구조를 종종 사용하게 되며, 이때 앵커블록은 그림 10.60의 수동
영역에 위치해야 한다는데 주의해야 한다. 당연히 타이롯에 걸리는 인장력은 「널말뚝에 작용하
는 (주동토압−수동토압)×안전율」이 된다.

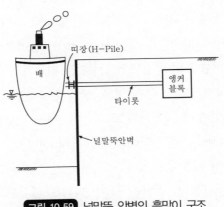

그림 10.59 널말뚝 안벽의 흙막이 구조

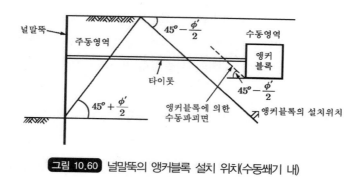

그림 10.60 널말뚝의 앵커블록 설치 위치(수동쐐기 내)

(2) 굴착저면(바닥면)의 안정

흙막이벽의 근입장은, 히빙이나 보일링 및 피압지하수에 의한 팽윤(swelling) 등 굴착저면의 안정을 확보할 수 있는 충분한 길이를 갖지 않으면 안된다. 여기서는 일반적인 검토대상인 히빙과 보일링에 대해서 기술한다.

① 히빙

히빙이란 연약한 점성토지반에서 발생하는 하부지반의 회전활동이라고 말할 수 있으며, 그림 10.61에 나타낸 바와 같이, 굴착 저면에 주위의 지반이 회전하여 들어 와서 부풀어 오르는 상태를 말한다. 이것은, 흙막이벽 배면의 토괴의 중량이나 흙막이벽에 근접한 지표면 하중 등에 의해, 그림 10.61에 나타낸 바와 같은 활동면에 연해서 흙이 회전하는 현상이다. 지반의 회전활동량이 많아지면 흙막이벽의 변위 및 주변지반의 변위와 그 영향범위가 크게 되고, 주변의 매설물이나 구조물에 장해가 되는 변위를 일으키게 된다. 사질토의 경우는 활동면에서의 전단저항이 크므로 히빙의 검토대상이 되지 않으며 연약 점토지반이 주된 검토대상이 된다. 히빙 검토방법 중, 하중과 지반 지지력의 관계식에 의한 방법의 대표적인 것으로 Terzaghi-Peck(1948, 1967) 방법, Tschebotarioff(1973) 방법과 Bjerrum & Eide(1956) 방법 등이 있으며, 모멘트 평형에 의한 방법으로는 일본 건축기초 구조설계 규준(日本建築學會, 1974)과 일본 도로협회의 계산법 등이 있다. 상기 검토식들은 각기 지지력이나 활동면의 전단강도를 취하는 방법 등에 특징이 있고 적용안전율도 다르다. 따라서 흙막이벽의 종류 및 지반조건, 어떤 설계규정에 근거하느냐에 따라 상당한 차이를 보이므로 여러 가지 방법으로 검토하는 것이 타당할 것이다. 여기서는 가장 기본이 되는 Terzaghi-Peck방법에 대해서만 소개하기로 한다. 이 방법은 흙막이벽의 근입깊이의 영향에 대해서는 고려될 수 없는 단점이 있으나 간단하여 널리 사용되고 있다.

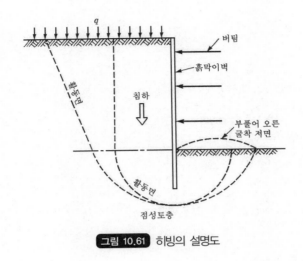

그림 10.61 히빙의 설명도

Terzaghi & Peck(1948, 1967)은 내부마찰각 $\phi_u = 0$인 점토지반에 대해서, 활동면의 형상은 그림 10.62와 같이 굴착면 하부의 삼각형과 굴착측면의 원형으로 되고 그 크기는 이 그림에 나타낸 바와 같다고 제안했다. 이 그림에서 c_1d_1 면에서 하부지반이 회전하여 굴착저면 위로 부풀어 오르는데 대한 저항력을 지반의 지지력(kN/m^2)과 동일하다고 보고, c_1d_1 면에서의 하향 압력(kN/m^2)과 비교해서 안전율을 구한다. 먼저, c_1d_1 면에서의 하향압력은 c_1d_1 면에 작용하는 하중에서 dd_1 면에 작용하는 점착저항력을 뺀 값을 c_1d_1 폭으로 나누어서 구한다. dd_1 면에는 점착력 c_u가 작용하므로 c_1d_1 면에 작용하는 전하중 P는 식 (10.56)과 같이 된다.

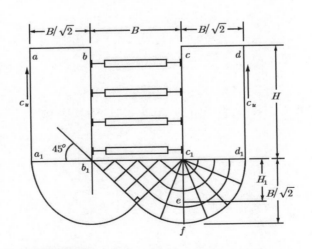

그림 10.62 Terzaghi–Peck(1948)방법에 의한 히빙 검토

$$P = \frac{B}{\sqrt{2}} \gamma_t H - c_u H \tag{10.56}$$

여기서, γ_t : 흙의 습윤단위중량 (kN/m³)

c_u : 점착력 (kN/m²)

B : 굴착면의 폭 (m)

H : 굴착 깊이 (m)

따라서, 하향압력 σ_v는 식 (10.56)의 좌우변을 $c_1 d_1$ 폭($= B/\sqrt{2}$)으로 나누어서 식 (10.57)과 같이 구한다.

$$\sigma_v = \gamma_t H - \frac{\sqrt{2}\, c_u H}{B} \tag{10.57}$$

Terzaghi에 의하면 점착력 c_u인 점토지반의 극한지지력 q_u는 식 (10.58)과 같다(제11장에서 상술). 수정된 이론에 의하면 q_u는 식 (10.59)와 같으므로, 이 값을 적용하는 것이 좋을 것이나, 원래 제안된 값은 식 (10.58)이어서 둘 다 사용되고 있다. 사실 극한지지력을 발휘하는 파괴면의 형태(11장에서 기술)는 그림 10.62와는 다르지만 그것을 이용하여 구한 지지력은 동일하다고 가정하였다.

$$q_u = 5.7\, c_u \tag{10.58}$$
$$q_u = 5.14\, c_u \tag{10.59}$$

따라서 히빙에 대한 안전율 F_s는 식 (10.60)과 같이 하향압력에 대한 극한지지력의 비로 나타낼 수 있다.

$$F_s = \frac{q_u}{\sigma_v} = \frac{5.7 c_u}{\gamma_t H - \dfrac{\sqrt{2}\, c_{uH}}{B}} \geqq 1.5 \tag{10.60}$$

그림 10.63과 같이 굴착저면으로부터 대단히 얕은 곳에 단단한 층이나 다져진 모래층이 있는 경우에는, 활동면은 이 그림과 같이 이 견고한 층에 접해서 발생한다. 굴착저면으로부터 이 견고한 층까지의 거리를 D라고 하면, $c_1 d_1 = D$로 되므로, $c_1 d_1$에 가해지는 하향압력 σ_v는 식 (10.61)과 같다.

$$\sigma_v = \gamma_t H - \frac{c_u H}{D}, \quad 단 \quad D < \frac{B}{\sqrt{2}} \tag{10.61}$$

따라서 안전율 F_s는 식 (10.62)과 같이 되어 식 (10.60)에서 구한 경우보다 크게 된다.

$$F_s = \frac{5.7 c_u}{\gamma_t H - \dfrac{c_u H}{D}} \tag{10.62}$$

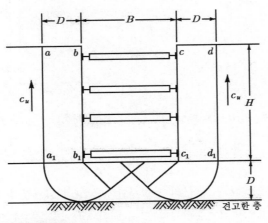

그림 10.63 굴착저면에 견고한 지층이 있을 경우의 히빙

히빙의 대책으로서는 다음과 같은 방법을 들 수 있다.

— 강성이 높은 흙막이벽을 히빙의 염려가 없는 양질지반까지 설치해서 흙막이벽의 침하·이동을 억제한다.
— 굴착저면 아래의 연약지반을 개량해서 히빙 발생의 염려가 없는 큰 전단저항력을 기대할 수 있는 지반으로 바꾼다.

- 큰 평면을 한번에 굴착하지 않고 이것을 몇몇의 블록으로 분할해서 굴착하고 콘크리트로써 바닥면을 완성하면서 순차 시공한다.
- 굴착위치의 주변에 여유가 있는 경우에는, 그림 10.64와 같이 주변지반을 절취함으로서 히빙의 원인이 되는 흙막이벽 배면토의 하중을 경감하여, 활동면에 작용하는 파괴모멘트를 감소시킨다.
- 굴착위치에 근접해서 히빙에 영향을 주는 구조물이 있는 경우에는, 그림 10.65와 같은 언더피닝(underpinning 또는 micropile)을 행해서 구조물의 하중을 양질지반으로 직접 전달시켜 히빙의 파괴모멘트에는 영향을 주지 않도록 한다.

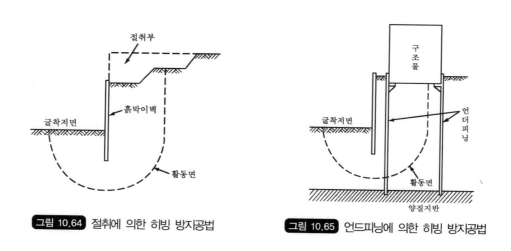

그림 10.64 절취에 의한 히빙 방지공법   그림 10.65 언드피닝에 의한 히빙 방지공법

② 보일링

그림 10.66과 같이 굴착저면 부근의 사질지반에 상향의 침투류가 발생하고, 이 물의 침투력이 모래의 수중에서의 유효중량보다 크게 되어, 상향의 수류에 의해 모래입자가 수중에서 부유하는 상태를 분사현상(quick sand)이라고 말하고, 분사현상이 발생하는 지반은 지지력을 잃어 물이 끓는 것 같은 상태로 부근 지반이 파괴되므로 이 현상을 보일링(boiling)이라고 한다. 또, 분사현상에 의해 지반 내에 파이프 모양의 구멍이나 물길이 만들어지는 현상을 파이핑(piping)이라고 한다. 그림 10.66에 나타낸 바와 같이 흙막이의 내외에 큰 지하수의 수위(수두) 차가 있는 경우에 이런 현상이 발생하기 쉽다. 보일링이 계속되면, 굴착저면 부근을 이완시킬 뿐만 아니라, 법면이 있는 굴착의 경우에는 법면의 붕괴, 널말뚝 등의 흙막이벽의 경우에는 근입부분의 지반이 저항을 읽고, 또 모래분의 유출에 따라

배면에 공동(cavity)이 생기거나 해서 배면의 지반이 돌연 침하하게 된다. 보일링에 대한 안전율 산정방법에 대해서는 5.13절 참조.

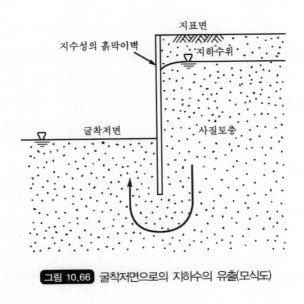

그림 10.66 굴착저면으로의 지하수의 유출(모식도)

(3) 지지력에 대한 검토

역타공법을 채용해서 흙막이벽에 구체(軀体)하중을 부담시키는 경우나, 지반앵커로서 버팀을 하여 앵커경사에 의해 연직력이 발생하는 경우 또는, 연약지반에서 RC지중벽 등 자중이 무거운 흙막이벽을 사용하는 경우에는 흙막이벽 선단지반의 지지력을 검토해서, 상기의 하중을 충분히 지지할 수 있는 깊이까지 흙막이벽을 근입할 필요가 있다. 여기서는 상세한 검토방법은 생략한다.

(4) 지하수의 차수에 대한 검토

굴착공사에서의 지하수의 처리방법은, 배수에 의한 방법과 차수에 의한 방법으로 대별된다. 배수에 의한 방법은 지하수를 양수함으로서 지하수위의 저하를 일으키는 것으로, 이것에 대해서 굴착내부로의 지하수의 유입을 물리적(흙막이벽 등), 화학적(약액 등에 의한 지반개량)으로 저지하는 것이 차수공법이다. 차수공법은, 양수량을 줄일 수 있으므로, 지반침하나 우물고갈 등 주변환경에의 영향도 적어 시가지(市街地) 공사에서 많이 채용된다.

10.8.3 흙막이벽의 부재해석

(1) 흙막이벽에 작용하는 토압

흙막이벽(토류벽)에 토압이 작용하면 강성이 크지 않으므로 버팀이 없는 구간은 상당히 휘어져서 옹벽과 같이 강성이 큰 벽체에 작용하는 주동토압과는 다른 분포를 하게 된다. 이런 현상을 「토압의 재분배(redistribution of earth pressure)」라고 하며, 재분배된 토압의 분포에 대한 제안은 실측에 의한 경험치가 주종을 이루고 있으며 현재까지 많은 경험식들이 제안되고 있다. 여기서는 대표적으로 그림 10.67과 같이 펙(Peck, 1969)이 제안한 경험식을 기술한다.

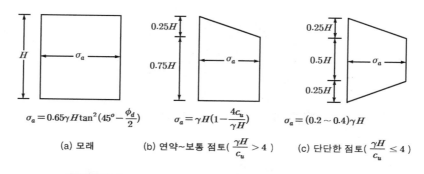

그림 10.67 펙이 제안한 흙막이 부재 설계용 토압(Peck, 1969)

참고로 흙막이벽의 변위에 따라 변하는 토압의 재분배의 결과 얻어지는 주동토압의 분포형태는 다양하나 대표적인 몇 가지는 그림 10.68과 같다. 이것은 그림 10.67과 같은 버팀 흙막이벽에 대한 형태와는 별개로 몇 가지 특정한 경우의 예를 든 것이다.

랜킨이나 쿨롱의 토압론에 의하면 벽체의 외측변위는 강성벽체가 회전하든지(그림 10.68(a)), 수평변위를 하든지(그림 10.68(d)) 관계없이 배면지반은 소성평형상태가 되어 토압의 형태는 동일하게 그림 10.68(a)와 같은 삼각형분포를 갖는 것으로 되어 있다.

이와는 달리 실제로 실험이나 현장계측을 통해 얻어진 벽체변위에 따른 주동토압의 분포는 특히 그림 10.68(d)의 경우에 삼각형분포가 아닌 다른 형태로 되는 경우가 많다. 그러나 사실 이때의 토압이 깊이에 따라 모두 소성평형상태가 될 때의 값인지에 대해서는 이론의 여지가 있다. 현재 알려진 경험적인 방법에 의한 개략적인 토압형태라고 생각하면 될 것이다.

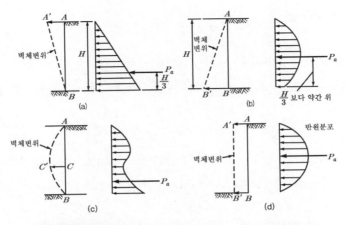

그림 10.68 벽체변위에 따른 주동토압의 경험적 재분배 형태

(2) 부재해석법

앞에서 흙막이벽에 작용하는 토압을 알았으면 다음에는 흙막이벽체의 부재에 작용하는 응력을 구해서 허용여부를 분석해야 한다. 부재해석법에는 단순보법, 연속보법, 가상지점법, 탄성법, 탄소성법 등 여러 가지가 있으나, 여기서는 가장 기본적인 방법인 단순보법에 대해 소개하기로 한다.

벽체에 작용하는 토압에 의해 발생하는 버팀대 축력과 벽체 부재응력을 구하기 위해서 그림 10.69에 나타낸 바와 같이 지표면에서 굴착저면까지의 토압을, 각 버팀대 지점에서 힌지로 분리된 단순보에 작용하는 분포하중으로 가정하게 된다. 이 그림에서 각 깊이에 있는 버팀대 축력 A, $B+C$, $D+E$, F 등을 쉽게 구할 수 있으며, 이 단순보를 이용하면 벽체의 응력도 구할 수 있게 된다. 이 방법에서는 굴착저면 하부의 흙막이벽 근입부에 대한 영향은 포함되지 않는다.

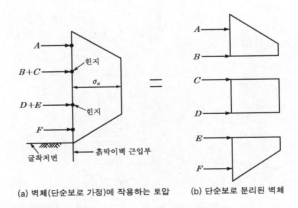

(a) 벽체(단순보로 가정)에 작용하는 토압   (b) 단순보로 분리된 벽체

그림 10.69 버팀대 축력 및 벽체 부재응력 해석을 위한 단순보법

10.9 기타 흙막이구조물

흙막이구조물 중 최근에 개발된 두 가지를 간단히 소개하기로 한다. 그림 10.70은 최근 일본에서 개발된 부벽식 지하연속벽으로, 연속벽의 굴착측에 부벽을 미리 시공해서 굴착시 자립할 수 있도록 한 구조로 되어 있으며, 지보재(버팀)가 필요 없어 시공이 빠르고 굴착이 자유로운 장점이 있다.

그림 10.71은 저자의 연구실에서 개발한 IER(Inclined Earth Retaining) 지주식 흙막이로서, 다음과 같은 4가지 특징을 가지고 있으며 실내모형실험(서민수 등, 2012; 서민수, 2013)과 실제 현장적용(그림 10.72) 결과 안정성과 경제성이 우수한 것으로 나타났다. 여기서, 그림 10.72는 전면지주가 CIP로서 연직으로 시공되어 있고 배면지주는 연직경사각이 10°인 사례이다.

(1) 전면지주(D)를 경사로 설치함으로서 그림 10.71의 A만큼 흙무게가 경감되어 토압이 감소한다. 연직으로 시공하면 이 효과는 발생하지 않는다.
(2) 지주의 구조형태인 전면지주(D)와 배면지주(B)를 직접 또는 띠장을 통해 강결(C)하므로서 측방변위가 억제된다.
(3) 배면지주(B)와 지반의 마찰저항으로 인해 앵커링효과(E)가 발생하여 전도에 대한 안정성이 높아진다. 지반이 연약할 때는 별도의 앵커(F)를 설치하여 더욱 안정적인 구조로 만들 수 있다.
(4) 배면지주(B)의 억지말뚝효과로 인해 전면지주에 작용하는 토압이 감소된다.

그림 10.70 부벽식 지하연속벽

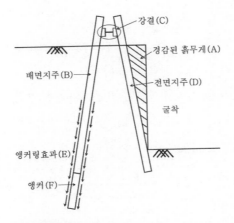

강결(C)

경감된 흙무게(A)

배면지주(B)

전면지주(D)

굴착

앵커링효과(E)

앵커(F)

그림 10.71 IER 지주식 흙막이의 기본 구조도

(a) H-pile 토류판

(b) 두부 결속

그림 10.72 IER 지주식 흙막이의 시공 예

10.10 연습 문제

10.1 점착고의 의미를 기술하고, 식을 유도하시오.

10.2 그림의 옹벽에 작용하는 랜킨주동토압의 분포와 총토압의 크기 및 작용점 위치를 구하시오.

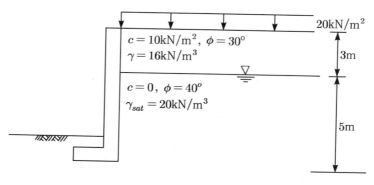

〈문제 10.2의 그림〉

10.3 시행쐐기법을 이용하여 주동토압을 구하기 위해서는 여러 가상파괴면에 대한 토압 중 최대치를 찾아야 한다. 그림에 표시된 하나의 가상파괴면에 대한 주동토압을 구하시오. 단, 뒤채움흙의 $\gamma = 18\,\mathrm{kN/m^3}$, $c = 5\,\mathrm{kN/m^2}$, $\phi = 30°$ 이다.

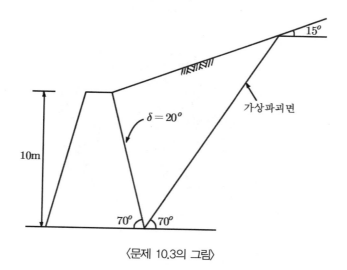

〈문제 10.3의 그림〉

10.4 그림과 같이 연약한 점토층에서 깊이 12m까지 굴착할 때, 흙막이벽체의 히빙에 대한 안전율을 Terzaghi-Peck방법으로 계산하시오. 단, 굴착 평면의 크기는 폭 $B = 20m$, 길이 $L = 30m$이다. 장비하중 등 지표면하중으로서 $q = 10\,kN/m^2$의 상재하중을 가하도록 하며 견고한 지층은 깊이 30m 위치에 있다. 이 그림에서 q_u는 점토의 일축압축강도를 의미한다.

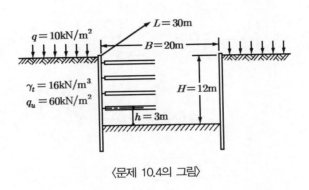

〈문제 10.4의 그림〉

10.5 그림의 A, B 지점에서의 정지상태에서부터 주동 및 수동상태까지의 토압경로를 모아원을 이용해서 나타내시오.

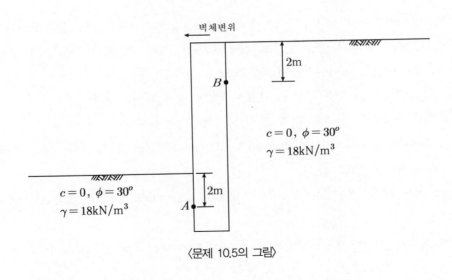

〈문제 10.5의 그림〉

10.6 H-pile 토류판 흙막이벽에 모두 5단의 버팀보가 설치되었다. 흙막이벽의 양쪽에 그림과 같은 토압이 작용할 때 버팀보 중 B와 E에 작용하는 축력을 단순보법으로 계산하시오. 단, 버팀대 간격은 2m.

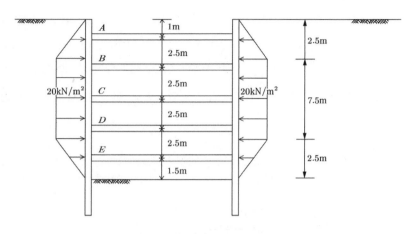

〈문제 10.6의 그림〉

10.11 참고문헌

· 임종철, 박이근, 강낙안, 공영주(2002), "지하구조물이 근접해 있는 옹벽에 작용하는 토압," 대한토목학회논문집, Vol.22, No.6-C, pp.613-621.
· 서민수(2013), 지주식 흙막이의 안정성에 관한 실험적 연구, 부산대학교 공학석사학위논문.
· 서민수, 임종철, 정동욱, 유재원, 구영모, 김광호(2012), "지주식 흙막이의 안정성에 관한 실험적 연구," 한국지반공학회논문집 제28권 제12호, pp.99-110.
· 편집부 편(1991), 알기 쉬운 옹벽·칼버트의 설계, 탐구문화사, pp.1-5.
· 한국지반공학회(2009), 구조물 기초 설계기준 해설, pp.481-486.
· Alpan, I.(1967), "The Empirical Evaluation of the Coefficients K_0 and K_{0r}," Soils and Foundations, Vol.7, No.1, p.31.
· Bjerrum, L and Eide, O(1956), "Stability of Struttrd Excavation in Clay", Geotechnique, Vol. 6, No.1.
· Brooker, E.W. and Ireland, H.O.(1965), "Earth Pressure at Rest related to Stress History," Canadian Geotechnical Journal, Vol.2, No.1, pp.1-15.
· Canadian Geotechnical Society(1985), Foundation Engineering Manual, 2nd ed., pp.376.
· Das, B.M.(1998), Principles of Geotechnical Engineering, 4th ed., PWS Publishing Company, p.446.

· Geotechnical Control Office(1983), Guide to Retaining Wall Design, Engineering Development Department, p.22.

· Gerber, E.(1929), "Untersuchungen über die Druckverteilung im Örtlich belasteten Sand," Technische Hochschule, Zulich.

· Handy, R.L.(1985), The Arch in Soil Arching, Journal of Geotechnical Engineering, ASCE Vol. 111, No.3, pp.302-318.

· Jaky, J.(1944), "The Coefficient of Earth Pressure at Rest," Journal of the Society of Hungarian Architects and Engineers, Vol.7, pp.355-358.

· Massarsch, K.R.(1979), "Lateral Earth Pressure in Normally Consolidated Clay," Proceedings of the Seventh European Conference on Soil Mechanics and Foundation Engineering, Brighton, England, Vol.2, pp.245-250.

· Mayne and Kulhawy(1982), "K_0-OCR Relationships in Soils," JGED, ASCE, 108, GT6, pp.851-872.

· Peck, R.B.(1969), "Deep Excavation and Tunneling in Soft Ground," Proceedings, 7th International Conference on Soil Mechanics and Foundation Engineering, Mexico city, State-of-the Art Vol., 225-290.

· Spangler, M.G.(1938), "Horizontal Pressures on Retaining Walls due to Concentrated Surface Loads," Iowa State University Engineering Experiment Statin, Bulletin, No.140.

· Terzaghi, K. and Peck, R.B.(1948), Soil Mechanics in Engineering Practice, John Wiley and Sons, pp.196-198.

· Terzaghi, K. and Peck, R.B.(1967), Soil mechanics in Engineering Practice.: 2nd Ed., John Wiley and Sons. Inc., New York, pp.572

· Tschebotarioff, G. P.(1973), "Foundations, Retaining and Earth Structures." 2nd Ed., McGraw-Hill Book Co., Inc., New York, N. Y.

· Whitlow, R.(1995), Basic Soil Mechanics, 3rd ed., p.275.

· 日本建築學會(1974), 建築基礎構造設計規準·同解說.

다만 이뿐 아니라 우리가 환난중에도 즐거워하나니 이는 환난은 인내를, 인내는 연단을, 연단은 소망을 이루는 줄 앎이로다.(성경, 로마서 5장 3–4절)

제11장

얕은기초의
지지력

제11장 얕은기초의 지지력

11.1 서론

구조물을 지탱하는 기초는 크게 나누어 얕은기초(shallow foundation)와 깊은기초(deep foundation)가 있다(표 11.1 참조). 얕은기초는 굴착해서 직접 시공하므로 직접기초(direct foundation)라고도 하며, 상부 구조물을 지반에 직접적으로 지지하도록 되어 있는 기초로 지반이 견고할 경우에 사용된다. 반면에 연약한 지반에 구조물을 세우면 침하나 붕괴가 발생할 수 있으므로 지중의 견고한 지반에 하중이 지지되도록 말뚝 등으로 깊은 곳까지 도달하도록 하며 이런 기초를 깊은기초라고 한다. 기초의 지지력에 대한 이론적 기초를 마련한 테르자기는 기초의 근입깊이(지표면에서 기초바닥까지의 깊이)가 기초의 최소폭보다 얕을 경우 얕은 기초로 분류하고 이에 따른 지지력식을 제안하였다. 최근에는 견고한 지반의 깊이가 기초 최소폭보다 깊더라도 얕은 기초의 형태를 취하는 설계가 많으므로 일반적으로는 근입깊이가 기초 최소폭의 4배 이내이면 얕은 기초의 계산법으로 지지력을 산정해도 된다고 보고 있다. 그러나 이것도 애매한 면이 있어 저자는 그림 11.1과 같이 기초저면의 지반변형이 지표면까지 도달하느냐 여부를 가지고 얕은기초와 깊은기초를 구분하고 있다. 이 방법은 저자의 주관적인 의견이라는 것을 참조하기 바란다. 또한, 얕은기초는 기둥보다 훨씬 넓은 저판을 사용하여 하중을 분산시키며, 이것은 발(foot)이 체중을 분포시키는 원리와 유사하므로 발판(footing)이란 용어를 사용한 후팅(spread footing)기초(또는 확대기초)와 구조물에 전면적으로 시공되는 전면기초(mat foundation)로 나누어진다.

기초의 분류는 재료에 따른 분류도 있지만 여기서는 표 11.1과 같이 깊이에 따른 분류를 나타내었으며, 또 이론적인 내용도 이 중 얕은기초에 한정한다. 얕은기초의 종류는 그림 11.2와 같다.

표 11.1 기초의 깊이에 따른 분류

대분류	중분류	소분류	정의
얕은기초 (shallow foundation)	후팅기초 (또는 확대기초) (spread footing)	독립후팅기초 (individual footing)	테르자기 : $D_f/B \leq 1$ 최근의 일반적 견해 : $D_f/B \leq 4$ 　　　여기서, B : 근입깊이, 　　　　　　D_f : 기초 최소폭 * 저자 주 : 위의 정의는 실제적으로는 애매하므로 기초를 지지하는 　지반의 변형이 지표면에까지 영향이 미치는 것을 말한다고 하는 　것이 저자가 사용하는 정의이다(그림 11.1참조).
		연속후팅기초 (일명 줄기초) (continuous footing 또는 strip foundation)	
		복합후팅기초 (combined footing)	
		캔틸레버후팅기초 (cantilever footing)	
	전면기초 (mat foundation)		
깊은기초 (deep foundaion)	말뚝기초 (pile foundation)	기성말뚝	테르자기 : $D_f/B > 1$ 최근의 일반적 견해 : $D_f/B > 4$ * 저자 주 : 기초를 지지하는 지반의 변형이 지표면에까지 영향이 　미치지 않는 것 (그림 11.1 참조)
		현장타설말뚝	
	케이슨 (우물통)기초	오픈케이슨 (open caisson)	
		공기케이슨 (pneumatic caisson)	
		박스케이슨(box caisson 또는 floating caisson)	

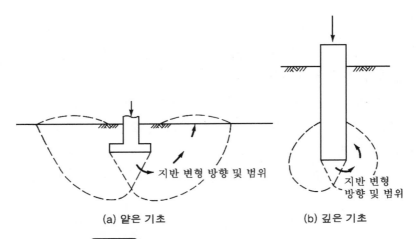

(a) 얕은 기초　　　　　(b) 깊은 기초

그림 11.1 저자에 의한 얕은기초와 깊은기초의 정의

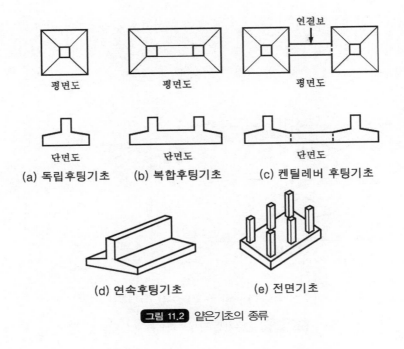

(a) 독립후팅기초　　(b) 복합후팅기초　　(c) 켄틸레버 후팅기초

(d) 연속후팅기초　　　(e) 전면기초

그림 11.2 얕은기초의 종류

11.2 얕은기초의 지지 형태

　얕은기초가 하중을 받으면 하부지반이 변형을 일으켜서 기초가 지지할 수 있는 최대하중에서 지반은 파괴하게 되며 파괴면의 형상은 지반의 종류에 따라 그림 11.3과 같다. 이 파괴면에서의 최대저항력을 이용하여 최대지지력을 계산하게 되며, 이 최대지지력을 극한지지력(ultimate bearing capacity)이라고 부른다. 이 그림에서, 전반전단파괴(general shear failure)는 동시파괴 (simultaneous failure)라고도 하며, 견고한 지반에서 발생한다. 국부전단파괴(local shear failure) 는 진행성파괴(progressive failure)라고도 하며, 연약한 지반에서 발생하게 되고, 관입전단파괴 (punching shear failure)는 매우 연약한 지반에서 발생하며 기초하부 이외에는 명확한 파괴면이 보이지 않는다. 그림 11.3(a)의 굵은 화살표는 파괴시의 지반변위의 방향을 나타내며, 지반은 측방으로 회전하면서 파괴된다는 것을 알 수 있다. 그림 11.3의 오른쪽 그림은 기초에 작용하는 하중강도(= 하중/면적)와 침하량과의 관계를 파괴형상별로 나타낸 것이다. 단단한 지반일수록 침하량이 적은 상태에서 견디다가 갑자기 전체적으로 파괴가 발생하는 그래프의 양상을 보인다 는 것을 알 수 있다. 연약한 지반일수록 파괴가 동시에 발생하지 않고 기초부근에서 먼 쪽으로 점진적으로 저항하면서 파괴되므로 전체적인 지지력은 감소하게 된다.

그림 11.4는 조밀한 모래지반의 파괴모드에 대한 모형실험 결과를 나타내며 파괴면의 형상이 그림 11.3(a)와 비슷한 양상을 보이는 것을 알 수 있다. 이 그림의 파괴면의 형상은 기초저면이 대단히 거친(very rough) 경우로 일반적인 기초에 해당한다.

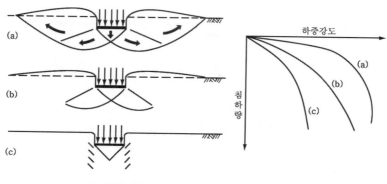

(a) 전반전단파괴　(b) 국부전단파괴　(c) 관입전단파괴

그림 11.3 얕은기초 지반의 파괴형태의 종류

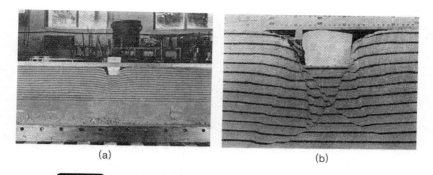

(a)　　　　(b)

그림 11.4 모래지반 위의 독립후팅기초 지반의 파괴모드 모형실험 예
(폭 10cm인 기초로서 표면은 대단히 거친 경우임)(日本土質工學會, 1987)

베식(Vesic, 1963)은 그림 11.5와 같이 모래의 상대밀도와 기초의 상대깊이의 관계에 따라 파괴모드를 분류하는 방법을 제안했다. 또한, 극한지지력을 구하는 공식은 여러 연구자들에 의해 제안되어 왔으며, 여기서는 중요한 몇 가지 공식에 대해 기술하기로 한다.

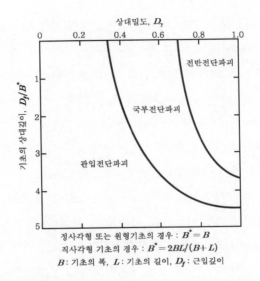

상대밀도, D_r

기초의 상대깊이, D_f/B^*

전반전단파괴

국부전단파괴

관입전단파괴

정사각형 또는 원형기초의 경우 : $B^* = B$
직사각형 기초의 경우 : $B^* = 2BL/(B+L)$
B : 기초의 폭, L : 기초의 길이, D_f : 근입깊이

그림 11.5 모래지반상의 모형후팅의 파괴형태(Vesic, 1963 as modified by De Beer, 1970)

11.3 극한지지력 산정법

11.3.1 테르자기의 극한지지력 공식

(1) 전반전단파괴의 경우

후팅에 하중이 재하되기 전에 후팅 바닥면 아래 있는 흙은 탄성평형상태에 있다. 후팅 하중이 어떤 한계치 이상 증가하면 흙은 점차로 소성평형상태로 이동하게 되며, 이 변화 과정동안 후팅 바닥면의 지반반력과 후팅 아래 흙의 주응력 방향이 변한다. 재하 전 탄성평행상태에서의 최대주응력의 방향은 모든 위치에서 연직이지만, 재하에 의해 그림 11.6과 같이 위치에 따라 달라진다.

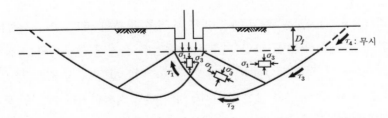

그림 11.6 후팅에 하중이 주어질 때 하부지반 각 위치에서의 주응력방향의 변화와 전단저항(τ)의 발생 형태
(모든 표시는 대칭임)

얕은기초($D_f/B \leq 1$)의 경우, 후팅 바닥면 위치보다 상부에 있는 흙의 전단저항은 무시한다 (그림 11.6의 τ_4). 즉, 바닥면 위의 흙은 상재하중($q = \gamma D_f$)으로 가정하게 된다. 그러나 D_f가 B보다 현저히 큰 깊은기초라면 바닥면 위의 흙의 전단저항도 고려할 필요가 있을 것이다.

그림 11.7은 반무한 자중이 없는 점착성 고체가 그 위에 놓인 연속기초의 하중에 의해 파괴될 때(즉, 소성유동상태)의 각 영역과 파괴면을 나타내고 있으며, 프란틀(Prandtl, 1920, 1921)이 제시하였다. 각 영역에서의 파괴면은 두 방향의 직(곡)선군으로 이루어지며, 각 파괴면으로 분할된 영역은 각각 랜킨의 주동영역(zone of active Rankine state), 랜킨의 수동영역(zone of passive Rankine state) 및 방사상전단영역(zone of radial shear)으로 불리며 가장 외측에 있는 파괴면에서의 저항력이 지지력을 구하는데 사용된다. 가장 외측에 있는 파괴면 외부는 탄성평형영역(zone of elastic equilibrium)이 된다. 또한, ab면은 전단응력이 없는 상태 즉 매우 미끄러운(perfectly frictionless) 상태를 나타낸다. $q_u{'}$는 지표면에 상재하중이 없을 때의 극한지지력이고, $q_u{''}$는 상재하중 q_0가 있을 때의 극한지지력을 나타낸다.

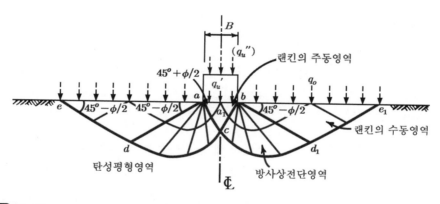

그림 11.7 반무한 자중이 없는 점착성 고체 위에 놓인 연속기초의 하중에 의한 소성유동(plastic flow) 상태(Prandtl, 1920, 1921)

테르자기(Terzaghi, 1943)는 흙 위에 놓인 연속기초 하부의 파괴 후의 소성유동 영역들을 그림 11.8과 같이 제시하였다. 그림 11.7은 연속기초의 저면과 흙과의 마찰이 전혀 없는 (perfectly frictionless) 상태를 의미하며, 그림 11.8(a)도 이와 동일한 상태인 경우이다. 앞에서도 기술한 바와 같이 최대주응력의 방향은 연직(I 영역)에서 서서히 변화(II 영역)해서 수평(III 영역)으로까지 회전하게 된다. 당연히 최초상태(탄성평형상태)에서는 모든 위치에서 최대주응력의 방향은 연직이다. 이 그림에서 점선은 파괴 이전의 지반 위치를 나타내며 파괴 시 I 영역은 옆으로도 움직이면서 변형이 된다.

후팅 바닥면이 매우 거친(very rough) 상태인 경우의 파괴면은 그림 11.8(b)와 같다. 이 경우 바닥면 하부의 흙이 측면으로 이동하는데 대한 저항력으로 인해 I 영역은 변형하지 못하고 항상 동일한 상태 즉, 탄성평형상태를 유지하게 되며 후팅의 일부분처럼 변형되지 않은 채로 하향으로 움직이게 된다. I 영역에서의 파괴면의 방향은 그림 11.8(a)의 경우($45° + \phi/2$)와 달리, 수평면과 ϕ만큼 기울어진다. 따라서 후팅 바닥면의 거칠기에 따라 파괴면과 수평면이 이루는 각도(ψ)는 $\phi \leq \psi \leq 45° + \phi/2$가 된다.

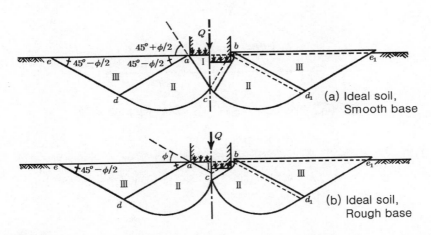

그림 11.8 연속기초 저면의 거칠기에 따른 하부지반의 파괴 후의 소성유동 영역들(Terzaghi, 1943)

그림 11.8에서 후팅에 하중 Q가 주어지면 흙쐐기 abc를 지반 속으로 관입시켜 II, III 영역으로 측방변위를 일으키게 된다. 이 흙쐐기의 하향변위는 ac면과 bc면을 따라 작용하는 수동토압과 점착력의 합력으로 저항을 받게 된다. 쐐기 abc의 파괴시의 평형조건에 따라 테르자기는 전반전단파괴에 대해 식 (11.1)과 같은 극한지지력공식을 제안했다. 이 식은 당연히 연속후팅에 대한 것이며 지반의 공학적 성질이 동일해도 기초의 폭에 따라 지지력(kN/m^2)이 달라진다는 점을 기억하기 바란다(그림 11.9 참조).

$$q_u = cN_c + \frac{1}{2}\gamma BN_\gamma + qN_q \tag{11.1}$$

여기서, q_u : 극한지지력

q : γD_f

B : 연속후팅의 폭, D_f : 후팅의 근입깊이

c, γ : 흙의 점착력, 단위중량

N_c, N_γ, N_q : 지지력계수(ϕ만의 함수이며 무차원, 점착력과는 무관)

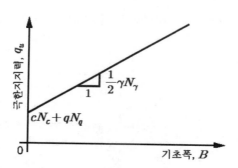

그림 11.9 연속기초의 폭(B)에 따른 극한지지력의 변화 개략도

식 (11.1)의 지지력계수는 후팅 바닥면의 거칠기에 따라 변하는, 파괴면과 수평면이 이루는 각도 $\psi(\phi \le \psi \le 45° + \phi/2)$에 따라 식 (11.2)~식 (11.6)과 같이 정의된다.

① $\phi \le \psi \le 45° + \phi/2$인 경우

$$N_c = \tan\psi + \frac{\cos(\psi - \phi)}{\sin\phi\cos\psi}\left[a_\theta^2(1 + \sin\phi) - 1\right]$$

$$N_q = \frac{\cos(\psi - \phi)}{\cos\psi}a_\theta^2 \tan\left(\frac{\pi}{4} + \frac{\phi}{2}\right) \tag{11.2}$$

$$N_\gamma = \frac{1}{2}\tan\phi\left(\frac{K_{p\gamma}}{\cos^2\phi} - 1\right)$$

여기서, ϕ : 흙의 내부마찰각(radian)

a_θ : $e^{\left(\frac{3}{4}\pi + \frac{\phi}{2} - \psi\right)\tan\phi}$

$K_{p\gamma}$: 후팅 크기와 I 영역의 각도에 따른 II, III 영역의 수동토압에 관계되는 값으로, 수식으로 표시되지 않고 표 11.2로서 제시되었다.

표 11.2 테르자기의 극한지지력 공식 중의 지지력계수 N_γ를 구하는 데 사용되는 $K_{p\gamma}$

$\phi(°)$	0	5	10	15	20	15	30	35	40	45	50
$K_{p\gamma}$	10.8	12.2	14.7	18.6	25.0	35.0	52.0	82.0	141.0	298.0	800.0

Coduto(1994)는 테르자기가 제안한 식 (11.2)의 N_γ 대신에 곡선근사(curve fitting)에 의해 식 (11.3)을 제시하였다.

$$N_\gamma \approx \frac{2(N_q+1)\tan\phi}{1+0.4\sin(4\phi)} \tag{11.3}$$

② $\psi = \phi$인(매우 거친) 경우

이 경우의 지지력 계수는 식 (11.4)와 같으며, 그래프 및 표로 나타내면 그림 11.10 및 표 11.3과 같다.

$$N_c = \cot\phi\left[N_q - 1\right]$$
$$N_q = \frac{a_\theta^2}{2\cos^2\left(\dfrac{\pi}{4}+\dfrac{\phi}{2}\right)} \tag{11.4}$$
$$N_\gamma = \frac{1}{2}\tan\phi\left(\frac{K_{p\gamma}}{\cos^2\phi} - 1\right)$$

여기서, $a_\theta = e^{\left(\frac{3}{4}\pi - \frac{\phi}{2}\right)\tan\phi}$

특히 $\phi = 0$인 점토의 경우는 $N_c = \dfrac{3}{2}\pi + 1 = 5.7(\phi \to 0$일 경우의 극한치$)$, $N_q = 1$, $N_\gamma = 0$ 이 되어 후팅이 지표면에 놓일 경우$(D_f = 0)$의 단기적인(비배수) 극한지지력은 식 (11.5)와 같으며 그림 11.9와 달리 기초폭(B)에 무관하다.

$$q_u = 5.7c_u \tag{11.5}$$

여기서, c_u는 점토의 비배수점착력

③ $\psi = 45° + \phi/2$인(마찰이 없는) 경우

$$N_c = \cot\phi\,[N_q - 1]$$
$$N_q = a_\theta^2 \tan^2\!\left(\frac{\pi}{4} + \frac{\phi}{2}\right) \tag{11.6}$$
$$N_\gamma = \frac{1}{2}\tan\phi\!\left(\frac{K_{p\gamma}}{\cos^2\phi} - 1\right)$$

여기서, $a_\theta = e^{\frac{1}{2}\pi\tan\phi}$

특히 $\phi = 0$인 점토의 경우는 $N_c = \pi + 2 = 5.14(\phi\rightarrow 0$일 경우의 극한치$)$, $N_q = 1$, $N_\gamma = 0$이 되어 후팅이 지표면에 놓일 경우$(D_f = 0)$의 단기적인(비배수) 극한지지력은 식 (11.7)과 같다.

$$q_u = 5.14c_u \tag{11.7}$$

여기서, c_u는 점토의 비배수점착력

(2) 국부전단파괴의 경우

국부전단파괴에 대한 극한지지력은 지반의 강도정수를 식 (11.8)과 같이 감소시켜서 전반전단파괴에 대한 극한지지력공식에 대입함으로써 식 (11.9)와 같이 구해진다.

$$c_L = \frac{2}{3}c, \quad \phi_L = \arctan\!\left(\frac{2}{3}\tan\phi\right) \tag{11.8}$$
$$q_{uL} = \frac{2}{3}cN_{cL} + \frac{1}{2}\gamma B N_{\gamma L} + qN_{qL} \tag{11.9}$$

여기서, N_{cL}, $N_{\gamma L}$, N_{qL} : 내부마찰각이 ϕ인 흙에 대한 국부전단파괴시의 지지력계수로서 사실 이 값은 식 (11.8)에 의해 구한 ϕ_L을 이용하여 구한 전반전단파괴시의 지지력계수와 동일하다.

테르자기의 전반전단파괴시의 지지력계수는 그림 11.10 및 표 11.3과 같으며, 여기서 주목할 점은 지지력계수는 모두 흙의 내부마찰각(점착력은 무관)에 의해서만 결정된다는 것이다. 국부전단파괴시의 지지력계수는 내부마찰각으로 그림의 ϕ_L을 사용하여 그래프를 읽어서 얻게 되며, 표 11.3에 대표적인 값들을 제시했다. 그림 11.10과 표 11.3에서 매우 거칠다는 것은 기초 바닥면(저면)과 지반이 미끄러짐이 없이 전단저항이 발휘되는 것을 뜻한다.

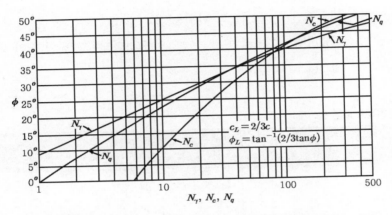

그림 11.10 테르자기의 지지력계수 그래프(기초 바닥면이 매우 거친 경우)

표 11.3 테르자기의 지지력계수(기초 바닥면이 매우 거친 경우)

$\phi(°)$	전반전단파괴			국부전단파괴		
	N_c	N_q	N_γ	N_{cL}	N_{qL}	$N_{\gamma L}$
0	5.7	1.0	0.0	5.7	1.0	0.0
5	7.3	1.6	0.5	6.7	1.4	0.2
10	9.6	2.7	1.2	8.0	1.9	0.5
15	12.9	4.4	2.5	9.7	2.7	0.9
20	17.7	7.4	5.0	11.8	3.9	1.7
25	25.1	12.7	9.7	14.8	5.6	3.2
30	37.2	22.5	19.7	19.0	8.3	5.7
34	52.6	36.5	36.0	23.7	11.7	9.0
35	57.8	41.4	42.4	25.2	12.6	10.1
40	95.7	81.3	100.4	34.9	20.5	18.8
45	172.3	173.3	297.5	51.2	35.1	37.7
48	258.3	287.9	780.1	66.8	50.5	60.4
50	347.5	415.1	1153.2	81.3	65.6	87.1

(3) 형상계수

테르자기는 연속후팅에 적용되는 식에다 형상계수(shape factors)를 사용하고 지반의 단위중량을 위치에 따라 나누어서 나타낸 식 (11.10)을 제안해서 원형 후팅과 사각형 후팅의 극한지지력을 구하도록 했다.

$$q_u = \alpha c N_c + \beta \gamma_1 B N_\gamma + \gamma_2 D_f N_q \tag{11.10}$$

여기서, q_u : 극한지지력(kN/m^2)

γ_1 : 기초저면 아래 지반의 단위중량(kN/m^3)

γ_2 : 지표면에서 기초저면, 즉 근입깊이에 해당되는 지반의 단위 중량(kN/m^3)

α, β : 형상계수(표 11.4)

표 11.4 기초형식에 따른 형상계수

형상계수 〳 기초형식	연속	직사각형	정사각형	원형
α	1.0	$1 + 0.3\dfrac{B}{L}$	1.3	1.3
β	0.5	$0.5 - 0.1\dfrac{B}{L}$	0.4	0.3

* L은 장변, B는 단변의 길이이며 원형인 경우 B는 직경을 의미한다.

11.3.2 메이어호프의 극한지지력 공식

메이어호프(Meyerhof; 1951, 1953, 1963)는 테르자기와 비슷한 극한지지력식을 제안했으며 형상계수(shape factor), 깊이계수(depth factor), 경사계수(inclination factor) 등을 제시하였다. 특히, 테르자기와 달리 N_q가 있는 깊이 항에도 형상계수를 도입하였으며, 테르자기가 근입깊이까지의 지반의 전단저항력을 무시한데 반해 메이어호프는 이를 고려하였고 파괴면의 형상은 그림 11.11과 같이 제시했다. 이 그림에서 지반영역은 탄성영역(elastic zone ; ABC), 방사상전단영역(radial shear zone ; BCD) 및 혼합전단영역(mixed shear zone ; BDEF)으로 나누어진다.

메이어호프의 극한지지력식은 식 (11.11)과 같으며, 이 식의 각종 계수는 표 11.5와 같다. 지지력계수는 식 (11.12) 및 표 11.6과 같다.

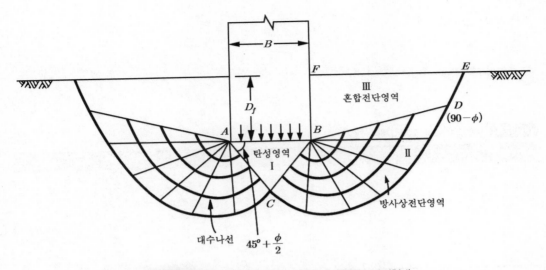

그림 11.11 메이어호프에 의한 얕은기초 지반의 파괴형태

연직하중 : $q_u = cN_c s_c d_c + qN_q s_q d_q + \dfrac{1}{2}\gamma BN_\gamma s_\gamma d_\gamma$

경사하중 : $q_u = cN_c d_c i_c + qN_q d_q i_q + \dfrac{1}{2}\gamma BN_\gamma d_\gamma i_\gamma$

(11.11)

표 11.5 식 (11.11)에서의 각종 계수

계수	값	조건
형상계수 :	$s_c = 1 + 0.2K_P\dfrac{B}{L}$	Any ϕ
	$s_q = s_\gamma = 1 + 0.1K_P\dfrac{B}{L}$	$\phi > 10°$
	$s_q = s_\gamma = 1$	$\phi = 0$
깊이계수 :	$d_c = 1 + 0.2\sqrt{K_P}\dfrac{D}{B}$	Any ϕ
	$d_q = d_\gamma = 1 + 0.1\sqrt{K_P}\dfrac{D}{B}$	$\phi > 10$
	$d_q = d_\gamma = 1$	$\phi = 0$
경사계수 :	$i_c = i_q = \left(1 - \dfrac{\theta°}{90°}\right)^2$	Any ϕ
	$i_\gamma = \left(1 - \dfrac{\theta°}{\phi°}\right)^2$	$\phi > 0$
	$i_\gamma = 0$ for $\theta > 0$	$\phi = 0$

여기서, $K_P = \tan^2(45° + \phi/2)$

$B, L, D_f =$ 단변, 장변, 근입깊이

$$N_c = (N_q - 1)\cot\phi$$

$$N_\gamma = (N_q - 1)\tan(1.4\phi)$$

$$N_q = e^{\pi\tan\phi}\tan^2\left(45° + \frac{\phi}{2}\right)$$

(11.12)

표 11.6 메이어호프의 지지력계수

$\phi\,(°)$	N_c	N_q	N_r	$\phi\,(°)$	N_c	N_q	N_r
0	5.14	1.0	0.0	30	30.13	18.4	15.7
5	6.49	1.6	0.1	32	35.47	23.2	22.0
10	8.34	2.5	0.4	34	42.14	29.4	31.1
15	10.97	3.9	1.1	36	50.55	37.7	44.4
20	14.83	6.4	2.9	38	61.31	48.9	64.0
25	20.71	10.7	6.8	40	75.25	64.1	93.6
26	22.25	11.8	8.0	45	133.73	134.7	262.3
28	25.79	14.7	11.2	50	266.50	318.5	871.7

11.3.3 극한지지력 공식의 적용

테르자기가 극한지지력공식을 제안한 이래 많은 연구자들이 계속 연구해 왔으며, 그 결과 연속기초의 극한지지력공식은 테르자기와 동일한 식 (11.1)의 형태를 취하고 있다. 그러나 지지력계수가 약간 달라졌는데 그 이유는, 테르자기는 그림 11.7(b)에서 알 수 있는 바와 같이 기초저면이 충분한 거칠기를 가진 일반적인 연속기초의 기초저면과 파괴면과의 각도를 ϕ라고 보았으나 그 이후의 연구 결과 이 각도가 그림 11.7(a)에서의 마찰이 없는 기초저면에 대한 파괴면의 각도와 동일하게 $45° + \phi/2$라는 것이 밝혀져서 실제와 차이가 나기 때문이다.

결론적으로 말하면, 얕은기초의 극한지지력식은 테르자기가 제안한 식 (11.10), 지지력계수는 식 (11.12)(메이어호프), 기초의 형상계수는 표 11.4(테르자기), 경사가 포함될 때는 표 11.5(메이어호프)를 사용하는 것이 일반적인 경향이다. 편리를 위해, 많이 사용되는 식 (11.10), 식 (11.12)를 다시 쓰면 다음과 같다.

$$q_u = \alpha c N_c + \beta\gamma_1 B N_\gamma + \gamma_2 D_f N_q$$

(11.10)

여기서, q_u : 극한지지력(kN/m^2)

γ_1 : 기초저면 아래 지반의 단위중량(kN/m^3)

γ_2 : 지표면에서 기초저면, 즉 근입깊이에 해당되는 지반의 단위중량(kN/m^3)

α, β : 형상계수(표 11.4)

$$N_c = (N_q - 1)\cot\phi$$
$$N_\gamma = (N_q - 1)\tan(1.4\phi) \tag{11.12}$$
$$N_q = e^{\pi\tan\phi}\tan^2\left(45° + \frac{\phi}{2}\right)$$

특히, 식 (11.12) 또는 표 11.6에서 $\phi = 0$, $D_f = 0$일 때 $N_c = \pi + 2 = 5.14$($\phi \to 0$일 경우의 극한치), $N_\gamma = 0$, $N_q = 1$이므로 극한지지력은 식 (11.13)과 같이 된다. 이 극한지지력은 점토지반의 지표면 위에 놓인 기초의 단기지지력을 의미한다. 테르자기는 기초저면이 매우 거친 경우에 대해 식 (11.5)를 제시하였으나, 최근에는 일반적으로 식 (11.13)이 사용되고 있다.

$$q_u = 5.14c_u \tag{11.13}$$

11.4 지하수위나 편심이 있을 때의 극한지지력

11.4.1 지하수위의 영향

지반에 지하수위가 있을 때, 강도정수는 그 지하수위 상태에서의 값을 적용하면 되나, 단위중량은 다음과 같은 세 가지 경우로 나누어서 적용하게 된다. 식 (11.10)에서, 기본 원칙은 유효단위중량을 사용하므로 지하수위 아래의 단위중량으로는 수중단위중량(γ_{sub})을 사용한다. 당연히, 점토지반의 단기지지력의 경우는 포화단위중량과 $c_u > 0$, $\phi_u = 0$을 적용한다. 기초저면 아래에 지하수위가 있을 때는 기초저면에서부터 아래쪽으로 기초폭 B 만큼 깊이의 평균유효단위중량을 사용하게 된다. 기초폭 B 깊이를 적용하는 이유는 지반의 파괴면의 영향범위의 깊이가 대략 B에 가깝기 때문이다.

(1) 지하수위가 D_f 내에 있을 때(그림 11.12)

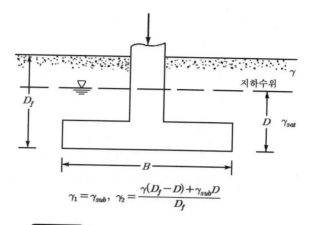

$$\gamma_1 = \gamma_{sub}, \quad \gamma_2 = \frac{\gamma(D_f - D) + \gamma_{sub}D}{D_f}$$

그림 11.12 지하수위가 D_f 내에 있을 때의 단위중량

(2) 지하수위가 기초저면에 있을 때(그림 11.13)

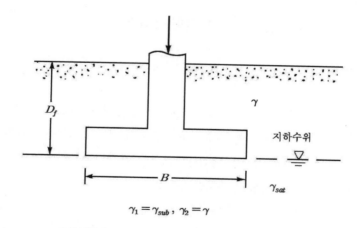

$$\gamma_1 = \gamma_{sub}, \quad \gamma_2 = \gamma$$

그림 11.13 지하수위가 기초저면에 있을 때의 단위중량

(3) 지하수위가 기초저면 하부에 있을 때(그림 11.14)

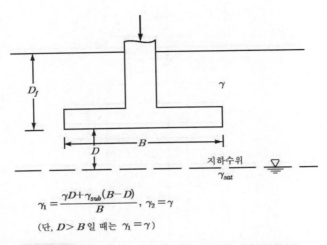

$$\gamma_1 = \frac{\gamma D + \gamma_{sub}(B-D)}{B},\ \gamma_2 = \gamma$$

(단, $D > B$일 때는 $\gamma_1 = \gamma$)

그림 11.14 지하수위가 기초저면 하부에 있을 때의 단위중량

11.4.2 편심의 영향

메이어호프(Meyerhof, 1953)는 편심하중을 받는 기초의 지지력을 구하기 위해 유효폭 (effective width)의 개념을 도입해서, 그림 11.15에서 나타낸 바와 같은 유효면적이 기초의 크기라고 보고 지지력을 계산하는 방법을 제안했다. 즉, 그림에서 크기가 $B \times L$인 기초에 편심하중이 작용할 때의 지지력은 크기가 $B' \times L'$인 기초의 지지력과 동일하다. 이때 B'는 $B - 2e_B$와 $L - 2e_L$중 작은 값(단변)을, L'는 큰 값(장변)을 의미하므로 극한지지력식에서 B'를 적용할 때 주의해야한다. 보통 $B' = B - 2e_B$, $L' = L - 2e_L$이 되겠지만 편심의 크기에 따라 바뀔 수도 있다.

사실 이렇게 되면 유효면적 이외의 면적은 지지력(단위면적당의 지지하중)이나 지지하중에 아무런 도움이 되지 못하며, 따라서 극한지지하중(그림 11.15의 Q_u)도 「편심극한지지력×유효면적」이 된다는 점도 기억해 두자. 이렇게 유효면적 이외의 부분이 불필요하다면 왜 이런 설계를 할까? 예를 들면 그림 10.48과 같은 옹벽의 경우 토압에 대한 안정성을 확보하기 위해서 부득이하게 저판에 편심이 발생하게 된다. 이때는 편심을 고려하여 지지력을 계산해야 하며, 그림 10.48의 옹벽기초는 일방향 편심의 경우이다. 기둥이 다수인 전면기초의 경우는 무게중심위치를 구해서 지지력을 계산해야 할 것이다.

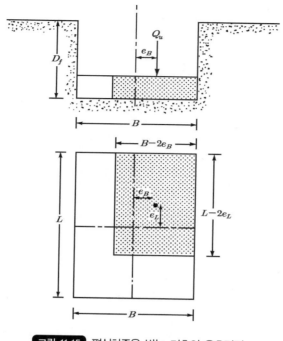

11.5 허용지지력

지반 상에 건설되는 구조물의 중요성, 설계 토질정수의 정도(accuracy), 흙의 예민성, 이론상의 오차 등을 고려해서 극한지지력(ultimate bearing capacity)을 식 (11.14)와 같은 안전율(F_s ; Factor of Safety 또는 Safety Factor)로 나눈 것을 총 허용지지력(gross allowable bearing capacity)이라고 하며 설계지지력으로 사용된다. 지지력에 대한 안전율은 일반적으로 3이 사용되며, 지반의 불확실성, 이론과 실제의 차이 등을 고려하여 비교적 큰 값이 적용되어 있다.

$$q_a = \frac{q_u}{F_s} = \frac{q_u}{3} \tag{11.14}$$

여기서, q_a : 총허용지지력

q_u : 극한지지력

F_s : 안전율(3을 사용)

보다 정확히 기술하면 식 (11.14)에 의해 정의된 허용지지력(q_a)은 총허용지지력이며, Q_a(총허용하중)=$q_a \times A$(기초저면적)로 기초에 지지된 기둥에 작용할 수 있는 총설계하중을 구하게 된다. 그러나 사실 기둥에 가해질 수 있는 허용하중은 그림 11.15에서의 기초저면~지표면까지의 흙무게(W_S)와 기초자중(W_F)을 제해야 할 것이다. 이런 개념으로 구한 허용지지력을 순허용지지력($q_{a(net)}$)이라고 부르며 식 (11.15)와 같이 정의된다.

$$q_{a(net)} = q_a - q \tag{11.15}$$

여기서, $q_{a(net)}$: 순허용지지력

q_a : 총허용지지력

q : 기초자중과 흙무게에 의한 하중강도

그림 11.16에서 $q = \dfrac{W_S + W_F}{A}$

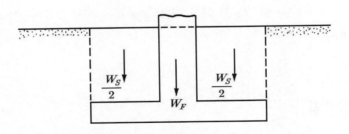

그림 11.16 기초에 하중으로 작용하는 흙무게와 기초자중

허용지지력을 구하는데 있어서 극한지지력을 안전율로 나누는 방법 외에, 식 (11.16)과 같이 안전율로 나눈 강도정수를 사용하여 극한지지력을 구하여, 이 값을 허용지지력으로 하는 방법도 있다.

$$c_d = \frac{c}{F_s}, \ \tan\phi_d = \frac{\tan\phi}{F_s} \Rightarrow \phi_d = \tan^{-1}\left(\frac{\tan\phi}{F_s}\right) \tag{11.16}$$

여기서, 보통 $F_s = 2 \sim 3$ 적용.

위에 같이 허용지지력을 구하는 세 가지 방법이 있으나 안전율로 나눈 강도정수를 사용하는 방법은 상당히 불편하고 또, 이론적으로도 반드시 이것이 정도(精度)가 높다고도 할 수 없으므로, 일반적으로 총허용지지력이나 순허용지지력을 설계허용지지력으로 한다. 이들 중, 보다 정확한 설계허용지지력은 순허용지지력이지만, 흙무게가 지지력에 미치는 영향이 미미하여 총허용지지력과 순허용지지력은 별 차이가 없으므로, 일반적으로 약간의 오차가 포함되더라도 계산의 편의상 식 (11.14)로 정의된 총허용지지력을 설계허용지지력으로 사용하고 있다.

11.6 허용지내력

구조물은 그 종류나 기능에 따라 허용되는 침하량에는 제한이 있고, 이에 따라 정해지는 지지력을 허용침하에 따른 지지력이라고 말하며, 허용지지력과 허용침하에 따른 지지력 중 작은 값을 허용지내력(許容地耐力 ; allowable bearing power of ground)이라고 불러 설계에 이용한다. 전철구조물 등 침하에 엄격한 구조물의 경우는 보통 허용침하량을 1cm 정도, 건축구조물에서는 보통 1 인치(2.54cm) 정도로 하고 있다. 기초의 침하량에 대한 보다 상세한 내용은 11.8절에서 기술한다.

11.7 기초의 접지압

접지압(接地壓 ; contact pressure) 또는 접촉압력이란 기초저면에 작용하는 지반의 반력을 말하며, 지지력이 접지압보다 작으면 기초는 파괴하게 된다. 접지압에 대한 상세한 내용은 6.12절에 기술되어 있으므로 생략한다.

11.8 기초의 침하량

11.8.1 침하량 산정식

지반이 어떤 원인에 의해 연직방향으로 압축(compression)될 때, 이 연직방향의 압축을 침하(settlement)라고 하며 이에 대한 상세한 분류는 표 7.1을 참조하기 바란다. 여기서는, 얕은기초의 침하에 대해 간단히 기술하기로 한다. 기초의 침하라고 하면 주로 즉시침하(탄성침하)와 압밀침하를 의미한다. 압밀침하는 다시 일차압밀침하와 이차압밀침하(크리프)로 나누어지며, 또 일차압밀침하는 정규압밀인 경우와 과압밀인 경우에 따라 계산방법이 달라진다. 기초에 발생하는 전 침하량을 식으로 나타내면 식 (11.17)과 같이 된다.

$$S_t = S_i + S_1 + S_2 \tag{11.17}$$

여기서, S_t : 전 침하량

S_i : 즉시침하량(탄성침하량)

S_1 : 일차압밀침하량

S_2 : 이차압밀침하량

모래지반에서는 압밀침하량이 상당히 적고 또 재하 후 즉시 종료되므로 무시하고 주로 즉시침하량으로 전체침하량을 산정하게 되나 점토지반에서는 반대로 압밀침하량이 주된 관심사가 된다. 점토지반에서는 구조물기초가 놓이는 경우가 드물지만 프리로딩으로 지반강도가 증가하고 침하가 감소되는 경우에는 점토지반 위에 직접기초를 하는 경우도 있다.

즉시침하가 완료된 후부터 발생하는 압밀침하에 대해서는 제7장에 기술되어 있으므로 여기서는 즉시침하량에 대해서만 간단히 기술하기로 한다. 지반은 탄성체가 아니지만 즉시침하는 재하순간에 즉시 발생하는 침하를 의미하므로 거의 탄성적인 거동을 한다고 보고 탄성이론을 근거로 식 (11.18)에 의해 구하거나, 사질토지반의 경우는 경험식인 식 (11.19)와 같은 식을 사용하여 구한다. 평판재하시험에 의해 즉시침하량을 구하는 방법도 있으며, 이에 대해서는 11.9절을 참조하기 바란다.

$$S_i = pB\frac{1-\nu^2}{E}I_p \tag{11.18}$$

여기서, S_i : 즉시침하량(근입깊이 $D_f = 0$, 기초하부 지반은 균질하고 반무한 깊이일 경우)

p : 접지압(기초의 접지압분포는 6.12절과 같이 경우에 따라 다르지만 여기서는 평균치, 즉 「하중/저면적」을 사용하게 된다.)

B : 기초의 폭

ν, E : 각각 지반의 포아송비, 탄성계수

I_p : 영향계수(표 11.7 또는 그림 11.17에서 구함)

(한국지반공학회, 2009)

표 11.7 탄성침하의 영향계수 I_p

	강성 기초	연성기초				비고
		중심점	외변의 중점	모서리점	평균	
원형기초	0.79	1.00	0.64	–	0.85	연성기초의 중심점의 영향치는 모서리점의 영향치의 2배임. 즉, 중심점의 침하량은 모서리점의 침하량의 2배임. B : 기초폭, L : 기초길이
정방형기초	0.88	1.12	0.76	0.56	0.95	
구형 기초 L/B=2	1.12	1.53	1.12	0.76	1.30	
L/B=5	1.60	2.10	1.68	1.05	1.82	
L/B=10	2.00	2.56	2.10	1.28	2.24	

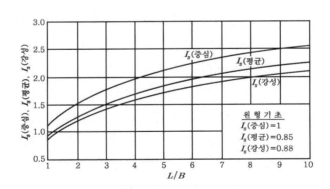

그림 11.17 탄성침하의 영향계수 I_p

$$S_i = \frac{0.4}{98}\frac{p_1}{N}\log\left(\frac{p_1 + \Delta p}{p_1}\right)H \quad \text{(De Beer)} \tag{11.19}$$

(사질토지반의 경우에 적용)

여기서, S_i : 즉시침하량(cm)

p_1 : 침하계산 대상 기초지층 중앙에서의 초기유효상재압(kN/m^2)

Δp : 기초에 가해지는 하중에 의해 침하계산 대상 지층 중앙에서 증가되는 유효상재압(kN/m^2)

N : 침하계산 대상 기초지층의 평균 SPT값(N치)

H : 침하계산 대상 지층의 두께(cm)

11.8.2 지반과 구조물의 허용침하량

구조물의 침하는 그림 11.18과 같이 등침하(uniform settlement), 전도(tilting) 및 부등침하(nonuniform settlement)로 나눌 수 있다. 부등침하(不等沈下)는 부동침하(不同沈下 ; differential settlement) 또는 상대침하(relative settlement)라고 부르기도 한다. 강성이 대단히 큰 구조물은 그 구조물 아래에 놓이는 지반이 연약하고 하중의 편심이 없으면 균등침하가 일어난다. 굴뚝이나 탑이 양단의 침하가 동일하지 않고 기울어진다면 전도(tilting)로 파괴될 수 있다. 이탈리아에 있는 피사의 사탑(斜塔)은 전도(顚倒)의 예이다. 부등침하는 상부 구조물이 벽돌 구조와 같이 비교적 연성일 때 잘 일어난다.

침하로 인한 구조물의 손상은 구조물과 지반의 상대적인 강성도에 따라 다르므로 일반화하여 수치로 나타내기 어렵기 때문에 허용부등침하는 대개 경험적으로 정하며 보통 그림 11.18과 같이 각변형(angular distortion)으로 나타낸다.

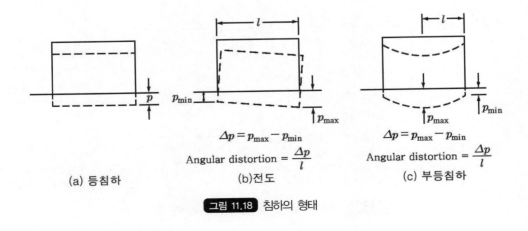

(a) 등침하 (b) 전도 (c) 부등침하

그림 11.18 침하의 형태

표 11.8은 사우어(Sower, 1962 ; Lambe et al., 1979)가 제시한 각종 구조물의 허용침하량을 나타낸다. 또, 그림 11.19는 베럼(Bjerrum, 1963)이 이론적인 해석과 광범위한 대규모 시험을 통해 결정한 여러 가지 구조물에 대한 한계각변형(limiting angular distortion)을 나타내며, 표 11.9과 표 11.10은 일본에서 적용하고 있는 압밀점토층 위에 놓인 건물의 침하한계치를 나타낸다.

표 11.8 각종 구조물의 허용침하량(Sower, 1962 ; Lambe et al., 1979)(그림 11.18 참조)

침하의 형태	구조물의 종류		허용침하량
총침하	배수시설		150–300 mm
	출입구		300–600 mm
	부등침하의 가능성이 높은 구조물	벽돌 벽체 구조물	25–50 mm
		뼈대 구조물	500–100 mm
		굴뚝, 사이로, 매트	75–300 mm
전도	굴뚝, 탑		$0.004l$
	물품 적재		$0.01l$
	크레인 레일		$0.003l$
부등침하	높은 벽돌 벽체		$0.0005–0.001l$
	1층 벽돌 공장 빌딩, 벽체 균열		$0.001–0.0002l$
	철근콘크리트 빌딩 뼈대		$(0.0025–0.004)l$
	철근콘크리트 빌딩 칸막이 벽		$0.003l$
	강철 뼈대구조(연속)		$0.002l$
	강철 뼈대구조(단순)		$0.005l$

각변형, $\dfrac{\delta}{l}$

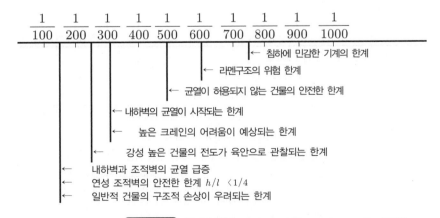

그림 11.19 한계각변형(Bjerrum, 1963 ; Lambe et al., 1979)

표 11.9 압밀점토층 위에 놓인 건물의 침하한계치(日本土質工學會, 1992)

구조 종류	각변형 $\theta(\times 10^{-3}rad)$		기초형식	부등침하량 $S_{dmax}(cm)$	총침하량 $S_{max}(cm)$
	하한	상한			
콘크리트블록조	0.3	1.0	연속기초	2	4
철근콘크리트조 (라멘구조)	0.7 (1.0)	1.5 (2.0)	독립기초	3	15
			연속기초, 전면기초	4	20
철근콘크리트조 (벽식구조)	0.8	1.8	연속기초	4	20

* 하한은 유해한 균열이 발생 여부의 경계의 상태의 값을 의미한다.
* 상한은 유해한 균열이 발생하는 율이 대단히 높은 상태의 값을 의미한다.

표 11.10 허용부등침하량, 허용최대침하량(압밀침하의 경우; 단위 : cm)) (日本土質工學會, 1992)

구조 및 기초 침하종류	구조 종류	콘크리트블록조	철근콘크리트조		
	기초형식	연속기초	독립기초	연속기초	전면기초
허용부등침하량	표준치	1.0	1.5	2.0	2.0~(3.0)
	최대치	2.0	3.0	4.0	4.0~(6.0)
허용최대침하량	표준치	2	5	10	10~(15)
	최대치	4	10	20	20~(30)

* ( )는 큰 보 또는 2중 슬라브 등 충분히 강성이 큰 경우

11.9 지반의 평판재하시험

지반의 평판재하시험(Plate Bearing Test 또는 Plate Loading Test)이란 「원위치 지반에 강성 재하판을 통해서 하중을 가해서 이 하중의 크기와 재하판의 침하와의 관계로부터, 재하판으로부터 재하판폭의 1.5~2배 정도의 깊이까지의 지반에 대해서, 그 변형성이나 강도 등의 지지특성을 조사하기 위해서 행하는 시험」이고, 지내력시험 또는 간단히 평판재하시험이라고 불려지기도 한다. 이 시험은 비교적 간단하고 기초의 지지지반에 대해서 지반의 종류에 관계없이 직접적으로 시험이 될 수 있고, 또한 지반 상의 재하판에 하중을 가하는 것이 구조물 기초의 모형에 대비할 수 있는 등의 이점이 있다. 이와 같은 것으로부터 평판재하시험은 구조물기초, 특히 직접기초의 설계 및 시공시, 시험조건이나 상사법칙에 관련한 제약조건 등의 중요한 문제가 있음에도 불구하고, 종래부터 반드시라고 말할 수 있을 정도로 실무적으로 많이 실시되어 왔다.

이와 같이 지반의 지지력을 실제로 측정해서 설계에 적용하는 방법으로 평판재하시험이 널리 이용되고 있지만 우리나라에는 아직 이에 대한 기준이 제정되어 있지 않고 도로의 평판재하시험

방법(KS F 2310, Method of Plate Load Test on Soils for Road)에 준하거나 외국의 규정에 따라 시험이 행해지고 있다. 미국과 일본의 규정은 표 11.11과 같다.

표 11.11 지반의 평판재하시험에 대한 미국, 일본의 규정

	(1) 미국재료시험협회(ASTM) 기준
명 칭	ASTM D1194-72(reapproved 1987) : Standard Test Method for Bearing Capacity of Soil for Static Load and Spread Footings
적용범위 및 목적	시험을 실시한 흙의 지지력 추정, 기초설계용 지반조사의 일부(재하판 직경의 2배의 깊이의 흙에 대해서 재하시간의 범위내의 정보로 봄)
	(2) 日本地盤工學會基準
명 칭	JSF T-25-81 : 地盤の平板載荷試驗方法
적용범위 및 목적	구조물 기초의 설계 및 설계조건의 확인에 필요한 지반의 지지특성을 구하는 표준적인 평판재하시험으로, 지반반력계수 및 극한지지력 등의 지반의 지지특성을 구한다.

평판재하시험의 개략도는 그림 11.20과 같으며, KS F 2310에서는 평판의 크기를 30cm, 40cm, 75cm 3종류의 원형철판으로 규정하고 있다. 평판이 클수록 동일 지지력에 대해 더 큰 하중이 필요하므로 주로 30cm 크기의 평판이 사용되고 있다. 그림에서 알 수 있는 바와 같이 굴착면이나 받침대 등이 지지력에 영향을 미칠 수 있으므로 1.5B 이상 떨어지도록 규정하고 있다. 시험에서 측정되는 값은 평판에 가해지는 압력과 이에 따른 침하량이다. 침하량은 보통 평판의 4개 위치에서 측정해서 평균하게 된다. 이들 값으로 압력과 침하량의 관계곡선이 얻어지며 이 곡선을 이용해서 지반의 여러 가지 역학적 성질을 파악하게 된다. 본 시험의 결과로부터 직접 구해지는 값은 지반반력계수와 극한지지력이며, 각각에 대해 기술하면 다음과 같다.

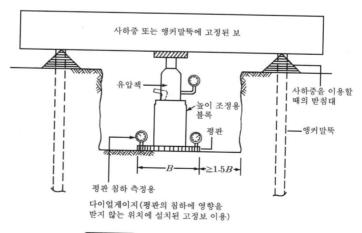

그림 11.20 평판재하시험(PBT)의 개략도

11.9.1 극한지지력

　재하시험에서의 「하중강도-침하 곡선」의 형태는, 통상 그림 11.21에 나타낸 바와 같은 두 종류로 대별할 수 있다. 그림의 A곡선에서는 하중강도 p_u에서 침하가 급격히 증대하기 시작해서, 그 이상의 하중을 증가시키는 일이 어렵고, 곡선은 침하축에 거의 평행하게 된다. 이런 현상은 조밀한 모래지반이나 견고한 점토지반에서 생기는데 이때의 전단파괴를 전반전단파괴(general shear failure)라고 하며 이와 같은 경우의 극한지지력은 p_u가 된다. 또, 시험시에 재하판이 크게 경사지거나 재하판 주변의 지반에 큰 균열이나 부풀림이 생기거나 하는 등, 지반의 파괴적 상황의 발생에 의해 재하가 어렵게 된 경우에는, 그 때의 하중강도를 극한지지력으로 한다.

　한편, 이와 같은 명료한 형으로서 극한지지력이 항상 나타난다고는 할 수 없다. 느슨한 모래지반이나 연약점토지반의 경우는 그림 11.21의 B곡선과 같은 형을 나타내어 극한지지력을 결정하는 것이 어려우며 이런 전단파괴를 국부전단파괴(local shear failure)라 한다. 이와 같은 경우에는 침하가 5cm(재하판 직경의 약 15%)를 넘지 않는 범위에서 다음 중 작은 값을 극한지지력으로 한다.

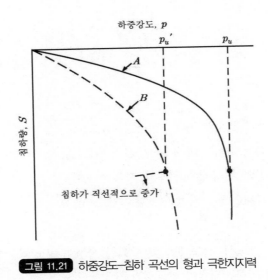

그림 11.21 하중강도-침하 곡선의 형과 극한지지력

① 침하의 증가가 크게 되어, 침하가 직선적으로 증가하기 시작하는 하중강도(B곡선에서의 p_u'와 같은 하중강도)

② $\log p - S$ 곡선이 침하축에 거의 평행하게 되기 시작하는 하중강도(그림 11.22의 p_u와 같은 하중강도)

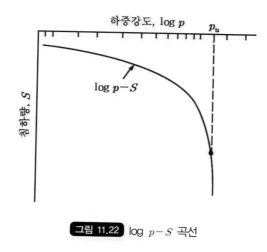

그림 11.22 $\log\ p - S$ 곡선

재하판 직경의 1.5~2.0배의 깊이까지 거의 균일한 포화점토지반에 대해서, 비배수극한지지력이 얻어진 경우에는, 이 극한지지력을 이용해서 식 (11.20)에 의해 그 지반의 비배수전단강도를 구할 수 있다.

$$c_u = \frac{p_u}{\alpha N_c}$$

(11.20)

여기서, c_u : 포화점토지반의 비배수전단강도(kN/m^2)

         p_u : 포화점토지반의 비배수극한지지력(kN/m^2)

         α : 재하면의 형상계수(원형일 경우에 1.3)

         N_c : 지지력계수(점토지반의 경우이므로 5.14)

이상이 시험결과의 평가로서, 검토해야 할 주요한 사항이지만, 종래의 평판재하시험에서는 이들 외에 항복하중이나 항복지지력이 반드시라고 말해도 좋을 정도로 중요시 되었다. 그러나 최근에는 이들 항복하중이나 항복지지력이 지반 내에 생기고 있는 어떠한 현상에 대응하고 있는가에 대해서 반드시는 명확하다고는 말할 수 없어 시험결과의 평가로서 이와 같은 값들은 검토하지 않는 경향이다.

평판재하시험의 목적은 위에서 기술한 바와 같이 재하판의 하중강도-침하량 관계로부터 지반의 지지특성을 구하는 것에 있다. 그러나 여기서 구해진 지지특성은 어디까지나 기초의 지지지반에 대해서 침하나 지지력을 검토하는 경우의 유력한 자료의 하나라고 하는 인식이 필요하다. 즉, 평판재하시험은 앞에서도 기술한 바와 같이 그 재하상황이 구조물 기초의 모형에 대비할 수 있는 특징을 갖고 있고, 더욱이 응력범위 내의 지반의 지지특성을 총합적으로 취하고 있는 이점은 있지만, 시험에 의해 얻어진 지지특성을 그대로 구조물 기초의 침하나 지지력에 관한 설계에 적용해도 좋다고는 할 수 없다.

기초의 침하나 지지력은, 기초의 근입, 기초의 형상크기·강성, 지반의 토질구성, 지하수위, 하중이 작용하고 있는 시간 등의 여러 가지 조건에 지배된다. 이것에 대해서, 평판재하시험에 의한 지반의 지지특성은, 지반을 거시적으로 반무한 표면을 갖는 균질한 연속체로 보고 구해져서 더욱이 그것에 영향을 미치는 지반의 깊이 방향의 범위는, 재하판폭의 1.5~2.0배 정도이다. 직경 30cm의 재하판에서는 깊이 45~60cm까지의 범위에서의 지반의 특성이다. 한편, 실제의 구조물기초는 통상 재하판보다 훨씬 크고, 그 지지특성에 영향을 미치는 깊이의 차이를 모식적으로 나타내면 그림 11.23과 같다.

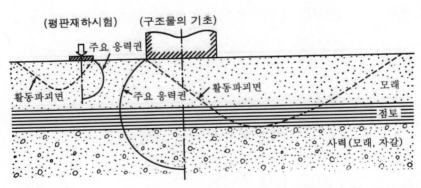

그림 11.23 재하판 크기가 다른 경우의 침하 및 지지력에 영향을 미치는 응력범위의 차이

11.9.2 지반반력계수

실험결과에 의한 구조물 기초의 설계에는 기초의 접지압 분포에 관한 정보가 필요한데, 이것은 지반과 기초의 특성에 따라 다양하게 변화한다. 그래서 실용상의 관점으로부터 간단화한 가정에 기초한 접지압의 산정이 통상 행해진다. 즉, 재하면의 임의의 미소요소에 대해서 압력(또

는 하중강도) p와 침하량 S의 사이에 식 (11.19)와 같은 관계가 성립한다고 가정해서 이 하중강도 p를 지반반력(subgrade reaction), K_s를 지반반력계수(modulus of subgrade reaction)라고 한다. 즉 지반반력계수는 하중강도-침하량 관계곡선의 기울기를 의미한다.

$$p = K_s \cdot S \tag{11.21}$$

하중강도-침하량 관계곡선은 일반적으로 곡선이어서 기울기를 정의하기 어려우므로 보통 그림 11.24와 같이 곡선 상에서 침하량이 0.125cm인 점과 원점을 잇는 직선의 기울기로서 정의한다. 이렇게 얻은 지반반력계수는 도로설계에 이용하거나 기초의 탄성침하량을 계산한다든지 지반의 탄성계수를 추정하는 등의 목적에 사용된다. 여기서는 이에 대한 설명은 생략한다. 지반반력계수의 단위는 그림 11.24에서 알 수 있는 바와 같이 $kN/m^2/m$ 또는 kN/m^3 등으로 나타낸다. 저자의 생각으로는 후자의 표현방법은 단위중량의 단위와 혼동되므로 조금 복잡하더라도 전자의 표현방법을 사용하는 것이 좋을 것으로 본다.

지반반력계수는 재하판(평판)이 클수록 감소하므로 평판재하시험에서 얻은 지반반력계수를 실제기초에 그대로 적용할 수는 없고 이에 대한 보정이 필요하게 된다. 재하판이 클수록 지반반력계수가 감소하는 이유는, 동일한 하중강도에 대해서 재하판이 클수록 침하량도 증가(11.9.3절 참조)하기 때문이다. 재하판의 크기와 지반반력계수의 크기의 관계는 식 (11.22)와 같다.

$$K_{75} = \frac{1}{2.2}K_{30} \;, \quad K_{75} = \frac{1}{1.5}K_{40} \quad (K_{30} > K_{40} > K_{75}) \tag{11.22}$$

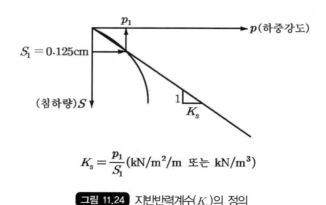

$$K_s = \frac{p_1}{S_1} \;(kN/m^2/m \text{ 또는 } kN/m^3)$$

그림 11.24 지반반력계수(K_s)의 정의

11.9.3 실제기초의 극한지지력 및 침하량 추정

평판재하시험은 실제기초보다 훨씬 작은 재하판으로 시험하므로 그림 11.23에서 설명한 바와 같이 응력의 범위가 작아서 극한지지력이나 침하량이 실제기초와 상당히 달라질 수 있다. 이에 대해서 기술하기로 한다.

(1) 동일 지반에서 기초 크기에 따른 극한지지력 및 침하량의 대소

앞에서 기술한 지지력과 침하에 대한 개념을 이용하여, 기초 크기에 따라 대소로 나타내면 그림 11.25와 같다.

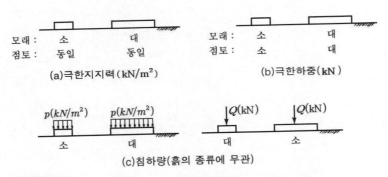

그림 11.25 동일 지반에서 기초크기에 따른 극한지지력 및 침하량의 대소 관계

(2) 실제기초의 극한지지력 추정

표 11.3과 식 (11.10)에서 에서 포화점토지반($\phi = 0$)의 경우 $N_\gamma = 0$이므로 극한지지력은 $q_u = \alpha c N_c + \gamma_2 D_f N_q$가 되어 재하판 폭에 무관하게 일정하게 된다. 그러나 포화 또는 건조모래 지반($c = 0$)의 극한지지력은 $q_u = \beta \gamma_1 B N_\gamma + \gamma_2 D_f N_q$가 되어 재하판 폭에 따라 변화하게 된다. 이때 근입깊이(D_f)의 영향은 크지 않으므로 이를 무시하면 재하판 폭에 비례한다. 따라서 식 (11.23)이 성립하게 된다.

(a) 포화 또는 건조모래지반의 경우 : $q_u = q_{u0} \dfrac{B}{B_0}$ \hfill (11.23)

(b) 포화 점토지반의 경우 : $q_u = q_{u0}$

　　여기서, q_u : 실제기초의 극한지지력(kN/m^2)

q_{u0} : 평판재하시험에 의해 실측된 극한지지력(kN/m^2)

B : 실제기초의 폭(m)

B_0 : 재하시험 시의 재하판의 폭(m)

(3) 실제기초의 침하량 추정

그림 6.25 및 그림 11.23에서 알 수 있는 바와 같이 동일한 하중강도에서 재하판이 크면 클수록 지중으로 미치는 압력의 범위 즉, 침하되는 범위가 커지기 때문에 재하판이 클수록 침하량이 증가하게 된다. 여기서, 주의할 점은 동일한 하중강도에서 재하판이 클수록 침하량도 커진다는 것이지 동일한 하중(하중강도가 아님)에 대한 것은 아니라는 것이다. 당연히 동일한 하중이 작용하면 재하판이 클수록 침하량이 작아지지만 동일한 하중강도일 경우는 재하판이 커지면 하중도 같이 커지므로 침하량의 크기는 지중응력의 영향범위를 생각해야 그림 11.25(c) 와 같이 판단할 수 있다. 현재까지 연구되어 일반적으로 알려진 모래 및 점토지반에 대한 재하폭 과 침하량의 관계는 식 (11.24)와 같다(Terzaghi and Peck, 1967). 또한 폭 B의 정방형후팅과 연속후팅의 침하 차이는 거의 없으므로 B 및 B_0는 각각 최소폭이나 직경을 사용하면 된다. 이 식에서 모든 지반에서 재하판이 클수록 침하량이 증가함을 알 수 있다. 다만, 점토지반의 경우는 비배수 거동 시의 즉시침하량에 대한 것이다. 또한, 지반반력계수(K_s)는 침하량과 역수 의 관계가 있으므로 식 (11.25)와 같이 나타낼 수 있다(Bowles, 1996).

(a) 모래지반의 경우 : $S = S_0 \left[\dfrac{2B}{B+B_0} \right]^2$ (11.24)

(b) 점토지반의 경우 : $S = S_0 \dfrac{B}{B_0}$

여기서, S : 실제기초의 침하량

S_0 : 재하판의 침하량

B : 실제기초의 최소폭

B_0 : 재하판의 최소폭

(a) 모래지반의 경우: $K_s = K_{s0} \left[\dfrac{B+B_0}{2B} \right]^2$ (11.25)

(b) 점토지반의 경우 : $K_s = K_{s0} \dfrac{B_0}{B}$

여기서, K_s : 실제기초의 지반반력계수

K_{s0} : 재하판의 지반반력계수

B : 실제기초의 최소폭

B_0 : 재하판의 최소폭

재하시험으로부터 가장 신뢰할 수 있는 결과를 얻기 위해서는 재하판 아래에 있는 흙이 최소한 실제기초의 폭과 같은 깊이까지는 균질해야 한다. 그림 11.23과 같이 성질이 다른 여러 지층으로 되어 있다면 재하판과 실제기초의 침하에 영향을 미치는 지반의 성질이 달라져 정확한 침하 예측이 되지 않는다. 또 재하판 직하부의 지반보다 깊은 곳의 지반이 연약할 때는 재하시험에 의해 구한 지지력으로 실제기초의 지지력을 유추한다면 위험한 결과를 초래하게 될 것이다.

(4) 실제기초의 하중강도-침하량 관계곡선 추정

앞에서 기술한 내용을 토대로, 깊이 방향으로 균질한 모래와 점토지반의 평판재하시험 결과를 이용하여 실제기초의 하중강도-침하량 관계곡선을 그림 11.26과 같이 추정할 수 있다.

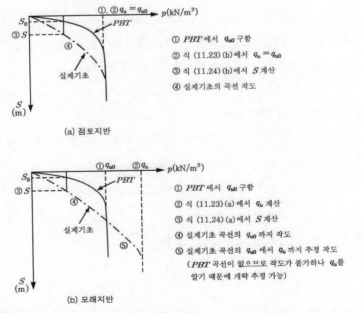

(a) 점토지반

① PBT에서 q_{u0} 구함
② 식 (11.23) (b)에서 $q_u = q_{u0}$
③ 식 (11.24) (b)에서 S 계산
④ 실제기초의 곡선 작도

(b) 모래지반

① PBT에서 q_{u0} 구함
② 식 (11.23) (a)에서 q_u 계산
③ 식 (11.24) (a)에서 S 계산
④ 실제기초 곡선의 q_{u0} 까지 작도
⑤ 실제기초 곡선의 q_{u0} 에서 q_u 까지 추정 작도
　　(PBT 곡선이 없으므로 작도가 불가하나 q_u를
　　알기 때문에 개략 추정 가능)

그림 11.26 평판재하시험(PBT) 결과 얻어진 하중강도-침하량 관계곡선을 이용한 실제기초의 하중강도-침하량 관계곡선의 추정방법(그림의 순서 참조)

위와 같이 재하시험 결과를 이용하여 실제기초의 지지력이나 침하량을 추정할 수 있는 경우는 모래나 점토와 같이 이상적인 지반의 경우이므로 실제 중간토의 경우는 장기적인 배수 PBT의 경우는 모래, 단기적인 비배수PBT의 경우는 점토와 같이 보면 될 것이다. 다만, 풍화암 등과 같은 암반의 경우는 내부마찰각은 물론이고, 고결력에 의한 점착력도 있으므로 설계자의 판단이 더욱 중요할 것이다. 어쨌든 이와 같이 c, ϕ가 있는 지반의 경우는 점토($\phi = 0$)와 모래($c = 0$)에 대한 계산결과 사이의 어딘가에 있다는 사실은 분명할 것이며, 어느 쪽에 가까울까하는 판단은 설계자의 몫이다. 이러한 경우는 수치해석을 통해서도 추정이 가능할 것이다. 그림 11.26에서 얻어진 실제기초의 하중강도-침하량 관계곡선에서 설계허용지지력 $q_a = q_u/3$가 되나, 허용침하량이 주어질 경우에는 이 곡선에서 허용침하량에 해당되는 하중강도와 q_a 중 작은 값을 설계 허용지내력으로 해야 한다. 여기서, 허용침하량에 해당되는 하중강도에 대해서는 별도의 안전율을 적용하지 않는다는 점도 첨언해둔다.

11.10 연습 문제

11.1 모래와 비슷한 역학적 성질을 갖는 사질토 지반의 지표면에서 직경 30cm의 재하판으로 평판재하시험을 실시했다. 시험결과 얻어진 하중-침하곡선을 가정하여, 최소폭이 2m인 실제옹벽기초의 하중-침하량 관계곡선을 개략적으로 추정하시오. 또 허용침하량이 1cm, 2.54cm(1인치)인 경우의 허용지내력도 구하시오.

11.2 30cm 원형 평판을 사용하여 재하시험을 실시하여 지반반력계수를 구하였다. 40cm 원형 평판을 사용할 때의 지반반력계수를 추정하시오.

11.3 기초저면 아래에 지하수위가 있을 때, 극한지지력을 계산하는데 사용되는 단위중량을 지하수위의 위치에 따라 구분하여 기술하시오.

11.4 다음 연속기초의 길이 1m당의 허용하중(kN)을 계산하시오. 단, $\gamma = 17\text{kN}/\text{m}^3$, $\gamma_{sat} = 21\text{kN}/\text{m}^3$, $c = 15\text{kN}/\text{m}^2$, $\phi = 30°$, $D = 1\text{m}$, $D_f = 1.5\text{m}$, $B = 3\text{m}$이며, 메이어호프에 의한 지지력계수는 다음 식과 같다.

$$N_c = (N_q - 1)\cot\phi$$
$$N_\gamma = (N_q - 1)\tan(1.4\phi)$$

$$N_q = e^{\pi \tan\phi}\tan^2\left(45° + \frac{\phi}{2}\right)$$

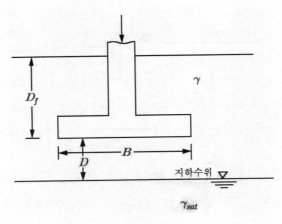

〈문제 11.4의 그림〉

11.5 테르자기의 전반전단파괴에 대한 극한지지력식을 이용하여 국부전단파괴가 발생할 경우의 극한지지력을 구하는 방법을 설명하시오.

11.6 옹벽 저면에는 일반적으로 편심 및 경사 하중이 작용하게 된다. 배면지반이 수평면인 역T형 옹벽의 예를 들고 이 옹벽의 지지력에 대한 안정성을 검토하시오.

11.11 참고문헌

· 한국지반공학회(2009), 구조물 기초설계기준 해설, pp.247-248.

· Bjerrum, L.(1963), Discussion to European Conference on Soil Mechanics and Foundation Engineering(Wiesbaden), Vol.2, p.135.

· Bowles, J.E.(1996), Foundation Analysis and Design, 5th ed., p.502.

· Coduto, D.P.(1994), Foundation Design : Principles and Practices, Prentice Hall, Inc., p.170.

· De Beer, E.E.(1970), "Experimental Determination of the Shape Factors and the Bearing Capacity Factors of Sand," Geotechnique, London, Vol.20, pp.387-411.

· Lambe, T.W. and Whitman, R.V.(1979), Soil Mechanics, SI Version, John Wiley & Sons, New York, pp.199-202.

· Meyerhof, G.G.(1951), "The Ultimate Bearing Capacity of Foundations," Geotechnique, Vol.2, No.4, pp.301-331.

· Meyerhof, G.G.(1953), "The Bearing Capacity of Foundations under Eccentric and Inclined Loads," Proceedings, 3rd International Conference on Soil Mechanics and Foundation Engineering, Vol.1, pp.440-445.

· Meyerhof, G.G.(1963), "Some Recent Research on the Bearing Capacity of Foundations," Canadian Geotechnical Journal, Vol.1, pp.16-26.

· Prandtl, L.(1920), Über die Härte plastischer Körper, Nachr. kgl. Ges. Wiss. Göttingen, Math. phys. Klasse.

· Prandtl, L.(1921), "Über die Eindringungsfestigkeit (Harte) plasticher Baustoffe und die Festigkeit von Schneiden," Zeitschrift für Angewandte Mathematik und Mechanik, Basel, Switzerland, Vol.1, No.1, pp.15-20.

· Reissner, H.(1924), "Zum Erddruckproblem," Proceedings, 1st International Congress of Applied Mechanics, pp.295-311.

· Sower, G.F.(1962), Shallow Foundations, Foundation Engineering, edited by Leonards, G.A., McGraw-Hill, New York, p.525.

· Terzaghi, K.(1943), Theoretical Soil Mechanics, Wiley, New York.

· Terzaghi, K. and Peck, R.B.(1967), Soil Mechanics in Engineering Practice, 2nd ed., Wiley, New York.

· Vesic, A.S.(1963), "Bearing Capacity of Deep Foundations in Sand," Highway Research Board Record, No.39, pp.112-153.

· 日本土質工學會(1987), 土の強さと破壊入門, p.34.

· 日本土質工学会(1992), 新・土と基礎の設計計算練習, p.339.

\# 사랑은 오래 참고 사랑은 온유하며 시기하지 아니하며 사랑은 자랑하지 아니하며 교만하지 아니하며 무례히 행하지 아니하며 자기의 유익을 구하지 아니하며 성내지 아니하며 악한 것을 생각하지 아니하며,(성경, 고린도전서 13장 4절-5절)

제12장

사면**안정**

제12장 **사면안정**

12.1 서론

　사면(斜面 ; slope)은 비탈면이라고도 하며, 이런 의미에서 사면 안정(slope stability ; stability of slope)은 비탈면 안정이라고도 불린다. 사면의 경사가 급해지면 지반의 중량에 의한 활동력 (즉, 붕괴를 일으키는 방향의 힘)이 증대해서 저항력(즉, 붕괴에 저항하는 전단강도)보다 커지게 되어 붕괴되는데, 이 현상을 활동(滑動 ; sliding)이라고 한다. 또, 강우에 의해 지반중량이 증가하고 저항력이 감소할 경우에도 활동을 일으키게 된다.

　그림 12.1은 사면에 놓인 물체의 안정을 예로 하여 사면 안정의 개념을 설명하고 있다. 이 그림에서 활동면의 경사(α)가 급할수록 활동의 가능성이 높아지게 된다. 즉, α가 커질수록 안전율은 낮아진다는 것을 그림 중의 식에서도 알 수 있다. 지반내의 활동도 유사하게 설명할 수 있다. 지중의 어떤 가상활동면에 대한 안전율이 1보다 작아지면 그 면으로 붕괴가 발생하게 된다고 말할 수 있다.

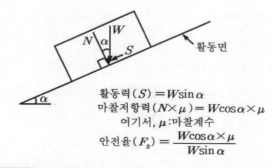

$$활동력(S) = W\sin\alpha$$
$$마찰저항력(N \times \mu) = W\cos\alpha \times \mu$$
$$여기서, \mu : 마찰계수$$
$$안전율(F_s) = \frac{W\cos\alpha \times \mu}{W\sin\alpha}$$

그림 12.1 사면 활동면의 경사도에 따른 상부 물체(토괴)의 안정성

용기 속의 물은 기울여 놓아도 최종적으로는 언제나 수평을 유지하게 되는데, 그 이유는 활동저항력 즉, 전단강도가 0으로 안전율이 항상 0이기 때문에 계속 붕괴되어 사면의 형태를 유지할 수 없기 때문이다.

사면은 암반사면과 토사사면으로 나눌 수 있으며, 여기서는 주로 토사사면에 대한 이론을 중심으로 기술하고자 한다. 토사사면의 형상은 다양하지만 몇 가지 정형화된 형태와 이에 따른 예상활동면(예상파괴면)의 개략적인 위치는 그림 12.2와 같다.

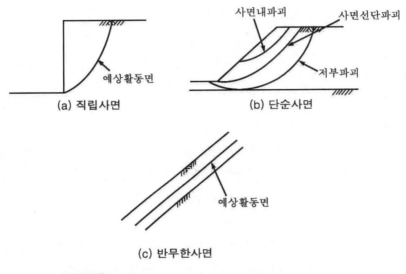

그림 12.2 정형화된 토사사면의 형태와 예상활동면의 개략 위치

12.1.1 지반의 종류에 따른 사면활동형상

사면 불안정의 원인은 지형의 기하학적 변경, 수위강하, 진동 등 여러 가지가 있지만, 우리 나라에서는 강우가 가장 직접적인 원인인 경우가 대부분이다. 토사사면의 여러 가지 활동형상 은 그림 12.3과 같다.

여기서 기본적인 암반사면의 개요에 대해 약간 기술하기로 한다. 지질학적으로 암반은 화성 암, 퇴적암 및 변성암으로 대별된다. 암종은 여기서 다시 세분되지만 이렇게 대별된 암반의 절리면의 특징들을 유념하여 두면 암반사면의 설계 및 시공에 매우 도움이 된다.

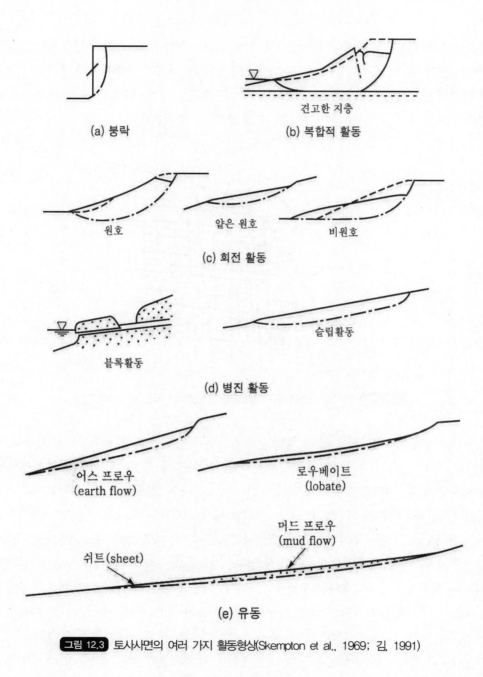

(a) 붕락

견고한 지층

(b) 복합적 활동

원호

얕은 원호

비원호

(c) 회전 활동

블록활동

슬립활동

(d) 병진 활동

어스 프로우
(earth flow)

로우베이트
(lobate)

머드 프로우
(mud flow)

쉬트(sheet)

(e) 유동

그림 12.3 토사사면의 여러 가지 활동형상(Skempton et al., 1969; 김, 1991)

우선 화성암의 생성과정을 보면 마그마가 지표면에 가까운 지중이나 지표에 노출되어 식어 가면서 형성되었기 때문에 식는 과정에서 부피가 축소되고 연직방향의 인장절리가 발생하였다. 따라서 지각변동을 심하게 받지 않은 경우는 대부분의 절리면의 경사가 연직에 가깝다(그림

12.4 참조). 또한 절리는 부피의 수축에 의한 인장파괴로 발생되었기 때문에 절리면은 매우 거칠어 전단강도는 매우 크게 나타난다. 그러므로 화성암지대에서는 특별한 지질구조적인 문제가 있지 않으면 암반사면의 활동은 별로 발생하지 않고 파괴는 낙석(rock fall)이나 전도(toppling)의 형태로 일어난다. 이는 제주도의 현무암 지대에서 볼 수 있다.

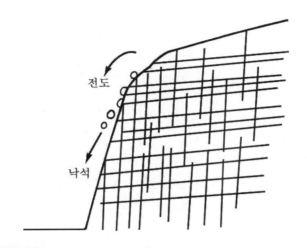

그림 12.4 화성암 사면의 주된 활동형상(연직절리에 의한 낙석이나 전도)

퇴적암은 구성요소와 이들의 퇴적형태에 따라 구분되는데 토립자가 퇴적되어 형성된 사암, 셰일(shale; 혈암, 頁岩), 이암(泥岩)등은 퇴적과정에서 토층을 형성하기 때문에 암반에서는 층리를 이루고 있다. 이러한 암반이 풍화되어 절리가 발달하게 되면 우선 이 층리에 따라 절리가 형성된다. 따라서 이러한 퇴적암층에서는 절리의 형상이 평탄하고 길게 연장되어 있으며 절리면의 전단강도는 모암을 구성하고 있는 토립자와 유사하다. 예를 들어 대구지방에는 사암층과 셰일층이 교호하여 나타나는데 절리면이 풍화되면 점토층과 유사한 전단강도를 갖고 있어 활동에 대하여 불안정하고 파괴형태는 평면파괴가 주를 이루고 있다. 퇴적암 사면의 주된 활동형상은 그림 12.5와 같으며 파괴가 많이 발생하는 셰일층의 모습과 셰일층 사이에 점토가 끼어 있는 모습은 그림 12.6과 같다.

화성암이나 퇴적암이 변성작용을 받아 변성암이 형성되었기 때문에 변성암층에서 절리는 변성과정에 따라 매우 다양하게 나타난다. 그러나 경기도 지방에 널리 분포되어 있는 편마암층은 높은 압력에 의하여 변성되어 절리가 매우 불규칙하게 형성되므로 파괴형태도 평면파괴, 쐐기파괴, 전도파괴 등 다양하게 나타난다.

붕괴 유형		특징 그림	지질 특징
평면 파괴	미고결 점토층	인장균열 점토충전 층리면으로 인한 평면파괴	사면방향으로 경사진 층리면에 미고결 점토가 충전된 평면형 파괴가 발생되는 유형으로 셰일내에 충전된 예들이 많았다. 수직절리는 인장균열의 역할을 하게 된다.
	사암과 셰일사이	사암 셰일 사암 셰일 사암 점토충전 층리면으로 인한 평면파괴	사암과 셰일이 교호되는 층에서 셰일이 빗물이나 강우에 의해 풍화되어 붕괴되기도 한다. 석회암 및 고생대 퇴적암에서는 경사가 급한 층리면을 따라 평면파괴가 발생한다.
	단층 파쇄대	점토충전 단층점토로 인한 평면파괴	사암과 셰일로 이루어진 층의 층리면 사이에 대규모의 단층점토층이 충전되어 이 면을 따라 활동된다. 이 붕괴 유형은 매우 대규모적인 붕괴규모를 갖는다.
	쐐기파괴	층리 및 연직절리	경상분지의 중생대 퇴적암은 층리면의 경사가 완만하여 이와 같은 붕괴가 드물지만 고생대 퇴적암 지대에서 층리가 경사가 급하거나 심하게 왜곡되어 이 유형의 붕괴를 보이기도 한다.

그림 12.5 퇴적암 사면의 주된 활동형상(한국지반공학회, 2000)

(a) 셰일층의 모습

(b) 셰일층 사이에 점토가 끼어 있어
더욱 활동하기 쉬운 모습

그림 12.6 셰일 사면의 층리 모습(임, 2009)

12.1.2 사면활동의 요인

사면활동의 요인은 활동력 증가요인과 활동저항력 감소요인으로 나눌 수 있다. 각각에 대해 기술하면 다음과 같다.

(1) 활동력 증가요인

- 외력재하(그림 12.7c) : 교통하중이나 굴착장비 등에 의한 재하
- 동하중재하(그림 12.7d) : 차량이나 장비 등에 의한 동하중 재하
- 균열부 수압작용(그림 12.7j) : 사면 또는 상부지표에 발생된 균열부에 물이 유입되어 수평력이 작용
- 흙의 자중 증가 : 함수비 증가에 따른 흙의 단위중량 증가

(2) 활동저항력 감소요인

- 흙의 전단강도 감소 : 함수비 증가에 의한 점토 팽창, 간극수압 증가, 동상 후의 지반연화, 불균질한 지반의 국부적 변형 등. 그림 12.9는 사면활동이 발생한 현장의 지반함수비에 따른 안전율의 추이로서, 지반이 포화에 가까워져 유효점착력(겉보기점착력)이 0에 가까워지면 안전율이 1보다 작아지고, 포화되서 수압까지 작용하면 급격히 안전율이 감소되어 붕괴된다는 것을 나타낸다(12.2절에서 기술).
- 사면선단 절단(그림 12.7a) : 도로 확장 등에 의한 사면선단의 절단
- 사면선단 굴착(그림 12.7b) : 관로 매설 등의 목적으로 사면선단을 굴착
- 사면 침식(그림 12.7e) : 비보호사면에서 지표수에 의한 사면의 침식
- 사면 침수(그림 12.7f) : 폭우 등에 의한 침수로 사면지반의 유사(流砂) 상태화
- 파도 침식(그림 12.7g) : 비보호 호안사면에서 파도에 의한 침식
- 사면 침투(그림 12.7h) : 댐 등에서 외부수위 급강하나 사면 내 지하수유입에의한 수두차로 인하여 침투 발생
- 피압수(그림 12.7i) : 하부투수층에 과잉간극수압이 작용하여 유효전단강도가 감소

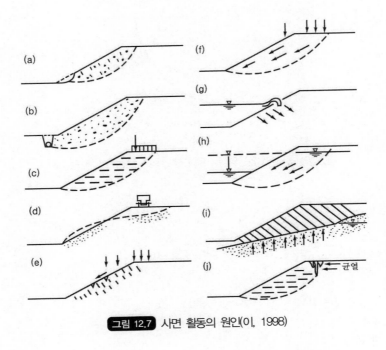

그림 12.7 사면 활동의 원인(이, 1998)

12.2 안전율 개념

사면활동의 해석에서는 지반조건이나 이론적인 여러 가지 불확실 요인이 포함되므로 설계시 안전율을 사용하고 있다. 어떤 사면의 활동에 대한 안전율을 계산하기 위해서는 먼저 가상활동면을 가정하고 그 면에 대한 안전율을 구하는 것을 반복해서 최소값을 선택하게 된다. 가상활동면은 원호, 곡선, 직선 등 설계자의 임의로 선택할 수 있지만, 토사사면에서는 비교적 실제와 가까운 원호가 많이 사용된다. 그림 12.8에 나타낸 어떤 가상활동면의 활동에 대한 안전율을 구하기 위해서는 우선 어떤 미소구간 A에 대한 안전율의 개념부터 알아야 한다. 이런 구간에 대한 안전율을 구하고, 이들을 전체 가상활동면의 안전율 개념으로 평균화하는 기법(안정해석법)을 적용하게 된다. 안정해석법에 대해서는 12.3절부터 기술하게 된다.

그림 12.8의 A구간 안전율은 식 (12.1)과 같이 정의되며 이 식에서 발휘된(동원된) 전단강도란, 활동이 발생하기 전, 즉 안전율이 1 이상일 경우에는 전단응력만큼만 전단강도가 발휘되어 평형을 이루게 되는데 이때의 전단강도를 말한다. 안전율은 식 (12.2)와 같이 힘이나 모멘트로서 표현되기도 한다. 식 (12.2), 식 (12.3)은 각각 힘의 평형, 모멘트의 평형 조건인 활동력(전단력)＝최대저항력/F_s 및 활동모멘트＝최대저항모멘트/F_s 의 개념에서 유도되어도 동일하다.

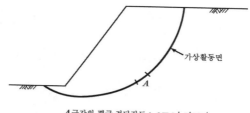

A구간의 평균 전단강도 : $s = c + \sigma \tan \phi$
A구간의 평균 전단응력 : τ

그림 12.8 사면 활동면의 미소구간 A의 전단응력과 전단강도

$$\text{안전율 } F_s = \frac{s(\text{전단강도})}{\tau(\text{전단응력})}$$ (12.1)

$$= \frac{s}{s_m(\text{발휘된 전단강도})} = \frac{s}{c_m + \sigma \tan\phi_m}$$

여기서, 첨자 m은 mobilized(발휘된, 동원된)란 뜻.

$$F_s = \frac{\text{최대저항력}}{\text{활동력}}$$ (12.2)

$$F_s = \frac{\text{최대저항모멘트}}{\text{활동모멘트}}$$ (12.3)

식 (12.1)에서 정의된 안전율은 전단강도에 대한 것으로, 전단강도를 점착력과 마찰력의 항으로 나누어서 각각에 대한 안전율을 정의하면 식 (12.4)와 같다.

$$F_c = \frac{c}{c_m}, \quad F_\phi = \frac{\tan\phi}{\tan\phi_m}$$ (12.4)

실제 설계 시에는 점착력과 마찰력에 대한 안전율을 달리할 이유가 없으므로 동일하게 하는 것이 합리적일 것이다. 즉, 식 (12.5)의 조건을 사용하게 되며 이 조건을 사용하여 식 (12.6)과 같이 정리하면 안전율은 식 (12.1)과 동일하게 된다.

$$F_s = F_c = F_\phi$$ (12.5)

$$\tau = \frac{c}{F_s} + \sigma\frac{\tan\phi}{F_s} \text{에서 } F_s = \frac{c + \sigma\tan\phi}{\tau} = \frac{s}{\tau}$$ (12.6)

강우 시에는 지하수위가 높아지면 포화에 의해 지반 자중이 증가하여 전단응력이 증가하므로 안전율이 감소함은 물론, 활동면에서의 수직유효응력이 감소하고 겉보기점착력이 감소하여 전단강도가 감소하므로 이중으로 안전율이 감소하게 된다. 따라서 지반이 포화되어 지하수위가 높아지기 직전과 직후는 전단강도의 측면에서만 보더라도 상당히 큰 안전율의 차이가 발생하게 된다. 그 이유는 포화 직전이나 직후는 유사하게 겉보기점착력이 0에 가까워져서 점착력에 의한 전단강도의 변화는 별로 없지만, 포화 직후에는 간극수압에 의해 수직유효응력이 크게 감소하여 안전율도 급격히 감소하게 되므로 그림 12.9와 같이 안전율이 불연속하게 된다. 포화 직전에는 아직 완전한 간극수압이 작용하지 않고 불포화에 따른 어느 정도의 간극수압만이 작용하기 때문에 수직유효응력이 크게 감소하지는 않는다.

실제로 어떤 지점에서는 이러한 경로를 걷게 되지만 사면 전체로 보면 지하수위가 서서히 상승하므로 안전율이 이렇게 급격히 변화하지는 않겠지만 강우강도에 따라 안전율의 급격한 하강을 나타낼 수도 있을 것이다. 일반적으로 토질시험을 위해 시료를 채취할 때는 그림 12.9와 같이 불포화상태로서 안전율이 확보되겠지만 강우에 따라 점차로 안전율이 감소하므로 이를 고려한 시험과 검토가 이루어져야 하는 것이다.

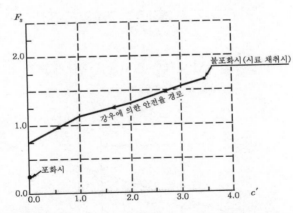

그림 12.9 지중의 어떤 점에서의 강우시의 안전율 경로의 개념도

12.3 반무한 토사사면의 안정

반무한 토사사면의 안정은 사면안정에 대한 기본개념을 설명하는 중요한 내용을 포함하고 있으며 지하수의 침투가 없는 경우와 침투가 있는 경우로 나누어서 설명하기로 한다. 실제로

거의 무한히 계속되는 사면은 없겠지만, 상당한 길이의 사면에 대해서는 이러한 방법으로도 근사적인 계산도 가능하다.

12.3.1 침투가 없는 경우

그림 12.10은 침투가 없는 경우의 반무한사면을 나타내고 있다. 식 (12.1)의 안전율 개념에 따라 폭 L되는 구간에 대해 안전율을 구하면 다음과 같다.

그림 12.10에서 가상활동면에 발생하는 수직응력, 전단응력은 식 (12.7)과 같으며 이 식을 식 (12.1)에 대입하여 안전율을 구하면 식 (12.8)과 같이 된다. 이 식에서 가상활동면의 깊이 H가 클수록 안전율이 낮아진다는 것을 알 수 있다. 즉, 토사 중 가장 깊은 곳인 견고한 지층과의 경계면에서 최소안전율이 발생하므로, 이 면이 검토대상 가상활동면이 된다.

$$\sigma = \frac{\gamma L H \cos\beta}{\left(\dfrac{L}{\cos\beta}\right)} = \gamma H cos^2\beta, \ \ \tau = \frac{\gamma L H \sin\beta}{\left(\dfrac{L}{\cos\beta}\right)} = \gamma H \sin\beta\cos\beta \tag{12.7}$$

$$F_s = \frac{s}{\tau} = \frac{c + \sigma\tan\phi}{\tau} = \frac{c + \gamma H\cos^2\beta\tan\phi}{\gamma H \sin\beta\,\cos\beta} = \frac{c}{\gamma H sin\beta\cos\beta} + \frac{\tan\phi}{\tan\beta} \tag{12.8}$$

식 (12.2)의 개념을 사용하여 bc면에 대한 안전율을 유도해도 식 (12.9)와 같이 식 (12.8)과 동일하다.

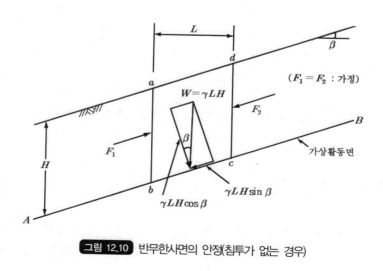

그림 12.10 반무한사면의 안정(침투가 없는 경우)

$$F_S = \frac{c \times \dfrac{L}{\cos\beta} + \gamma LH\cos\beta\tan\phi}{\gamma LH\sin\beta} = \frac{c}{\gamma LH\sin\beta\cos\beta} + \frac{\tan\phi}{\tan\beta} \tag{12.9}$$

식 (12.8)에서, 만약 $c = 0$, 즉 건조 또는 포화 사질토이면, 식 (12.10)이 성립하며 이 식에서 사면경사각(β)이 흙의 내부마찰각(ϕ)보다 크면 활동이 발생하게 된다는 것을 알 수 있다. 또한 이 안전율은 예상활동면의 깊이 H에는 무관하다는 것도 강조해 둔다.

$$F_s = \frac{\tan\phi}{\tan\beta} \tag{12.10}$$

식 (12.8)에서 $F_s = 1$일 때의 H를 한계고(H_{cr} ; critical height)라고 하며 식 (12.11)과 같이 된다.

$$H_{cr} = \frac{c}{\gamma} \cdot \frac{1}{\cos^2\beta(\tan\beta - \tan\phi)} \tag{12.11}$$

안전율은 식 (12.8)과 같이 정의되는 것이 일반적이지만, 식 (12.12)를 사용하여 정의할 수도 있다. 물론 이 두 식에 의해 구해진 안전율은 차이가 난다.

$$F_s = \frac{H_{cr}}{H} \tag{12.12}$$

12.3.2 정상침투가 있는 경우

그림 12.11은 반무한 사면에 정상침투가 발생할 때의 가상활동면 AB에 대한 안정검토를 설명하기 위한 그림이며, 이 그림에서 직교하는 두 개의 선인 유선과 등수두선이 있음에 주목해야 할 것이다. 또 여기서는 지하수위가 지표면과 일치하는 경우에 대해 기술하지만, 지하수위가 지중의 어떤 깊이에 있는 경우도 동일한 방법으로 유도될 수 있으므로 생략한다.

그림 12.11(a)의 정상침투가 있는 반무한사면의 안전율을 수평폭 L에 대해 유도하면 식 (12.13)와 같다.

$$F_s = \frac{c' + (\sigma - u)\tan\phi'}{\tau} \quad\quad\quad (12.13)$$

여기서, $\sigma = \dfrac{N}{\left(\dfrac{L}{\cos\beta}\right)}$, $\tau = \dfrac{T}{\left(\dfrac{L}{\cos\beta}\right)}$, $N = W\cos\beta$, $T = W\sin\beta$, $W = \gamma_{sat}LH$

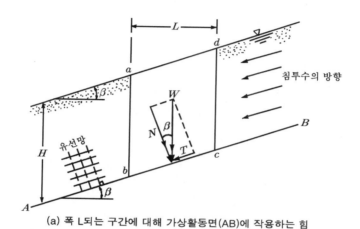

(a) 폭 L되는 구간에 대해 가상활동면(AB)에 작용하는 힘

(b) 유선과 등수두선에 의해 구해지는 간극수압

그림 12.11 정상침투가 있는 반무한사면의 안정

식 (12.13)에 나타낸 가상활동면에서의 간극수압(u)은 그림 12.11(b)에서 알 수 있듯이 식 (12.14)와 같이 된다. 이 그림에서 가상활동면 bc의 중간깊이(P점)에서의 간극수압(사실, 이

경우는 모든 bc상에서 동일)이 사용되며, 이 곳에서의 간극수압의 수두는 등수두선 상의 모든 점에서의 수두와 동일하다(이는 등수두선의 정의에 의한 것임). 여기서는 지하수위가 지표면과 동일한 경우이므로 결국 등수두선이 지표면과 만나는 점(E)의 수두(지표면과 동일)가 등수두선 EP상의 모든 지점의 수두이므로 P점의 수두는 가상활동면에서부터 $H\cos\beta\cos\beta = H\cos^2\beta$ 가 되어 식 (12.14)가 성립함을 증명할 수 있다.

$$u = \gamma_w H\cos^2\beta \tag{12.14}$$

식 (12.13)에서, $\sigma = \dfrac{\gamma_{sat}LH\cos\beta}{\left(\dfrac{L}{\cos\beta}\right)}$ 이므로

$\sigma - u = \gamma_{sat}H\cos^2\beta - \gamma_w H\cos^2\beta = \gamma_{sub}H\cos^2\beta$가 되고, 또

$\tau = \dfrac{\gamma_{sat}LH\sin\beta}{\left(\dfrac{L}{\cos\beta}\right)} = \gamma_{sat}H\sin\beta\cos\beta$이므로

이들을 이용하여 정상침투의 지하수위가 지표면과 동일한 경우의 반무한사면의 활동에 대한 안전율은 식 (12.15)와 같이 된다.

$$F_s = \frac{s}{\tau} = \frac{c' + \gamma_{sub}H\cos^2\beta\tan\phi'}{\gamma_{sat}H\sin\beta\cos\beta} = \frac{c'}{\gamma_{sat}H\cos^2\beta\tan\beta} + \frac{\gamma_{sub}}{\gamma_{sat}}\frac{\tan\phi'}{\tan\beta} \tag{12.15}$$

12.4 유한사면의 안정

　일반적인 유한사면에 대해 안정해석을 할 때 여러 가상활동면(또는 가상파괴면)에 대해 안전율을 계산하고 최소치를 구해서 그에 해당하는 가상활동면을 그 사면의 활동면이라 하고 최소안전율을 그 사면의 안전율이라고 한다. 이때 가장 먼저 해야 할 것은 가상활동면의 형태를 가정하는 것이다. 쿨만(Culmann, 1875)은 가상활동면을 근사적으로 평면으로 가정하였다. 쿨만의 해법으로 계산된 안전율은 거의 연직사면에 대해서만 만족할만한 결과를 얻을 수 있으며, 1920년대, 사면활동에 대한 광범위한 조사 이후 스웨덴 토질위원회(Swedish Geotechnical Commission)는 실제 파괴면은 거의 원호에 가깝다고 발표하였다. 이때부터 대부분의 전통적인 사면안정해석은

가상활동면을 원호로 가정하게 되었다.

그러나 연약층 위의 지반, 비균질댐, 절리가 포함된 암반사면 등의 경우에는 평면활동면을 사용하는 것이 더 만족할만한 결과를 가져오게 되므로 이러한 현장상황에 맞추어서 가상활동면의 형태를 가정하는 것이 중요하다 하겠다. 이하에 평면활동면으로 가정할 때와 원호활동면으로 가정할 때의 해석법에 대해 기술하기로 한다.

12.4.1 평면활동면으로 가정할 때의 해석법

그림 12.12와 같은 사면에서, 먼저 수평면과 θ 각도를 갖는 가상활동면 AC에 대한 안전율을 구하고 이 안전율이 최소가 되는 각도($\theta = \theta_f$)를 반복계산으로 구하면 이 최소안전율이 이 사면의 안전율이 된다.

그림 12.12의 가상활동면 AC에 대한 안전율은 $F_\theta = s_\theta / \tau_\theta$ 이므로 s_θ와 τ_θ를 구하기 위해서 다음과 같은 과정을 거친다. 토괴 ABC의 무게 W와 수직력 N, 전단력 T는 식 (12.16)과 같다.

$$W = \frac{1}{2}\gamma H^2 \left[\frac{\sin(\beta - \theta)}{\sin\beta \sin\theta} \right], \ N = W\cos\theta, \ T = W\sin\theta \tag{12.16}$$

따라서 가상활동면 AC에 작용하는 수직응력(σ_θ)과 전단응력(τ_θ)은 식 (12.17)과 같으며 전단강도(s_θ)는 식 (12.18)과 같이 된다.

$$\sigma_\theta = \frac{N}{AC \times 1(단위폭)} = \frac{W\cos\theta}{L}, \ \tau_\theta = \frac{T}{AC \times 1(단위폭)} = \frac{W\sin\theta}{L} \tag{12.17}$$

여기서, $L = \dfrac{H}{\sin\theta}$

$$s_\theta = c + \sigma_\theta \tan\phi = c + \frac{W\cos\theta}{L}\tan\phi \tag{12.18}$$

따라서 가상활동면 AC에 대한 안전율은 식 (12.19)와 같이 된다.

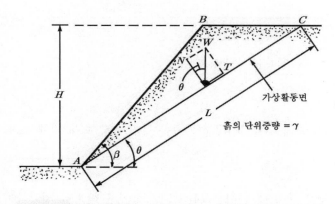

그림 12.12 평면활동면으로 가정할 때의 사면안정(Culmann, 1875)

$$F_\theta = \frac{s_\theta}{\tau_\theta} = \frac{cL + W\cos\theta\tan\phi}{W sin\theta} \tag{12.19}$$

식 (12.2)의 개념으로 안전율을 구하여도 식 (12.20)과 같이 식 (12.19)와 동일하게 된다.

$$F_\theta = \frac{최대전단저항력}{활동력} = \frac{cL + N\tan\phi}{T} = \frac{cL + W\cos\theta\tan\phi}{W sin\theta} \tag{12.20}$$

식 (12.19)에서 각도 θ를 변화시키면서 반복 계산해서 최소안전율을 구하면 이 값이 대상사면의 안전율이 되지만, 쿨만은 안전율이 1인 경우의 사면연직높이인 한계고(H_c ; critical height)를 수학적으로 구해서 이것을 이용해서 안전율을 정의하였다. 한계고는 식 (12.21)의 관계식을 이용해서 이 식에서 동원된 점착력(c_m)이 최대로 발휘될 수 있을 때, 즉 c_m이 c(점착력, 즉 c_m의 최대치)가 될 때의 사면연직높이로서 정의하였다. 물론 내부마찰각이 최대로 발휘될 수 있을 때의 사면연직높이로서 한계고를 정의할 수도 있지만, 내부마찰각이 최대로 발휘될 때의 사면연직높이는 구하기 어렵고, 또한 식 (12.5)의 개념에 의하면 점착력만으로 정의해도 별 무리는 없을 것이다.

$$\tau_\theta = c_m + \sigma_\theta \tan\phi_m \tag{12.21}$$

식 (12.21)의 τ_θ, σ_θ에 식 (12.17)에서 유도된 식을 대입하여 c_m에 대해 정리하면 식 (12.22)와

같이 된다.

$$c_m = \frac{1}{2}\gamma H \left[\frac{\sin(\beta - \theta)(\sin\theta - \cos\theta\tan\phi_m)}{\sin\beta} \right] \tag{12.22}$$

식 (12.22)의 c_m 이 최대로 발휘되게 하는 θ 를 찾기 위해 최대 및 최소의 원리를 사용한다. 따라서 θ 에 관계된 c_m 의 1차 도함수 $\frac{\partial c_m}{\partial \theta} = 0$ 이다.

식 (12.22)의 우변의 θ 에 대한 미분값을 0으로 하여 구한 θ 를 대입하여 c_m 을 구하면 식 (12.23)과 같이 된다.

$$c_m = \frac{\gamma H}{4} \left[\frac{1 - \cos(\beta - \phi_m)}{\sin\beta\cos\phi_m} \right] \tag{12.23}$$

활동면에서 동원된 강도정수가 최대로 발휘되는 곳이 임계활동면(안전율이 최소인 활동면)이 되므로 식 (12.23)에서 $c_m = c$, $\phi_m = \phi$ 를 대입함으로서 안전율이 1인 경우의 사면의 연직높이 (한계고 H_c)인 식 (12.24)를 구할 수 있게 된다.

$$H_c = \frac{4c}{\gamma} \left[\frac{\sin\beta\cos\phi}{1 - \cos(\beta - \phi)} \right] \tag{12.24}$$

식 (12.19)에 의한 안전율 중 최소치로서 안전율을 정의하는 것이 보다 일반적이고 명확한 역학적 의미를 갖지만, 쿨만은 이와는 값이 다르지만 수학적 해석을 용이하게 하기 위하여 식 (12.24)의 한계고를 이용한 안전율을 식 (12.25)와 같이 정의하였다. 물론 이러한 계산과정을 이용하기 위해서는 지반이 균질하고 단순사면(상부와 하부 지표면이 수평이고 1단; 그림 12.2b 참조)이어야 하는 조건이 필요하다.

$$F_s = \frac{H_c}{H} \tag{12.25}$$

여기서, H_c : 식 (12.24)에 의한 한계고

$$H \quad : \text{사면의 연직높이}$$

식 (12.24)에서 $\beta = 90°$일 경우, 즉 직립사면인 경우의 한계고는 식 (12.26)과 같으며 식 (10.16)과 동일하다.

$$H_c = \frac{4c}{\gamma} \tan\left(45° + \frac{\phi}{2}\right) \tag{12.26}$$

12.4.2 원호활동면으로 가정할 때의 해석법

사면안정의 해석 순서는 먼저 가상활동면을 어떤 형상으로 가정하고, 이 가정활동면에 대한 안전율 중 최소인 값을 그 사면의 안전율로 정의하게 된다. 사면활동면 중 가장 일반적으로 많이 사용되고 있는 형태는 원호로서 이 경우에 대한 해석방법은 질량법과 절편법으로 나누어진다. 각각에 대해 기술하면 다음과 같다.

(1) 질량법

질량법(mass procedure)은 활동면 위의 토괴를 하나로 취급하는 방법으로 사면을 형성하는 흙이 균질하고 형태가 제한된 단순사면의 경우에 활용할 수 있는 방법이며 일반적인 대부분의 자연사면의 경우는 거의 적용할 수 없다. 이 방법은 간단하지만 적용이 극히 제한적이어서 현재는 거의 사용되지 않고 있고, 또 컴퓨터의 발달로 복잡한 계산도 쉽게 할 수 있어 계산과정이나 이론은 복잡하지만 정도(精度)가 높고 범용성이 뛰어난 절편법이 거의 대부분의 해석에 사용되고 있다.

질량법을 대별하면 $c > 0$, $\phi = 0$인 균질한 점토지반 사면의 경우와 $c \geq 0$, $\phi > 0$인 균질한 일반지반 사면의 경우로 나누어진다. 여기서는 $\phi = 0$인 경우의 해석방법인 테일러(Taylor)의 안정해석방법의 기본적 이론에 대해 기술하기로 한다. $\phi > 0$인 경우의 해석방법인 마찰원법은 거의 적용되는 경우가 없으므로 생략한다. 테일러의 안정해석방법도 거의 사용되지 않지만 점토지반의 개략적인 안정성의 경향에 대한 판단기준은 될 수 있으므로 간단히 설명하기로 한다.

테일러의 안정해석방법에서는 활동면을 원호로 가정하게 된다. 그림 12.13은 $\phi = 0$인 점토지반에서의 가상활동면을 나타내며, 이 지반의 전단강도는 비배수점착력(c_u)과 동일하다.

그림 12.13에서 이 사면의 안전율은 식 (12.3)의 개념을 적용하여, 식 (12.27)과 같이 원호에

작용하는 흙의 자중에 의한 활동모멘트와 활동면에서의 점착력에 의한 최대저항모멘트의 비로 정의되었다. 여기서, 활동면에 작용하는 전단강도와 전단응력의 비로 안전율을 정의하는 것이 일반적이나 이렇게 하기 위해서는 활동면의 모든 위치에서 전단강도와 전단응력의 방향이 같아야 하므로 직선활동면이 아닌 원호활동면에 대해서는 이 정의가 적용될 수 없어 모멘트를 이용하여 정의하게 된 것이다. 이 방법은 다음 절의 절편법에도 적용된다. 이 사면의 종국적인 안전율로 결정되는 값은 임의의 여러 가상활동면 중에서 식 (12.27)로 정의되는 안전율이 최소가 되는 활동면의 안전율이 된다.

$$F_s = \frac{M_R}{M_S} = \frac{c_u \cdot r\theta \cdot r}{W_1 l_1 - W_2 l_2} \tag{12.27}$$

여기서, M_R : 저항모멘트(Resisting Moment)

M_S : 활동모멘트(Sliding Moment)

W_1 : 토괴 FEDC의 중량

W_2 : 토괴 FEAB의 중량

l_1, l_2 : 원점 O에서 각각 W_1, W_2의 작용점 위치까지의 거리

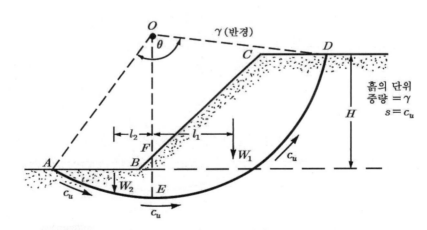

그림 12.13 $\phi = 0$이고 균질한 단순사면의 가상활동면에 대한 질량법 적용

균질한 지반에서 평면활동면으로 가정한 경우의 안전율이 1인 경우의 높이(한계고)는 식 (12.24)와 같으며, 이 식에서 $\phi = \phi_u = 0$이고 $c = c_u$인 경우는 식 (12.28)과 같이 된다.

$$H_c = \frac{4c_u}{\gamma}\left(\frac{\sin\beta}{1-\cos\beta}\right) \tag{12.28}$$

평면활동면에 대한 식 (12.28)에서 $\dfrac{\gamma H_c}{c_u} = \dfrac{4\sin\beta}{1-\cos\beta}$ 가 되며 테일러(Taylor)는 원호활동면에 도 이와 유사한 정의를 사용하여 $\dfrac{\gamma H_c}{c_u} = N_s$ 라 하고 N_s 를 안정계수(stability factor)라 불렀다. 여기서, 이의 역수는 $m\left(= \dfrac{1}{N_s}\right)$ 이라고 하여 안정수(stability number)라고 한다. 물론 N_s 는 여러 원호활동면에 대한 반복계산에서 얻어진 값이며, 이를 이용하여 안전율을 구하면 식 (12.29)가 된다. 식 (12.29)에서 $H_c = N_s\dfrac{c_u}{\gamma}$ 로 계산되며 N_s 는 그림 12.14와 같다(안정수 m 에 대한 그래프를 이용하여 m 을 찾고 그 역수로서 N_s 를 구하기도 함). 참고로 H_c 는 c_u 에 비례하고 γ 에 반비례한다는 것을 첨언해둔다.

$$F_s = \frac{H_c}{H} \tag{12.29}$$

여기서, H_c : 한계고$\left(= N_s\dfrac{c_u}{\gamma}\right)$

$\quad\quad\quad H$: 사면의 연직높이

일반적으로 단순사면의 파괴형식은 견고한 지층이 얕은 곳에 있을 때는 사면내파괴, 깊으면 저부파괴, 중간일 때는 사면선단파괴가 일어난다. 그림 12.14에서 사면의 경사각 $\beta > 53°$ 이면 심도계수(n_d; 또는 깊이계수)에 관계없이 사면선단파괴가 일어나고 $\beta < 53°$ 일 때는 n_d 와 β 에 따라 파괴형식이 달라진다. $\beta = 53°$ 는 사면선단파괴, 활동면이 사면선단과 거의 일치하는 저부 파괴, 활동면이 사면선단과 거의 일치하는 사면내파괴가 동시에 발생하는 것으로 되며 이들 모두는 결과적으로 사면 선단파괴라고 할 수 있다. 그림 12.15는 그림 12.14에서 사면선단파괴가 발생하는 영역에서의 임계원(안전율이 최소인 활동원)의 위치를 구하는 도표이며 그림 12.16 은 저부파괴가 발생하는 영역에서의 임계원을 구하는 도표이다.

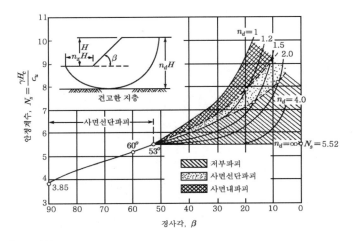

그림 12.14 사면경사각(β)과 심도계수(n_d)에 따른 안정계수 및 파괴형태 도표

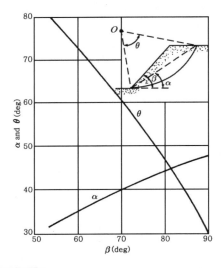

그림 12.15 사면선단파괴 시의 임계원을 구하는 도표

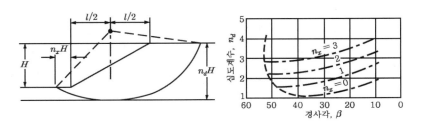

그림 12.16 저부파괴 시의 임계원을 구하는 도표

(2) 절편법

절편법(또는 분할법 ; slice method)은 가상활동면 내부의 토괴를 여러 개의 절편(切片 ; slice)으로 분할하여 각 절편에 작용하는 하중과 반력에 대한 평형조건을 이용하여 절편에 작용하는 힘을 구하고 이들 힘의 모멘트를 식 (12.3)에 대입하여 안전율을 구하는 방법이다. 최종적으로는 여러 활동면에 대한 반복계산으로 이들 안전율 중 최소치를 구하게 된다. 이 방법을 이용하면 불균질한 지반조건, 간극수압이 작용하는 경우, 지표면에 하중이나 외력이 작용하는 경우, 사면 단면이 불규칙한 경우 등 거의 대부분의 경우에 적용이 가능하게 된다. 절편법에는 펠레니우스법(Fellenius, 1927), 얀부법(Janbu, 1954), 비숍간편법(Bishop, 1955), 스펜서법(Spencer, 1967) 등이 있으며 이들 방법들에는 각각의 장단점이 있어 해석조건에 따라 선택하게 되지만 대부분의 토사사면에 적용이 가능하다. 절편법 중 가장 기본적이고 간단한 것은 펠레니우스법으로 절편 양쪽에 작용하는 힘의 차이를 무시하므로 이론이 간단한 반면 약간 정도가 떨어지며, 비숍간편법은 펠레니우스법의 개선으로 절편 양측면에 작용하는 힘의 영향을 어느 정도 고려하는 방법이고, 얀부법은 원호가 아닌 여러 가지 형태의 복합활동면에 적용이 가능하여 단단한 지층이 있어 활동면이 통과할 수 없는 면에 대한 제한을 둘 수 있는 등의 장점이 있다. 스펜서법은 정적(靜的) 평형조건의 모든 것을 만족하는 해법이나 그다지 사용되지는 않고 있다.

여기서는 절편법 중 가장 일반적인 원호활동면에 대해 설명하고, 12.4.3절과 12.4.4절에서 절편법 이론의 기초가 되는 펠레니우스법과 비숍간편법에 대해 기술하기로 한다. 또한 12.4.5절에서는 정상침투가 있는 사면에서 절편법을 적용할 경우의 가상활동면에서의 간극수압의 계산 방법에 대해 기술한다.

사면은 일반적으로 3차원적이지만 해석상의 편의를 위해 대부분 2차원으로 가정하여 해석하게 된다. 여기서도 2차원적인 해석법에 대해 기술하기로 하며 3차원적인 해석법에 대해서는 문헌(申, 1989)을 참조하기 바란다.

원호활동면을 사용하는 경우의 절편법은 그림 12.17과 같이 가상활동면 내의 토괴를 여러 개의 절편으로 나누어서 전체계(全體系)의 모멘트 평형조건과 절편의 힘의 평형조건을 이용해서 안전율을 구하고, 원의 중심 O와 반경 r을 변화시키면서 반복계산하여 최소안전율을 구하는 방법이다. 이때 각 절편의 활동원호는 직선으로 가정하게 되는데, 이로 인한 오차를 최소화하기 위해 가급적 각 절편에 속하는 원호가 직선에 가깝도록 분할하고, 또 각 절편의 무게중심 위치를 쉽게 구할 수 있도록 절편의 크기나 위치를 선정해야 한다.

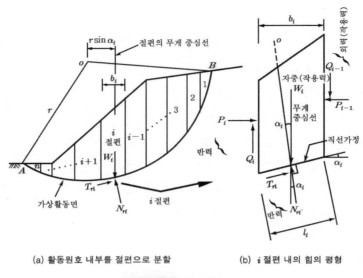

(a) 활동원호 내부를 절편으로 분할   (b) i 절편 내의 힘의 평형

그림 12.17 절편법의 설명

그림 12.17(a)에서 활동면과 토괴에 작용하는 힘의 O점에 대한 모멘트를 이용하여 안전율을 정의하면 식 (12.30)과 같다. 이 전체계에서는 절편 양쪽에 작용하는 힘이 인접 절편에서의 힘과 상쇄되어 없어진다. 여기서, W_i는 i 절편의 자중(작용력)이고, N_{ri} 및 T_{ri}는 수직 및 전단반력이다. 각 절편에서 이 반력들은 작용력들의 수직, 전단방향의 합력과 크기는 같고 방향은 반대이다. 즉, 모든 절편에서 작용하는 자중들이 인접면에서 상호 작용하여 각 절편에 나타나는 힘들이므로 단순히 i 절편의 자중인 W_i의 분력이 N_{ri} 및 T_{ri}가 되는 것은 아니라는 점에 주의를 요한다. 어쨌건, 각 절편에서의 N_{ri}와 T_{ri}는 각각 수직작용력, 전단작용력(활동력)과 크기는 같다. 이 힘들의 크기를 사용하여 안전율을 정의하면 식 (12.30)이 된다. 이 식에서 결과적으로는 반경(r)이 상쇄되어 분모, 분자가 모두 각 절편의 활동면에서의 힘의 합력인 것처럼 보이나 사실은 모멘트에서 반경이 상쇄되어 이렇게 보이는 것이다. 다시 한 번 강조하지만, 각 절편의 활동면 상의 힘의 방향은 서로 다르므로 산술적으로 더한 힘의 값은 역학적 의미를 갖지 못한다.

$$F_s = \frac{M_R(\text{최대저항모멘트})}{M_S(\text{현재의 활동모멘트})} = \frac{\sum_{i=1}^{n}(c_i l_i + N_{ri}\tan\phi_i)r}{\sum_{i=1}^{n} T_{ri}\, r} = \frac{\sum_{i=1}^{n}(c_i l_i + N_{ri}\tan\phi_i)}{\sum_{i=1}^{n} T_{ri}}$$

$$(12.30)$$

여기서, N_{ri} , T_{ri} : i절편 위치에서의 수직 및 전단반력

c_i , ϕ_i : 절편의 활동면에서의 평균 점착력과 내부마찰각

또는 식 (12.31)의 모멘트 평형조건을 이용하여도 동일한 안전율이 유도된다.

$$M_S = \frac{M_R}{F_s} \tag{12.31}$$

그림 12.17(a)에서 원점을 중심으로 한 모멘트 평형조건을 이용하면 식 (12.32)와 같이 $\sum_{i=1}^{n} T_{ri}$ 가 얻어져서 식 (12.30)에서 N_{ri}가 미지수로 남게 되며 식 (12.30)은 식 (12.33)과 같이 된다. 식 (12.32)는 $T_{r1}r + \cdots + T_{ri}r + \cdots + T_{rn}r = W_1\sin\alpha_1 r + \cdots + W_i\sin\alpha_i r + \cdots + W_n\sin\alpha_n r$의 간단한 표현이며, 이 식이 성립한다고 해서 $T_{r1} = W_1\sin\alpha_1$, $T_{ri} = W_i\sin\alpha_i$, $T_{rn} = W_n\sin\alpha_n$ 이 되는 것은 아니라는 점에 주의를 요한다. 각 절편의 T_{ri}는 알 수 없지만 다행히 $\sum_{i=1}^{n} T_{ri}$를 알 수 있어 식 (12.33)과 같이 미지수가 하나($\sum_{i=1}^{n} T_{ri}$) 감소되는 식이 얻어지는 것이다.

식 (12.33)에서 각 절편의 N_{ri}를 구해서 $\tan\phi_i$를 곱한 후 전체 절편에 대해 더해야하기 때문에, 그림 12.17(b)에 나타낸 각 절편에서의 N_{ri}를 구해야 한다. 그러나 이 값들이 쉽게 구해지지 않으므로 여러 가정을 사용하여 구하게 되며, 이것을 구하는 방법으로 펠레니우스법과 비숍간편법이 주로 사용된다.

$$\sum_{i=1}^{n}(T_{ri} \cdot r) = \sum_{i=1}^{n}(W_i\sin\alpha_i \cdot r) \qquad \therefore \ \sum_{i=1}^{n} T_{ri} = \sum_{i=1}^{n}(W_i\sin\alpha_i) \tag{12.32}$$

$$F_s = \frac{\sum_{i=1}^{n}(c_i l_i + N_{ri}\tan\phi_i)}{\sum_{i=1}^{n}(W_i\sin\alpha_i)} \tag{12.33}$$

12.4.3 펠레니우스법

펠레니우스법(Fellenius method)은 고전해석법(ordinary method) 또는 스웨덴법(Swedish method)이라고도 하며, 식 (12.33)을 계산하기 위해서 각 절편의 N_{ri}를 구하는 방법을 펠레니우스가 제안해서 펠레니우스법이 탄생하게 되었다. 12.4.4절에서 기술할 비숍간편법도 식 (12.33)으로서 안전율을 구하는 것은 동일하나 N_{ri}를 구하는 과정에서 펠레니우스법보다 가정이 약간 적어 이로 인한 오차가 줄어들 수 있는 장점은 있으나 이들 방법들에 의한 안전율의 차이는 실용상 별 문제가 되지 않을 정도이다. 사실 사면안정검토에서 계산방법에 의한 안전율의 차이보다 지반의 강도정수나 간극수압 등의 해석조건의 적용방법에 따른 안전율의 차이가 크므로 이들을 결정할 때 신중을 기해야 할 것이다.

(1) 각 절편의 N_{ri}를 구하는 방법

펠레니우스법에서는 그림 12.17(b)에서 원의 중심방향(반경방향이라고도 함)의 힘의 평형조건을 이용해서 N_{ri}를 구하게 된다. 이때 절편의 양측에 작용하는 힘인 P_{i-1}, Q_{i-1}, P_i, Q_i 등이 미지수이므로 N_{ri}를 구할 수 없게 되어, 이들 값들이 크기가 동일하고 방향이 반대로서 합력이 0이라고 가정하였으며, 이 가정을 이용하면 식 (12.34)가 성립하게 된다. 12.4.4절에서 기술하는 비숍간편법은 이들 가정과 평형조건을 달리해서 약간 더 계산상의 오차를 줄이는 노력을 기울였다.

$$P_{i-1} = P_i \, , \quad Q_{i-1} = Q_i \tag{12.34}$$

따라서 원의 중심방향의 평형조건에 의해 N_{ri}는 식 (12.35)와 같이 된다.

$$N_{ri} = W_i \cos\alpha_i \tag{12.35}$$

지하수가 있어 가상활동면에 간극수압이 작용할 때는 N_{ri} 대신에 식 (12.36)의 유효수직력 $N_{ri}{}'$를 사용한다.

$$N_{ri}{}' = N_{ri} - u_i l_i = W_i \cos\alpha_i - u_i l_i \tag{12.36}$$

(2) 안전율 F_s

식 (12.33)에 식 (12.35)의 N_{ri}를 대입하면 식 (12.37)과 같이 안전율 계산이 가능하게 된다.

$$F_s = \frac{\sum_{i=1}^{n}(c_i l_i + W_i \cos\alpha_i \tan\phi_i)}{\sum_{i=1}^{n}(W_i \sin\alpha_i)} \quad \text{(지하수가 없는 경우)} \tag{12.37}$$

여기서, $l_i = \dfrac{b_i}{\cos\alpha_i}$, $\alpha_i \geqq \leqq 0$

지하수가 있어 가상활동면에 간극수압이 작용할 때는, 식 (12.33)의 N_{ri} 대신에 식 (12.36)의 유효수직력 N_{ri}'를 사용하고 유효점착력(c'), 유효내부마찰각(ϕ')을 적용하면 안전율은 식 (12.38)과 같이 된다. 일반적으로 포화되더라도 ϕ'는 별로 변하지 않으나, 정규압밀상태의 흙의 경우는 $c' \fallingdotseq 0$으로 변하므로 포화시켜 시험해서 c', ϕ'를 구해야 한다.

$$F_s = \frac{\sum_{i=1}^{n}[c_i' l_i + (W_i \cos\alpha_i - u_i l_i)\tan\phi_i']}{\sum_{i=1}^{n}(W_i \sin\alpha_i)} \quad \text{(지하수가 있는 경우)} \tag{12.38}$$

다른 가상활동면에 대해 식 (12.37), 식 (12.38)을 이용해서 반복 계산하여 그 중 최소치를 구하면 이것이 대상사면의 안전율이 되고 이때의 활동면을 임계활동면(또는 임계원)이라고 부른다.

(3) 수정펠레니우스법

펠레니우스법에서 지하수가 있어 가상활동면에 간극수압이 작용할 때는 N_{ri} 대신에 식 (12.36)의 유효수직력 N_{ri}'를 사용한다. 이 유효수직력의 값을 펠레니우스와 달리하도록 하는 방법이 제안되었으며 이 방법을 수정펠레니우스법이라고 한다.

턴불 등(Turnbull et al., 1967)은 펠레니우스법의 안전율이 과소한 것은 유효토피하중을 과소

평가하기 때문이라고 하고 W_i대신에 유효토피하중으로 $W_i' = W_i - u_ib_i$를 취해 유효수직력 N_{ri}'를 식 (12.39)와 같이 구할 것을 제안하였다. 즉, 유효수직력(N_{ri}')을 유효연직력(W_i')의 분력으로 보는 것이다. 참고로, 원래의 펠레니우스법에서는 전연직력(W_i)의 수직분력(N_{ri})에서 그 면에 작용하는 간극수압력(u_il_i)을 빼서 N_{ri}'를 구하므로 식 (12.39)의 값과 다르다.

$$N_{ri}' = W_i'\cos\alpha_i = (W_i - u_ib_i)\cos\alpha_i = W_i\cos\alpha_i - u_ib_i\cos\alpha_i \tag{12.39}$$

식 (12.39)에 의한 N_{ri}'는 어떤 u_i값에 대해서도 음수가 되는 일이 없고, 유효응력에 의한 해석의 경우에는 이 식을 사용해야 한다고 라이트(Wright, 1975)도 지적하고 있다. 식 (12.39)는 식 (12.40)으로도 표현할 수 있어 이것을 사용해서 식 (12.38)을 고쳐 쓰면 식 (12.41)과 같이 되며 이 식을 수정펠레니우스법(또는 수정간편법)이라고 한다.

$$N_{ri}' = W_i\cos\alpha_i\left(1 - \frac{u_ib_i}{W_i}\right) = W_i\cos\alpha_i(1 - r_{iu}) \tag{12.40}$$

여기서, W_i : $\gamma_ih_ib_i$

       r_{iu} : $\dfrac{u_i}{\gamma_ih_i}$ (간극수압비)

       γ_i : i절편의 단위중량

       h_i : i절편의 무게중심에서의 높이,

       b_i : i절편의 폭

$$F_s = \frac{\displaystyle\sum_{i=1}^{n}\left[c_i'l_i + (1 - r_{iu})W_i\cos\alpha_i\tan\phi_i'\right]}{\displaystyle\sum_{i=1}^{n}(W_i\sin\alpha_i)} \tag{12.41}$$

여기서, 유효토피하중으로서 $W_i' = W_i - u_ib_i$를 적용할 때, 토괴 내에 자유지하수가 형성되어 있는 경우에는 u_i가 수두로서 쉽게 계산되나, 침투수가 있는 경우에는 12.4.5절의 방법으로 구한 u_i를 적용해야 한다.

지금까지의 설명으로 알 수 있듯이, 수정펠레니우스법에서는 경사면(절편면)에 작용하는 유효수직응력으로는 유효연직력(응력이 아님 ; effective vertical force)의 경사면(절편면) 방향의 분력을 사용해서 절편길이로 나눈 값이어야 한다는 것이다. 반면에 펠레니우스법에서의 유효수직응력은 전연직력(total vertical force)의 경사면(절편면) 방향의 분력에서 간극수압에 의한 경사면의 힘을 뺀 값을 절편길이로 나눈 값을 사용하고 있으나 이는 이론상의 오류라고 볼 수 있다. 즉, 어떤 면에서의 유효력을 구할 때는 유효연직력의 분력이란 정의를 이용해야 하며 전연직력의 분력을 이용하여 간극수압력을 빼서 계산한 값은 역학적인 의미를 부여하기가 어렵다.

수정펠레니우스법에서 알 수 있듯이 펠레니우스법은 간극수압이 있을 때는 이론상 약간의 오차를 포함하나, 12.4.4절의 비숍간편법에서는 수정펠레니우스법과 동일한 개념을 사용하여 오차를 없앴다.

12.4.4 비숍간편법

비숍(Bishop, 1955)은 펠레니우스법을 개선하여 절편 양측면에 작용하는 힘의 영향을 어느 정도 고려하여 안전율을 구하는 방법을 제시하였으며 현재 가장 널리 사용되고 있는 방법이다. 활동면이나 절편의 형상 등은 펠레니우스법과 마찬가지로 그림 12.17과 동일하고 안전율도 식 (12.33)과 동일하다. 다만 비숍법에서는 N_{ri}'를 구하는 방법이 펠레니우스법과 다르다. 펠레니우스법에서는 그림 12.17(b)에 나타낸 절편의 양측면에 작용하는 힘이 식 (12.34)와 같이 동일하다고 가정하여 서로 상쇄하였으나, 비숍법에서는 이들을 완전히 무시하지는 않는다. 비숍법에서 N_{ri}를 구하는 방법은 다음과 같다.

(1) 절편의 양측면에 작용하는 힘의 차이 설정

먼저, 절편 양측면에 작용하는 힘의 차이를 식 (12.42)와 같이 정의한다.

$$P_{i-1} - P_i = \Delta P_i, \ Q_{i-1} - Q_i = \Delta Q_i \tag{12.42}$$

(2) 각 절편의 N_{ri}를 구하는 방법

N_{ri}를 구하는 방법이 펠레니우스법과 다른 유일한 것이며, N_{ri}를 구하기 위해서 절편의 연직 방향의 힘의 평형조건을 사용한다. 펠레니우스법처럼 원의 중심 방향의 힘의 평형조건을 사용

하면 미지수가 ΔP_i, ΔQ_i 두 개가 되지만 연직방향의 힘의 평형조건을 사용하면 미지수가 ΔQ_i 하나가 된다. 펠레니우스법에서는 이 두 개의 미지수를 0으로 가정하여 무시하였다.

그림 12.17(b)에서 연직방향의 힘의 평형조건을 적용하면 식 (12.43)이 구해진다. 이 식의 목표는 N_{ri}를 구하는 것이라는 점을 다시 한번 강조한다.

$$W_i + \Delta Q_i = N_{ri}\cos\alpha_i + T_{ri}\sin\alpha_i \tag{12.43}$$

여기서 식 (12.43)의 각 절편의 T_{ri}에 식 (12.44)를 도입하여 미지수 하나(T_{ri})를 없앤다. T_{ri}는 발휘된 전단저항력이 되므로 전단강도에 의한 최대전단저항력을 안전율로 나눈 값이 된다는 개념을 이용한 것이다.

$$T_{ri} = \frac{1}{F_s}(c_i l_i + N_{ri}\tan\phi_i) \tag{12.44}$$

식 (12.44)를 식 (12.43)에 대입하면 N_{ri}는 식 (12.45)가 된다. 식 (12.45)에서 ΔQ_i가 구해지지 않아 안전율도 구할 수 없으므로 이를 무시하면 N_{ri}는 식 (12.46)과 같이 되며 이 식을 사용하여 안전율을 구한 것을 비숍간편법(Bishop's simplified method of slices)이라고 한다. 여기서 우리가 ΔQ_i를 무시하고 ΔP_i는 식의 유도에서 사용되지도 않는다면 두 값이 모두 무시되어 결과적으로는 펠레니우스법과 다를 것이 없다고 생각할 수 있다. 그러나 곰곰이 생각해보면 연직방향의 힘의 평형만을 고려하였기 때문에 수평방향의 힘인 ΔP_i는 사용되지 않은 것뿐이지 무시되지는 않았다는 것을 알 수 있다. 이런 의미에서 비숍간편법에서는 절편 양측면에 작용하는 힘을 어느 정도 고려했다는 표현을 쓰게 된 것이다.

$$N_{ri} = \frac{W_i + \Delta Q_i - \dfrac{c_i l_i}{F_s}\sin\alpha_i}{\cos\alpha_i + \dfrac{\tan\phi_i}{F_s}\sin\alpha_i} \quad (\Delta Q_i \neq 0\text{일 경우}) \tag{12.45}$$

$$N_{ri} = \frac{W_i - \dfrac{c_i l_i}{F_s}\sin\alpha_i}{\cos\alpha_i + \dfrac{\tan\phi_i}{F_s}\sin\alpha_i} \quad (\Delta Q_i = 0\text{로 가정할 경우}) \tag{12.46}$$

(3) 안전율 F_s

안전율은 펠레니우스법과 동일하게 식 (12.33)으로 정의되며 이 식에 식 (12.46)의 N_{ri}값을 대입하여 정리하면 비숍간편법에 의한 안전율은 식 (12.47)과 같이 된다.

$$F_s = \frac{\sum_{i=1}^{n}(c_i l_i + N_{ri}\tan\phi_i)}{\sum_{i=1}^{n}(W_i\sin\alpha_i)} = \frac{\sum_{i=1}^{n}(c_i b_i + W_i\tan\phi_i)\dfrac{1}{m_{\alpha i}}}{\sum_{i=1}^{n}(W_i\sin\alpha_i)} \text{(지하수가 없는 경우)} \qquad (12.47)$$

여기서, $b_i = l_i\cos\alpha_i$, $\alpha_i \gtreqless 0$, $m_{\alpha i} = \cos\alpha_i + \dfrac{\tan\phi_i\sin\alpha_i}{F_s}$

지하수가 있어 가상활동면에 간극수압이 작용할 때는 식 (12.47)의 W_i 대신에 식 (12.48)의 유효연직력 $W_i{}'$를 사용하며 이때의 안전율은 식 (12.49)와 같이 된다. 유효연직력을 구하는 방법은 수정펠레니우스법에 의한 식 (12.39)와 동일하다는 것을 알 수 있다. $c_i{}'$, $\phi_i{}'$에 대해서는 펠레니우스의 식 (12.38)의 설명 참조.

$$W_i{}' = W_i - u_i b_i \qquad (12.48)$$

여기서, u_i : 절편 i의 폭 b_i에 작용하는 평균 간극수압

$$F_s = \frac{\sum_{i=1}^{n}[c_i{}' b_i + (W_i - u_i b_i)\tan\phi_i{}']\dfrac{1}{m_{\alpha i}}}{\sum_{i=1}^{n}W_i\sin\alpha_i} \text{ (지하수가 있는 경우)} \qquad (12.49)$$

여기서, $b_i = l_i\cos\alpha_i$, $\alpha_i \gtreqless 0$

$$m_{\alpha i} = \cos\alpha_i + \frac{\tan\phi_i{}'\sin\alpha_i}{F_s}$$

식 (12.47)과 식 (12.49)에는 양변에 안전율(F_s)이 있으므로 양변에 동일한 안전율을 대입하여 반복계산하는 시산법(trial-and-error procedure)으로 계산하여 양변의 안전율이 오차 범위 내에서 근접할 때의 안전율을 구하게 된다. 물론 다른 가상활동면에 대해 위의 계산을 반복하여 그 중 최소치를 구하면 이것이 대상사면의 안전율이 되고 이때의 활동면이 임계활동면(또는 임계원)이 된다.

여기서 간극수압이 있을 때의 유효작용력을 구하는 방법에 대해 다시 한 번 강조하고 싶은 것이 있다. 펠레니우스법에서는 절편에 작용하는 전연직력(W_i)을 이용하여 경사면인 활동면에 작용하는 전수직력($N_{ri} = W_i \cos \alpha_i$)을 계산해서 이 면에 작용하는 간극수압력($u_i l_i$)을 뺀 값을 사용하였으며, 이의 문제점이 수정펠레니우스법에서 지적되어 수정방법이 제시되었다. 즉, 수정펠레니우스법에서는 절편의 폭(b_i)에 작용하는 전연직력(W_i)에서 이 폭에 작용하는 간극수압력($u_i b_i$)을 뺀 값인 유효연직력($W_i{}'$)을 구하고, 이 값을 이용하여 어떤 경사각을 갖는 절편활동면에 작용하는 유효수직력을 구하게 되며 이것이 보다 정확한 개념이라고 강조한 바 있다. 다시 말하면, 유효연직력을 사용하여 어떤 면에 작용하는 유효수직력을 구하는 것이 정확하다는 것이다. 비숍간편법에서는 이러한 개념을 사용하여 절편에 작용하는 전연직력(W_i)에서 이 연직 방향 폭(b_i)에 작용하는 간극수압력($u_i b_i$)을 뺀 값인 유효연직력($W_i{}'$)을 사용하고 있다는 것을 식 (12.48)에서 알 수 있다.

12.4.5 절편법 적용 시 지하수가 있을 때의 간극수압 산정법

그림 12.18은 정수위가 있을 때와 정상침투가 있을 때의 절편 i에서의 간극수압을 구하기 위한 설명도이다. 이 그림에서 정수위가 있을 때의 절편 i에서의 간극수압은 당연히 식 (12.50)과 같이 되고 정상침투가 있을 때의 절편 i에서의 간극수압은 유선망(유선과 등수두선)을 이용하여 식 (12.51)과 같이 구해진다. 이때 유선망은 침투해석에 의해 구해야 함은 물론이며, 그림 12.18에서는 유선의 최상부에 위치하는 침윤선만을 나타내었다.

간극수압(u_i)이 있을 때의 펠레니우스법과 비숍간편법에 의한 안전율은 각각 식 (12.38), 식 (12.49)의 u_i에 식 (12.50)이나 식 (12.51)을 대입하여 구하게 된다.

$$u_i = \gamma_w h_1 \quad \text{(정수의 경우의 간극수압)} \tag{12.50}$$

$$u_i = \gamma_w h_2 \quad \text{(정상침투의 경우의 간극수압)} \tag{12.51}$$

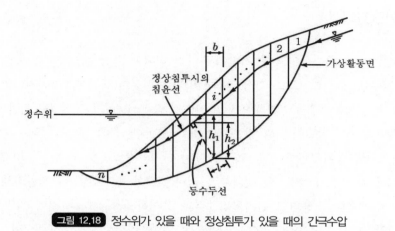

그림 12.18 정수위가 있을 때와 정상침투가 있을 때의 간극수압

12.5 토사사면의 장단기 안정해석법

토사사면의 안정해석을 수행할 때, 현장조건(특히 배수조건)에 따라 적용되는 안정해석법이 달라지고, 또 안정해석법에 맞는 토질정수가 적용되어야 하므로 안정해석법의 선택이 대단히 중요하다는 것은 말할 필요도 없다.

모래 지반의 경우는 지진 시를 제외하고는 비배수강도가 사용되지 않으므로, 정적(靜的)해석 시에는 압밀배수강도를 사용하게 된다. 즉, 안정해석으로는 배수해석을 적용하게 된다. 그러나 점토 지반의 경우는, 재하 후에 과잉간극수압이 발생하여 변형이 시간(과잉간극수압의 소산)에 따라 변화하게 된다. 따라서 시간에 따른 안정해석으로 장기안정해석과 단기안정해석으로 나뉘게 되며, 각각에 사용해야 할 강도정수도 전혀 달라진다.

배수해석을 적용할 지반과 장단기안정해석을 적용할 지반의 개략적인 구별은 투수계수(k)에 의해 행해질 수 있다. 모래는 일반적으로 투수계수가 10^{-3} cm/s 이상으로서 배수해석, 점토는 투수계수가 10^{-7} cm/s 이하로서 장기와 단기안정해석으로 나누게 된다. 그러나 10^{-7} cm/s $< k <$ 10^{-3} cm/s 인 흙에 대해서는 명확한 기준을 제시하기 어렵다.

저자는 실트질 흙의 투수계수인 10^{-5} cm/s 이상인 경우에는 배수해석, 그 이하인 경우에는 현장조건에 따라 장기안정해석과 단기안정해석으로 나누어 해석하는 방법을 택하고 있으며, 이는 저자의 주관적인 판단에 의한 것이라는 점도 첨언해둔다. 여기서는 점토지반의 장단기안정해석에 대해 상세히 기술한다.

12.5.1 단기안정해석

단기안정해석이란, 투수성이 낮은 지반에서 재하 직후에 가장 불안정하고 시간이 흐를수록 안정해지는 경우에 대한 해석으로, 가장 안전율이 낮은 시점인 재하 직후 즉 지반의 비배수거동 시의 안정을 검토하는 경우의 안정해석을 말하며, 그림 12.19(a)와 같이 점토지반 위에 성토가 될 때의 점토지반(정규압밀지반)과 같은 경우에 적용한다. 물론, 굴착과 같은 과압밀지반의 경우도 가시설처럼 단기적인 안정만 고려할 때는 단기안정해석을 할 수도 있지만, 안전측인 장기안정해석을 하는 것이 바람직할 것이다. 그러나 경제성 측면에서는 단기안정해석이 유리하므로 적절한 안전율을 적용하고 단기안정해석과 유사하게 해석하는 것이 일반적이다(그림 10.67 참조). 안정해석은 유효강도정수를 사용하여 유효응력해석법으로 하는 것이 보다 정확한 이론적인 방법이지만, 단기안정해석이 적용되는 경우, 실제지반에서 발생하는 과잉간극수압의 측정이 어렵고, 더욱이 시공 전 설계 시에는 정확한 과잉간극수압을 예측하기 어려우므로 유효응력법의 적용이 곤란하게 된다. 따라서 일반적으로, 근사법이지만 간편한 방법인 전응력법이 적용되며, 이때의 강도정수로는 비압밀비배수강도정수(c_u, ϕ_u)가 사용된다. 지반이 포화되어 있는 경우에는 $c_u > 0$, $\phi_u = 0$이 된다. c_u를 구하는 시험법으로 일반적으로 사용되는 것은 삼축압축시험의 비압밀비배수(UU)시험인데, 간편시험법으로 일축압축시험에 의하는 경우도 많다.

앞에서 기술한대로 단기안정해석의 경우, 정확한 안전율을 구하기 위한 유효응력법의 적용이 어려우므로 일반적으로 전응력법을 적용하게 되지만, 여기서 기술하게 될 단기안정해석법의 원리는 유효응력법으로 설명하는 것이 보다 정확하며 여기서도 이 방법을 사용한다.

그림 12.19(a)와 같이 균질한 점토지반 위에 성토를 할 때, 지반 내의 P점에서의 가상활동면 상의 시간에 따른 전단응력의 변화는 그림 (b)와 같다. 점 P의 전단응력은 성토의 높이에 따라 증가해서 성토 완료 시에 최대가 된다. 왜냐하면, 어떤 면에서의 전단응력 $\tau_\theta = (\sigma_1 - \sigma_3)\sin 2\theta/2$ 이므로 성토에 의해 σ_1이 크게 증가하고 σ_3는 적게 증가해서 결과적으로 τ_θ가 증가하기 때문이다.

성토 이전의 초기간극수압은 정수압 $\gamma_w h$가 된다. 점토는 투수성이 낮으므로 성토 기간 동안에 체적변화나 배수의 양은 매우 적다. 만약 성토 기간 중에 배수나 간극수압의 소산이 발생하지 않는다고 가정한다면, 점토는 비배수조건으로 재하된다고 할 수 있다. 간극수압은 「초기간극수압($\gamma_w h$)+과잉간극수압(Δu)」이며, 과잉간극수압은 그림 (c)와 같이 성토 완료 시까지 스켐프톤(Skempton)에 의한 식 (9.15) 또는 식 (12.52)의 값으로 성토고의 증가에 따라 증가한 후, 성토 완료 후부터 점차로 소산되어서 초기간극수압 상태로 된다. 성토과정의 간극수압계수

A값은 개략적으로 1과 -0.5 사이가 되며, 식 (12.52)에 의해 계산되는 과잉간극수압은 A가 큰 음수를 갖지 않는 한 양(+)의 값이 된다.

$$\Delta u = \Delta \sigma_3 + A(\Delta \sigma_1 - \Delta \sigma_3) \text{(포화 시, 즉 } B = 1 \text{일 때의 식)} \qquad (9.15)(12.52)$$

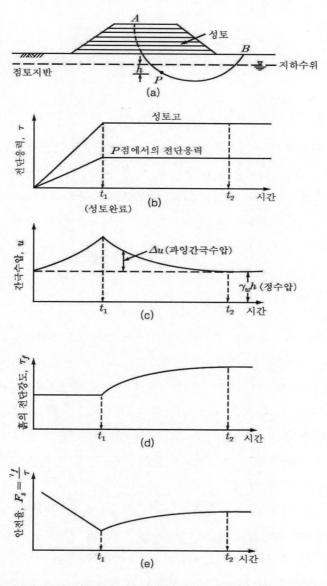

그림 12.19 점토지반 위의 성토 시의 시간에 따른 안전율의 변화(Bishop et al., 1960; Wu, 1976)

그림 (d)에 나타낸 시간에 따른 τ_f의 변화 중, 성토 완료 시까지는 식 (12.53)에서 σ와 Δu(및 u)가 동시에 증가하므로 성토 시작 시의 비배수전단강도와 거의 동일하게 유지된다. 성토 완료 후 Δu는 압밀에 의해 소산되고 압밀 완료 시(t_2 시간 후)에 0으로 되지만, 전응력(σ)은 일정하게 유지된다. t_1 시간 후의 압밀과정에서의 Δu의 소산은 식 (12.53)에서 알 수 있듯이 유효응력 $(\sigma - u)$ 및 τ_f의 증가를 수반하여 그림 (d)와 같이 나타내어진다.

$$\tau_f = c' + (\sigma - u)\tan\phi' \tag{12.53}$$

여기서, $u = \gamma_w h + \Delta u$

그림 (e)에서, 활동에 대한 안전율 $F_s (= \tau_f / \tau)$가 가장 낮은(가장 위험한) 상태는 성토 완료 직후인 시각 t_1에서 발생한다는 것을 알 수 있다. 만약 성토가 성토 완료 직후에 안전을 유지한다면 시간 경과에 따라 안전율은 증가하여 더욱 안전하게 될 것이다. 그러므로 성토 완료직후(단기)에 대한 안정성 검토가 필요하고 일반적으로 전응력해석을 한다. 그러나 상부의 양질 성토체는 유효응력(배수)해석이 적용되어야 할 것이다.

12.5.2 장기안정해석

장기안정해석이란, 투수성이 낮은 지반에서 시간이 흐를수록 불안정해지므로 안전율이 최저가 될 때 즉, 많은 시간이 흐른 후인 지반의 배수거동 시의 안정을 검토하는 경우의 안정해석을 말하며, 그림 12.20(a)와 같이 점토지반의 절토와 같은 과압밀점토지반에서 발생하게 된다. 물론, 12.5.1에서 기술한 정규압밀점토 지반의 재하(성토) 시에도 과잉간극수압이 발생하지 않을 정도의 대단히 낮은 속도로 단계적으로 재하할 때는 장기안정해석을 할 수도 있지만, 이런 경우는 별로 없을 것이고, 있더라도 확인이 어려우므로 안전측인 단기안정해석을 하는 것이 바람직할 것으로 생각된다.

장기안정해석 시의 강도정수로는 압밀배수강도정수(c_d, ϕ_d)를 사용해야 한다. 그러나 배수전단이란 과잉간극수압이 발생하지 않도록 대단히 낮은 속도로 전단하는 것을 의미하므로, 시험시 과잉간극수압에 대한 확인이 어렵고, 시험시간도 많이 소요되어 압밀배수시험을 적용하기는 어렵다. 따라서 일반적으로 압밀배수(CD)시험 대신 압밀비배수(CU)시험에서 과잉간극수압을 측정해서 유효응력법으로 구한 유효응력 강도정수(c', ϕ')를 압밀배수강도정수(c_d, ϕ_d) 대신으로 사용한다. 왜냐하면, $c' \fallingdotseq c_d$, $\phi' \fallingdotseq \phi_d$로서 c_d, ϕ_d 대신 c', ϕ'를 사용해도 실용상 문제가 없기 때문이다. 물론, 안정해석 시의 응력으로는 유효응력을 사용해야 한다.

지반이 포화되어 있는 경우의 유효응력 강도정수는, 대단히 과압밀된 경우를 제외하고는 모래, 점토 모두 $c' \fallingdotseq c_d \fallingdotseq 0$, $\phi' \fallingdotseq \phi_d > 0$이다. 대단히 과압밀된 경우라도 c'(또는 c_d)는 크지 않아 무시될 수 있을 정도이다.

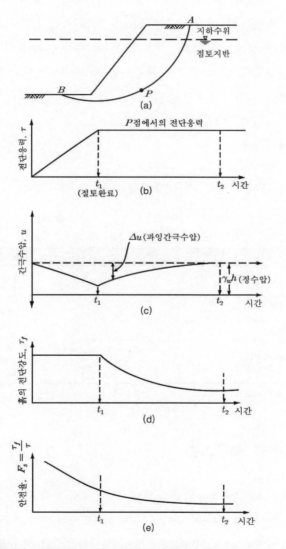

그림 12.20 점토지반 굴착 시의 시간에 따른 안전율의 변화(Bishop et al., 1960; Wu, 1976)

그림 (a)와 같은 점토지반의 굴착 시 P점에서의 가상활동면 상의 전단응력은 $\tau_\theta = (\sigma_1 - \sigma_3)$ $\sin 2\theta/2$로서, 그림 (b)와 같이 굴착과정에서 σ_3가 σ_1보다 많이 감소되므로 증가되다가 굴착 완료시 최대가 되어 지속된다. 또, 그림 (c)와 같이 굴착과정에서 과압밀이 되어 부(負)의 과잉간극수압이 발생하여 간극수압(u)은 감소하게 되며, 굴착 완료 후 점차로 증가하여 최종적으로는 정수압($\gamma_w h$)이 된다.

그림 (d)의 전단강도는 식 (12.53)에서 알 수 있는 바와 같이 굴착과정에서는 σ 및 u가 동시에 감소하여 τ_f는 거의 동일하게 유지되나, 굴착 완료 후 σ는 일정하게 유지되고 u는 증가하므로 τ_f는 감소하게 되어, 시간에 따른 안전율은 그림 (e)와 같이 된다. 이 그림에서 알 수 있는 바와 같이 단기안정해석의 경우와 반대로, 시간이 흐름에 따라 점점 불안정해지므로(안전율이 감소되므로) 이를 장기안정문제라고 하고 장시간 흘렀을 때 즉, 배수 시의 안정성 여부를 해석하게 되며 이를 위해 유효응력해석법이 적용된다.

12.5.3 안정해석법의 요약

안정해석법에 대해 앞에서 기술한 것을 요약하면 표 12.1과 같다.

표 12.1 토질 및 해석법에 따른 강도정수(포화 시에 한함)와 적용 예

토질	안정해석법	전단시험	강도정수	적용 예
모래	배수해석	압밀배수(CD)시험	$c_d,\ \phi_d$	투수성이 높은 지반의 정적(靜的) 해석시
점토	장기안정해석	압밀배수(CD)시험 또는 압밀비배수(CU)시험 (주로 CU 시험 적용)	$c_d,\ \phi_d$ 또는 $c',\ \phi'$ $(c_d \fallingdotseq c' \fallingdotseq 0)$ $(\phi_d \fallingdotseq \phi' > 0)$	투수성이 낮은 지반의 절토사면, 장기 굴착시 등 과압밀상태에 적용
	단기안정해석	비압밀비배수(UU)시험 또는 일축압축시험	$c_u,\ \phi_u\ (c_u > 0,\ \phi_u \fallingdotseq 0)$ $\left(c_u = \dfrac{\sigma_1 - \sigma_3}{2}\ \text{또는}\ c_u = \dfrac{q_u}{2} \right)$	투수성이 낮은 지반의 성토사면, 말뚝 지지력 등 정규압밀상태에 적용

12.6 각 기관의 안전율 적용기준

사면의 안전율에 대한 기본적인 개념에 대해서는 12.2절에서 기술했다. 실제로 안전율을 적용할 때 가장 문제가 되는 것은 지하수위의 위치에 대한 적용방법과 이에 따른 강도정수 및 단위중량의 크기 등이다. 일반적으로 단위중량이나 강도정수는 지하수의 적용방법에 따라 기술자의

판단에 맡기게 되나 안전율은 지하수의 적용방법에 따라 건기와 우기로 나누어서 안전율을 정의하는 등의 기준을 각 기관들이 제시하고 있다. 이들에 대해 요약해서 기술하기로 한다. 여기서 제시하는 내용은 이론적인 근거가 부족한 경우도 있으나, 설계 참고자료로 제시한다.

12.6.1 한국도로공사 도로설계실무편람(1996)-토공 및 배수공

비탈면의 안전율은 재하조건 하에서 피해의 정도와 경제성에 따라 선택되며, 고속도로의 절토비탈면 붕괴시 재산의 피해가 크게 예상되므로 영구적인 안전을 도모하기 위하여 타당하게 적용하여야 한다. 절토비탈면의 최소안전율은 표 12.2와 같으며 참고로 각 국과 각 기관의 절토비탈면 최소 안전율은 표 12.3과 같다.

표 12.2 절토비탈면 최소안전율(F_s)

구분		최소안전율(F_s)	참조
절토	건기	$F_s \geq 1.5$	– NAVFAC–DM 7.1 p.329 : 하중이 오래 작용할 경우 – 일본도로공단(도로설계요령) – 한국도로공사 : 일축, 삼축 압축시험으로 강도를 구한 경우 (도로설계요령, 1976)
	우기	$F_s \geq 1.1 \sim 1.2$	– 영국 National Coal Board

· 암반 : 건기-인장균열이나 활동면을 따라 수압이 작용되지 않음.

       우기-인장균열이나 활동면을 따라 작용되는 수압을 $H_w = 1/2H$로 가정하여 적용.

· 토층 및 풍화암 : 건기-지하수위 미고려

       우기-지하수위는 GL-0.3m

표 12.3 각국 및 각 기관의 절토비탈면 최소안전율

구분		최소안전율	
한국 도로 공사	도로설계요령 (1976년)	원위치 시험에 의해서 전단강도를 구한경우	$F_s \geq 1.7$
		일축, 삼축압축시험에 의해 강도를 구한경우	$F_s \geq 1.5$
	도로설계요령 (1992년)	절토사면은 시공후 기간의 경과와 함께 불안전하게 되므로 최소안전율 삭제	–
미국 FEDERAL REQISTER (1977)		시공직후	$F_s \geq 1.3$
		침윤을 고려할 때	$F_s \geq 1.5$
		지진을 고려할 때	$F_s \geq 1.0$

표 12.3 각국 및 각 기관의 절토비탈면 최소안전율(계속)

구분		최소안전율
미국 DAPPLOLONIA CONSULTING INC (1975)	실내시험에 의해 강도를 구할 경우	$1.5 > F_s > 1.3$
	최대 지진가속도를 고려할 때	$1.5 > F_s > 1.2$
영국 NATIONAL COAL BOARD (1970)	1) 최대전단응력(UU TEST)	$1.5 > F_s > 1.25$
	2) 잔류전단응력(CD TEST)	$1.35 > F_s > 1.15$
	3) 포화된 사질토의 경우(c = 0)	$1.35 > F_s > 1.15$
	4) 2), 3)항 공히 적용되는 경우(c = 0, CD TEST)	$1.2 > F_s > 1.1$
NAVFAC-DM 7.1 - p.329	하중이 오래 작용할 경우	$F_s \geq 1.5$
	구조물 기초인 경우	$F_s \geq 2.0$
	일시적인 하중이 작용할 경우 및 시공시	$F_s \geq 1.35 \text{ or } 1.25$
	지진 하중이 작용하는 경우	$F_s \geq 1.2 \text{ or } 1.15$
항만협회	항만시설 기술상의 기준, 동해설(일본)	$F_s \geq 1.3$
도로공단	도로설계요령(일본)	$F_s \geq 1.5$
일본건설성	표준적인 계획안전율	$F_s \geq 1.1 \sim 1.3$
건설교통부	구조물 기초설계기준	$F_s \geq 1.3$

12.6.2 한국도로공사 도로설계요령(2002)-토공 및 배수

(1) 성토

흙쌓기부의 안정계산을 할 경우의 안전율을 1.3 이상을 목표로 한다.

(2) 절토

비탈면의 안전율은 피해의 정도와 경제성에 따라 선택되며, 고속도로의 깎기비탈면 붕괴시 재산의 피해가 크게 예상되므로 영구적인 안전을 도모하기 위해 표 12.4와 같이 추천한다. 단, 지하수위 고려 시 표 12.4의 방법 이외에 비탈면 안정에 대해 지하수의 영향을 보다 합리적으로 고려할 수 있는 방법을 적용하여 최소안전율 기준을 적용할 수 있다.

표 12.4 깎기비탈면의 최소안전율 기준

구분	최소안전율(F_s)	참조
건기	$F_s > 1.5$	- 암반 : 인장균열면이나 활동면을 따라 수압이 작용되지 않음. - 토층 및 풍화암 : 지하수위 미고려
우기	$F_s > 1.1 \sim 1.2$	- 암반 : 인장균열면이나 활동면을 따라 작용되는 수압을 $H_w = 1/2H$로 가정하여 적용 - 토층 및 풍화암 : 지하수위는 지표면에 위치
지진시	$F_s > 1.1 \sim 1.2$	- 미국 D'APPOLONIA 기준 - NAVFAC - DM 7.1-329 기준 적용

12.6.3 건설교통부 도로설계편람(II)(2001)

(1) 성토

흙쌓기 노체 비탈면의 안전율은 1.3 이상으로 한다.

(2) 절토

땅깎기 비탈면의 안정해석은 비탈면의 안정성 확보에 필요한 경사를 결정하거나 비탈면 붕괴 위험에 따른 대책공사의 규모를 결정하기 위하여 실시한다. 안정해석은 건기와 우기를 모두 고려하여 규정된 소정의 계획 안전율을 확보해야 한다. 건기와 우기에 대한 안전율을 표 12.5와 같다.

표 12.5 땅깎기 비탈면의 건기와 우기에 따른 최소안전율

구분	최소안전율(F_s)	내용
건기	F_s〉1.5	− 암반 : 인장균열이나 활동면에 따라 수압이 작용되지 않음 − 토층 및 풍화암 : 지하수 미고려
우기	F_s〉1.1~1.2	− 암반 : 인장균열면이나 활동면에 따라 작용되는 수압을 　　$H_w = 0.5H$로 가정하여 적용 − 토층 및 풍화암 : 지하수위 고려

12.6.4 부산지방국토관리청 하천공사 설계적용기준(2002)

제방은 원호활동 및 비탈면의 활동에 대해 검토하여야 하며 검토결과 안전율이 표 12.6의 값 이상이 되는 성토재로 축조하여야 한다.

표 12.6 제방의 활동에 대한 안전율

제체 상태	간극수압 상태	안전율
연직붕괴 불고려	간극수압 불고려	2.0 이상
	간극수압 고려	1.4 이상
연직붕괴 고려	간극수압 불고려	1.8 이상
	간극수압 고려	1.3 이상

* 하천설계기준 p.554 참조

[해설] 제방의 원호활동을 고려한 제방 비탈면 안정계산에서 안전율은 표 5의 기준에 따르되 간극수압과 제체의 연직붕괴(균열발생)를 고려하여 결정한다. 특히 연약지반 상에 제방을 축조하는 경우에 제방의 하중이 지반의 강도보다 크면 연약지반에는 미끄럼 붕괴가 일어나 제방이 붕괴된다. 이 때 파괴를 일으키는 비탈면의 형상은 비탈면을 통과하는 연약지반이 비교적 균질하다면 원호활동이 되고 얇은 층이 있다든지 또는 연약층의 두께가 얇으면 원호와 직선이 복합된 형태로 활동이 일어난다.

제방 비탈면의 안전도를 검토하는 방법에는 전응력 분석방법과 유효응력 분석방법이 있다. 전응력 분석방법은 비배수전단강도를 이용하고 유효응력 분석방법은 배수전단강도를 이용한다. 주로 단기간의 안정분석 또는 공사완료 직후에는 전응력 분석방법을 이용하고 장기간의 분석을 위해서는 유효응력 분석방법을 이용한다. 이러한 안정계산을 통하여 비탈파괴에 대한 안전율을 구하여 그 중 최소치가 안정에 필요한 값(표 12.7에서 제시한 안전율)을 만족하는지 검토한다.

12.7 연습 문제

12.1 강우 시 토사사면의 안전율 경로를 개략적으로 그리고 설명하시오.

12.2 지표면에서 2m 깊이에 지하수위를 형성하면서 정상침투를 하는 반무한 토사사면의 안전율식을 유도하시오.

12.3 침투가 없는 단순사면의 활동에 대한 안전율을 평면활동면으로 가정하여 계산하는 방법에 대해 설명하시오.

12.4 $\phi = 0$인 균질한 단순사면의 안전율을 질량법으로 구하는 방법에 대해 기술하시오.

12.5 침투가 없는 사면에 대해 펠레니우스법으로 안전율식을 유도하시오.

12.6 정상침투가 있는 사면에 대해 펠레니우스법으로 안전율식을 유도하시오.

12.7 점토지반을 굴착할 때의 사면의 활동에 대한 안전율의 시간에 따른 변화와 점토지반의 강도정수를 구하기 위한 시험법을 설명하시오.

12.8 점토지반 위에 성토를 할 때의 사면의 활동에 대한 안전율의 시간에 따른 변화와 점토지반의 강도정수를 구하기 위한 시험법을 설명하시오.

12.9 다음 그림의 정상침투가 있는 반무한사면의 A점에서의 간극수압을 계산하시오.

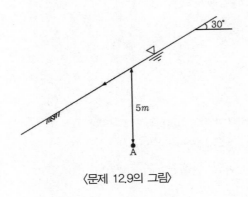

〈문제 12.9의 그림〉

12.10 다음 그림과 같은 단순사면의 가상 평면활동면에 대한 안전율을 계산하시오.

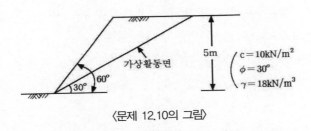

〈문제 12.10의 그림〉

12.11 다음 그림에 있는 사면의 가상활동면에 대한 안전율을 펠레니우스법에 의해 계산하시오. 단, 지반은 균질이며, $c = 0$, $\phi = 30°$, $\gamma_t = 18\,\mathrm{kN/m^3}$이고 지하수는 없다.

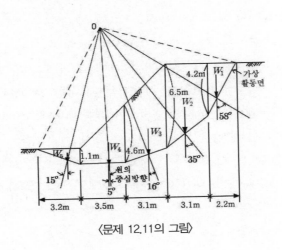

〈문제 12.11의 그림〉

12.12 사면안정에 대한 펠레니우스법과 비숍간편법에서의 안전율 계산에서 $\sum T_{ri}$ 항을 구하는 방법에 대해 설명하시오.

12.8 참고문헌

· 건설교통부 도로설계편람(II)(2001, pp.404-11, 406-11.
· 김상규(1991), 토질역학, 청문각, p.358.
· 부산지방국토관리청 하천공사 설계적용기준(2002), p.16.
· 이상덕(1998), 토질역학, pp.466-469.
· 임종철(2009), 동해남부선(부산-울산간) 복선전철 제 9공구 노반신설공사 선암 1터널 사면 활동에 대한 대책수립 연구보고서, 한국지반공학회.
· 한국도로공사 도로설계실무편람-토공 및 배수공-(1996), pp.110-111.
· 한국도로공사 도로설계요령-토공 및 배수(2002), p.130.
· 한국지반공학회(2000), 토목기술자를 위한 암반공학, 구미서관, pp.542-547.
· Bishop, A.W.(1955), "The use of the slip circle in the stability analysis of slopes", Geotechnique V, No.1, pp.7-17.
· Bishop, A.W. and Bjerrum, L.(1960), "The relevance of the triaxial test to the solution of stability problems," Proc. Am. Soc. Civil Engrs. Res. Conf. on Shear Strength of Cohesive Soils, p.437.
· Culmann, C.(1875), Die Graphische Statik, Meyer and Zeller, Zurich.
· Fellenius, W.(1927), Erdstatische Berechnung, Berlin, W. Ernst und Sohn, Berlin.
· Janbu, N.(1954), Application of composite slip surfaces for stability analysis, Proc. European Conf. on Stability of Earth Slopes, Sweden, Vol.3, pp.43-49.
· Skempton, A.W. and Hutchinson, J.N.(1969), "Stability of Natural Slopes and Embankment Foundations," State-of-the Art Report, Proc. of 7th Int. Conf. SMFE, Mexico City, Vol. 2, pp.291-335.
· Spencer, E.(1967), A Method of Analysis of the Stability of Embankments assuming Parallel Interslice Forces, Geotechnique, 17, pp.11-26.
· Turnbull, W.J. and Hvorslev, M.J.(1967), "Special problems in slope stability", Jour. of the Soil Mechanics and Foundations Division, ASCE, Vol.93, No. SM4, pp.499-528.
· Wright, S.G.(1975), Evaluation of stability analysis procedures, Meeting Preprint 2616, ASCE

National Convention, Nov. 3-7, Denver, Colorado.

· Wu, T.H.(1976), Soil Mechanics 2nd ed., Allyn and Bacon, Inc., pp.314-323.

· 申 潤植(1989), 地すべり工學, 山海堂, pp.583-648.

\# 사랑하는 자여 네 영혼이 잘됨같이 네가 범사에 잘되고 강건하기를 내가 간구하노래(성경, 요한3서 1장 2절)

제13장

지반조사 및
원위치시험

제13장 지반조사 및 원위치시험

13.1 서론

　지반조사란 지반의 물리적·역학적 성질을 알기 위한 조사로서, 지층연대와 습곡, 단층 등의 거시적인 성질을 나타내는 지질조사와는 개념상의 차이가 있다. 즉, 지반조사에는 지반의 물리적·역학적 성질이나 지반의 종류에 따른 지층구분, 지하수의 정보 등이 포함된다.

　지반조사의 결과를 알기 쉽게 나타낸 것에는 지반주상도(또는 토질주상도)가 있으며, 지반공학적인 용도로 사용되는 조사에 대해서는 지질주상도라고 하는 것이 적합하지 않을 것으로 생각된다. 이런 이유로 여기서는 지질조사, 지질주상도 등의 용어는 사용하지 않고, 지반조사, 지반주상도(또는 토질주상도) 등의 용어를 사용하기로 한다. 또, 토질조사는 흙에 대한 조사로서 지반조사(흙＋암반 조사)의 일부분에 해당한다.

　본 장에서는 지표면에서의 지질학적인 구조로서 지반을 평가하고 분석하는 지표지질조사, 개략적이고 전체적이며 연속적인 지반구조를 조사하는 물리탐사, 직접 지반을 천공하여 조사하는 시추(보링 ; boring)조사, 현장시료 채취방법인 샘플링(sampling), 해저지반조사, 현장에서 지반의 역학적 성질을 규명하기 위한 원위치시험 등에 대한 내용을 간략히 기술한다.

13.2 지표지질조사

　지표지질조사란 일반적으로 지질학의 기초지식을 가진 전문가가 간편한 조사용구를 휴대해서 지표에 노출되어 있는 연결 지층, 암석(노두라고 함), 흙 등을 관찰해서, 지층의 경계나 단층 등의 연장부를 다른 노두(露頭)로 점차로 추적해서 지표나 지하의 지질구성(지질구조)을 평면적, 단면적으로 판단하는 일련의 야외조사를 말한다.

즉, 조사대상 지역을 목적에 적합한 축척의 지형도를 갖고, 하상(河床), 도로, 사면, 굴착현장 등을 순차 답사해서 노두의 지층이나 암석을 상세히 관찰해서 육안적 판별분류를 행하고, 각각의 경계선과 그 주향(走向) 경사(傾斜) 등을 지형도 상이나 맵핑(mapping)용지에 정확히 기재해 가서, 답사코스에 연하는 루트맵(root map)을 작성한다. 또, 중요한 노두에서는 스케치나 사진으로서 기록을 남기고, 암석표본이나 화석을 채취한다. 루트맵을 종횡으로 선상(線狀)으로 확대해가는 과정에서, 동일 지층이나 단층선 등을 연결해서 최종적으로 지표에서 노두가 없는 위치나 보다 깊은 곳의 지하의 지질구성을 지질학적으로 추정해서 대상전역의 지질평면도나 지질단면도(양자를 합해서 지질도라고 함)를 작성한다. 소위, 지표지질조사는 점(노두)의 조사를 기본으로 해서 선의 조사(루트맵)를 더해서 조합한 면의 조사이고, 얻어지는 지질구성은 입체적으로 판단된다. 그림 13.1에 나타낸 절취사면의 지표지질조사 결과 얻어진 지질도(face map)의 예는 그림 13.2와 같다. 그림 13.1의 중앙부에 쐐기형 파괴가 보이며 그림 13.2에서도 12+620 위치에 이것이 표현되어 있음을 알 수 있다.

그림 13.1 지표지질조사 대상 사면의 전경(임, 2001)

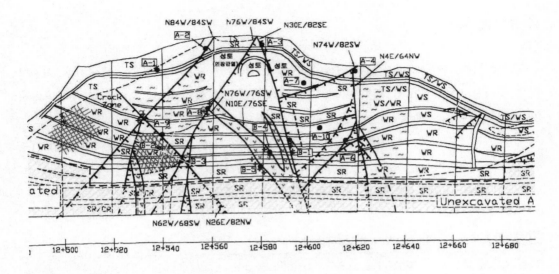

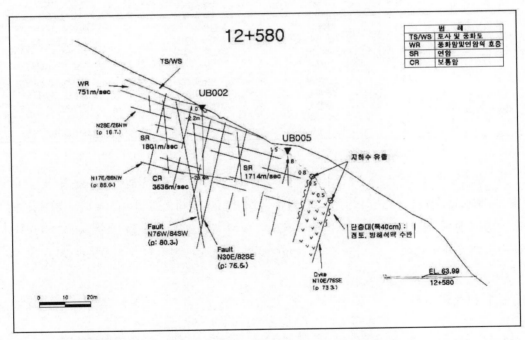

그림 13.2 지표지질조사 결과 얻어진 Face Map 및 단면도의 예(그림 13.1의 사면)

13.3 지반탐사

지반탐사는 보통 물리탐사(넓은 의미)라고 하며, 지표탐사와 공내탐사로 나누어진다. 지표탐사는 물리탐사(좁은 의미), 공내탐사는 물리검층이라고도 불린다. 넓은 의미의 물리탐사법 (Geophysical Prospecting or Investigation)은, 「지하의 잠재지질구조와 직접 또는 간접으로 관련해서, 인위적으로 또는 자연적으로 발생하고 있는 자연적 현상을 지표에서 관측해서 그 자료를 검토함으로써 지하의 상태를 추측하는 방법」이라고 정의되고 있다. 표 13.1은 토목분야에서 이용되고 있는 지반탐사법의 종류와 용도 등을 나타낸다.

표 13.1 토목관계에 이용되고 있는 물리탐사법 일람

구분	방법	측정하는 물리현상	얻어지는 물리적 현상	용도
지표탐사법 (물리탐사법)	탄성파탐사 음파탐사 전기탐사 중력탐사 磁氣탐사 GPR탐사	탄성파동 음파의 반사 地電流 만유인력·원심력 靜磁氣(地球磁界) 전자파	탄성파속도 음향임피던스 자연전위·비저항 중력가속도 透磁率·殘留磁氣 반사전자파	지반구조, 역학성 지반구조(海面下) 지반구조, 지하수 지반구조, 밀도분포 지반구조 지반구조, 지장물 분포
공내탐사법 (물리검층법)	速度檢層 PS검층 전기검층 방사능검층 반사검층	탄성파동 탄성파동 地電流 방사선강도 음파의 반사	탄성파속도 탄성파속도 자연전위,비저항 밀도,함수량 음향임피던스	지반구조, 역학성 지반구조, 역학성 지반구조,지하수 토질 孔壁지반의 硬軟, 균열

지표면에서의 측정에 의해 지하의 상태를 조사하는 방법을 지표탐사법이라고 통칭한다. 일반적으로 말하는 물리탐사법은 여기에 해당한다. 여기서는 일반적으로 많이 사용되는 지표탐사법 중 가장 기본이 되는 고전적 탐사법이며 현재도 많이 활용되고 있는 탄성파탐사(지진탐사)와 최근에 개발되어 많이 활용되고 있는 GPR탐사에 대해서만 간략히 기술하기로 한다.

13.3.1 탄성파탐사

장치는 그림 13.3과 같이 진동을 발생하는 장치(발진기)를 이용하여 진동을 발생시키면 이 진동이 지중을 통과하여 여러 개의 수진기(受振器)에 도달하며 발진시각과 수진시각의 차이를 분석해서 지반의 탄성파속도를 알아내는 방법이 탄성파탐사이다. 탄성파탐사는 지진탐사라고도 하며, 발진기로는 해머타격에 의한 진동(그림 13.4의 원형판에 해머로 타격)이나 그림 13.3과 같이 다이너마이트의 발파를 이용하기도 한다. 그림과 같이 수진기의 양쪽에 발진기를 설치하

면 더욱 정도 높은 지반정보를 얻을 수 있다. 이 시험에서 얻어진 깊이별 탄성파속도를 이용하여 지층을 구분하고 각 층의 역학적 성질을 분석하게 된다. 탄성파탐사에 사용되는 탄성파로는 P파(Primary wave)와 S파(Secondary wave)가 있으며 주로 P파에 의한 굴절법이 적용된다. 이에 대한 상세한 설명은 생략한다.

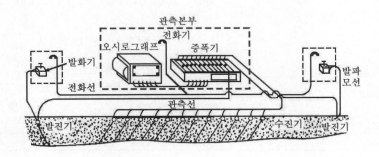

그림 13.3 P파 굴절법 탄성파탐사의 측정계통

그림 13.4 해머를 사용한 탄성파탐사용 발진장치

13.3.2 GPR

GPR(Ground Penetrating Radar)이란 25~1200MHz의 전자파를 송신기에 의하여 지하로 방사 사켜 서로 전기적 물성이 다른 지하매질의 경계면에서 반사되는 파를 수신기로 수집하여 기록한 뒤, 컴퓨터에 의한 자료 처리와 해석 과정을 거쳐 지하의 구조와 상태를 영상화하는 첨단 비파괴 지반탐사법이다.

표 13.2 GPR의 응용분야

대분야	상세 분야
지중 매설물의 조사	– 각종 지장물(상하수도관, 전력선, 가스관 등) 조사 – 지하에 매설된 각종 구조물의 위치 조사
구조물(터널라이닝, 포장, 댐, 콘크리트) 내부 상태의 조사	– 터널 라이닝의 두께 조사 – 터널 라이닝의 배면 여굴 조사 – 지보상태 조사 – 그라우팅 시공효과 조사-지하층 벽체 배면 뒤의 공동(cavity) 조사 – 도로 포장 두께 조사 – 포장 하부의 보조기층 및 원지반 조사 – 콘크리트의 철근 배근 및 와이어메쉬 상태 조사 – 콘크리트 내부의 공극(void) 조사 – 콘크리트 하부의 말뚝 위치 탐사
지층구조 및 상태를 탐사	– 지반의 층서 및 기반암의 심도 조사 – 암반의 구조와 파쇄대 조사 – 동굴 및 지하공동의 조사
지하 환경오염 확산 범위 조사	
지하 유적의 조사	– 매립된 고고학적 유적물 조사

GPR 기술은 1970년대 이전에는 주로 남극과 북극의 빙하 두께 측정에 사용되었으나, 1970년대에 와서 지반조사에 응용되기 시작하였다. 그 후 1970년대 후반과 1980년대에 여러 연구자들에 의해 이 기술의 장점 및 단점에 대한 연구가 발표되었으며, 1990년대 중반 이후는 장비 및 컴퓨터공학의 발전에 따라 다음과 같은 여러 분야에 적용되고 있다. GPR 탐사 모식도는 그림 13.5와 같으며, 두 개의 탐사기로서 송수신해서 지중의 상태를 파악하게 된다.

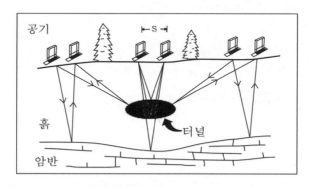

그림 13.5 GPR 탐사 모식도

13.4 보링조사

조사 지반 속에 구멍을 뚫는 작업을 보링(boring) 또는 시추(試錐)라고 하며, 이러한 작업으로 지반의 구성상태, 지하수위의 존재위치, 시료의 채취, 보링공(boring hole)에서의 표준관입시험 (standard penetration test) 등이 행해지며 이를 통해 지반의 물리적 역학적 성질이 파악된다.

지반조사의 기본은 지반을 구성하는 지층상태를 명확하게 파악하는 것이다. 조사의 초기단계에서는 물리탐사법을 이용해서 간접적으로 조사하기도 하지만, 일반적으로는 보링 및 사운딩 (sounding) 등으로써 명확히 확인하여야 한다.

보링의 주된 목적을 정리하면 다음과 같다.

① 지반 내부의 시료를 채취(샘플링; sampling)한다.
② 각종 공내검층(孔內檢層) 및 원위치시험을 행할 시험공(試驗孔)으로서 이용한다.
③ 굴착 시의 저항, 순환수의 색 및 슬라임(slime), 굴착음(堀着音) 등으로부터 토질의 종류 및 연경(軟硬) 등을 추정한다. 여기서, 슬라임이란 보링의 굴착부스러기로서, 지질판정의 시료가 된다. 표 13.3은 보링공의 이용 종별에 따른 조사항목과 공경(孔徑)과의 관련성을 요약해서 나타낸 것이다.

표 13.3 보링공의 이용종별과 공경(孔徑)

	명칭	공경(mm)	이용장소	비고
샘플링	고정피스톤식 샘플러	86~	孔 底	교란되지 않은 시료 채취
	데니슨형 샘플러	116~	孔 底	上同
	표준관입시험기	65~	孔 底	교란된 시료 채취
	코어튜브	65~	孔 底	上同
원위치 시험	표준관입시험	65~	孔 底	
	베인시험	65~	孔 底	보링이 필요없는 경우도 있음
	콜로전 사운딩	65~	孔 底	
	현장투수시험	65~	－	공저·공벽의 양쪽이 있음
	孔內횡방향재하시험	－	孔 壁	55 mm, 85 mm, 100 mm 各種
	孔內檢層(전기검층, PS검층 등)	65~	孔 壁	케이싱파이프*

* 보링 작업 시, 공벽의 붕괴방지를 위해 강제(鋼製)의 케이싱파이프를 삽입하는 일이 많다. 이와 같이 케이싱을 넣어버리면 공벽을 사용하는 원위치시험은 할 수 없게 된다(단, 檢定(calibration)하면 밀도검층은 가능).

보링 기계에는 충격식(percussion type)과 회전식(rotary type)이 있으며, 충격식은 기계의 끝에 그림 13.6(a)~(c)와 같은 단단한 비트(bit)를 달아서 지반을 두드려 부수면서 파 들어가고 이때 부서진 가루를 취하여서 지반의 상태를 파악하는 것이며, 회전식은 비트를 회전시키면서 뚫고 나가는 것을 말한다. 교란되지 않은 시료채취를 위하여는 당연히 회전식이어야 하며 이때의 비트는 그림 13.6(d)와 같이 둥근 통 모양으로 되어 있어 내부에 시료가 채취된다. 샘플링에 의해 채취된 시료를 코어(core)라 부른다. 보링 방법을 사용기계에 따라 대별하면 표 13.4와 같다.

(a) 십자형 비트   (b) 버튼 비트   (c) 롤러비트   (d) 다이아몬드 코어비트

그림 13.6 보링 및 샘플링 용 비트의 모양

표 13.4 보링 방법의 종류(그림 13.7~13.9 참조)

	대분류	소분류	용도	비고
회전식	오거보링 (auger boring)	핸드오거(hand auger)	토사용 간이형	수동식
		머신오거(machine auger)	토사용	기계식
	로터리보링 (rotary boring)	핸드피드형 (hand feed type)	토사용 일반형	수동식
		하이드로릭피드형 (hydraulic feed type)	암반용(토사용)	유압식
충격식	퍼커션보링 (percussion boring)		암반용(토사용)	유압식

표 13.4 중에 핸드피드형 로터리보링은 일반 토사의 조사용으로 가장 많이 보급되어 있다. 하이드로릭피드형은 천공 저항력이 큰 암반을 포함하는 조사에 사용되고 있다. 머신오거는 조사보링에는 그다지 사용되지 않고, 충격식은 지반조사용으로 사용되는 일은 드물다. 표 13.5는 적절한 보링 간격 등 배치에 관한 기준을 나타내고, 표 13.6은 보링공 규격에 따른 제원을 나타낸다. 예를 들면 NX 보링으로 샘플링을 하면 코어의 직경은 53.9mm가 된다.

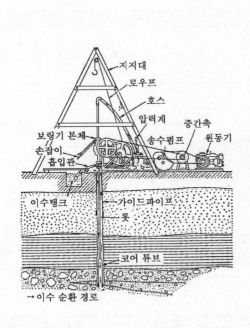

그림 13.7 핸드피드형 로터리보링 장치의 일반도

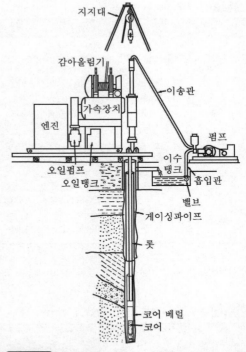

그림 13.8 하이드로릭피드형 로터리보링 장치의 일반도

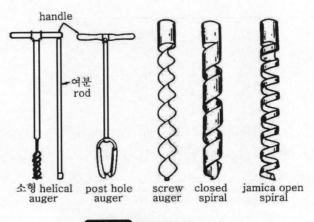

그림 13.9 대표적인 핸드오거

표 13.5 보링의 배치(건설교통부, 1997)

조사 대상	배치 간격	비고
단지조성, 매립지, 공항 등 광역부지	• 절토 : 100~200m 간격 • 연약지반성토 : 200~300m 간격 • 호안, 방파제 등 : 100m 간격 • 구조물 : 해당구조물 배치기준에 따른다.	대절토, 대형단면 등과 같이 횡단방향의 지층구성파악이 필요한 경우는 횡방향 보링을 실시한다.
지하철	• 개착구간 : 100m 간격 • 터널구간 : 50~100m 간격 • 고가, 교량 등 : 교대 및 교각에 1개소씩	상동
고속전철, 도로	• 절토 : 절토고 20m 이상에 대해 150~200m 간격 • 연약지반성토 : 100~200m 간격 • 교량 : 교대 및 교각에 1개소씩 • 터널(산악) : 갱구부 2개소씩으로 1개터널에 4개소 실시하며 필요시 중간부분도 실시함, 갱구부 보링간격은 30~50m 중간부간격은 100~200m 간격	상동
건축물, 정차장, 하수처리장 등	• 사방 30~50m 간격, 최소한 2~3개소	

주 : 상기 기준은 실시설계에 대한 것으로 기본설계 시에는 상기기준의 2배 정도되게 계획하며 지층상태가 복잡한 경우는 기준을 1/2축소하여 실시토록하고 기준에 없는 경우는 유사한 경우를 참조하여 판단한다.

표 13.6 보링공 규격에 따른 제원(단위 : mm)

케이싱, 코어배럴	드릴롯	케이싱 외경	케이싱비트 외경	코어배럴 비트외경	드릴롯 외경	보링공의 개략직경	코어의 개략직경
EX	E	46.0	46.8	36.5	33.3	38.1	22.2
AX	A	57.1	58.7	46.8	41.2	47.6	28.5
BX	B	73.0	74.6	58.7	48.4	60.3	41.2
NX	N	88.9	90.4	74.6	60.3	76.2	53.9

13.5 샘플링

샘플링(sampling)이란 시료를 채취(표 13.7)하는 것을 말하며, 이에는 교란된 시료(disturbed sample)를 채취하는 방법과 교란되지 않은 시료(불교란시료, 비교란시료 등으로 부름; undisturbed sample)를 채취하는 방법이 있다. 각각 이용목적은 다르지만, 관찰이나 실내토실시험을 하기 위한 시료를 얻는 것이 주목적이다. 이것을 요약하면 표 13.8과 같으며 13.6절에는 이들 중 우리나라에서 가장 일반적으로 사용되고 있는 불교란시료 채취방법인 고정피스톤식 씬월샘플러에 대해 기술하기로 한다. 여기서 시료(sample)와 공시체(specimen)란 용어에 대해 정의할 필요가 있는데, 시료는 시험을 위해 채취된 재료를 말하며 공시체는 시험을 위해 성형된 재료를 말한다.

표 13.7 교란 및 불교란 시료의 적용토질과 채취방법

교란 여부	채취기	적용토질	채취방법
교란 시료	표준관입시험용 샘플러 (스프릿베럴 샘플러) (split barrel sampler)	극연약토 및 자갈 이외의 토질에 적용	샘플러를 타격해서 관입.
	오거보링(굴착하면서 시료 채취)	軟~中位의 점성토, 지하수면 위의 사질토.	오거를 회전 압입(시료는 완전 교란)
불교란 시료	고정피스톤식 씬월샘플러 (thin wall sampler)	$N=0\sim4$ 정도의 점성토에 적합. 오니상 (汚泥狀)의 것은 채취 불가	피스톤을 孔底에 밀착한 상태로서 튜브를 靜的으로 연속 압입함
	데니슨식 샘플러 (Denison sampler)	$N=4\sim20$ 정도의 中~硬質점성토용	外管으로써 굴착하면서 內管을 회전시키지 않고 靜的으로 연속 압입함
	호일 샘플러 (foil sampler)	$N=0\sim3$ 정도의 연약한 점성토에 적합	고정피스톤식 압입형(호일 테이프로써 마찰을 제거)
	블록 샘플링 (block sampling)	블록 상으로 성형될 수 있는 거의 대부분의 토질	지표면 부근이나 테스트핏[1] 내에서 핸드트레밍 등에 의해 블록으로 채취하는 것으로 주의 깊게 행하면 가장 확실한 채취방법임(교란 및 불교란 시료 모두 채취 가능)

[1] : 테스트핏(test pit) : 지반 내부의 상태 관찰이나 시료채취를 위하여 대상 지반깊이까지 굴착하는 것 또는 굴착된 구덩이를 말하며 시굴(試掘)이라고도 한다.

표 13.8 교란시료와 불교란시료를 사용하는 시험과 용도

시료 종류	용도
교란시료 (disturbed sample)	토질분류 등을 위한 육안관찰용
	함수비, 입도분석, 비중, 액성·소성한계시험 등의 물리시험용
불교란시료 (undisturbed sample)	단위체적중량, 포화도, 간극비 등의 물리시험용
	일축압축, 삼축압축, 압밀시험 등의 역학시험용

13.6 고정피스톤식 씬월샘플러

고정피스톤식 씬월샘플러(thin wall sampler)에 대해서 KS F 2317에는 "얇은 관에 의한 흙의 시료 채취 방법(Method for thin-walled tube sampling of soils)"이란 제목으로 기술되어 있다.

13.6.1 시료채취 방법

피스톤을 내장한 얇은 샘플링 튜브로 된 샘플러를 시료를 채취하고자 하는 깊이까지 보링된 저면에 내려서, 피스톤이 내려가지 않도록(올라갈 수는 있다) 지상에서 고정하고, 샘플링 튜브를 지반에 압입해서 시료를 채취한다.

13.6.2 적용 한계

$N=0\sim4$ 정도의 연약한 점성토에 적합하다. 대단히 연약한 오니상(汚泥狀)의 것, 또는 느슨한 사질토 등에서는 샘플러를 당겨 올릴 때 시료가 탈락하는 일이 많다. 또, 단단한 지반에서는 샘플러를 정적(靜的)으로 압입하는 것이 어려우므로 통상 이 방법은 사용되지 않는다.

한편, 채취 한계깊이는 특별히 없지만 일반적으로 깊어질수록 점성토는 단단하게 되므로 수십 미터보다 깊은 곳에서는 사용될 수 없다. 또, 작업현장은 보링이 가능하고, 피스톤을 고정할 수 있는 부동점(不動点)이 있으면 어디라도 가능하다. 해상 조사 등은 피스톤을 고정할 수 있도록 작업용 비계(飛階)가 필요하다(船上 작업에서는 통상 이 방법은 사용될 수 없다).

샘플러는 그림 13.10, 샘플링 방법은 그림 13.11과 같으며, 샘플링튜브의 상세도는 그림 13.12와 같다(그림 13.13 및 그림 13.14 참조).

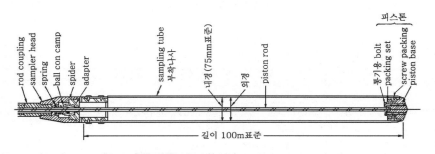

그림 13.10 고정피스톤식 씬월샘플러

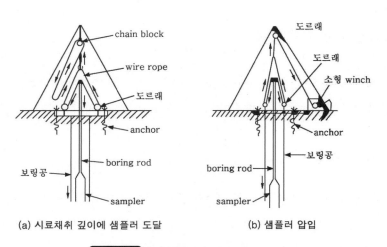

(a) 시료채취 깊이에 샘플러 도달   (b) 샘플러 압입

그림 13.11 씬월샘플러에 의한 샘플링 방법

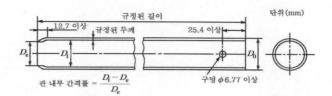

그림 13.12 샘플링용 씬월튜브(얇은 관)(KS F 2317)

그림 13.13 샘플링 모습

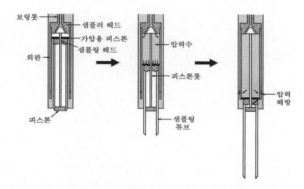

그림 13.14 시료채취의 상세도(밑에서부터 샘플링튜브, 피스톤롯, 외관의 순서로 되어 있으며, 피스톤과 함께 관입된 시료튜브를 외관이 압입하여 시료튜브 내에 시료가 가득찬 상태로 인발됨)

    그림 13.12의 시료채취관(sampling tube; thin wall tube)은 얇은 두께의 놋쇠로 만들어졌으면, 끝단의 안지름은 윗부분보다 약간 작게 되어 있어서 시료가 튜브 내부로 밀려 올라가면서 발생하는 벽과의 마찰에 의한 교란정도를 줄이고, 일단 채취된 시료가 빠져나가지 않게 저항하는 역할을 한다. 튜브의 입구와 내부의 직경차이를 그림 13.12에서 나타낸 관내부 간격률이란 용어로 정의하며 KS F 2317에서는 이 값을 1% 또는 기술자 및 지질학자에 의해 시료로 채취된

토질에 맞게 규정되도록 되어있다. 관의 치수는 표 13.9를 표준으로 한다.

표 13.9 관의 표준 치수(KS F 2317)

바깥지름(mm)	50.8	76.2	127
두께(mm)	1.24	1.65	3.05
길이(m)	0.91	0.91	1.45
내부 간격률(%)	1	1	1

시료채취관에서 가장 중요한 것은 시료가 튜브 내부로 관입될 때 튜브 두께폭에 의해 압축되고 전단되어 교란되는 것을 방지하는 것이다. 그렇게 하기 위해서는 튜브가 너무 약해서 시료채취에 문제가 발생하지 않는 범위에서 가능한 한 얇은 것이 좋을 것이다. 즉, 두께에 대한 계수를 식 (13.1)과 같이 면적비(area ratio)란 용어를 사용하여 정의하고 있다. 시료의 교란을 최소화하기 위해서는 면적비가 13%를 초과하지 않아야 하며 가능한 한 10% 이내이어야 한다.

$$면적비\ A_r(\%) = \frac{외경^2 - 관입구내경^2}{관입구내경^2} = \frac{D_o^2 - D_e^2}{D_e^2} \times 100 \leq 10\% \tag{13.1}$$

여기서, 기호의 정의는 그림 13.12 참조.

13.7 원위치시험

원위치시험이란, 샘플링시료를 사용하는 각종 실내시험과의 비교나 현장에서의 불교란상태에서의 토질정수를 얻기 위해 행해지는 것으로, 넓은 의미로는 물리탐사 및 각종 검층류, 사운딩(롯 등에 부착한 저항체를 지중에 삽입해서, 관입, 회전, 인발 등의 저항으로 부터 지층의 성상(性狀)을 탐사하는 것) 및 공내(孔內)에서의 재하시험 및 평판재하시험, CBR 또는 지하수조사(현장투수시험, 양수시험, 지하수검층, 기타), 현장실물실험(prototype test) 등도 있다. 여기서, 원위치시험(현장시험; test in situ)이란 조사한 때의 자연 그대로의 위치, 깊이에서의 흙의 역학적 성상(性狀)을 구하는 것을 말한다. 원위치시험 중 특히 관입이나 회전 등의 저항에 의한 시험을 사운딩(sounding)이라고 하며 이에 대해서는 표 9.4를 참조하기 바란다.

원위치시험 중, 베인시험은 연약점토 지반의 비배수점착력을 구하는 시험이다. 평판재하시험은 얕은 기초의 모형실험과 같은 것으로, 시험조건에서의 지지력은 구해지지만 점착력 및 내부마찰각은 구할 수 없다.

그 외의 원위치시험은 깊은 기초의 극한평형상태에 대한 지반저항을 나타내는 매개변수의 측정이다. 이와 같은 시험방법의 대표적인 것에 표준관입시험이 있다. 이 시험은 적용토질의 범위가 넓고, 시험방법도 쉬우므로, 현재 가장 많이 사용되고 있다. 그러나 표준관입시험은 정적원추관입시험 등과는 달리 타격회수를 구하는 것이므로 측정매개변수의 정도는 좋지 않다 (특히, 연약지반에서는 나쁘다).

원위치시험은 조사한 시점에서의 응력상태(토피압, 수평압력, 간극수압 등)에 대한 변형특성 및 강도특성을 구하는 시험이며, 건설공사에 의해 응력상태가 변하면 이들의 특성치도 변하는 것이 통례이다. 따라서 원위치시험으로 부터 구한 값을 설계에 사용할 때는 이와 같은 응력상태의 변화에 대해서도 고려해야 한다.

또, 실내토질시험에서는 비배수전단이라든가 배수전단 등 이상적인 조건하에서 지반정수를 구할 수가 있는데, 원위치시험에서는 그와 같은 조절이 어렵다.

현장에서 주로 행해지는 원위치시험은 다음과 같으며, 이들 중 표준관입시험에 대해 상술하고 동적원추관입시험에 대해 개략적으로 다음 절에서 기술하기로 한다. 베인시험에 대해서는 9.4절 참조.

13.7.1. 튜브 및 콘의 관입저항을 측정하는 것

(1) 튜브의 동적관입 : 표준관입시험

　　　콘의 동적관입 : 동적원추관입시험

(2) 콘의 정적관입 : 더취콘(Dutch cone), 포터블콘(portable cone), 스웨덴식 사운딩

13.7.2 평판의 지지력을 측정하는 것(재하시험)

(1) 지표 부근에서의 재하시험 : 평판재하시험(30cm 사각형, 원형 등), 현장CBR시험

(2) 보링(孔底)에서의 재하시험 : 심층재하시험(직경 9 cm의 원형 등)

13.7.3 날개의 회전 및 인발저항을 측정하는 것

(1) 날개에 회전저항 : 베인시험
(2) 날개의 인발저항 : 이스키미터시험

13.7.4 보링공벽의 강도특성을 측정하는 것

(1) 고무튜브의 팽창저항 : 공내재하시험(프레서미터; pressuremeter), LLT
(2) 플레이트의 저항 : KKT

13.7.5 지반의 밀도를 측정하는 것

(1) 현장밀도측정 : 치환법(모래, 물), 커팅법(cutting method)
(2) 밀도검층 : 방사능검층

13.7.6 지하수(간극수)에 관한 조사

(1) 투수성 : 양수(揚水)시험, 현장투수시험
(2) 간극수압 : 간극수압측정시험
(3) 수질 : 수질시험

13.7.7 기타

(1) 강말뚝 등의 부식성 : Rosengvist 법, 미주전류측정
(2) 진동측정 등 : 상시미동측정, 진동, 소음공해측정
(3) 동태관측 : 침하계, 경사계, 변형률계, 토압계

13.8 표준관입시험

13.8.1 개설

표준관입시험(Standard Penetration Test)은 KS F 2307에 규정되어 있고, 일반적으로 SPT라고 불리며, 시험결과 얻어진 N값으로부터 원위치에서의 흙의 연경(軟硬), 조밀정도의 상대치를 아는 데 목적이 있다. 채취한 시료는 관찰이나 실내토질시험을 위한 교란시료로도 사용한다.

N값이란 질량 63.5kg의 해머(hammer)를 76cm의 높이로 부터 자유낙하시켜서, 표준관입시험용 샘플러를 30cm 관입시키는 데 필요한 타격회수를 말한다. 낙하 시, 인력으로 자유낙하시키는 것을 로프타격, 기계로서 자동낙하시키는 것을 톤비타격이라고 한다.

시험결과의 높은 정도(精度)는 바랄 수 없지만, 적용범위가 넓고 시험이 용이하므로 가장 많이 보급되어 있는 조사방법이다. 적용토질은 $N \approx 0$인 연약지반 및 $N \gg 50$인 경질지반 및 자갈 및 옥석 등이 혼입되어 있는 것 이외는 일단 적합하다. 조사의 한계깊이는 30m라고도 50m라고도 하지만, 그 근거는 명확하지 않다. 최근에는 100~200m 정도까지도 가능하다고 한다. 또, 보링 작업이 가능한 곳이면 가설비계 및 작업선 위에서도 시험은 가능하다.

시험용구 : 표준관입시험용 샘플러는 그림 13.15와 같으며, 시험장치의 개략도는 그림 13.16, 시험광경은 그림 13.17과 같다.

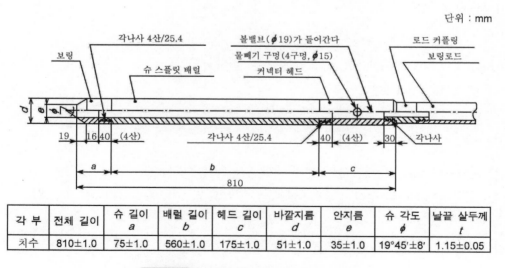

각 부	전체 길이	슈 길이 a	배럴 길이 b	헤드 길이 c	바깥지름 d	안지름 e	슈 각도 ϕ	날끝 살두께 t
치수	810±1.0	75±1.0	560±1.0	175±1.0	51±1.0	35±1.0	19°45′±8′	1.15±0.05

그림 13.15 표준관입시험용 샘플러(KS F 2307)

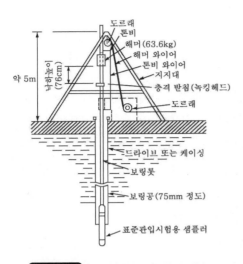

그림 13.16 표준관입시험 장치의 개략도

그림 13.17 표준관입시험에서 해머를 낙하하여 롯을 타격한 모습

13.8.2 시험방법

시험은 다음의 순서로서 체크하면서 행한다.

(1) 시험공의 보링

① 소정의 깊이까지 보링이 되었는가.

② 공경이 6.5cm 이상이고, 공벽의 붕괴는 없는가.

③ 슬라임은 제거했는가.

(2) 시험용구의 체크

① 용구는 전부 준비되어 있으며, 규격에 맞는가.

② 특히 슈(shoe)의 형상은 좋은가(구부러져 있지 않는가, 흠이 나 있지 않는가)

(3) 시험준비

① 롯커프링을 단단히 결합해서 공저에 내리는데, 예정심도에 도달했는가(자연침하하는 연약지반에서는 롯볼트로써 크램프한다).

② 케이싱 상단 등의 부동점으로 부터 보링롯에 표시를 한다(예비타 관입량 15cm, 본타 관입
   량으로서 5～10cm마다 합계 30cm분)

(4) 관입시험

① 해머를 녹킹블록 위에 놓는다(자연침하하면 이것을 기록한다).
② 15cm의 예비타를 행한다. 예비타는 대단히 중요하며, 목적은 보링공 바닥에 있는 슬라임
   이나 교란에 의해 발생하는 오차를 최소화하는 것이다.
③ 롯을 수직으로 해서 해머를 76cm의 높이에서 낙하시켜서 30cm의 본타를 행한다(1회 타격
   당의 관입량을 기록, 2cm 미만의 경우는 관입량 10cm마다의 타격회수를 기록). 본타는
   50회를 한도로 한다(70회의 경우도 있다).
   톤비타격의 경우는 안전성에 충분히 주의할 것. 로프타격의 경우는 마찰이 작용하지 않도
   록 세심한 주의를 기울일 것.
④ 원칙으로 약 5cm의 후속타를 행한다.

(5) 시료의 관찰과 보관

① 샘플러를 올려서 시료를 빼낸 후 즉시 관찰기록을 한다. 심도, 토질, 색깔, 냄새, 조개껍질,
   유기물 및 슬라임의 유무의 확인과 제거.
② 표본시료, 실내토질시험시료(필요하면)를 채취한다(토질이 여러층일 경우는 나누어서 각
   각 밀봉해서 보관한다)(그림 13.18 참조).

그림 13.18 표준관입시험 용 샘플러를 열어서 내부의 시료가 확인된 모습(교란시료로 시험에 사용 가능)

13.8.3 N값을 이용한 강도정수의 추정

(1) 모래의 N값과 상대밀도(D_r)와의 상관성

모래의 N값과 D_r(상대밀도)과의 상관성 $N \sim D_r$ 관계로서 가장 잘 이용되고 있는 것에 깁스 등(Gibbs et al., 1957)의 관계가 있다. 그러나 $N \sim D_r$ 관계는 이와 같이 일의적으로 결정되는 것은 아니고 다수의 요인에 관계한다. 예를 들면, 입도분포(세립토의 함유율, 최대입경, 균등계수) 및 입자의 형상, 포화도, 상재압 외에 수평방향의 압력 등이 영향을 미친다. 더욱이 D_r의 시험방법이 확립되어 있지 않은 것도 상관성을 복잡하게 하고 있는 하나의 원인이다.

N값과 상대밀도의 관계를 나타내는 메이어호프(Meyerhof)의 근사식(日本土質工學會, 1990)은 식 (13.2)와 같다.

$$D_r = 21 \sqrt{\frac{N}{\sigma_v' + 0.7}} \, (\%) \tag{13.2}$$

여기서, D_r : 상대밀도(%)

$\qquad\quad N$: 표준관입시험치

$\qquad\quad \sigma_v'$: 유효상재압($\times 1/98 \, \mathrm{kN/m^2}$)

(2) 모래지반의 N값과 배수내부마찰각 ϕ_d와의 상관성

현장에서 모래지반의 강도를 판정하는 지표로는, 점토지반과는 달리 표준관입시험에 의한 N값이 가장 중요한 역할을 한다. 점토지반에서는 흐트러지지 않은 상태에서의 시료채취법(13.6절 참조)이 일단 확립되어, 실내토질시험에 의한 강도의 판정방법이 정해져 있지만, 모래지반의 흐트러지지 않은 시료 채취는 아직 충분히 발달되어 있지 않기 때문이다. 주의할 점은 동일한 N값이라도 수직응력에 따라 ϕ_d가 다르고, 포화도에 따라서도 다르다는 것이다. 아래 값들은 $c_d = 0$인 포화된 지반에 대한 것이다. 표 13.10, 13.11은 모래지반의 N값과 상대밀도, 내부마찰각 등의 관계를 나타내며 식 (13.3)은 던햄의 제안식을 나타낸다.

표 13.10 모래지반의 N 값과 상대밀도, 내부마찰각의 관계(日本土質工學會, 1983)

N 값	상대밀도, $D_r = (e_{max}-e)/(e_{max}-e_{min})$		배수내부마찰각, $\phi_d(°)$	
			펙(Peck)	메이어호프(Meyerhof)
0~4	대단히 느슨	0.0~0.2	28.5 이하	30.0 이하
4~10	느슨	0.2~0.4	28.5~30.0	30.0~35.0
10~30	중간	0.4~0.6	30.0~36.0	35.0~40.0
30~50	조밀	0.6~0.8	36.0~41.0	40.0~45.0
50 이상	대단히 조밀	0.8~1.0	41.0 이상	45.0 이상

$$\phi_d = \sqrt{12N} + C \quad \text{던햄(Dunham)} \quad (C\text{값은 표 13.11 참조}) \tag{13.3}$$

표 13.11 모래지반의 종류에 따른 C값

모래지반의 종류	C값
입도가 균일하고 둥근 입자	15
입도분포가 좋고 모난 입자	25
입도분포가 좋고 둥근 입자	20
입도가 균일하고 모난 입자	

(3) 포화점토지반의 N값과 비배수점착력 c_u와의 상관성

포화점토지반의 N값으로서 비배수점착력을 추정하는 정도는 비교적 낮고, 특히 N값이 낮은 연약 점토지반의 경우는 더욱 정도가 떨어지므로 보다 정확한 값을 얻기 위해서는 베인시험을 시행하는 것이 바람직하다.

테르자기-펙(Terzaghi-Peck)(日本土質工學會, 1983)은 N값과 점토의 연경도, 일축압축강도 (q_u)의 관계를 표 13.12 및 식 (13.4)와 같이 제안하고 있다.

표 13.12 N 값과 점토의 연경도, 일축압축강도의 관계

연경도	대단히 연약	연약	중간	견고	대단히 견고	고결 (固結)
N값	2 이하	2~4	4~8	8~15	15~30	30 이상
$q_u(\times 98\,kN/m^2)$	0.25 이하	0.25~0.5	0.5~1.0	1.0~2.0	2.0~4.0	4.0 이상

$$c_u = N/16 \,(\times 98\,kN/m^2) \quad \text{테르자기-펙} \tag{13.4}$$

13.8.4 N값 이용상의 유의점

(1) 지하수면 아래의 세사층 등에서는 상승수류에 의해서 느슨해져서, 과소한 N값을 낼 때가 있다.

(2) 자갈층 아래의 점토층 및 모래층에서는 자갈을 파내지 않고 시험이 행해지는 일이 있으므로, 큰 N값이 얻어지기 쉽다(자갈층이 두껍다고 오인되는 일이 있다).

(3) 톤비타격(기계식)과 로프타격(수동식)에서는 숙력된 작업자가 행하면 큰 차는 발생하지 않는다.

(4) 모래의 N값$\sim\phi_d$관계는 포화도에 따라 다르다(일반적인 관계식은 포화 또는 건조상태인 $c_d = 0$일 때의 값).

(5) 모래지반의 N값은 유효토피압에 따라 달라지며 이를 고려한 N값$\sim\phi'(=\phi_d)$의 관계도는 그림 13.19와 같이 제안되고 있다. 지반의 전단강도는 유효토피압에 좌우되므로 깊이가 다른 두 위치에서 동일한 N값, 즉 전단강도가 발휘된다면 유효토피압이 낮은 곳(얕은 곳)에서의 내부마찰각이 크다는 것을 알 수 있다. 바꾸어 말하면 동일한 내부마찰각을 갖는 두 깊이에서의 N값을 측정한다면 얕은 곳의 N값이 작다는 것을 의미한다.

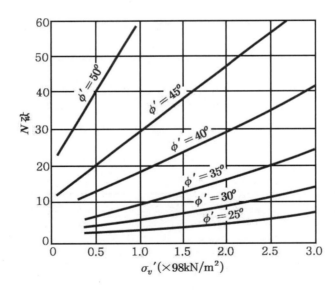

그림 13.19 모래의 ϕ'와 연직유효토피압과 N값과의 관계(de Mello, 1971 ; 日本土質工學會編, 1988)

(6) 조사깊이가 깊어지면 롯의 휨변형이나 접속부의 영향 등에 의해 타격에너지의 손실이 커진다. 이 영향은 깊이 20~30m까지는 무시될 수 있는데, 일본도로교시방서(日本道路橋示方書)에서는 롯의 길이가 대단히 길 경우에 행하는 보정으로서 식 (13.5)를 제안하고 있다.

$$N = (1.06 - 0.003 l)N' \quad (l > 20m)$$ (13.5)

여기서 $\begin{cases} N & : \ \text{보정 } N \text{ 값} \\ N' & : \ \text{실측 } N \text{ 값} \\ l & : \ \text{롯의 길이} \end{cases}$

13.9 동적원추관입시험

동적원추관입시험(또는 동적콘관입시험; dynamic cone penetration test)이란 그림 13.20과 같이 원추(콘)를 추(해머)의 충격으로 지중에 타입하여 일정 길이의 타입에 요구되는 타격회수를 지반의 관입저항의 지표로 하는 시험으로, 일반적으로 깊어질수록 롯의 주면마찰이 커지는 것을 피할 수 없어, 측정깊이는 표준관입시험보다 얕은 범위가 된다.

동적원추관입시험의 일종으로 자동연속관입시험을 행하는 것에 Automatic Ram Sound가 있다.

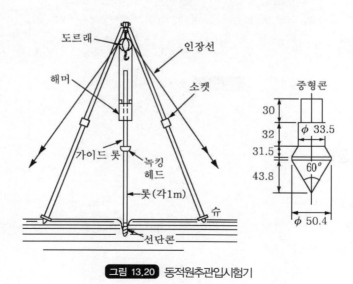

그림 13.20 동적원추관입시험기

13.10 기타 원위치시험

그림 13.21은 토베인(Torvane) 시험기라고 불리며 원리는 베인시험과 유사하며, 점토지반의 표면에 그림의 날개를 얹어서 회전시킴으로서 회전저항을 얻으며 이 값으로 비배수점착력을 구하게 된다. 깊은 위치에 대한 시험을 할 수 없어 간이시험에 속한다.

그림 13.22는 포켓페니트로미터(pocket penetrometer)라고 불리며 선단의 관입저항에 의해 지반의 개략적인 강도나 지지력 등을 파악하는 간이시험기이다.

그림 13.21 토베인 시험기

그림 13.22 포켓페니트로미터

13.11 지반주상도

지반주상도(地盤柱狀図)는 토질주상도(soil boring log)라고도 하며, 앞에서 기술한 지반조사 및 원위치시험 결과 등을 종합적으로 표기하여 그림 13.23의 기호난과 같이 지층을 기둥모양(柱狀)으로 나타낸 그림이다.

토 질 주 상 도

용 역 명				공 번	BH-2	시작일자 종료일자			SAMPLE	
위 치				조사목적	지반조사	표 고	EL. 48.800M		▨	U. D.
심 도	11.500 M	조사방법	회전수세식	조 사 자		지하수위	EL. 47.250M		◎	S.P.T.
좌 표	X : 236402.0600 Y : 315303.5000	조사장비	유압-200	천 공 자		공 경	NX		●	CORE
									▽	VANE

표 고 (m)	심 도 (m)	두 께 (m)	기 호	토 질 명	색	설 명	통일분류	시료채취방법	시료번호	심 도	S. P. T. N/cm	15	15	S.P.T. / D.P.T.
				점토질 모래	암회	0.0~0.2m : Asphalt 점토질모래층 부분적 자갈 함유(직경30mm내외) 매우 느슨~보통의 상대밀도 젖음 실트질 점토 회수(1.0m,2.5m)	SC	◎		1.0	5/30	2	3	
								◎		2.5	2/30	1	1	
								◎		4.0	14/30	6	8	
43.3	5.5	5.5						◎		5.5	41/30	18	23	
				풍화토	담녹	기반암의 풍화잔류토층 기반암의 구조가 잔존 모래질화 양상 조밀~대단히 조밀한 상대밀도		◎		7.0	50/13	50	No sample	
								◎		8.5	50/16	50	No sample	
38.8	10.0	4.5						◎		10.0	50/8	50	No sample	
38.3	10.5	0.5		풍화암	황갈	기반암의 풍화암층								
37.3	11.5	1.0		연암	담회 담갈	기반암층(화강암질암) 절리,균열이 발달 TCR=100%, RQD=25%								

시추종료 : 11.50M

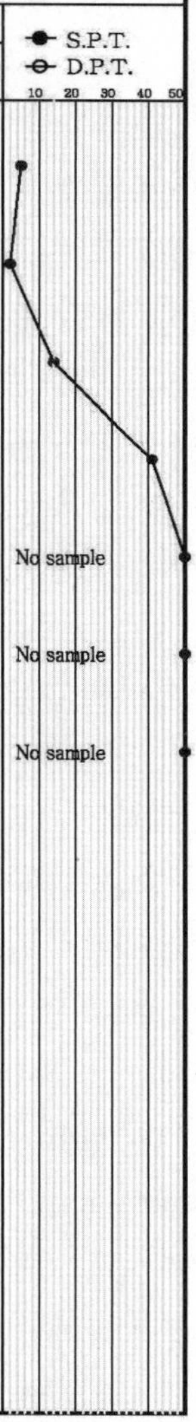

그림 13.23 지반주상도(토질주상도)의 일 예

13.12 연습 문제

13.1 시료채취관(sampling tube)의 면적비의 정의와 불교란시료 채취를 위한 적절한 범위를 기술하시오.

13.2 교란시료와 불교란시료의 채취방법의 종류에 대해 기술하시오.

13.3 용어 설명

    (1) 지표지질조사   (2) boring   (3) sampling

    (4) 탄성파탐사   (5) 블록샘플링   (6) 시굴(test pit)

13.4 씬월튜브의 관내부 간격률의 정의를 기술하시오.

13.5 표준관입시험 방법에 대해 기술하시오.

13.6 N값의 용도를 모래, 점토로 나누어서 설명하시오.

13.7 지반주상도를 설명하시오.

13.8 회전식과 충격식 보링 방법의 종류에 대해 기술하시오.

13.9 점토지반과 모래지반의 시료채취 방법에 대해 기술하시오.

13.13 참고문헌

· 건설교통부(1997), 구조물 기초 설계기준, pp.40-47.

· 임 종철(2001), 언양~범서간 도로 확장포장공사 대절토 AB구간 사면안정 대책방안 보고서, 부산대학교 생산기술연구소, pp.12-19.

· de Mello, V.(1971), The Standard Penetration Test---A State-of-the Art Report, 4th Pan Am Conf. on SM & FE., Puerto Rico, Vol.1, pp.1-86.

· Gibbs, H.J. & Holtz, W.G.(1957), "Research on Determining the Density of Sand by Spoon Penetration Test," Proc. 4th ICSMFE, Vol. I, pp.35-39.

· 日本土質工学会(1988), 設計における強度定数-c, ϕ, N차-, 土質基礎ライブラリー32, pp.46-52.

· 日本土質工學會(1990), 土質試驗の方法と解說, p.322.

· 日本土質工學會(1983), 土質調査法, 第2版, pp.205-212.

\# 아무 것도 염려하지 말고 다만 모든 일에 기도와 간구로 너희 구할 것을 감사함으로 하나님께 아뢰라. 그리하면 모든 지각에 뛰어난 하나님의 평강이 그리스도 예수 안에서 너희 마음과 생각을 지키시리라.(성경, 빌립보서 4장 6절-7절)

찾아보기

ㄹ

ㅁ

ㅂ

ㅅ

ㅇ

ㅊ

ㅋ

Index

earth retaining structure / 흙막이구조물

effective grain size / 유효입경

effective overburden pressure / 유효토피압

effective stress / 유효응력

effective stress method / 유효응력법

elastic wave exploration / 탄성파탐사

excess pore water pressure / 과잉간극수압

F

failure criterion / 파괴규준

failure envelop / 파괴포락선

falling head permeability test / 변수위투수시험

Fellenius method / 펠레니우스법

field density test / 들밀도시험

filter / 필터

flexible foundation / 연성기초

flocculated structure / 면모구조

flow net / 유선망

free groundwater / 자유지하수

frost boil / 연화

frost heave / 동상

frost penetration depth / 동결깊이

G

general shear failure / 전반전단파괴

geophysical exploration / 물리탐사, 지반탐사

geophysical prospecting / 물리탐사, 지반탐사

grain size distrubution curve / 입도곡선

gravitational water / 중력수

gross allowable bearing capacity / 총허용지지력

ground investigation / 지반조사

ground penetrating radar / 지피알(GPR)

ground water / 지하수

H

heaving / 히빙

held water / 보유수

honeycombed structure / 벌집구조(봉소구조)

hydraulic filling / 물다짐

hydraulic gradient / 동수경사

I

igneous rock / 화성암

illite / 일라이트

increasing loading / 점증재하

inflow test / 주수시험

influence circle / 영향원

in-situ permeability test / 현장투수시험

in-situ test / 원위치시험

instant loading / 순간재하

intermediate principal stress / 중간주응력

isochrone / 등시곡선

K

kaolinite / 카오리나이트

L

laboratory permeability test / 실내투수시험

Laplace's equation / 라플라스방정식

lateral earth pressure / 토압

liquidity index / 액성지수

liquid limit / 액성한계

Load Increment Ratio(LIR) / 압밀압력증분비, 하중증
분비

local shear failure / 국부전단파괴

long term stability / 장기안정해석

Lugeon test / 루지온시험, 암반주수시험

M

major principal stress / 최대주응력

mass procedure / 질량법

maximum dry density / 최대건조밀도

measuring cylinder / 메스실린더

metamorphic rock / 변성암

minor principal stress / 최소주응력

modulus of subgrade reaction / 지반반력계수

Mohr's circle / 모아원

montmorillonite / 몬모릴로나이트

N

non-plastic / 비소성

N value / 엔값(N값)

O

one dimensional consolidation test / 일차원압밀시험

optimum moisture content / 최적함수비

oriented structure / 배향구조

overcompaction / 과전압

overconsolidation ratio / 과압밀비

P

passive earth pressure / 수동토압

percussion boring / 퍼커션보링

phreatic surface, phreatic line / 침윤선

piezometer / 피에조미터

piping / 파이핑

plane sliding plane / 평면활동면

plasticity chart / 소성도표

plasticity index / 소성지수

plastic limit / 소성한계

plate bearing test / 평판재하시험

pocket penetrometer / 포켓페니트로미터

pole method / 극점법

pore pressure / 간극압

pore water pressure / 간극수압

porosity / 간극률

preconsolidation pressure / 선행압밀압력

preconsolidation stress / 압밀항복응력

pressure bulb / 등압구근, 압력구근

primary consolidation ratio / 일차압밀비

primary consolidation settlement / 일차압밀침하량

principal stress ratio / 주응력비

progressive failure / 진행성파괴

pseudo preconsolidation stress / 의사선행압밀응력

pumping test / 양수시험

punching shear failure / 관입전단파괴

Q

quasi preconsolidation stress / 의사선행압밀응력

quick clay / 분니현상(噴泥現像)

quick sand / 분사현상

R

radius of influence circle / 영향원의 반경

random structure / 랜덤구조

rate of strength increase / 강도증가율

relative density / 상대밀도

residual soil / 잔적토

retaining wall / 옹벽

rigid foundation / 강성기초

rock forming mineral / 조암광물

rock permeability test / 암반주수시험

rotary boring / 로터리보링

rupture envelop / 파괴포락선

S

sampling / 샘플링

sand drain / 샌드드레인

saturation curve / 포화곡선

secondary compression index / 이차압축지수

secondary consolidation settlement / 이차압밀침하량

sedimentary rock / 퇴적암

sedimentation analysis / 침강분석

seismic prospecting / 지진탐사

semi-infinite slope / 반무한사면

sensitivity ratio / 예민비

shale / 셰일, 혈암

shallow foundation / 얕은기초

shape factor / 형상계수

shear strength / 전단강도

short term stability / 단기안정해석

shrinkage limit / 수축한계

sieve analysis / 체분석

simple shear test / 단순전단시험

simple slope / 단순사면

simplified method / 간편법, 2:1분포법

single grained structure / 단립구조

slaking / 비화(沸化)작용

slice method / 절편법

sliding / 활동

smeared zone / 교란영역

soil boring log / 토질주상도, 지반주상도

soil water / 흙 속의 물

sounding / 사운딩

specific gravity / 비중

standard consolidation test / 표준압밀시험

standard penetration test / 표준관입시험

strain-controlled / 변형제어

strength parameter / 강도정수

stress-controlled / 응력제어

stress path / 응력경로

swelling / 팽윤

swelling index / 팽창지수

T

talus / 붕적토, 애추

talus cone / 붕적토, 애추

tension crack / 인장균열

test pitting / 시굴

test trenching / 시굴

thin wall sampler / 씬월샘플러

thixotropy / 틱소트로피

torvane test / 토베인시험

total stress analysis / 전응력법

toughness index / 터프니스지수

triangular soil classification chart system / 삼각좌표
분류법

triaxial compression test / 삼축압축시험

U

ultimate bearing capacity / 극한지지력

undraind cohesion / 비배수점착력

unconfined compression test / 일축압축시험

unconfined compressive strength / 일축압축강도

undrained shear strength / 비배수전단강도

unfree water / 보유수

unified soil classification system / 통일분류법

uniformity coefficient / 균등계수

unit weight / 단위중량

uplift pressure / 양압력

V

vane shear test / 베인전단시험

vertical drain method / 연직배수공법

void ratio / 간극비

W

water binding / 물다짐

water content / 함수비

Z

zero-air-void curve / 영공극곡선

■ 저자소개

임종철(IM, Jong Chul)
부산 모라동에서 출생(1954년)
부산대학교 토목공학과 졸업(공학사)
부산대학교 대학원 토목공학과 토질 및 기초 전공(공학석사)
일본 東京大學 대학원 토목공학과 토질 및 기초 전공(공학박사)
일본 니시마쯔건설 기술연구소 연구원
미국 University of California at Berkeley 교환교수
현 부산대학교 토목공학과 교수

토질공학의 길잡이(제4판)

초판인쇄	2010년 03월 23일(도서출판 새론)
초판발행	2010년 03월 29일
2판 1쇄	2011년 02월 07일
3판 1쇄	2013년 07월 12일(도서출판 씨아이알)
4판 1쇄	2016년 04월 01일

저 자	임종철
펴 낸 이	김성배
펴 낸 곳	도서출판 씨아이알

책임편집	박영지, 서보경
디 자 인	백정수, 윤미경
제작책임	이한상

등록번호	제2-3285호
등 록 일	2001년 3월 19일
주 소	(04626) 서울특별시 중구 필동로8길 43(예장동 1-151)
전화번호	02-2275-8603(대표) **팩스번호** 02-2275-8604
홈페이지	www.circom.co.kr

ISBN 979-11-5610-212-0 93530
정가 30,000원